国防电子信息技术丛书

电离层空间天气

Ionospheric Space Weather

[英] Ljiljana R. Cander 著

徐 艳 赵 华 译
彭 伟 金 雪

電子工業出版社

Publishing House of Electronics Industry

北京 · BEIJING

内 容 简 介

本书介绍了由空间天气事件和太阳条件变化所产生的电离层扰动、电离层暴、波动和不规则体，介绍了电离层基础数据的采集分发机制和多种预测方法，并基于最近几个太阳活动周期内的电离层垂测数据和GNSS观测数据，分析了欧洲地区电离层在正常和极端条件下的主要特征。本书提供了珍贵而丰富的数据实例，可帮助读者深入了解电离层空间天气。

本书可作为国内各大学空间物理、无线电物理、广播通信等专业学习教材，也可作为从事电离层研究的科研工作者和科技爱好者的参考书。

版权贸易合同登记号 图字：01-2021-6534

图书在版编目（CIP）数据

电离层空间天气 /（英）莉莉亚娜 •R.坎德（Ljiljana R. Cander）著；徐艳等译. —北京：电子工业出版社，2023.3
（国防电子信息技术丛书）
书名原文：Ionospheric Space Weather
ISBN 978-7-121-45342-7

Ⅰ. ①电… Ⅱ. ①莉… ②徐… Ⅲ. ①电离层－空间科学－天气学 Ⅳ. ①P35

中国国家版本馆 CIP 数据核字（2023）第 059869 号

责任编辑：袁　月
印　　刷：中国电影出版社印刷厂
装　　订：中国电影出版社印刷厂
出版发行：电子工业出版社
　　　　　北京市海淀区万寿路 173 信箱　　邮编：100036
开　　本：787×1092　1/16　印张：13.75　字数：352 千字
版　　次：2023 年 3 月第 1 版
印　　次：2023 年 3 月第 1 次印刷
定　　价：99.00 元

凡所购买电子工业出版社图书有缺损问题，请向购买书店调换。若书店售缺，请与本社发行部联系，联系及邮购电话：（010）88254888，88258888。

质量投诉请发邮件至 zlts@phei.com.cn，盗版侵权举报请发邮件至 dbqq@phei.com.cn。

本书咨询联系方式：classic-series-info@phei.com.cn。

译 者 序

20 世纪 90 年代以来，人类社会对空间技术的依赖性日渐增加，空间天气研究与应用的重要性也随之日益突出。电离层是近地大气与外层空间连接的纽带，与热层和磁层存在耦合，不仅是空间天气的地球响应区域之一，更是地球空间环境的重要区域。在电离层内，中性大气和等离子体耦合，来自磁层外太空和低层大气的能量和物质也在此汇聚与耦合，使电离层成为研究地球圈层耦合的重要关注点。电离层作为人类空间活动最主要的场所之一，人造卫星、飞船等运行在该区域或穿越该区域，地面远距离通信和预警也通过该区域实现。因此，电离层研究作为空间天气研究的关键环节，是空间物理的重要研究内容，也是空间物理由基础研究向相关应用研究转化的前沿内容之一。

近年来，我国电离层研究取得了长足发展，但相关图书出版较少。为积极响应国家大力发展理论基础研究和应用基础研究的战略方针，弥补国内电离层方面参考资料和教材的短板，为电离层研究和应用提供具有可借鉴性的技术参考，我们翻译了《电离层空间天气》一书。该书由 Ljiljana R. Cander 博士所著，是其从事电离层与电波传播研究工作四十多年的分析总结。该书重点关注由空间天气事件和太阳条件变化所产生的电离层扰动、电离层暴、波动和不规则体，介绍了电离层基础数据的采集分发机制和多种预测方法，并基于最近几个太阳活动周期内的电离层垂测数据和 GNSS 观测数据，分析了欧洲地区电离层在正常和极端条件下的主要特征，还提供了珍贵而丰富的数据实例，可帮助读者深入了解电离层空间天气。为便于读者对照资料深入学习，本书中符号表示与原著一致。

全书共 10 章，其中第 1 章由徐艳翻译，第 2～6 章由北京跟踪与通信技术研究所赵华、金雪翻译，第 7～10 章由徐艳、彭伟翻译，全书由徐艳、彭伟统稿和校订。在本书的翻译过程中，我们得到了长期从事电离层探测和电波传播研究的专家的帮助，盛洪涛、李扬清、何瑞珠协助查阅整理了大量相关技术资料，尹东亮提供了非常有价值的修改建议，余雪姣和臧诗缘对本书的文字编辑给予了帮助，在此向他们表示衷心的感谢。本书的翻译工作得到了中国电子科技集团公司第七研究所各级领导和同事的指导和帮助，在此深表感谢。此外还要感谢中国地质大学（武汉）余涛教授和闫相相副教授为本书翻译工作提供的帮助与支持。

衷心期望本书的翻译出版能为推动我国电离层研究、促进电离层空间天气数据产品和服务发展贡献绵薄之力。

原书的印刷错误与疏漏之处，凡已发现的，都做了订正。

由于译者水平有限，翻译不当和错误之处在所难免，恳请读者批评指正。

目　录

第1章 绪论

摘要：本章对电离层空间天气的概念、发展现状和个人贡献进行了简要介绍。详述了过去、当前以及仍在持续开展的空间天气研究项目，主要涉及空间天气事件对地球电离层特别是欧洲地区的影响，以及对新技术的启示。

关键词：空间天气；电离层空间天气；M-I-A；欧洲航天局 COST 行动

本书以作者在电离层与电波传播研究与应用领域四十多年的经验为基础，涵盖了在不同日地条件和服务需求下的电离层传播媒介的各方面内容。自 20 世纪 90 年代以来，空间天气这一概念开始被普遍使用，其核心目标是要建立一套科学知识体系，以揭示日地系统对地球社会和生活的各种影响。希望通过本书能够对特定空间天气事件中局部等离子体环境的形成、演变和实时状态有一个初步的理解，在此基础上能够清楚如何对空间天气事件进行监测、建模并降低其不良影响（这一任务非常迫切，急需利用几乎全部最新科技发展、科学资源和仪器技术来实现）。

电离层空间天气被关注的焦点主要包括电离层暴、扰动、梯度、波动、不规则体等。本书将基于最近三个太阳活动周期（SC22-24）对这些进行细致的研究。在这个相对较新的研究领域中，对成因、效应和动力学系统的精确描述将对相关的理论理解、数值仿真、建模和预测有所帮助，并且可通过不断改进的电离层实时状态描述、预报评估和验证、以及新型地基和天基仪器设备，获得有效的空间天气数据，这些均与地球大气中的电波传播以及太阳系中其他天体（特别是火星、金星和泰坦星等行星）周围空间环境研究紧密相关。在太阳系天体电离层中，电离、扩散、化学反应和对流迁移等基本过程都是相似的，提高我们对太阳系中任何一个天体电离层的认识，都将有助于研究其他电离层的基本物理和化学过程。但是因不同的中性大气、基础地磁强度、距太阳的距离等因素导致的实质性差异，需要单独研究。

本书主要读者群体为涉及空间天气对电离层影响的相关领域科学家、计算机专家和工程师。由于构建了一个相当完备且自洽的从大气科学到空间物理的跨学科知识体系，也适用于更多的不同背景的读者。这些读者可能是地球物理学、等离子体、实验和理论空间物理学等专业的高年级本科生或研究生，从事日地物理学、天体物理学或行星科学的研究人员，无线电系统规划设计人员（认识电离层天气现象是通信系统的设计基础，也是确保雷达、广播等系统可靠运行的基础），以及其他任何想要拓展对地球环境认知的人员。本书尽可能引用相关领域优秀学者的最新研究成果，以便于读者继续研究，并鼓励进一步的多学科融合研究。

对于需要运用各种现代技术系统和未来技术的商业、贸易、保险、技术组织和行业，有必要提高对电离层天气重要性的认识。为了理解并预防或减轻空间天气在全球范围内造成的实质性影响，特别是对电离层所造成的影响，这些行业非常需要科学界在确定科学问题时给出明确中肯的建议。

本书旨在普及日地生物群落之外的科学知识，提升人们对电离层天气环境造成的实际问题的认知水平，期望公众能够像保护热带雨林和抑制臭氧空洞一样重视重大空间环境事件的应对。

1.1 背景

空间天气已作为一个跨越多个学科的术语被广泛使用。美国国家科学基金会（National Science Foundation，NSF）对空间天气的定义为：“太阳上和太阳风、磁层、电离层及热层中可影响天基和地基技术系统的正常运行和可靠性，威胁人类生命和健康的环境条件”（Wright 等，1997）。本书定义的电离层空间天气为：因日地环境对技术系统和人类的影响而产生的短期现象，可通过建模和预报来把握其运行并管理。空间气候特征需要进行长期的统计描述，以弥补简短的历史观测记录及缺少可靠直接测量的影响，并最终实现对空间天气全球变化的充分理解，为相关系统的设计提供足够的支持（图 1.1）。

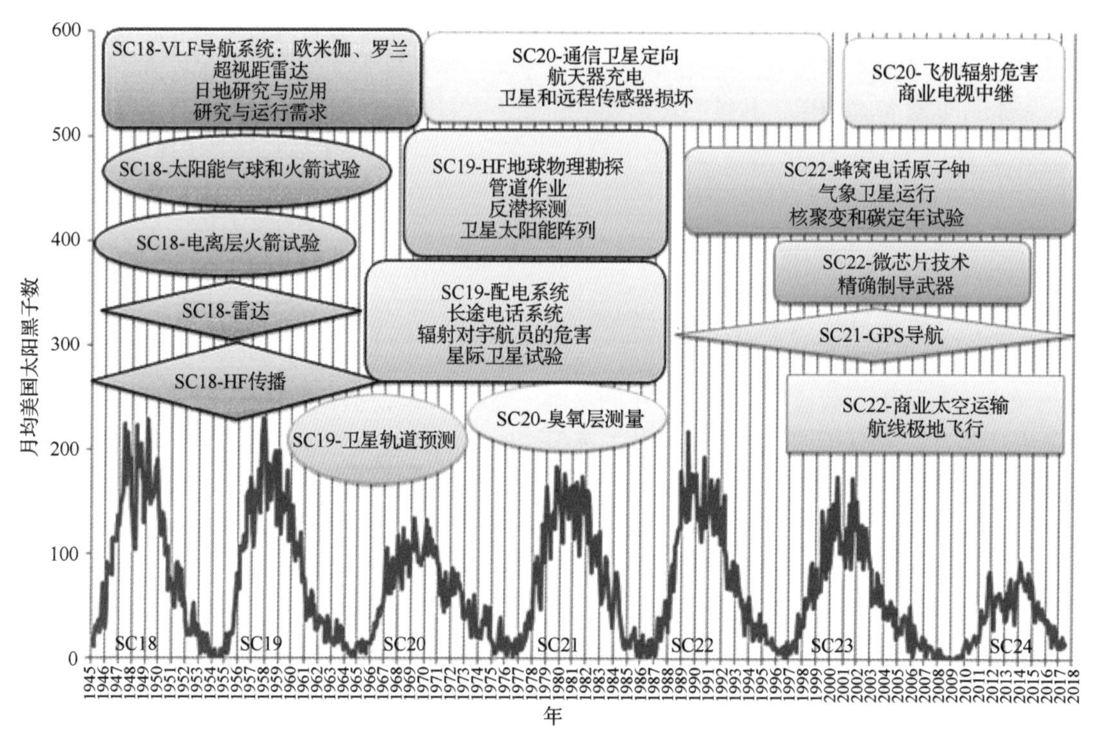

图 1.1 月均美国太阳黑子数变化和受空间天气影响的应用系统发展

从图 1.1 可知，受空间天气影响的应用系统一直在不断增加，而且鉴于当前技术变革的速度，这一趋势将保持下去。地面和地空通信系统、电力网络、地球物理勘探、航天测控以及科研计划都极大程度地受到较强日地活动的影响（图 1.2）。如 1940 年 3 月、1958 年 2 月、1972 年 8 月、1982 年 11 月、1989 年 10 月、1991 年 3 月和 4 月、以及 1994 年 1 月（Shea 和 Smart，1998），先后发生了一系列日地活动事件，对地面系统造成了影响。其中在 1994 年 2 月 22 日晚，日本冬季奥林匹克运动会期间，日地活动导致由 BS-3a 地球同步轨道卫星中继的日本到挪威的电视信号中断了将近 50 分钟。另一个典型案例是在 1989 年 3 月由于高太阳活动引起的系列问题，主要包括：3 月 6 日和 13 日远距离无线电导航系统（LORAN）运行中断；3 月 8 日和 9 日卫星不规则翻滚；3 月 12 日 GOES-7 通信线路异常；3 月 13 日 GOES-7 图像和通信中断，三颗低轨 NOAA 极轨卫星和一颗 DMSP 极轨卫星无法消除扭矩；3 月 17

日电信卫星 CS-3B 失效，MARECS 卫星出现操控问题，七颗商用地球同步卫星在保持运行姿态方面出现一连串问题；3 月 23 日 GMS-3 卫星遭遇严重闪烁并出现暂时数据传输中断，SMM 航天飞机高度急剧下降。据报道，1989 年 3 月加拿大 Quebec 因超强日地活动导致的大停电事件造成的直接经济损失约 1320 万美元，设备损失约 650 万美元。在磁暴期间调整飞机绕极圈飞行，额外的燃料和着陆费用约需 1 万美元每架次。

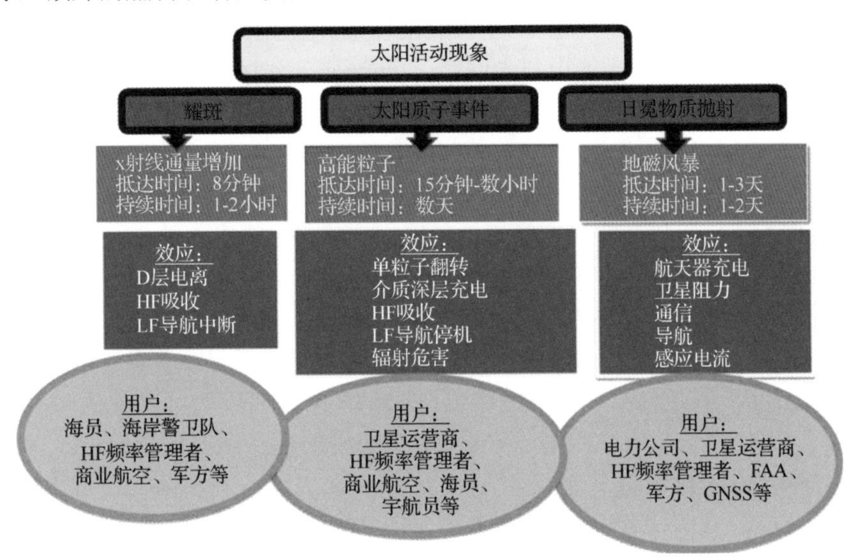

图 1.2　空间天气对技术系统影响简示（上层大气对太阳耀斑、太阳质子事件和日冕物质抛射等的响应）

2003 年 7 月启用的基于全球定位系统（GPS）的广域增强系统（WAAS）成功将定位误差由 15m 降到了 5m。地球电离层扰动导致垂直误差超限，该系统在 2003 年 10 月 29 日超过 15 个小时不可用，在 10 月 30 日超过 11 个小时不可用。在 2003 年 10 月底，一个国际油田服务公司通过其全球网络发布了内部“技术警报”，提醒勘测和钻探人员注意太阳风暴的潜在影响。他们共在全球范围内收到 6 起勘测仪器干扰报告。2006 年 12 月 6 日出现了有记载以来最大的太阳射电风暴，地球在阳光照射面内的所有 GPS 接收机均受到影响。美国山区各州，特别是新墨西哥州和科罗拉多州四角区域附近，GPS 大面积失效。多架飞机报告 GPS 失锁。2006 年的太阳射电暴对全球范围内的 GPS 产生了威胁，然而这仅仅是电离层空间天气对 GPS 影响事件中一个很小的案例（美国 GPS 系统自 1995 年开始运行，于 2005 年逐步现代化）。

因此，空间天气吸引了大量科研学者，已成为大部分国家和国际科研计划的研究主题（Marubashi，1995）。但到目前为止，在空间天气的观测、技术和理论研究方面投入的资金和人力仍远不如天文学、宇宙学和空间研究。美国的国家空间天气计划及其相关活动为空间天气研究做出了重要贡献（Lanzerotti，2015）。最新的国家空间天气战略行动计划旨在改善空间天气服务通过提升测量、数据和模型的分析深度和覆盖广度，为各类空间天气事件的安全性提供保障。如由日冕物质抛射（CME）引发大型磁暴产生的大地电流、太阳射电导致 GNSS（Global Navigation Satellite System，全球卫星导航系统）接收机停机，太阳和银河辐射对磁层的辐射效应，以及来自地球大气层和电离层的卫星阻力效应等等。该计划为相关机构制定了成果交付时间表，并欢迎学术界和商业部门参与。

受欧洲航空局（ESA）资助的欧洲空间天气计划自 1998 年至 2003 年每年举办研讨会，现演变为欧洲空间天气周。2003 年，ESA 启动空间天气应用试点项目，该项目通过提供目标服务来开发和拓展空间天气的用户团体，目标服务采用通用架构，数据真实，易适配，由服务供应商通过网络提供（Lilensten 等，2007）。ESA 在欧洲持续的资助不断产生令人鼓舞的成果。目前，空间天气的科学特征是 ESA 空间态势感知空间天气分部的核心关注点。

需要特别指出的是，自 20 世纪 60 年代后期以来，空间研究委员会（Committee on Space Research，COSPAR）和国际无线电科学联盟（International Union of Radio Science，URSI）一直在基于定期更新的可用实验数据资源对电离层经验模型进行优化调整。这些组织推荐将国际参考电离层模型（IRI）作为国际标准（Gulyaeva，2003）。早期的 IRI 模型未考虑电离层扰动问题，但在最近的版本中已将扰动纳入 STROM 模型中，而且基于 IRI 的实时同化地图生成系统（IRTAM）显著提升了对空间天气的研究水平。最新成立的 COSPAR 空间天气小组将联合科学家、空间天气服务供应商以及空间天气信息专业用户，共同协调全球空间天气事项。在电离层无线电与传播方面，URSI 科学委员会重点关注电离层全球形态和建模、电离层时空变化、电离层属性与趋势测量所需工具及网络的发展现状、电离层电波传播的原理和实践、电离层信息在无线电系统中的应用以及近年来的空间天气影响评估和校正等。

自 1991 年以来，COST（European Cooperation in Science and Technology，欧洲科技合作计划）在电信领域共实施了四个电离层项目：（1）238 项目，研究欧洲区域电离层预测和历史建模；（2）251 项目，研究如何提升电离层电信系统规划和运行质量；（3）271 项目，研究上层大气对地面和地面-太空通信系统的影响；（4）296 项目，研究如何减轻电离层对无线电系统的影响。COST 通过这些项目与欧洲众多研究机构和学术团体建立了联系并展开了密切合作。由于电离层空间天气极大程度涉及国家利益，中国和马来西亚等国家以及一些非常重要的美国团体也加入了进来。这些项目确定了已取得或将取得突破的关键领域，实现了对电离层的持续监测，并发布了欧洲区域的电离层预测预报工具。该工具在 DIAS eContent 项目等多个合作项目中不断完善，可提供实时空间天气服务（Zolesi and Cander，2018）。

COST 724 项目于 2003 年 11 月开始实施，着重发展空间天气监测、建模和预测的科学基础。后续开展的 COST ES0803 项目旨在发展欧洲空间天气产品和服务。这些项目的主要目标为：

（1）为研究空间环境的欧洲科学家与预警系统的研发和运维人员等建立起一个跨学科的网络，促进欧洲地空研究和空间技术机构间的联系；

（2）挖掘欧洲在先进的空间天气监测与建模技术方面的潜力，提供可靠的产品和服务，以满足广大用户需求；

（3）针对用户需求确定并推荐最新产品和服务。

1.2 内容安排

空间天气包括了大量复杂现象，如日冕物质抛射、太阳耀斑、太阳系和银河系高能粒子、太阳紫外线/远紫外线/软 X 射线、太阳射电噪声、太阳风、磁层粒子和磁场、地磁扰动、辐射带、极光、等离子层和电离层特性、电场、扰动和闪烁，以及热层和中间层变化等。本书梳理了相关问题，首先简要介绍了空间天气过去和现在的研究项目，然后聚焦电离层，研究复杂现象对近地等离子体的影响、时间尺度和可预测性的变化，以及电离层空间天气的成因、效应和模型。

第 2 章总结了日地相互作用的知识要点，主要讨论了太阳、太阳风、磁层和地球上层大气等支持空间天气科学研究的因素。重点内容包括：日冕物质抛射的太阳位置和释放时间，其结构及在星际间的传播；太阳高能粒子在地球磁层中的加速，磁暴和地磁亚暴的发展；热层和电离层动力学；以及空间环境和底层大气的耦合。值得注意的是空间天气具有跨学科性，加强日地物理不同领域间知识和数据的交流有助于解决地磁活跃期预测这一大难题。

考虑到太阳和地球大气之间的区域属于地球环境中动态且高度可变的部分，第 3 章首先介绍各种空间天气成因和可能引发的效应，然后简要介绍了作为磁层-电离层-大气层（M-I-A）系统中电离层空间天气这一特定领域，并为决策部门提供可理解、可应用的空间天气产品。

第 4 章总结了电离层变化性研究的发展现状，该方向已经被深入研究了七十多年，有许多公开发表的优秀综述文献中进行了梳理。通过选用部分研究成果，根据在 D、E 和 F 层中呈现出来的大体模式，对电离层的日变化进行分类，重点统计过去两个太阳活动周期（SC 23 和 SC 24）中的中纬度地区的电离层日变化。同时采用典型参数描述具体现象实例，主要参数包括：基于电离层垂测得到的系列电离层特征（如临界频率和各层高度）、电子密度剖面、最大电子密度、垂直总电子含量。最后，解释了为什么电离层变化性和严重的日地事件并不直接相关，这对将现有的多样化知识库转化为空间天气产品供应商和用户急需的预测工具非常重要。

在空间天气事件期间，无论是接近太阳活动周期的极大期还是极小期，全球、区域或局部的电离层变化相对平时都非常显著。电离层暴是近地等离子体的全球扰动，属于空间天气的一种极端形式。第 5 章阐述了欧洲中纬度地区基于天基和地基手段监测和测量的电离层暴形态。这些电离层暴将导致电子密度在地磁活跃期减少或增加，分别用电离层暴的负相或正相表示。引用的大量双相电离层扰动实例可以清晰表明，电离层暴形态依赖太阳周期和季节。同时大量案例研究展示了规则和非规则日的电离层暴形态。然后基于太阳和地磁“活动指数”所描述的实际日地条件，进行了电离层对磁暴的响应的量化研究。本书对这些现象给出了不同的物理解释，如中性气体成分变化、热层风、电磁场，以及作为电离层暴的主要驱动因素的电离介质和中性介质的耦合，其引起电子密度剖面变化远超出气候水平。

本书第 6 章介绍了如何将观测数据分析、理论和实证研究、数值仿真和建模等应用到对不同日地条件（宁静或其他）下电离层响应的潜在趋势的研究中。由于磁层驱动过程中时空变化的复杂性，以及在热层、电离层和大气层的耦合过程中存在众多相互物理作用，使得每个特定事件的电离层响应都不相同。观察研究发现，研究电离层对不同空间天气风暴发展的响应非常具有挑战性，即使使用复杂的物理模型也难以通过简单的经验算法来完成。空间天气中一个普遍且关键的问题是需要合理的模型，以准确地描述各种现象的物理演化过程，并为事后重构、环境统计说明和短期预报等实际应用提供支撑。此外，还介绍了三种专用方法，用于电离层状态描述/现报、预报和电离层主要特征参数建模，重点介绍了基于人工神经网络的动态预报在高纬度地区（>55°）的成功应用。

相比磁暴和电离层暴的全球效应，电离层不规则体和波动显得非常特殊，因此单独通过第 7 章进行详细介绍。此章给出了电离层不规则体的定义以及欧洲中纬度地区的相关示例。

在过去的十年里，人们对这一领域的研究兴趣非常浓厚，并将电离层行波扰动作为一种特殊的天气现象来研究其影响，同时提出了中纬度电离层不规则体的成因、M-I-A 系统向上能量耦合和热结构等基础性的科学问题。事实上电离层电子密度的垂直和水平结构可引起无线电信号幅度和相位的快速变化，导致经过电离层的无线电通信严重降级。由电离层不规则体导致的额外信号损耗，将引起卫星导航定位系统可用卫星数减少，定位误差增大，甚至无法导航。

第 8 章主要讨论了电离层天气对无线电通信、天基导航定位系统和监视系统等的影响，事后分析软件工具，以及按需提供的最终产品和服务。对于从 ELF 到 VHF 的电离层传播，通常需要基于复杂数值程序的传播预测方法。LF、MF 和 HF 的天波传播预测方法对于频率规划至关重要，此外目前 MF、HF 的电离层传播预测方法着重于对数字调制传输的影响。VHF 和 UHF 频段在电离层中的传播的主要因为导航卫星系统和越来越多的低轨道卫星系统。电离层状态描述和短期预报对地面-太空传播路径非常重要。本书虽然没有介绍高频通信和电子战（EW）等军事应用，但这些应用都需要更准确的关于电离层空间天气影响的状态描述、现报和预报。任何形式的预测都需要充足的数据集合，因此在空间天气事件中，高效、实时或准实时的电离层测量数据的汇集、存储和分发是重要的基础工作。得益于世界日地物理数据中心和各空间科学数据中心的相关工作，这些基础工作已经有了良好的积累。

第 9 章主要就电离层扰动对三个特定系统造成的问题和威胁日益增加进行了讨论，这三个特定系统为：（1）高频无线电波通信系统；（2）卫星导航系统；（3）监视系统。此外还介绍了对潜在的破坏性空间事件的理解、建模和应对措施，以及未来的发展目标。如今，科学家、制造商、系统和服务提供商、以及最终用户越来越依赖数据和通信，但数据和通信很容易被包括空间天气在内的一系列不断增长的威胁所影响。为了建立空间天气和地面天气间的类比关系，这一章回顾了前几章所讨论的科学发现、方法、模型和技术的应用。通过回顾梳理发现，一旦将电离层空间天气理解为一个重要的环境问题，就可以建立足够协调的基础设施，对全球空间天气事件进行观察、测量、建模并预报，达到与目前全球气象天气建模和预报相当的水平。目前大尺度气候变化过程可提前几天预报，地球大气的天气预报模型为发展电离层空间天气实时预报能力指明了方向。

第 10 章作为本书最后一章，介绍了电离层空间天气的当前态势，使人进一步认识到，在第 24 太阳活动周期（SC24）极小期，日地环境将在很大程度上取决于其内部动态条件。如果出现另一个持续的太阳活动极小期（类似情况在 2008 年和 2009 年发生过，地磁条件非常宁静），这将是一个新的研究领域。所谓的“历史电离层”研究和重构是建立在对过去电离层结构和动力学系统的理解之上的，主要关注地球电离层的历史、驱动因素和生态学（或更准确地说是气候学），以及由电离层特性决定的传播条件。电离层重构不仅可以了解电离层历史状态，还可以获得上层大气变化的长远趋势。历史日地观测、“历史电离层”记录和现代建模技术可以和基于电子通信技术的传播信息相结合（如 1921 年 5 月 13 日至 15 日和 1983 年 1 月 25 日至 26 日发生的磁暴等），这将为当前和未来空间天气事件提供有用的背景知识，帮助理解空间天气事件并减轻其危害。

最后，阅读本书时需要重点注意的是：（1）电离层垂测站的地理经纬度、地磁经纬度、URSI 代码等与 UAG-91 报告中所述保持一致。考虑到地磁场的变化，可以利用国际地磁参考场模型（International Geomagnetic Reference Field，IGRF）计算电离层垂测站在某一特定时期的修正地磁坐标。(2)全部 GNSS 参考站的大地测量坐标源于 IGS 站点列表。国际 GNSS 服务（IGS，The International GNSS Service）是一个由超过 400 个永久连续运行参考站组成的全球性网络，持续跟踪 GPS、GLONASS（俄罗斯）、Galileo（欧盟）、北斗（BDS，中国）、QZSS（日本）和 SBAS（星基增强系统）等卫星系统。

参考文献和补充书目

[1] Abstracts, in Workshop on the International Space Weather Initiative: The Decade after the International Heilophysical Year 2007 (2017) United Nations Office for Outer Space Affairs, the National Aeronautics and Space Administration, and Boston College, 31 July-4 August 2017.

[2] Australian Space Weather Plan (2003) ATSE Space Weather Committee. AAS National Committee for Space Science, Australia.

[3] Belehaki A, Cander LR, Zolesi B et al (2006) Monitoring and forecasting the ionosphere over Europe: The DIAS project. Space Weather 4: S12002.

[4] Bilitza D, Altadill D, Truhlik V et al (2017) International Reference Ionosphere 2016: from ionospheric climate to real-time weather predictions. Space Weather 15: 418-429.

[5] Bourdillon A, Cander LR, Zolesi B (eds) (2009) COST 296 MIERS: Mitigation of ionospheric effects on radio systems-final report. Ann of Geofis 52(3/4).

[6] Bradley PA (995) PRIME (Prediction and Retrospective Ionospheric Modelling over Europe), COST Action 238 final report. Commission of the European Communities, Brussels.

[7] Cander LR (1998) Space weather effects on telecommunication. In: Sandahl I, Jonsson E (eds) AI applications in solar-terrestrial physics. ESA Proceedings, France, pp 35-42.

[8] Cander LR (2015) Forecasting of F2 and MUF(3000) F2 Ionospheric characteristics -- a challenging space weather frontier. Adv Space Res 56(9): 1973-1981.

[9] Cannon PS (2009) Mitigation and exploitation of the ionosphere: a military perspective, Radio Sci 44 RS0A20.

[10] Cliffswallow W, Hirman JW (1993) U.S. space weather real-time observing and forecasting capabilities. Solar-Terr Prediction NOAA Boulder 4: 195-198.

[11] Cliver EW, Dietrich WF (2013) The 1859 space weather event revisited: limits of extreme activity. J Space Weather Space Clim 3: A31.

[12] Conkright RO, Ertle MO, Feldstein A et al (1984) Combined catalog of ionosphere vertical sounding data. Report UAG-91, National Geophysical Data Center, NOAA, Boulder.

[13] Donder ED, Crosby N, Kruglanski M et al (2017) Services for space mission support within the ESA Space Situational Awareness Space Weather Service Network. J Aeronaut Aerospace Eng 6:1.

[14] Dow JM, Neilan RE, Rizos C (2009) The International GNSS Service in a changing landscape of Global Navigation Satellite Systems. J Geodesy 83:191-198.

[15] Frissell NA, Katz JD, Gunning SW (2018) Modeling amateur radio soundings of the ionospheric response to the 2017 great American eclipse. Geophys Res Lett 45(10):0001.

[16] Gulyaeva TL (2003) International standard model of the Earth's inosphere and plasmasphere. Astro Astrophys Trans 22(4-5):639-643.

[17] Hapgood MA (2011) Towards a scientifific understanding of the risk from extreme space weather.Adv Space Res 47:2059-2072.

[18] Howard J, Siscoe G (eds) Space weather AGU monograph 125, Washington, DC Kane RP (2006) The idea of space weather—a historical perspective. Adv Space Res 37:1261-1264.

[19] Lanzerotti LJ (2001) Space weather effects on technologies. In: Song P, Howard J, Siscoe G (eds) Space Weather AGU Monograph 125, Washington, DC.

[20] Lanzerotti LJ (2015) Space weather strategy and action plan: the national program is rolled out.Space Weather 13:824-825.

[21] Lanzerotti LJ (2017) Space weather: historical and contemporary perspectives. Space Sci Rev 212:1253-1270.

[22] Lanzerotti LJ, Baker DN (2018) International geophysical year: space weather impacts in February 1958. Space Weather.

[23] Lilensten J, Glover A, Hilgers A et al (2007) Introduction. In: Space weather research towards applications in Europe, astrophysics and advance science library, 344, ix-xi. Springer.

[24] Lockwood M, Owens MJ, Barnard LA et al (2017) Space climate and space weather over the past 400 years: 1. The power input to the magnetosphere. J Space Weather Space Clim 7:A25.

[25] Lockwood M, Owens MJ, Barnard LA et al (2018) Space climate and space weather over the past 400 years: 2. Proxy indicators of geomagnetic storm and substorm occurrence. J Space Weather Space Clim 8: A12.

[26] Marubashi K (1995) Perspectives of present and future space weather forecasts. J Atmos Terr Phys 57:1385-1396.

[27] Rawer K, Bilitza D (1990) International reference ionosphere—plasma densities: status 1988. Adv Space Res 10(8):5-14.

[28] Reinisch BW (2014) Karl Rawer: space research and international cooperation—Laudation on the occasion of the 100th birthday of Professor Karl Rawer. Adv Radio Sci 12:221-223.

[29] Rishbeth H (2001) The centenary of solar-terrestrial physics. J Atmos Sol-Terr Phys 63:1883-1890.

[30] Schrijver Carolus J, Kauristie K, Aylward AD et al (2015) Understanding space weather to shield society: A global road map for 2015-2025 commissioned by COSPAR and ILWS. Adv Space Res 55:2745-2807.

[31] Shea MA, Smart DF (1998) Space weather: the effects on operations in space. Adv Space Res 22(1):29-38.

[32] Song P, Singer HJ, Siscoe GL (eds) (2001) Space Weather. AGU Geophysical Monograph 125, Washington, DC.

[33] Wright JM, Lewis FP, Corell RW et al (1997) U.S. National space weather program, the implementation plan. FCM-P31-1997, Washington, DC.

[34] Zolesi B, Cander LR (2018) The role of COST Actions in unifying the European ionospheric community in the transition between the two millennia. Hist Geo Space Sci 9:65-77.

第2章 日地关系

摘要：从太阳、行星际介质、地球磁层、电离层和大气层动力学过程出发，讨论了空间天气研究的学科基础。重点介绍了过去几个太阳活动周期中，等离子体介质在正常和极端日地条件下的主要特征。

关键词：空间等离子体；太阳耀斑；太阳质子事件；日冕物质抛射；磁暴；空间任务

日地关系是太阳和其他行星经常性爆发辐射造成的结果，多年来人们一直利用地面设施和卫星平台上的各种传感器和仪器对其进行观察、测量、计算和建模。二十世纪以来，科学研究取得了重要进展，如磁暴的起源及其对太阳周期阶段和强度的依赖，为充分了解自然环境提供了新的视角。这些空间自然现象将引起地球上层大气的变化，并对地球生物和许多人造技术系统造成影响。最新的研究不仅仅是对单个日地要素一般行为的理解，更多的是关注磁层-电离层-大气层（M-I-A）系统内部的相互作用。当地球大气（包括电离层和磁层）和太阳大气（及其周边区域）之间的能量耦合的相关知识应用于社会需要时，我们称之为“空间天气”。

2.1 地球磁层与太阳的相互作用

太阳是一个半径约 696000km 的典型恒星，其在太阳赤道地区自转周期为 25.4 天，在日面纬度 75° 地区自转周期为 33 天。通常认为太阳的平均自转周期为 27 天，称为卡灵顿自转。它是日地系统中能量、等离子体和高能粒子的主要时变源。

图 2.1 给出了日地系统中电离辐射等现象的简单示意图。图中显示出了空间天气固有的复杂性。日地系统在太空中占据了巨大的空间，正如数个世纪以来所观察和研究的那样，从宏观到微观的极其复杂的过程影响着整个系统。光球层（Photosphere）是太阳可见表面，温度约 5800K，较热部分温度可达约 6400K 左右。色球层（Chromosphere）在日食期间可见，为光球层向外延伸约 2000km 区域，温度可达约 5000K。日冕层是太阳最外层大气，温度约为 $1\sim3\times10^6$K，且密度较低，约 $10^{15}/m^3$。这个气态区域由太阳表面向行星际空间延伸数百万公里，其结构由太阳磁场控制，并在上边界处（太阳可见表面或光球层上 1～2 个太阳半径）融入太阳风。日球层（Heliosphere）为由太阳自身及源在太阳的物质（如日冕和太阳风）支配的空间，向外延伸的距离高达 50AU（astronomical unit，天文单位，1AU 为 1 倍太阳到地球的距离）。虽然仅有小部分太阳能量（通常<10%）进入近地环境，其影响依然十分显著。宇宙射线是具有极高能量的相对带电粒子，能量 $E>10^8$eV，频率 $f>10^{22}$Hz，波长 $\lambda<10^{-13}$m，通常来自太阳、行星际介质或日球层边缘的冲击、或银河系的其他部分。

众所周知，太阳黑子是太阳光球层相对较暗的区域，温度在 3000K 左右，磁场强度高达 0.4T，可以用不带滤色镜的望远镜进行观测。太阳黑子主要在太阳纬度 5°～30°之间单个或成群出现，持续几天到几个太阳旋转周期后消失。太阳黑子周期（或称太阳周期）通常为 11

年，跟太阳活动的振荡水平相关。在 11 年或更长的周期中，还有其他准周期变化，例如，每 13 个月或者 15 个太阳自转周期。太阳黑子覆盖面积测量值通常被称为太阳黑子数。该指数由瑞士天文学家 J.R.Wolf 在 1848 年提出，因此也称为 Wolf 数（Wolf number）。

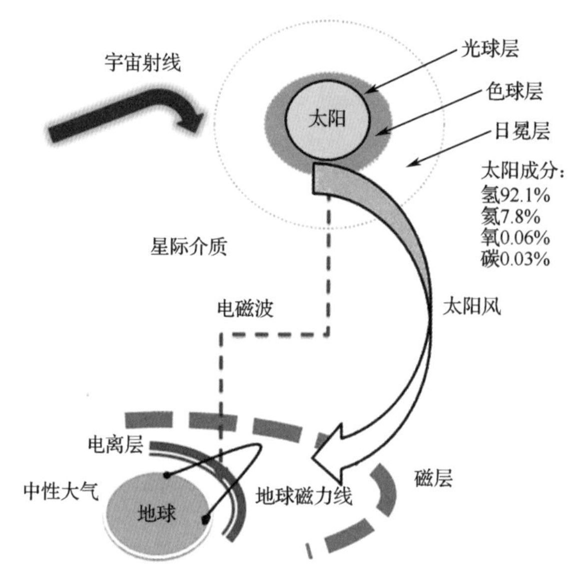

图 2.1　日地系统的简单示意图

太阳色球层最明亮的区域称为谱斑（plages），该区域比周围其他区域磁场更强，且温度更高。由于谱斑和太阳辐射的紫外（UV）和远紫外（EUV）辐射（表 2.1）有关，因此非常重要。太阳紫外辐射来自光球层上部和色球层，它只占太阳总辐照度的不到 1%，但对地球大气层有很强的直接影响。太阳远紫外辐射（$0.01<\lambda<0.20\times10^{-6}$m）与太阳色球层和日冕层的磁场活动相关。

表 2.1　电磁射线频谱

光 谱 区 域	波长λ
伽马射线	<0.006nm
X 射线	0.006～5nm
紫外线	5nm～0.4μm
可见光	0.4～0.7μm
红外线	0.7μm～0.1mm
无线电波	≥0.1mm

对空间天气而言非常重要的太阳属性还有日珥喷发和暗条喷发。日珥喷发和暗条喷发是指当太阳磁力线没有连接到行星际磁场，电离粒子能够逃脱太阳风的时候，太阳表面和日冕空洞中大量等离子体物质的缓慢移动（日珥喷发比暗条喷发更巨大，并且外观和形状每隔几分钟就发生变化）。

当太阳表面炽热的电离大气克服太阳引力以超声速向外膨胀时，太阳风以持续的带电粒子流形式从日冕中释放出来，进入行星际介质中。太阳风的速度一般从 200km/s 到 700km/s

不等，但是在某些情况下，像快速移动的日冕物质抛射（CME）或日冕流线一样，太阳风的速度可以高达 900km/s。太阳辐射包括电磁辐射（见表 2.1）和高能粒子形式的微粒辐射。到达地球的太阳辐射水平随时间变化，且受太阳自转影响。太阳发出约 4×10^{33}erg/s 的电磁辐射，以约 2cal $cm^{-2}min^{-1}$ 照射地球，其中只有约一半到达地球表面。太空等离子体从太阳表面下一直穿过行星际介质，到达地球环境上方 100km 附近。来自太阳的远紫外辐射不断电离地球上层大气向阳的一面，从而产生电离层。

空间天气对地球电离层的影响包括太阳表面直接对地球的喷发。当地球表面的磁场由于太阳的差动自转而发生扭曲时，大量存储的能量就会被释放出来。最重要的日地交互作用事件（地球效应事件）包括太阳 X 射线耀斑、太阳高能粒子（SEP）、日冕物质抛射（CME）及来自冕洞和相关的共转相互作用区（CIR）的高速流。

太阳耀斑是一种剧烈爆发的太阳现象，与色球层太阳黑子附近激增的无线电波、X 射线、远紫外线和伽马射线辐射有关（见图 2.2 和第 10 章）。这通常又与太阳黑子中存在的强磁场有关。这种由定向高速光子爆炸组成的太阳辐照度瞬间增强，极大地影响日地系统的状态，并在几分钟到几小时之内产生直接后果。波长在 0.1×10^{-9}m 到 0.8×10^{-9}m 范围内的 X 射线耀斑可以分为以下几类，A 类功率通量密度峰值约为 $10^{-8}W/m^2$；B 类功率通量密度峰值约为 $10^{-7}W/m^2$；C 类功率通量密度峰值在 $10^{-6}W/m^2$ 到 $10^{-5}W/m^2$ 之间；M 类功率通量密度峰值在 $10^{-5}W/m^2$ 到 $10^{-4}W/m^2$ 之间；X 类功率通量密度峰值高于 $10^{-4}W/m_2$。太阳耀斑也可以根据其大小和闪耀度从 1 到 4 进行重要性排序。作为主要的太阳过程，太阳耀斑可能与太阳粒子的爆发有关。耀斑活动的有限数据表明，大型的 X 类耀斑事件虽然具有周期性趋势，但可以在太阳周期内的任意时间发生。

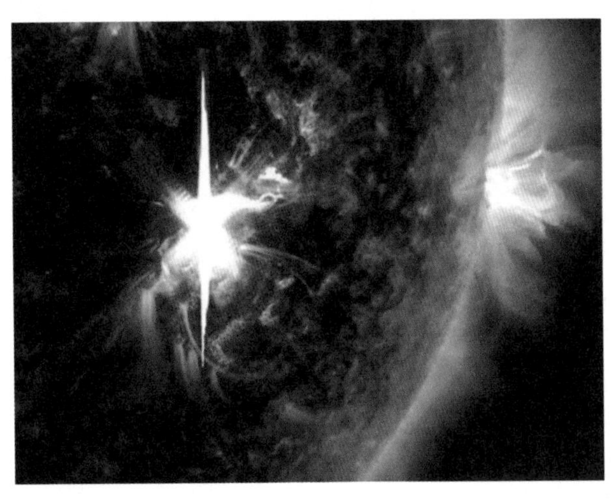

图 2.2　NASA 太阳动态观测站捕捉到的太阳耀斑图像，该图像由两个紫外滤波器图像合成，左侧为 2017 年 9 月 6 日爆发的一个 X9.3 级太阳耀斑，右侧为同时间在其他活动区域爆发的一个较小的太阳耀斑。

有记录的最大耀斑事件发生在 2001 年 4 月 2 日，虽然该次耀斑事件被归类为 X22+（最大通量密度为 $22\times10^{-4}W/m^2$），但并未产生大型磁暴。相反，爆发于 1989 年 3 月 13 日至 14 日，只被归类为 X5（最大通量密度为 $5\times10^{-4}W/m^2$）的耀斑事件，具有更优的对地排列并导致了历史上著名的 1989 年 3 月超级磁暴，对地表和空间基础设施带来了广泛且剧烈的破坏性影响，导致加拿大 Quebec 21000MW 的电力系统关闭，并造成 1989 年 3 月 13 日 7:42UT 瑞典大部分地区停电。1986 年 2 月初观测到的另一场异常强烈的磁暴，发生在第 21 和第 22 太阳周期之间的活动极小期前后，在此之前（即 2 月 3 日至 7 日之间）先后爆发了 6 次软 X 射线强度中到大的太阳耀斑。这次磁暴是由 1986 年 2 月 6 日发生的日珥造成的（见第 5 章和第 6 章）。

目前，国际空间等离子体物理学界正在努力提高对太阳耀斑活动、演化以及太阳活动区域整体结构的认识与了解。这需要基于光谱观测的等离子体诊断技术、EUV 和 X 射线成像技术，并结合对实际耀斑活动硬 X 射线和伽马射线（高能辐射通常超过 100keV）的观测。图 2.3 阐明了太阳耀斑与磁暴之间的重要关系。这些信息大多可由 SOHO 太阳观测卫星（Solar and Heliospheric Observatory，太阳和太阳圈探测器）和 Yohkoh 卫星提供，方法是通过高能太阳光谱成像仪（HESSI）进行高能和高分辨率测量，通过 Solar-B 卫星增强 X 射线观测。

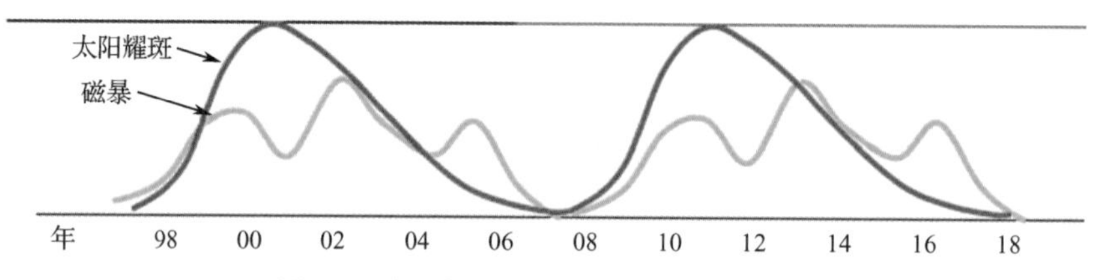

图 2.3 太阳耀斑与磁暴发生的可能关系

太阳耀斑爆发通常伴随着日冕物质抛射（CME），即由日冕底部释放出超过 1 万亿吨的太阳能粒子，并向地球猛烈地释放出相当于 10 亿个氢弹的能量。日冕物质抛射需要用白光日冕成像仪进行观测，通常被当成太阳日冕底部的一种扰动。典型的日冕物质抛射速度在 300km/s 到 2000km/s 之间，通常与日珥爆发、太阳暗条消失以及耀斑有关，但也不总与其相关。当日冕物质抛射成为从太阳大气向外传播的太阳风的一部分，即比背景太阳风速度更快、强度更高、磁场更强的行星际日冕物质抛射（ICME）时，则能够在空间等离子体中产生冲击波。日晕事件或晕状 CME 通常与太阳耀斑有关，由速度大于 2000km/s 的 CME 产生，面向地球（或背向地球）传输的平均质量大约为 10^{12}～10^{13}kg，平均能量大约为 10^{24}～10^{25}J。CME 的频率与太阳黑子相关，较弱的太阳周期发生的高速 CME 也会较少。

日冕洞是指太阳日冕中的磁空洞区域。在缺少磁场约束的情况下，太阳风由于开放的磁场拓扑不断地从日冕洞流入太空。长期存在的日冕洞在太阳绕轴旋转时周期性地返回，其磁场结构升起，然后在附近重新连接，从而抑制了它对太阳风的影响。

太阳风是一种以每秒 200～900km 的速度持续流动的粒子流，主要由电子、质子和 He^{++} 粒子组成，并带有磁场波动。太阳风具有足够高的温度克服太阳引力并扩散到行星际介质中。CME 能够引起太阳风粒子速度和密度的急剧增加，当地球磁场改变了这些带电粒子的方向时，就会产生极光并形成一种屏蔽效应。如果没有这种屏蔽效应，太阳风就会将整个地球大气刮走。自 1963 年以来，太阳风和行星际磁场（Interplanetary Magnetic Field，IMF）最具地理效应的 Bz 分量被持续观测，该类观测最初是在一号行星际监测平台（IMP-1）上进行的。IMF 通常在地心太阳磁层系统（GSM）中进行定义。GSM 是一种右手笛卡尔系统，以地球为中心，x 轴指向太阳，z 轴在 x 轴和偶极轴定义的平面上。一些电子从原子或分子中被分离出来的电离气体通常被称为等离子体。等离子体是导电的，因此受磁场影响而在磁场中被“冻结”或“移动”。太阳风就是这种等离子体的一种很好的例子，它在 1AU 处的速度接近 375km/s，质子和电子密度接近 5/cm^3，行星际磁场的标称总强度约 5nT。

太阳通过太阳风产生的磁场方向（IMF）对地球磁场的形成起着至关重要的作用。当 CME IMF 分量在磁层边界与地磁场方向相反时，CME 等离子体和地球磁层等离子体间的相互作用非常剧烈。这将导致 CME 等离子体进入磁层，同时磁层等离子体的循环速率增大。这些相互作用的影响从整个地球磁层扩展至地球电离层。中央子午线以东的 CME 对磁层的影响最大。众所周知，太阳高能粒子（Solar Energetic Particle，SEP）通常伴随着一些 CME 事件，同时高速 CME 激波阵面与前面的 CME 碰撞也会产生快速的 SEP。

太阳驱动的日冕物质抛射在相对论和超相对论水平上携带有能量的电子和离子，在地球辐射带中产生了不同的等离子体过程，包括磁流体力学（MHD）、波动形成、whistler 模态波生成、等离子体不稳定性以及波粒相互作用，会导致昼侧磁层和等离子层的压缩。这时通常会发生磁暴现象，该现象是电离层空间天气相互作用的重要组成。磁暴的表现之一就是电离层暴，即地球上层大气的电子密度、总电子含量和电离层厚度的增加或减少。

2.2　磁层-电离层相互作用

磁层是地球周围具有高动态、复杂电流系统的区域的总称。它包含太阳风等离子体、地磁场，以及将太阳风能量带入电离层的高能粒子流。磁层面向太阳的一侧平均厚度是地球半径（R_E，地球平均半径，约 6371km）的 10～12 倍。最外层大约 100～200km 厚的区域为磁层顶，是太阳风等离子体流和磁层的边界。根据太阳风等离子体通量密度和磁场强度，磁层顶有时候可达 8～6.6R_E。磁鞘包含激波后的太阳风等离子体，并被长期存在的弓形激波包围。磁鞘是超音速太阳风和地球磁场相互作用产生的磁层以外的一种无碰撞激波。磁层在背对太阳方向的延伸可达 1000R_E 甚至更远，称为磁尾。

地球周围的大气层和磁场保护其免受太阳高能辐射和粒子的伤害。在平静的日地条件下，地磁场形成一个向北的磁场屏障以阻止可能出现的空间事件。然而，如果强大且持续的南向 IMF（行星际磁场）冲撞地磁场并和地磁场重联，那么这个磁场屏障将被破坏。在重联期间，地球在太阳爆发事件和高速等离子体流前失去了其天然的磁场屏障，成为了一个开放系统，使得磁层等离子体对流，从面向太阳的一面转移到背对太阳的一面。磁重联是太阳风向磁层的能量传递理论中的一个重要概念。行星际磁力线上的太阳风粒子和地球磁力线上的磁层粒子共享同一条开放磁力线。因此，向南的 IMF 条件能够有效地将能量从太阳风传递到磁层。在通常情况下，当 IMF 朝北时，来自 CME 的强烈太阳风冲击只能引起地球磁场的轻微扰动。

在极限日地条件下，由粒子引发的大电流形成了一个电流环，并驱动最强烈的磁暴。磁层中的电流环在范艾伦辐射带外围、地磁赤道附近的圆盘状区域流动。电流是由被捕获的带电粒子的梯度和曲率漂移引发的，它们在磁暴期间由于磁尾注入的热等离子体得到极大的增强。在磁暴期间，电流环会造成全球水平地磁场压缩，对流增强会使磁尾受到压力，从而导致其基本结构剧烈变化，即亚暴。与亚暴相关的极光电流也将使得电离层离子向外直接流入磁尾。亚暴甚至可以分离外部等离子体层与磁尾，造成大量等离子体和能量的消耗。也有迹象表明，电离层可能会影响磁层的动力学系统。太阳风的变化经常引起极冠附近电离层外流，由太阳风相互作用激发的电离层重离子对磁尾等离子体进行预处理。

磁层的下边界称为等离子体层，它随地球自转，延伸至 $4R_E$ 的高度。它的高密度冷等离子体由高达 99%的质子 H^+（因此这个区域通常也称为质子层）、电子以及少量 He^+和 O^+组成。等离子体层的密度随高度增加而逐渐减少，直到在外边界出现 100 倍的急剧下降，即为等离子体层顶。因此，地球磁场对等离子体运动的控制变得不那么明显，这有利于离子和电子的碰撞过程。此外研究表明，随着地磁活动的增加，等离子层变小，且这一区域内没有等离子体产生。因此，等离子体必须由地球电离层在日间产生、在夜间扩散，以帮助维持 F 层夜间的电离。

高纬度地磁场是复杂的。相应的磁层区域及其极区电离层称为极尖。日侧极大约处于 1200km 以下离地 12km 以上区域。在夜间，被称为磁尾极尖的区域定义了极光椭圆的夜间边界。在这两个极尖之间的区域称为极冠，它包含了延伸至极地磁层分叉区域的垂直磁力线。磁力线扫回至磁尾区域。南半球也有类似的结构。极冠区域开放的磁力线使得等离子体从电离层流动至远处的磁尾区域，即形成极地风。由于来自太阳风的能量以磁尾区域中不断增加的磁通量形式暂时存储，地球磁层中最常见的扰动形式是亚暴。亚暴也是高纬度地区最明显的扰动，通常表现为当地午夜前后明亮且活跃的极地极光。极光是一种不难应付的日地相互作用，具有非凡的视觉表现，受到公众的广泛观赏（见图 2.4，具体见第 5 章）。

图 2.4　1989 年 3 月 13 日牛津郡南部的极光

地磁学作为一门科学已经具有 400 多年的历史，磁暴则早在 200 多年前被发现，目前被认为是影响地球空间天气的最重要的因素。多年以来已经明确，地磁活动主要是由 IMF 和地磁场之间的磁重联驱动的，磁暴是由来自太阳的日冕物质抛射导致的，而太阳辐射风暴和无线电中断风暴则是由太阳耀斑导致的。在太阳活动下降期，日冕洞高速流引起的地磁扰动大约每 27 天发生一次，我们称之为周期性磁暴。CME 引起的磁暴在成因和现象两方面都是各异的，并可导致大型磁暴。向南的 IMF 是磁暴形成的基本前提，并主要发生在太阳爆发事件和高速等离子体流产生的结构中，但这不是平静行星际介质的持久特征。当 IMF 主要向北时，仅有相对较弱的磁暴发生。这意味着，太阳黑子本身并不是导致磁暴产生的直接原因，也无法用它们来精确衡量最终触发磁暴事件的太阳活动。

当快速移动（700km/s 左右或更快）的 CME、太阳耀斑、日冕洞高速流以及伴随着长时

间南向强行星际磁场的其他抛射到达时，太阳风-磁层耦合增强，磁暴就会发生。由此导致磁尾等离子体被注入背对太阳一侧的磁层中，高能质子向西漂移，电子向东漂移，形成环绕地球的环形电流。这种电流称为“电流环”，在近赤道区域测得的地磁场中引起反磁性减弱，从而产生磁暴主相。电流环减弱标志着磁暴恢复相的开始。因此，磁暴的剧烈程度不仅仅取决于与 CME 相关的向南磁场的振幅，还和其持续时间紧密相关。

对近地空间和地球环境的影响结果通常是磁暴和电离层暴，但不完全是，这取决于太阳辐射、太阳风、地磁场的相互作用等因素的组合。大磁暴被发现是由来自太阳的快速日冕物质抛射导致行星际扰动并产生的强磁场强度且持续向南的磁场引起的。相反，日冕洞高速流和相关的 CIR 主要与较低的磁场强度有关，因此产生较弱的地磁活动。

CME 引起的磁暴主要由 CME 鞘、磁云和抛射物驱动。这类磁暴具有短暂的密集等离子层、强环形电流和 Dst 指数、太阳高能粒子事件，能引发大型极光和危险的地磁感应电流。CIR 产生的磁暴包括那些由相关循环高速流引起的磁暴。这类磁暴具有更长的持续时间，更高温度的等离子体，能够感应更强的航天器电荷，并产生高通量的相对论电子。此外，与 CME 引起的磁暴相比，磁层更有可能在 CIR 引起的磁暴到来之前预先产生大量的等离子体。CME 引起的磁暴主要对地基电子系统产生影响，而 CIR 引起的磁暴主要对天基系统造成威胁。

当一个在太阳附近以 3000km/s 速度极快运行的行星际日冕物质抛射（ICME）以强烈的向南行星际磁场与地球磁场发生冲撞时，就会产生超级磁暴。虽然超级磁暴很罕见，但是由于其能够导致危及生命的电力中断、卫星损毁、通信故障和导航问题，因此在所有日地事件中，超级磁暴是最具有社会和技术相关性的。如表 2.2 所示，超强磁暴的发生概率是非常低的。例如，自 1985 年以来，在太空时代的 60 年里，只有一次真正的超级磁暴被地面磁力图记录下来，发生在 1989 年 3 月 13 日。根据 Dst 廓线，两次超强事件先后发生于 2003 年 10 月 29 日至 30 日和 2003 年 11 月 20 日。前者是由两个速度高达 2200km/s 的快速 ICME 引起的两步磁暴，后者是由磁云的强烈的南向磁场引起的单步磁暴，该磁云与以 780km/s 的中等速度移动的 ICME 相关（见第 3 章和第 5 章）。地球电离层的响应非常迅速和剧烈。

表 2.2　不同量级磁暴的发生频率

磁暴强度（nT）	频　率
>100	每年 4.6 次
>200	每 10 年 9.4 次
>400	每 100 年 9.73 次
>800	每 1000 年 2.86 次
>1600	每 1000000 年 7.41 次

无论强磁暴还是弱磁暴，都会直接影响高纬度的电离层，且注入高层大气的能量会引起中性大气成分变化，进而导致全球范围内 F 层的电子密度增加或减少。另外，在磁暴期间中纬度地区是流出的热电离层离子（如 O^+成分）的重要来源，因此，地磁场扰动引起的电离层整体后果以及与之相关的电离层暴和亚暴构成了日外天气系统中电离层空间天气的核心部分。许多电离层空间天气对通信系统和导航系统的影响，都是高层大气响应太阳耀斑、日冕物质抛射和太阳质子事件造成的。

2.3 电离层-大气层耦合

如图 2.5 所示①，用温度垂直廓线描述的地球中性大气的主要区域包括：对流层（0～12km），温度随高度增加而降低，对流层顶温度大约 200K；平流层（12～30km），温度基本均匀；中间层（30～80km），在 50km 附近具有 270K 的较高温度；热层（>80km），受辐射加热，温度梯度取决于太阳热量输入，并且温度一般大于 1000K；外逸层（>600km），温度稳步增高，最高可达约 1500K，其温度与纬度、太阳活动、季节和时间有关。对流层和平流层统称为低层大气，平流层和中间层统称为中层大气，中间层上部和热层统称为上层大气。

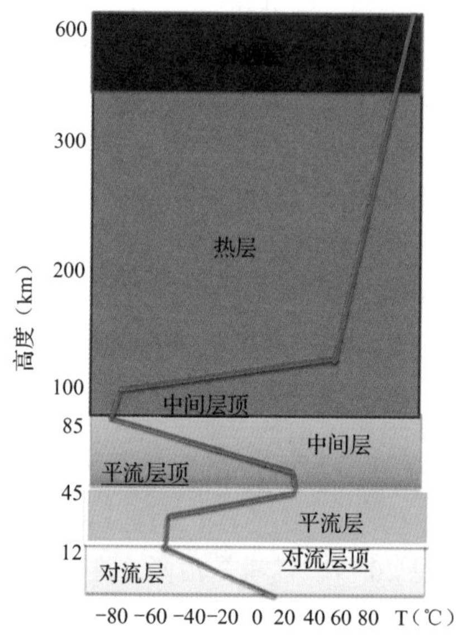

图 2.5 表示地球大气分层的大气温度垂直廓线

100km 以内大气的化学成分基本均匀，主要成分有：78.08%的 N_2，20.95%的 O_2，0.93%的 Ar，平均分子质量 M≈29。次要成分有 H_2O、CO_2、NO 和 O_3。太阳紫外线辐射分解 O_2 产生氧原子，氧原子再与 O_2 反应产生臭氧（O_3）。臭氧具有保护地球表面免受太阳紫外线辐射及其相关化学反应和传递过程影响的作用，浓度由其生产率和消耗率之间的平衡决定。大气成分和相关化学物质决定了全球和局部空气质量，并影响天气、气候等。

在大约 100km 以上，氧分子 O_2 被紫外线辐射分解，强湍流导致氧原子密度随高度增加而急剧升高，远超过 N_2 和 O_2 的含量。氢（H）和氦（He）是外逸层的主要组成成分，属于最轻的气体。在大约 100km 以上，每个大气成分都遵循一个独立的流体静力学方程，即质量与特定高度之间的对应关系：$H_i = kT/m_ig$，其中 k 为第 i 个成分的玻尔兹曼常数；或者 $H = RT/Mg$，其中 R 为气体常数。同样在日地系统中，化学成分也随时间和空间不断变化。

来自太阳和磁层的粒子通量是低层热层和电离层的能量和电离的主要来源。能量通量由

① 此处图文描述不完全对应，疑有误，考虑到大气层划分受季节、纬度等多种因素影响变化范围不定不便随意修改，此处与原著保持一致。

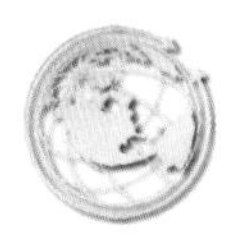

能量粒子释放，在数百电子伏到数百兆电子伏范围内变化。大气降水的强度、滴谱和位置与太阳和地磁活动有关，其平均值也表现出对太阳周期的长期依赖。太阳光谱中的太阳周期变化随着能量的增加而增大，近紫外到中紫外的变化为几个百分点，极紫外辐射的变化增大约两倍，到 X 射线变化增大一个数量级甚至更多。

即使在典型（规则、正常、宁静）条件下，地球上层大气也在不停运动。这对于热层非常重要。在热层，来自太阳的 X 射线和 EUV 辐射被吸收，并使温度上升至 1000°K 以上。热层温度在日下点附近最高，在背对太阳一侧最低，因此形成了压力梯度，使得水平中性风从面向太阳的一侧吹向背对太阳的一侧。水平压力梯度在太阳过度加热引起的温度变化期间增大。风的运动是由离子和中性物质的碰撞产生的，并因离子引力按照库仑定律转移为等离子体运动。在碰撞高发区，等离子体运动是由中性物质的运动决定的。然而在碰撞频率较低的高层大气区域，水平中性风不能使离子穿过地球磁场。这种离子拖曳效应的存在是由于离子受地磁场约束且其速度受电磁力密度 **J**×**B** 控制。在空间天气事件发生期间，环流变化使得风速是宁静天气期间的数倍，可导致大量等离子体的再分配并进一步改变等离子体的结构。因此，在中纬度地区，向赤道风将升高电子密度，向极风将降低电子密度，并且损失率随高度增加而降低。热层风是电离层大气系统复杂热动力结构的基本特征，它们在磁层-电离层耦合期间参与电离层-热层作用过程，引起中纬度地区电离不均匀、能量向上耦合，并影响热结构。

近几十年来，空间等离子体科学虽发展缓慢，但是不断提高了我们对控制能量和等离子体通过日地系统从太阳及更远的地方向地球传输的物理过程的理解。这些知识使得我们能够完成重要的空间任务，并在磁层-电离层-大气层中进行多点观测，进一步加深对地球等离子体环境的了解。

基于不同技术手段长期积累的日地数据，已可以对太阳周期过程中电离层天气事件的行星际和太阳起源进行详细研究（见图 2.6）。最有价值的数据来源包括太阳和太阳圈探测器（SOHO）、要素/同位素成分高级探测器（ACE）和日地关系天文台（STEREO）项目，以及许多其他重要项目，这些项目数据在空间天气预警体系中起着至关重要的作用。在 NASA 和 ESA 的国际合作下，SOHO 于 1995 年 12 月 2 日发射，在围绕拉格朗日 L1 点（面向太阳离地 1500000km）的晕轨道上运行，每天 24 小时观测太阳。该重点项目提供了关于太阳及其内部、日冕物质抛射、太阳大气和太阳风的新信息。1997 年 8 月 25 日，NASA 发射了 ACE，其轨道同样围绕拉格朗日 L1 点。拉格朗日 L1 点在太阳和地球的连线上，太阳和地球两个天体对处在该点的物体的万有引力平衡，使得其轨道周期刚好是一个地球年。拉格朗日 L1 点的优势是，处于该点的卫星只需要进行微小的位置调整就可以保持在那里。NASA 于 2006 年发射了两颗 STEREO 卫星到地球围绕太阳轨道上，其目的在于获取太阳表面的立体照片，测量与太阳爆炸相关的磁场和离子通量，同时跟踪从太阳输送到地球的能量和物质。这些观测提供的信息可支持识别射向地球的 CME 并估计其达到地球的时间，但 CME 预报目前仍是一个难题，IMF Bz 剖面预测更是如此。

Yohkoh 是日本与英国、美国合作的一个太阳观测项目，于 1991 年 8 月发射到地球轨道上，提供了与日冕和太阳耀斑相关的宝贵数据。

自 1995 年 12 月发射以来，太阳和太阳圈探测器（SOHO）与其他天基、地基项目被用于对 CME 进行多学科观测。进一步的研究需要新的技术手段。特别重要的是，NASA STEREO 项目（2004 年发射）可以在太阳和地球轴之外对 CME 进行多点观测，该项目提出了一种测定 CME 三维结构的新方法，显著提高了我们对 CME 结构、发生、传播和对地相互作用的认知。

所有最新研究都表明日地环境基本上是可以预测的。日地环境中的复杂行为影响着其大尺度趋势，目前的测定精度已使良好的全局整体建模和预测成为可能，并显著提高了我们对空间环境（从太阳到地球、到其他星球以及到其他行星际介质）的基本物理过程的理解。

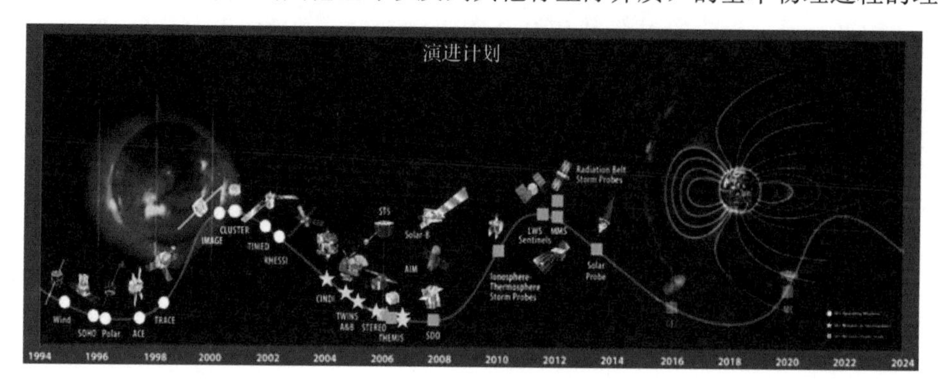

图 2.6　NASA 的长期路线图

参考文献和补充书目

[1] Akasofu S-I(2017) The electric current approach in the solar-terrestrial relationship. Ann Geophys 35: 965-978.

[2] Cowley SWH, Lockwood M(1992) Excitation and decay of solar wind-driven flows in the magnetosphere-ionosphere system. Ann Geophys 10: 103-115.

[3] Cowley SWH, Lockwood M(1996) Time-dependent flows in the coupled solar wind magnetosphere-ionosphere system. Adv Space Res 18: 141-150.

[4] Daglis IA, Thorne RM, Baumjohann W et al(1999) The terrestrial ring current: Origin, formation, and decay. Rev of Geophys 37(4): 407-438.

[5] Echer E, Gonzalez WD, Tsurutani BT et al(2008) Interplanetary conditions causing intense geomagnetic storms(Dst<-100nT) during solar cycle 23 (1996-2006). J Geophys Res 113: A05221.

[6] Guhathakurta M(2003) NASA's Sun-Earth Connection Program & ILWS. Office of Space Science, CodeSS, NASA.

[7] Joselyn JA (1986) SESC methods for short-term geomagnetic predictions. In: Proceedings of the 1984 solar-terrestrial prediction workshop, NOAA, Boulder.

[8] Joselyn JA (1995) Geomagnetic activity forecasting: the state of the art. Rev Geophys 33: 383-401.

[9] Kamide Y (2006) What is an "Intense Geomagnetic storms"? Space Weather 4: S06008.

[10] Lakhina GS, Tsurutani BT (2016) Geomagnetic storms: historical perspective to modern view. Geosci Lett.

[11] Lara A, Gopalswamy N, Xie H et al (2006) Are halo coronal mass ejections special events? J Geophys Res 111: A06107.

[12] Love JJ, Gannon JL (2009) Revised Dst and the epicycles of magnetic disturbance: 1958-2007. Ann Geophys 27: 3101-3131.

[13] Luhmann JG (1997) CMEs and space weather. AGU Geophysical Monograph 99: 291-299.

[14] Ness NF, Scearce CS, Seek JB (1964) Initial results of the IMP-1 magnetic field experiment. J Geophys Res 69(17): 3531-3569.

[15] Sugiura M (1964) Hourly values of equatorial Dst for the IGY. Ann Int Geophys Year 35: 9-45.

[16] Tsurutani BT, Gonzalez WD, Tang F et al (1992) Great magnetic storms. Geophys Res Lett 19: 73-76.

[17] Zhang J, Dere KP, Howard RA et al (2003) Identification of solar sources of major geomagnetic storms between 1996 and 2000. Astrophys J 582: 520-533.

第 3 章　空间天气成因和效应

摘要：概述各种空间天气的成因和效应，列出电离层空间天气在磁层-电离层-大气层（M-I-A）系统中作为一个特定学科的一些明确观点。详细讨论了众所周知并普遍用于描述太阳和地磁活动的日地“活动指数”。本章的总体目标旨在揭示如果没有全面专注的空间天气研究计划，地球和外太空的人类社会将无法安全、高效运转和稳步前进。

关键词：太阳周期；太阳指数；地磁指数；电离层指数；无线电系统；GNSS

虽然空间天气源于距离地球表面很远的地方，但是会对关键的人类活动产生各种各样的影响，包括涉及地球电离层和上层大气的民用或军用高科技系统。空间天气能够损害电网、卫星通信和信息系统、天基定位/导航/授时系统的运行和可靠性、卫星和航空业务以及宇航员的太空工作生活，从而对社会、经济、国家安全和卫生健康领域产生重大影响。

如前所述，异常的地磁扰动是与空间天气有关的现象中最主要的表现形式，包括电离层扰动、电离层暴、不规则体和波动。尽管在高能量的日地事件中，整个电离层都受到同等的影响，但是磁暴对地球的影响通常局限在南北半球纬度 45° 到地磁极之间的区域。磁暴一直是科学研究、工业应用以及人类其他领域（如文学艺术）关注的焦点。当前的研究重点是空间天气最本质的时空过程、相互作用及在时间和空间上的影响。然而，就像自然界最复杂迷人的特征一样，许多问题仍然没有答案，仍然需要详细地描述和调查研究，以获得更多有用的见解。

3.1　主要空间天气成因

电离层空间天气可以定义为地球上层大气结构在扰动条件下的动态和电动力学瞬时状态，如第 2 章所述，电离层空间天气主要是太阳电磁能量和等离子云喷发导致的日地之间强烈相互作用的结果。为了研究电离层空间天气，需要对相关模型、状态描述、预警和成因预测进行定义，最重要的是进行精确量化。其中一种方法就是引入一些众所周知且经常使用的日地“活动指数”，这些指数定量表征了太阳和地磁活动。

通常用国际太阳黑子数的时间变化描述太阳黑子周期，其值随太阳活动水平周期性增大或减小。太阳周期计数与最长的连续观测数据记录有关，第 1 太阳活动周期（SC1）起始于 1755 年，目前是第 24 太阳活动周期（SC24）。需要注意，1670 年为中心的前后的 70 年为蒙特极小期，在此期间里几乎没有观测到太阳黑子。长期以来，由于太阳黑子数这一概念是由苏黎世天文台提出的，所以该指数也被称为苏黎世太阳黑子数 Rz。从 1981 年开始，衍生出了国际太阳黑子数 Ri，该指数是由位于比利时布鲁塞尔的 C 世界数据中心提出的。

自 2015 年 7 月 1 日起，原始太阳黑子数据已经被全新修订的 Sn 数据体系所取代，并由比利时皇家天文台基于全球站点的观测数据对全球和标准半球日太阳黑子数进行计算。位于洛加尔诺的 Specola Solare Ticinese 作为参考站，最终数据通过比利时布鲁塞尔皇家天文台的 WDC-SISLSO 网站向全世界发布。图 3.1 显示了近 6 个太阳周期（SC）的月均太阳黑子数

Sn，以及有史以来最高的太阳周期 SC19 到目前最低的太阳周期 SC24 的月均平滑太阳黑子数 SSn。从图中可以看出，太阳周期有跨越多年的峰值，也有一些非常尖锐，但均呈现了太阳活动较大的月变化特性。

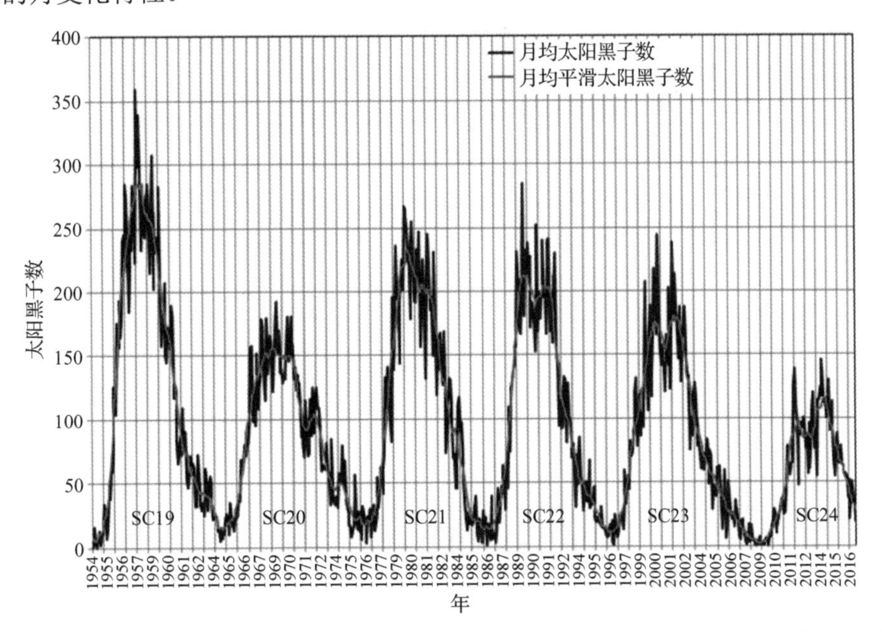

图 3.1　1954 年至 2016 年（SC19 到 SC24）期间的月均太阳黑子数和月均平滑太阳黑子数（13 个月平滑的月均太阳黑子数通常被用来描述太阳黑子数）

表 3.1 总结了 SC19 到 SC24 的主要特征。太阳黑子数最高的年份称为太阳极大年（SC Max），太阳黑子数最低的年份称为太阳极小年（SC Min）。众所周知，太阳活动周期约 11 年，太阳黑子数最大波动范围为 2.2～285，周期长度约 9.7～12.4 年，需要 2.8～5.2 年上升到极大期，再需要 6.8～8.6 年下降到极小期，周期明显不对称。在 11 年的周期内存在准周期变化，最明显的周期约为 13 个月或 15 个太阳自转。

表 3.1　基于 SSn 总结的 SC19 到 SC24 的主要特征

太阳黑子周期（SC）	极小年（SC 最小）	SSn 最小值	极大年（SC 最大）	SSn 最大值	升至 SC 极大期时间（年）	降至 SC 极小期时间（年）	周期长度（年）
SC19	1954.04	5.1	1958.03	285	3.6	7.0	10.6
SC20	1964.10	14.3	1968.11	156.6	4.0	7.6	11.6
SC21	1976.06	17.9	1979.12	232.9	3.4	6.9	10.3
SC22	1986.09	13.5	1989.07	212	2.8	6.8	9.7
SC23	1996.05	11.2	2000.04	175.2	3.8	8.6	12.4
SC24	2008.12	2.2	2014.04	116.4	5.2		

图 3.1 和表 3.1 显示了在过去的 62 年里基于 SSn 对太阳活动变化的观测，包括最近 6 个太阳周期的极大期和极小期。SC19 始于 1954 年 4 月，SSn 为 5.1。1958 年 3 月是一个高振幅太阳周期，SSn 达到峰值 285。接下来是有些相似的 SC20、SC21、SC22 和 SC23。经历了

SC23 极小期后，当前太阳周期 SC24 始于 2008 年 12 月，SSn 为 2.2。2014 年 4 月，在日地条件从完全宁静转为大磁暴的情况下，达到太阳活动高峰，SSn 为 116.4。SC24 比一般太阳活动周期要平静，磁暴频率比过去 5 个太阳周期都低。

太阳射电通量，通常称为 F10.7 指数（或简称 F10.7），通过测量来自太阳色球层高层和低层日冕的总辐射得出，是一个很好的表征太阳活动的指标。自 1947 年以来，位于加拿大的 Penticton 射电天文台一直在当地中午时刻对太阳射电通量进行测量。通量强度水平包括未受扰动区域和活跃区域的辐射，以及在 10.7cm 波长（相当于 2.8GHz）观测到的高于日常辐射水平的短期增强。图 3.2 给出了 1954 年至 2016 年（SC19 到 SC24）月均太阳黑子数和月均太阳射电通量，可以看出太阳活动变化。从图中可以明显看出，月均太阳射电通量与月均太阳黑子数密切相关。太阳射电通量单位为 $10^{-22}Wm^{-2}Hz^{-1}$（sfu），在一个太阳周期内 F10.7 通常在 50sfu 到 300sfu 之间变化。

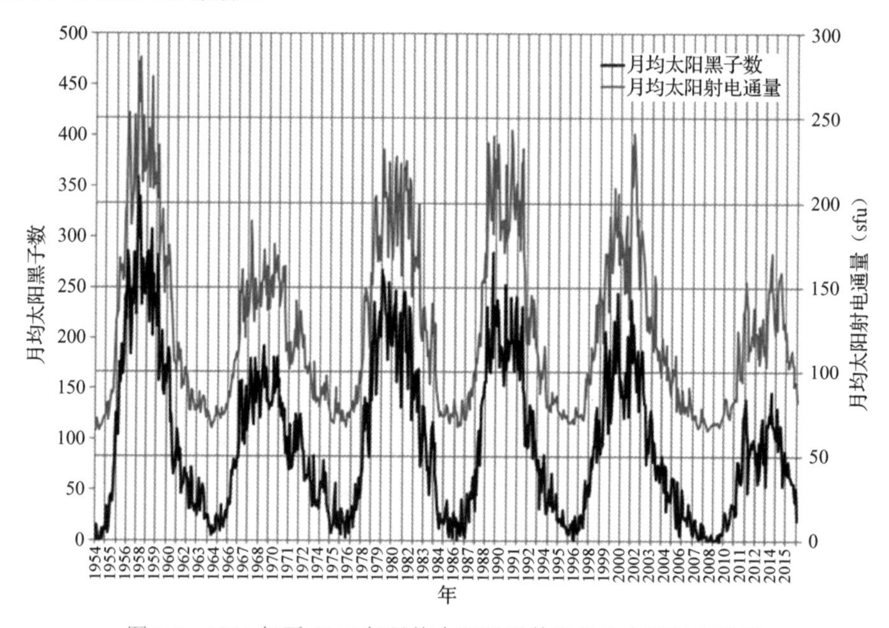

图 3.2　1954 年至 2016 年月均太阳黑子数和月均太阳射电通量

SC19 在 1954 年 1 月达到极小期，Sn 和 F10.7 分别为 0.4 和 65.7，在 1957 年 10 月达到极大期，Sn 和 F10.7 分别为 359.4 和 283.1。SC20 在 1964 年 9 月达到极小期，Sn 和 F10.7 分别为 7 和 70.1，在 1968 年 1 月达到极大期，Sn 和 F10.7 分别为 172.5 和 189.1，比前一太阳周期低得多。SC21 在 1976 年 7 月达到极小期，Sn 和 F10.7 分别为 2.9 和 67.5，在 1979 年 9 月达到极大期，Sn 和 F10.7 分别为 266.9 和 200.3。SC22 是另一个类似的中等振幅周期，于 1986 年达到其最小值，Sn 和 F10.7 分别为 0.6 和 67.6，于 1989 年 6 月达到第一个峰值，Sn 和 F10.7 分别为 284.5 和 239.6，于 1990 年 8 月达到第二个峰值，Sn 和 F10.7 分别为 252.1 和 222.6。SC23 于 1996 年 4 月达到极小期，Sn 和 F10.7 分别为 6.8 和 69.4，于 2000 年 7 月达到极大期，Sn 和 F10.7 分别为 244.3 和 205.5。SC24 始于 2008 年 12 月。从 SC23 到 SC24 太阳活动表现出了前所未有变化，于 2011 年 11 月达到第一个峰值，Sn 和 F10.7 分别为 139.1 和 153.5，于 2014 年 2 月达到第二个峰值，Sn 和 F10.7 分别为 146.1 和 170.1。值得注意的是，Sn 和 F10.7 的最大值和最小值在时间上很少完全吻合（见图 3.2）。然而下表所示 SSN 和 F10.7

之间的转换表有时非常有用，其中 SSN 为月均平滑美国太阳黑子数。

SSN	0	25	50	75	100	125	150	175	200	250	300
F10.7	67	83	102	124	148	172	196	219	240	273	300

图 3.3（a）和图 3.3（b）分别显示了 2016 年至 2020 年 SSN 和 F10.7 预测值，该组数据由美国商务部 NOAA 的空间天气预报中心（SWPC）于 2016 年 7 月拟制，可通过 NOAA 官网获取。图中给出了基于当前态势对本轮太阳周期剩余年份的预报。需要注意的是，对于 SC25，可靠的预测需等到太阳活动极小期后约 3 年才能得到。

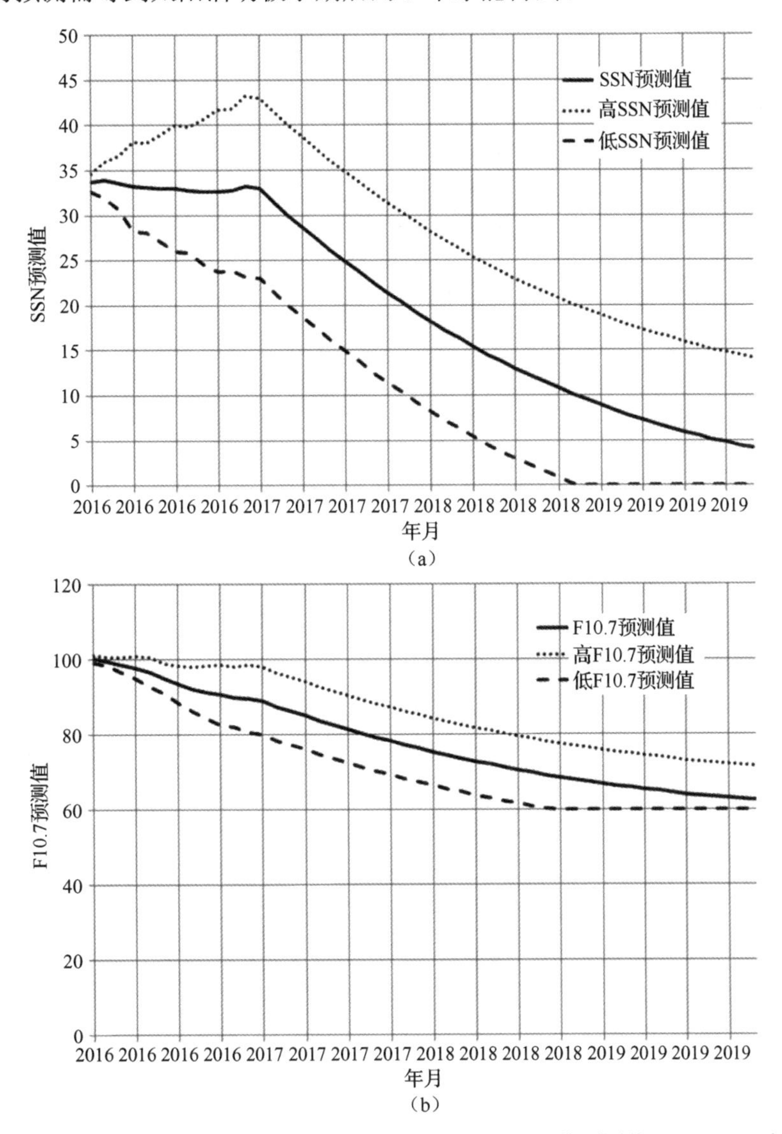

图 3.3 （a）2016 年至 2020 年包含上下余量的月均平滑美国太阳黑子数预测值；（b）2016 年至 2020 年包含上下余量的月均太阳射电通量预测值

一般来说，电离层扰动在一个太阳周期内有着和地磁扰动相似的变化，在太阳活动极小期电离层暴较少。因此，大磁暴被认为在太阳活动极大期更为频繁。在这方面，需要注意的是月均太阳黑子数和月均 Ap 指数之间有趣的差异模式，如图 3.4 所示。自 1932 年以来，基于一组中纬度地区的地磁观测站提供 24 小时每日 Ap 指数，用于表示地球的地磁活动。Ap 指数（或简称 Ap）的月均值变化较大，且有一定的持续性，但是无明显的周期性特征和频率。例如，Ap 指数的月均值在每个太阳周期中至少有两个明确的峰值，其中一个总是在周期的下降期。整体上 SC24 的地磁活动比之前的 SC21 和 SC22 有所减少，保持 SC23 的下降趋势，比 SC22 减少约 15%。

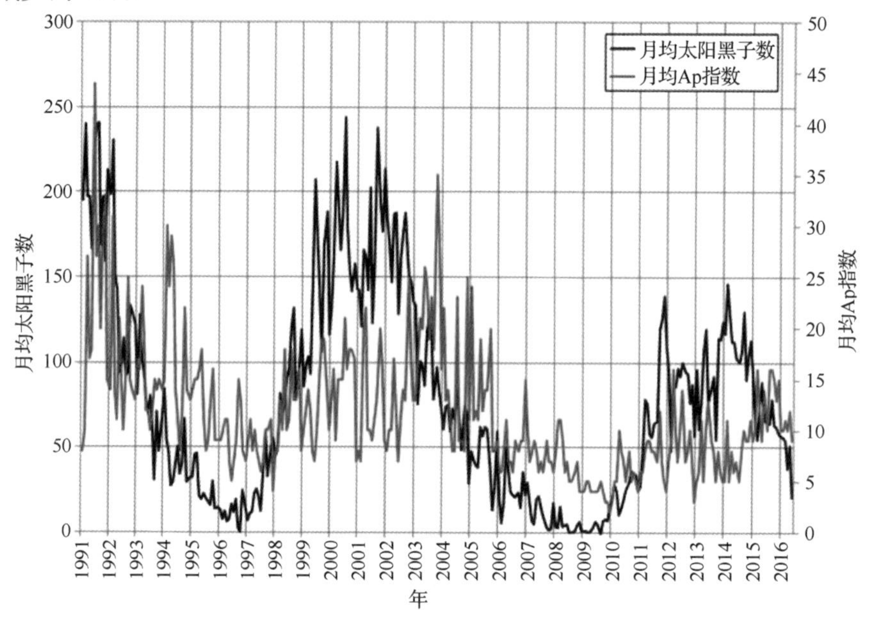

图 3.4　1991 年至 2016 年月均太阳黑子数和月均 Ap 指数

图 3.5 给出了 1991 年至 2015 年月均平滑太阳黑子数和月均平滑 Ap 指数的散点图。图中可以看出，在太阳活动下降期（SSn 大约是 30 和 60）地磁活动相对较高，这意味着超强磁暴与太阳黑子周期峰值并非密切相关，而是随机发生。从图中的线性趋势线可以看出两个指数之间的相关性极低，说明任何时候都有可能发生全球、区域或局部范围内的大规模电离层扰动。这对在实际应用中考虑电离层空间天气的影响非常重要。

Ap 指数取值范围为 0 到 400，通常定义：

（1）小磁暴：Ap 指数大于 29 小于 49；

（2）大磁暴：Ap 指数大于 49 小于 100；

（3）超强磁暴：Ap 指数不小于 100。

此外，当 15<Ap<29 时认为地磁活跃，当 8<Ap<15 时认为地磁不稳定，当 Ap<8 时认为地磁宁静。

除使用了几十年的 Ap 指数外，还有其他地磁指数。这些指数提供了便于对与地磁活动相关的系列组合并发过程进行分类的方法。其中每小时地磁活动强度 Dst 指数（或简称 Dst，单位纳特 nT），可从位于日本京都的世界数据中心获得，包括 Dst 初步估计值和最终值，以及最近基于近赤道地磁观测站网地磁测量进行精密处理而产生的实时数据。

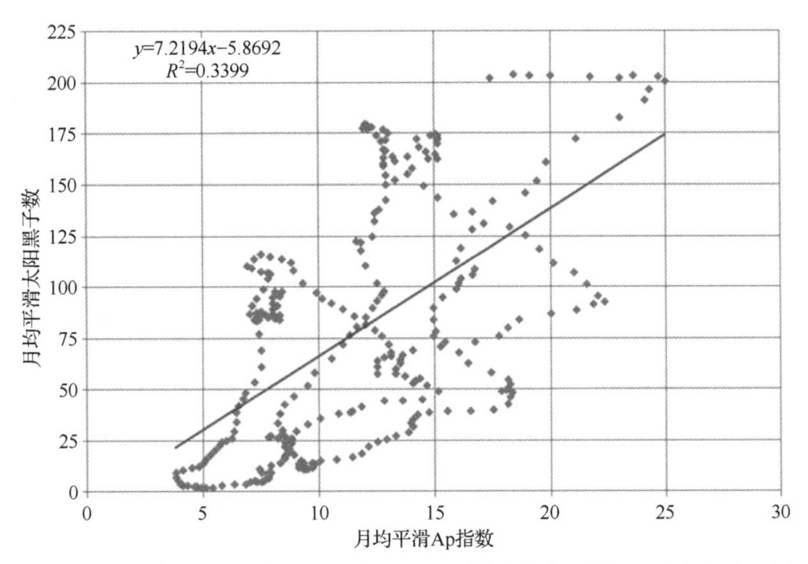

图 3.5　1991 年至 2015 年月均平滑太阳黑子数和月均平滑 Ap 指数的散点图

Kp 指数用来描述地磁场强度最大变化区间，是基于一组特定的地磁观测站的数据，根据每个观测站三小时内最活跃的水平场分量划分扰动水平，0 表示非常宁静，9 表示最强扰动。其峰值出现在电磁暴的主相，即 Dst 指数变化最迅速的时候（见图 3.6）。原则上，由于 Kp 指数峰值与源日冕洞的面积和余纬有很大关系，因此，Kp 指数达到 5 以上表示已发生磁暴，达到 7 以上表示超强磁暴。预测近地高速太阳风流的特性及其地磁效应是极其重要的，太阳日冕洞位置是进行准实时监测的一个有用的参数。

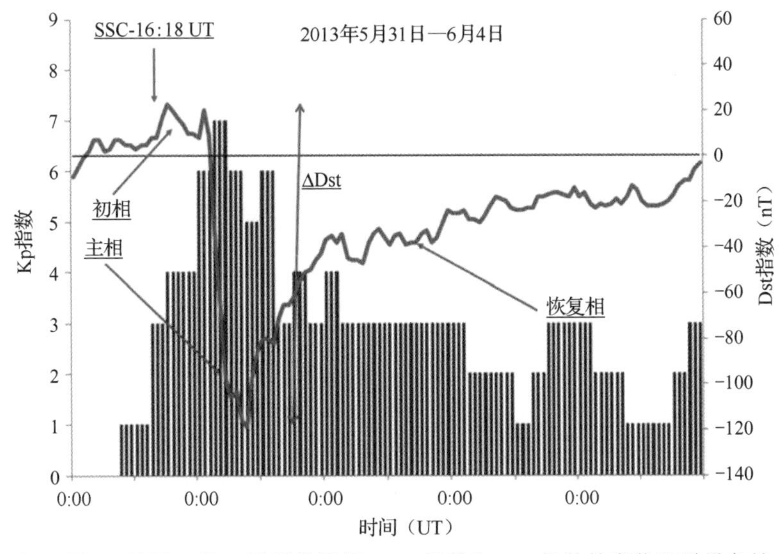

图 3.6　在 2013 年 5 月 31 日至 6 月 4 日磁暴期间，Kp 指数和 Dst 指数的变化及磁暴急始（SSC）、初相、主相、恢复相和主相振幅△Dst

根据 IPs 网站提供的数据，Ap 指数和 Kp 指数之间的换算关系如下：

Ap 指数	0	3	7	15	27	48	60	140	240	400
Kp 指数	0	1	2	3	4	5	6	7	8	9

如图 3.6 所示，磁暴初相（IP）是指中纬度和赤道地区地球磁场强度水平分量（H 分量）增强的阶段。统计研究表明，IP 可以持续 30 分钟至几个小时。磁暴的主相（MP）是指中纬度地区磁场强度水平 H 分量开始下降的阶段，在超强磁暴时下降幅度可达几百纳特。这是由于向西流动的磁层环流增大并向地球靠近时，会形成 H 分量凹陷，该过程可以持续几个小时甚至一整天。磁暴的恢复相（RP）是指地磁场下降的背向分量以指数形式恢复到正常水平的过程，该过程可以持续几天不等。磁暴的强度通过期间的 Dst 指数来衡量。Dst 是一个小时指数，用来表示环电流的强度，通过等离子体介质电动力学与电离层暴相关。

必须强调的是，图 3.6 所示的 Dst 最小值很可能不是一个单独事件的结果。在许多磁暴期间，当两个或三个连续的南向行星际磁场 IMF 导致的两个或三个中等磁暴（甚至大磁暴）叠加时，扰动的主相 Dst 会有两次增大（如图 3.7 上所示），甚至会有三次增大（如图 3.7 下所示）。由于基于 Dst 指数可以监测磁暴的强弱变化，人们也基于 Dst 指数来划分磁暴的规模。当-100nT≤Dst<50nT 时为小磁暴；当-200nT≤Dst<-100nT 时为大磁暴；当 Dst≤-200nT 时为超强磁暴；当 Dst<-250nT 时为超级磁暴。

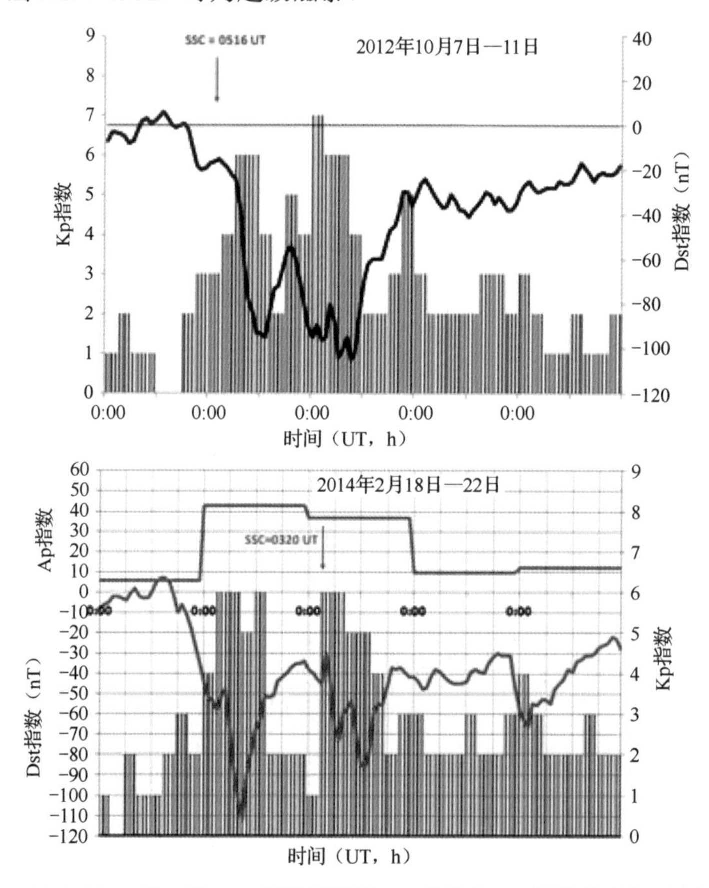

图 3.7　2012 年 10 月 7 日—11 日磁暴期间 Dst 指数和 Kp 指数的变化（上）；
2014 年 2 月 18 日—22 日磁暴期间 Ap 指数的变化（下）

在日地物理学中另一个被广泛使用的指数是 Davis 和 Sugiura 在 1996 年提出的极光带电集流强度 AE 指数（或简称 AE）。该指数基于从北半球极光带选定的大量地磁观测站所观测到的地磁场 H 分量换算得出，表征了极光带电集流的整体活动。H 分量的最大负偏移称为

AL 指数（或简称 AL），最大正偏移称为 AU 指数（或简称 AU）。AE 指数就是这两个指数的差（见图 3.8），即 AE=AU−AL。AU 和 AL 分别给出了东、西极光带电集流的最强电流强度。此外 AO=(AU+AL)/2 提供了一种等效纬向电流的度量。

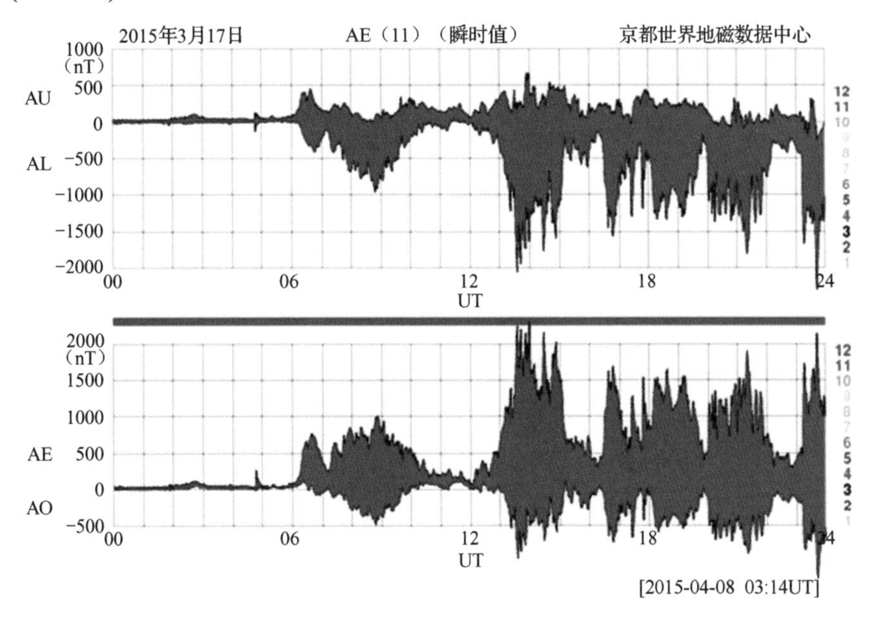

图 3.8　2015 年 3 月 17 日磁暴日 AE 指数及其分量的瞬时值

图 3.9 列出了自国际地球物理年（IGY，1957 年 7 月至 1958 年 12 月，此时已具备卫星观测能力）以来所有 Ap 指数≥100 或日 Dst 指数≤−200nT 的超强磁暴。从图中可以看出，迄今为止，在冬季（11 月至 2 月）共发生了 10 次，夏季（5 月至 8 月）共发生了 12 次，春秋分（3 月、4 月、9 月和 10 月）共发生了 21 次，其中在某些月份发生了多次。

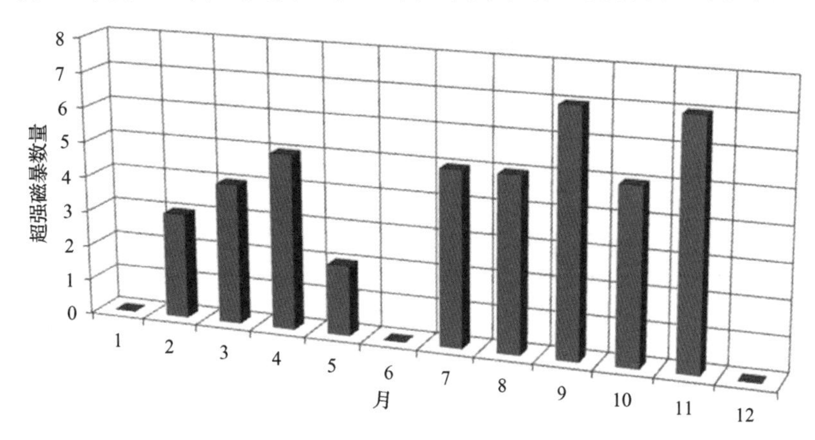

图 3.9　1957 年至 2016 年期间各月超强磁暴数量

为了全面研究电离层空间天气的成因和影响，本书选取了一些超强、大、小磁暴（如表 3.2 所示），以及一些地磁活跃期的例子进行分析。

表 3.2　一些超强、大、小磁暴

时　　期	Ap 最大值	Dst 最小值（nT）	所处太阳活动阶段
1986.02.08	202	-259	SC 极小期
1986.02.09	100	-307	SC 极小期
1989.03.13	246	-472（24UT）	SC 极大期
1989.03.14	158	-589	SC 极大期
1989.11.17	109	-266	SC 极大期
1990.04.10	124	-281	SC 极大期+1 年
1995.04.07	100	-149	SC 极大期+6 年
1999.09.13	46	-74	SC 极大期-1 年
2000.04.06	82	-287	SC 极大期
2000.04.07	74	-288	SC 极大期
2001.03.31	192	-387	SC 极大期+1 年
2001.04.11	85	-238	SC 极大期+1 年
2001.11.06	142	-292	SC 极大期+1 年
2002.04.18	63	-127	SC 极大期+2 年
2002.04.20	70	-149	SC 极大期+2 年
2003.08.18	108	-148	SC 极大期+3 年
2003.10.29	204	-350（24UT）	SC 极大期+3 年
2003.10.30	191	-383	SC 极大期+3 年
2003.11.20	150	-422	SC 极大期+3 年
2004.01.22	64	-130	SC 极大期+4 年
2004.07.27	186	-170	SC 极大期+4 年
2004.11.08	140	-374	SC 极大期+4 年
2004.11.10	161	-263	SC 极大期+4 年
2005.01.18	84	-103	SC 极大期+5 年
2008.10.11	34	-54	SC 极小期
2010.04.05	55	-184	SC 极小期+2 年
2011.03.11	37	-83	SC 极小期+3 年
2012.03.09	87	-145	SC 极小期+4 年
2012.07.15	78	-139	SC 极小期+4 年
2012.10.09	46	-109	SC 极小期+4 年
2013.06.01	58	-124	SC 极大期-1 年
2014.02.19	43	-116	SC 极大期
2015.01.07	31	-99	SC 极大期+4 年
2015.03.17	108	-223	SC 极大期+1 年
2017.09.08	96	-142	SC 极大期+3 年

磁暴急始（SSC，图 3.6 和图 3.7 中箭头所示），是指地球磁场呈阶梯状增长或磁暴主相前 Dst 指数出现尖锐的正向峰值的时间。SSC 表示来自行星际空间的太阳风冲击波冲击磁层顶并压缩地球磁场。通常与引起最大幅度 SSC 的行星际冲击波相关的动压发生在太阳活动的下降期（见表 3.2）。图 3.10 突出显示了 SSC 磁暴数量随太阳周期阶段或年份的变化关系。可以发现大磁暴的双峰年分布，并且太阳活动较高的周期发生的磁暴更多。每年春分和秋分前后的几个星期是磁暴高发期。尽管磁暴可以在任意年份任意时间发生，和季节或太阳黑子周期阶段无关，但是较少在夏季和冬季发生（见表 3.2）。磁暴的发生也可以是渐进式（GSC）的，没有确定的开始时间。

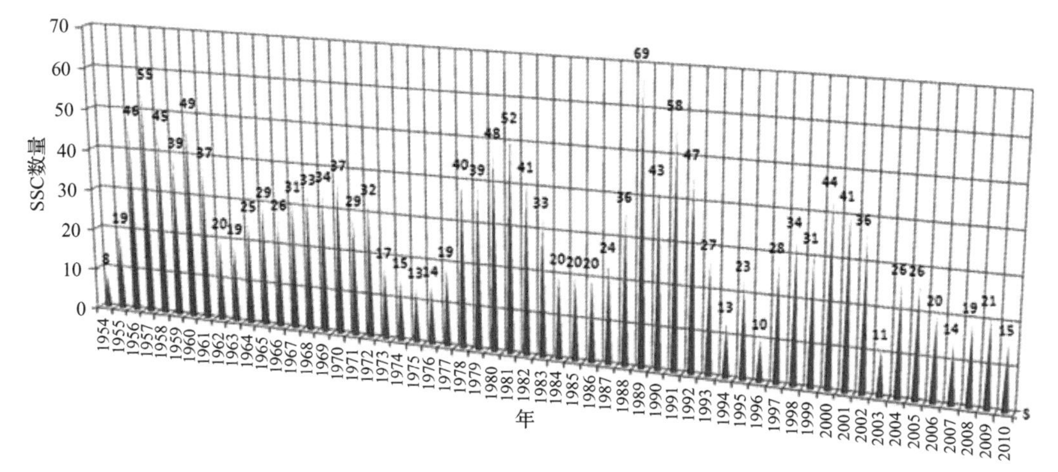

图 3.10　1954 年至 2010 年期间每年的 SSC 数量（基于 Mayaud 列表）

图 3.11 给出了 1991 年至 2016 年每月 SSC 磁暴发生次数的分布，并与相关的月均太阳黑子数和月均 Ap 指数进行对照。从图中可以很明显地看出，磁暴受太阳活动的影响，其发生的频率和强度随太阳活动周期阶段变化。这些统计值提供了磁暴事件的逐月、逐年和季节性分布信息。

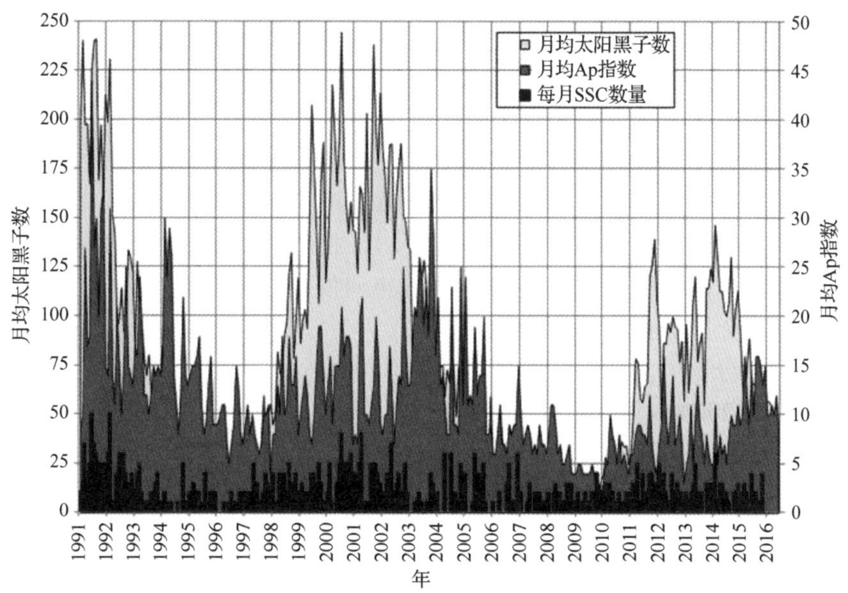

图 3.11　1991 年至 2016 年月均太阳黑子数和月均 Ap 指数，以及每月 SSC 数量（基于 Mayaud 列表）

图 3.11 也非常清楚地总结了使用这些日地“活动指数”作为太阳、地磁和潜在电离层活动总体水平的替代指标的复杂性，因为磁暴通常会导致电离层暴和电离层波动。这些指数不仅仅包括太阳黑子数、太阳射电通量和地磁指数，还包括太阳风参数（密度和速度）、耀斑指数、太阳 X 射线通量和 AE 指数、各种电离层指数以及最近日地研究中引入的许多其他指数。电离层空间服务需要基于不同指数对太阳水平、地磁活动的现状和未来趋势进行实时评估，这是目前科学界和用户群体中热烈讨论的一个关键问题。正确理解日地指数和电离层形态之间的关系是服务成功开展的前提。最相关的因素是主要电离层特征值与其可预测性之间的相关程度。这里列出的许多结果都是基于 Ap 指数的，这是因为在可以预见的将来，很快就可以基于 Ap 指数值提前几天进行地磁预报。

3.2 主要空间天气效应

空间天气对与日常生活相关的各类地基、天基等复杂基础设施的影响，在空间研究开始时就有讨论，在学术、民用和军事等领域中，现在依然是各国家、地区和国际空间计划密切关注的问题。由宇宙射线、太阳等离子体、地磁和电离层扰动等所引起的日地条件直接影响当前和未来技术的各类系统/功能，包括卫星、人类宇航、太空辐射和航空、导航系统、无线电通信信息技术及基础设施、HF 系统和面向公共安全和突发事件的短波广播系统、监视雷达和遥感、地球物理勘探、电网配电、长管线腐蚀、保险公司的潜在风险和成本以及其他许多还未被讨论的方面。

空间天气效应可以被大体分为五个方面：

（1）太阳外层大气 CME 的爆炸性释放（辐射风暴），会在数小时后影响航空业、宇航员、卫星和通信系统；

（2）地球磁场的扰动，会影响电力线路、管道、卫星和航空；

（3）短波辐射增加导致的大气加热，会降低近地轨道卫星的寿命；

（4）太阳耀斑和爆发，会影响通信、雷达和 GNSS 接收机；

（5）电离层暴，会导致导航系统、依赖 GNSS 的相关技术、高频和卫星通信系统性能下降。

如图 3.12 所示，在太阳耀斑或 CME 爆发后约 8 分钟，EUV 和 X 射线的第一次爆炸导致电离层密度升高，造成卫星通信、雷达和高频无线电通信中断、降级或失效。几分钟到数小时后，能量粒子到达地球。一到三天后 CME 经过，扰动地球磁场并激励电离层，进而引起地磁感应电流（GIS），从而对地质、导航和无线电通信系统产生负面影响。在观测到的多数极端情况下，CME 会在 15 个小时内到达。

表 3.3 和表 3.4 分别对太阳辐射风暴效应（特征是高能粒子数显著增加时辐射水平升高）和磁暴效应（Poppe 2000 以后）进行了定量总结。

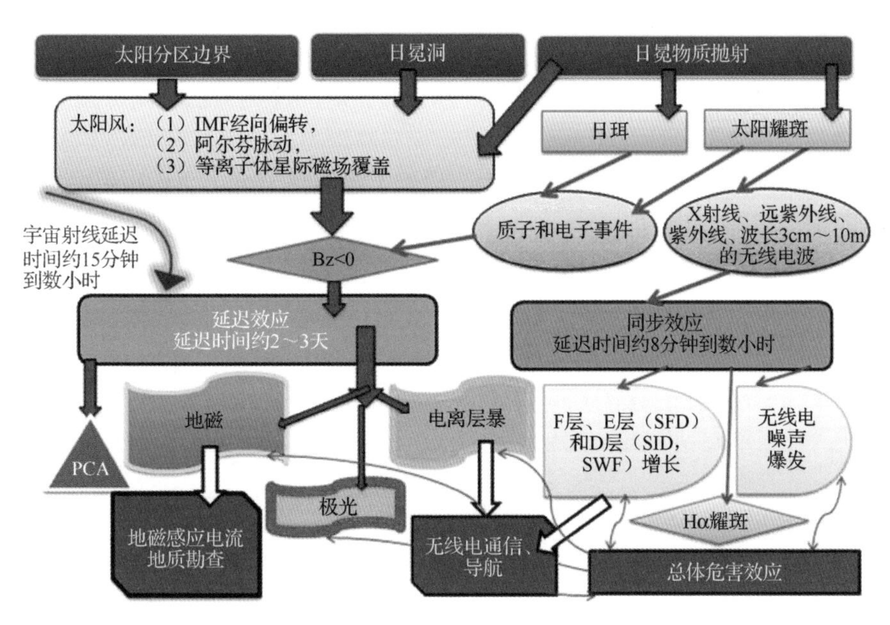

图 3.12　日地扰动的成因和时间尺度的简单示意图

表 3.3　太阳辐射风暴效应（Poppe 2000）

规模/描述	太阳辐射风暴效应	每太阳周期（11 年）的平均发生频率
S5/极端（Extreme）	生物：对宇航员 EVA 期间（舱外活动）不可避免的辐射危害；导致高纬度航班的乘客和机组人员暴露在高辐射下（大致相当于 100 次 X 光胸透）	1 次
	卫星运行：部分卫星丢失；影响存储器导致失控；图像数据出现严重噪声；跟星器无法定位来源；太阳能板永久损坏	
S4/超强（Severe）	生物：对宇航员 EVA 期间（舱外活动）不可避免的辐射危害；导致高纬度航班的乘客和机组人员暴露在高辐射下（大致相当于 10 次 X 光胸透）	3 次
	卫星运行：设备存储器发生故障；成像系统出现噪声；跟星器定位问题；太阳能板性能下降	
S3/强（Strong）	生物：需要给出宇航员 EVA 期间（舱外活动）避免辐射危害建议；导致高纬度航班的乘客和机组人员暴露在高辐射下（大致相当于 1 次 X 光胸透）	10 次
	卫星运行：可能发生单一事件干扰；成像系统出现噪声；外露组件/探测器永久性损坏；太阳能板效率降低	
S2/中等（Moderate）	生物：无	25 次
	卫星运行：发生罕见的单一事件	
S1/小（Minor）	生物：无	50 次
	卫星运行：无	

地球被一系列通信卫星、科学卫星和军事卫星所环绕，因此空间天气预测的一个主要作用就是提供一个有效的系统来保护它们。在恶劣的电离层空间天气期间，地球辐射带内运行的航天器可能会遭遇严重的通信中断。航天器上电荷的积累会导致敏感电子器件损坏，最终导致卫星失效。卫星上的太阳能电池也会受到太阳辐射的破坏，使得效率和寿命大大降低。在极端的空间天气中，进入地球大气层的额外能量导致大气升温和膨胀，从而增加了低轨卫

星的大气阻力，降低其使用寿命。应用于任务规划和空间碎片监视的大气密度模型需要一个计算机程序来预测 Ap 和 F10.7 的月平滑值。基于线性时间序列方法预测每天的 Ap 和 F10.7 值的计算机程序已投入运行，用于 ERS-1、ERS-2（欧洲遥感卫星）和 ENVISAT（ESA 执行环境任务的地球监测卫星）的轨道规划。一些保护卫星的模型采用 Kp 指数而不是太阳风的测量来实时监测地磁场的扰动。

表 3.4　磁暴效应（Poppe 2000）

<table>
<tr><th>规模/描述</th><th>磁暴效应</th><th>每太阳周期（11 年）的平均发生频率</th></tr>
<tr><td rowspan="3">G5/极端（Extreme）</td><td>电力系统：电网系统可能崩溃；变压器可能损坏</td><td rowspan="3">4 次（共 4 天）</td></tr>
<tr><td>航天器运行：大面积表面充电；定位问题；上/下行通信问题和卫星跟踪问题</td></tr>
<tr><td>其他系统：管道电流可以达到数百安培</td></tr>
<tr><td rowspan="3">G4/超强（Severe）</td><td>电力系统：可能出现电压稳定性问题；电网部分崩溃；保护装置跳闸</td><td rowspan="3">100 次（共 60 天）</td></tr>
<tr><td>航天器运行：部分表面充电和跟踪问题；定位需要修正</td></tr>
<tr><td>其他系统：感应管道电流影响保护系统</td></tr>
<tr><td rowspan="2">G3/强（Strong）</td><td>电力系统：需要进行电压修正；触发保护设备虚警；变压器很可能出现高“油中气”读数</td><td rowspan="2">200 次（共 130 天）</td></tr>
<tr><td>航天器运行：卫星组件表面充电；卫星阻力增加；定位需要修正</td></tr>
<tr><td rowspan="2">G2/中等（Moderate）</td><td>电力系统：高纬度电力系统受影响</td><td rowspan="2">600 次（共 360 天）</td></tr>
<tr><td>航天器运行：需要通过地面控制进行修正；阻力变化影响轨道预测</td></tr>
<tr><td rowspan="3">G1/小（Minor）</td><td>电力系统：弱电网波动</td><td rowspan="3">1700 次（共 900 天）</td></tr>
<tr><td>航天器运行：对卫星运行产生微弱影响</td></tr>
<tr><td>其他系统：在高纬度（60°）地区看到极光；影响动物迁徙</td></tr>
</table>

航空受到地面天气和空间天气的双重影响。在严重的空间天气事件中，高海拔飞行的飞机受到严重的辐射安全威胁，乘客和机组人员受到的辐射危害增加，特别是地磁屏蔽效应最弱的高纬度极地航线。此外，下一代飞机将更多地依靠卫星进行指挥、控制、通信和运行管理。为了尽量减少对乘客和机组人员的伤害，并限制对航空电子设备系统的损害，需要对商业航空飞行的航线和高度上的辐射危害水平进行预测（时间尺度最好是 18 小时），对已经在飞行的航班进行实时预报（时间尺度小于 30 分钟）。为了计算机组人员和乘客的辐射暴露情况及调查设备异常原因，还需要对商业航线上的辐射水平进行事后信息收集（时间尺度小于 1 周，在无严重事件时可放宽到 2～3 个月）。

在磁暴期间，高达 100 万安培的巨大电流可以穿透磁层和电离层，改变地球表面的磁场方向高达 1°，甚至 2°。虽然这些影响可以延伸到中纬度地区，但是主要还是影响高纬度地区。主用配电系统经常会停机几小时，造成巨大的工业损失，特别是在没有任何预警的情况下。在这些事件中，当地磁场在发生变化时，由于电力线两端所感应的电压超过数千伏特，电力线会受到严重的损坏。大的地磁扰动甚至会在地壳中产生电流。这些地磁感应电流（GIC）通过变电站变压器流到地面时，会干扰点位或损坏电网，因此为了保护变压器不受损坏必须启动安全机制。现有电网的发展和设计大大增加了电网受到 GIC 的易损性，迫切需要根据

Dst 指数范围来预测每日地磁活动，用以规划电网的运行。值得注意的是，在 1921 年 5 月发生的大磁暴中，Dst 接近-900nT，比在 1989 年发生的、导致 Quebec 电网崩溃的超级磁暴还高出约 50%。

天然气、石油和水输送管道的损坏也令人担忧。管道的损坏的代价高昂，既有直接维修的代价，也有对环境和公众造成损害的间接代价。管道的电气化腐蚀通常是通过保持其相对于周围大地为负压来抑制的。当发生空间天气事件时，需要改变管道电压来补偿感应电压。

电力公司、管道运营商、铁路和电信运营商需要：（a）对大的地磁感应电流进行详细空间预测，以便采取减缓措施来保护分布的导电网络（时间尺度 1～2 天）；（b）对大的地磁感应电流进行详细的空间现报（时间尺度小于 5 分钟）；（c）不同大小的地磁感应电流的空间详细信息（时间尺度小于 1 个月）。

随着技术迅速发展，人们越来越多地使用高精细度的电子作业，而这种方法在极端空间天气事件中尤其脆弱。例如，航磁探测是地球物理勘探和矿产勘探的一种非常有效的手段，但是如果不能适当地减弱空间天气效应，则航磁探测方法可能会因地磁场变化而严重中断或减弱。因此，空间天气条件是实现低成本、高效益地球物理测量的一个关键因素。地磁扰动预报（时间尺度大于 1 天）、地磁扰动现报（时间尺度小于 5 分钟）以及地磁扰动事后信息（时间尺度小于 1 天）对地质勘探、钻探行业和军队而言是必不可少的。

所有这些预报、状态描述/现报和事后分析方法和技术都在很大程度上依赖于日地指数实时值和短期、长期预报值，这些日地指数包括 Sn、SSn、SSN、F10.7、Ap、Kp、Dst 以及 3.1 节讨论的其他指数和物理参数。分析磁暴在太阳周期中的分布，是全面、综合的空间天气服务的另一重要组成部分。

3.3　空间天气和地球电离层

太阳的影响是气象领域任意一种大气天气预测和预报的基本组成部分。同样，磁场和等离子体介质的高动态影响在很大程度上决定了电离层和邻近空间的状态。自最早的太空任务以来，电离层就是公认的空间天气的主要驱动力。地球电离层的多变性导致越来越需要专门的观测站进行持续监测，需要更多的全球数据交换与协调、状态描述、长期预测、短期预报、理论/数值建模与仿真，并最终成功实现电离层预警。

虽然空间天气起源于距地球上层大气非常遥远的地方，但是其效应对人类和科技的影响非常大，有可能危及各种民用、军用系统甚至整个依赖现代电子技术的社会。大多数当代应用都直接受到电离层和热层的影响，引起了各国和国际科学界对电离层空间天气的研究热潮。

以下是公认的优先顺序：电离层气候学的时空尺度（见图 3.13 和图 3.14）作为扰动、波动和不规则体（见图 3.15）的研究方法；F 层和上层对磁暴的响应（见图 3.16）；电离层气象相关资料的收集和分析；包括或不包括潜在物理细节的缓解和预测模型（事件发生、位置、持续时间和量级）。foF2 为 F2 层临界频率，VTEC 为垂直总电子含量。

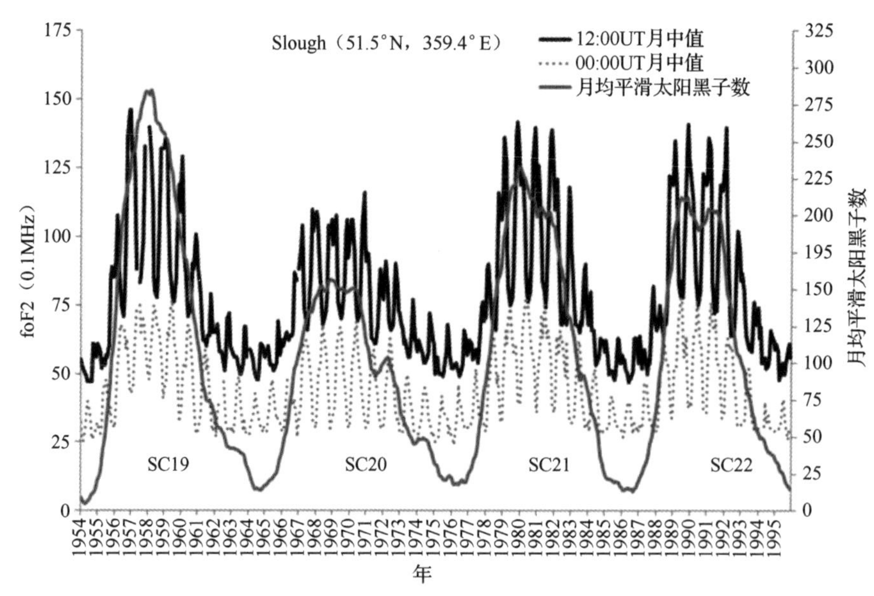

图 3.13 1954 年至 1995 年期间，Slough 站（51.5℃N，359.4℃E）00:00UT 和 12:00UT 的 foF2 的月中值和月均平滑太阳黑子数

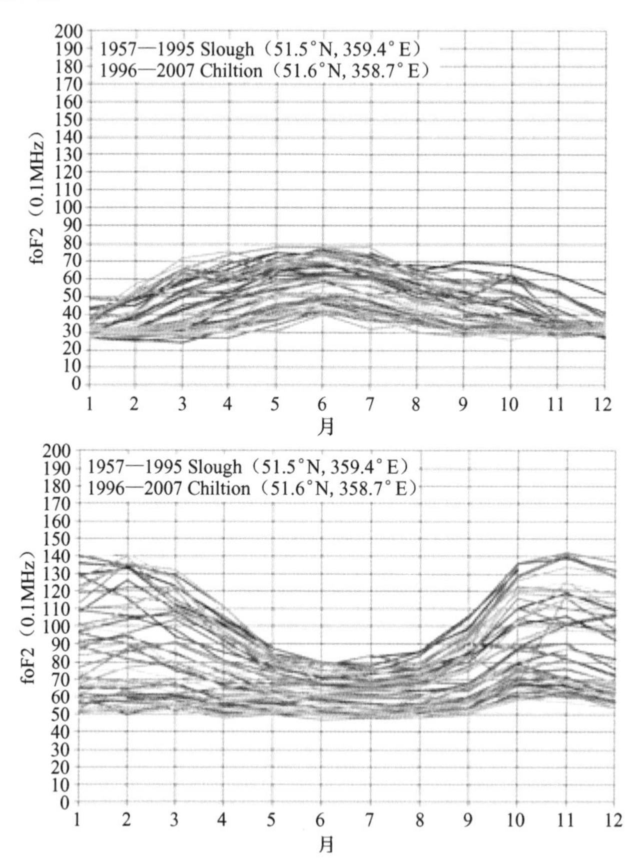

图 3.14 1957 年至 2007 年期间，Slough 站（51.5℃N，359.4℃E）和 Chilton 站（51.6℃N，358.7℃E）00:00UT（上）和 12:00UT（下）foF2 月中值的变化曲线

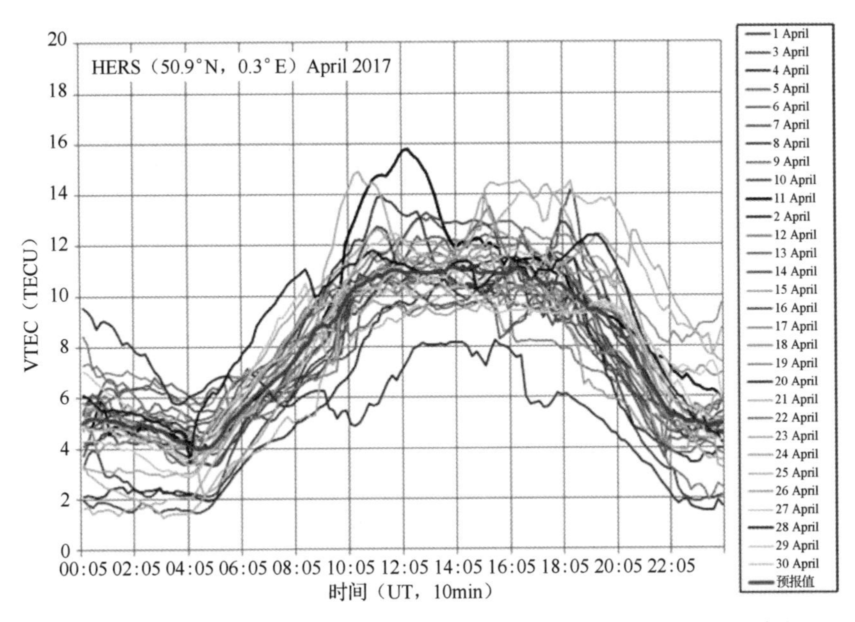

图 3.15　2017 年 4 月，HERS 站（50.9℃N，0.3℃E）GNSS VTEC 的日变化

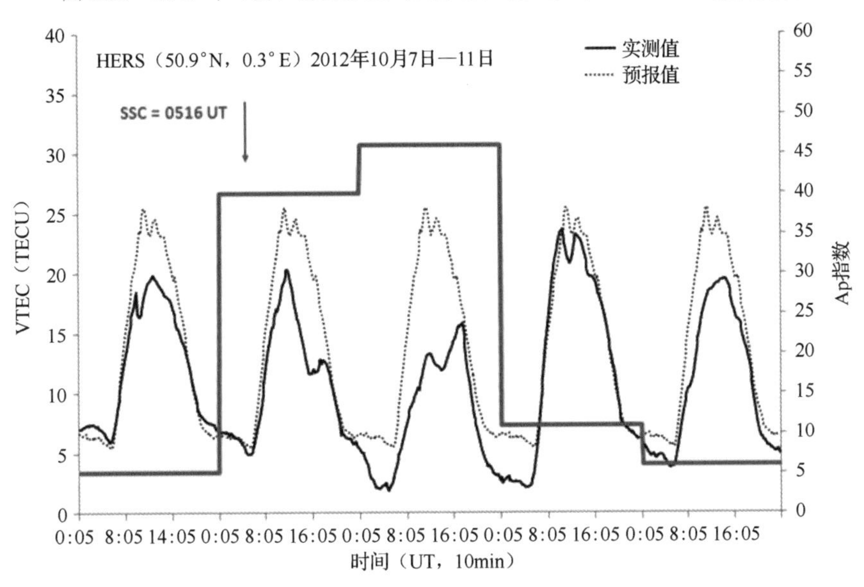

图 3.16　2012 年 10 月 7 日至 11 日磁暴期间，HERS 站（50.9℃N，0.3℃E）VTEC 和 Ap 指数变化

1954 年至 1995 年期间，在 Slough 站（地理经纬度 51.5°N，359.4°E，地磁经纬度 54.0°N，84.4°E，URSI 代码 SL051），利用电离层探测装置测量得到的 F2 层特征 foF2 在正午和午夜的逐年变化与月均平滑太阳黑子数是一致的。虽然如此，但事实上太阳黑子数和 F 层响应之间没有具有直接关系的物理基础。临界频率 foF2 月中值与月均平滑太阳黑子数之间的平行趋势和密切相关使得对临界频率和电子密度的长期预测成为可能，最多可以提前 6 个月。从图 3.13 可以明显看出，太阳周期对 HF 通信的影响大致为：在太阳活动的极大期，高频段可以成功传播；而在太阳活动的极小期，只有较低的 HF 频段可以在地球电离层中传播。

图 3.14 中给出了 Chilton 站（地理经纬度 51.6°N，358.7°E，地磁经纬度 54.1°N，83.2°E）

的大量 foF2 数据。Chilton 站（URSI 代码 RL052）位于英国牛津郡的卢瑟福阿普尔顿国家实验室（Rutherford Appleton Laboratory，RAL），运行着一个 Lowell 数字测高仪 DPS1。位于 Ditton 公园内的 Slough 站于 1931 年 1 月开始工作，1995 年停止工作。然后由 Chilton 站接替其工作。为了保证站点变化不会影响数据序列，Chilton 和 Slough 两个站同时进行了大约 1 年的并行电离层探测，并进行了数据对比。这个数据比对结果可以在 RAL 网站找到。

以 Slough 站（51.5°N，359.4°E）和 Chilton 站（51.6°N，358.7°E）为代表观测的中纬度电离层，在夜间（见图 3.14 上）和日间（见图 3.14 下）都有很大变化，分别在约 3～8MHz 和 5～14MHz 范围内变化。可以看出，F 层正午 foF2 频率在太阳活动极大期前后时，冬季（2 月和 11 月）通常高于夏季（6 月和 7 月），造成了所谓的季节异常。在太阳活动极小期前后，夏季正午 foF2 频率与冬季基本一致，且午夜 foF2 频率在太阳极大期和极小期均不存在季节异常。夏季夜晚的 foF2 通常比冬季高。然而，系统地观测表明，随着纬度的降低，foF2 月变化从具有冬季异常的年变化演变成夏季比冬季具有更高 foF2 值的规律性年变化，从而由半年特征演变为更加显著的年特征。

图 3.15 给出了位于英国 Hailsham（该处当地时间即 UT）的 HERS GNSS 观测站（50.86°N，0.33°E）测得的 VTEC 的日变化曲线。夜间 VTEC 大约在 2～9.5TECU 之间，中值约 5TECU（$1\text{TECU} = 10^{16}\text{el/m}^2$）；日间 VTEC 大约在 8～15TECU 之间，中值约 11TECU。2017 年 4 月最低的曲线是电离层暴负相造成的。

在 2012 年 10 月的磁暴期间也可以观测到相同类型的效应（见图 3.7 上）。作为 M-I 输入的综合结果，10 月 8 日 SSC=05:16UT 后，Ap 指数立即开始增大并持续了 48 小时，同时日间 VTEC 值下降约 50%，夜间 VTEC 下降约 61%（见图 3.16）。

地球电离层不仅在时间维度上高度变化，在空间维度上也是高度变化的，在所有经度、纬度和高度上体现了离散的气候和天气特征。因此，特征和参数随太阳历、季节和时刻周期性变化，同时伴随着数百公里距离的空间变化。每天特定时间、甚至每小时的每一分钟，都存在着巨大的不规则变化。单日空间梯度变化通常比梯度月中值要大。当日变化率最大时，比如在突发太阳和地磁事件时的高纬度和中纬度地区，空间梯度也趋向于更大。

图 3.17（a）给出了 2001 年 11 月在高太阳活动条件下，11 月 6 日地磁扰动日（含最大值）和 11 月 11 日地磁宁静日（含较小值）的 Kp 指数。需要注意，Kp 指数是准对数的，基于分布在全球北纬或南纬 45°到 60°之间的 12 个地磁观测站数据每隔 3 小时计算一次。00:05UT 的区域等值线图是由记录的 GNSS 数据生成的，可见欧洲地区 VTEC 随经纬度的变化显著［见图 3.17（b）］。因此，计算和预测某些主要的电离层特征是十分重要的，如临界频率 foF2、传播因子 M(3000)F2 和总电子含量 TEC 等，可用于评估对地面 HF、地面-空间无线电通信和导航链路的传播环境影响，并为日地科学研究提供支撑。

众多“活动指数”大致可归为两类，这两类并不是完全独立的，并且对与空间天气相关的应用具有很高的实用价值。太阳指数用于衡量太阳的状态，最常用的是太阳黑子数和太阳射电通量。最常用的行星际指数是地磁指数，可通过测量地球磁场的波动得出，主要有 Kp 指数、Ap 指数、AE 指数和 Dst 指数。电离层指数是由观察到的电离层特征的长期和短期趋势派生出来的一类参数，属于基本独立的类型，通过图 3.13、图 3.14、图 3.15、图 3.16 和图 3.17 可清楚地说明这一点。这些电离层指数是对选定的长期运行的测量站的电离层特征或参数的全球变化进行量化的结果。电离层指数包括 IF2 指数、澳大利亚 T 指数及 MF2 指数，

均由电离层 F2 层临界频率月中值的年变化确定。此外，还有一些绘图和模型指数，如 IG 指数用于在长期、瞬时和短期电离层地图间插值，Reff 太阳黑子数用于实时电离层模型更新等。最后还有电离层扰动指数，如基于双频 GNSS 载波相位测量的 DIX 指数。无论是预测 HF 通信点对点通信频率，还是预测 GNSS 应用的相关性能变化，指数的选择主要由以下几个因素决定：

（1）必须与电离层变化紧密相关；

（2）必须有预测未来指数值的方法；

（3）电离层空间天气指数预测服务必须有足够的分发途径供用户使用。

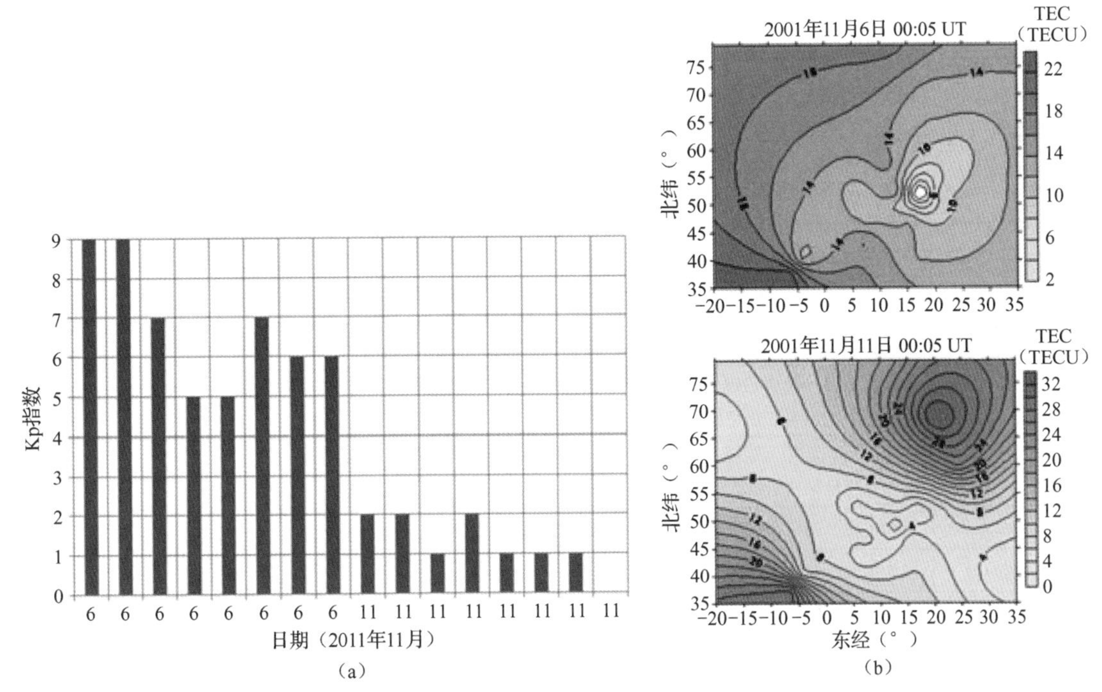

图 3.17　(a) 2001 年 11 月 6 日地磁扰动条件下和 2001 年 11 月 11 日地磁宁静条件下的 Kp 指数（亦可见表 3.2）；(b) 35°N～79°N 和-20°E～35°E 范围内 00:05UT VTEC 的区域分布地图，上图为 2001 年 11 月 6 日地磁扰动条件下，下图为 2001 年 11 月 11 日地磁宁静条件下

由于 HF 无线电系统利用地球电离层作为反射层，因此电离介质的电子密度是其决定因素。这意味着在太阳活动极大期，电离层可以反射 HF 频段（3～30MHz，100～10m）中较高频率的信号被反射，在太阳活动极小期，太阳辐射弱，带电粒子密度可以支持 HF 频段中较低频率信号的反射。在确定适当的短波频率方面，除了太阳周期起重要作用外，还存在其他影响因素，如季节、时刻、纬度和无线电链路拓扑等。在电离层暴、波动和不规则体期间，日地扰动对电离层属性的平均变化和信号传播路径极其重要，并且 HF 通信需要对其进行预测。综合防御和海岸监视涉及的范围涵盖安全通信到特殊监视设施，需要良好的无线电通信系统、高分辨率雷达和现代化测向能力。当受监视的地区面积大且人口稀少时，特别是在紧急情况下，更依赖于安全可靠、经济有效的通信手段。而卫星和 HF 通信系统在一定程度上都易受电离层空间天气影响，需要进行专业化处理。

超视距（OTH）监视雷达就是一个例子，它是一个地面系统，利用电离层来反射地平线以外的无线电波。高频电波能够穿透几千公里的天空，对地球电离层密度和高度的变化非常敏感。这些参数对超视距雷达的成功运行至关重要。文献中有证据表明，对电波闪烁和后向散射有重要影响的大尺度波结构（LSWS）主要与赤道夜间电离层中的等离子体的形成有关。此外，非相干散射雷达 ALTAR 的结果表明，小尺度的不规则体造成了大量的 F 层反射。这些多反射回波（MRE）被认为是 F 层底部等密度剖面所产生的聚焦结果，并与 LSWS 有关。进一步研究和理解 MRE 的性质及其与 LSWS 的关系对许多类型的雷达具有重要意义。

民用和军用射频（RF）系统需要对那些会导致距离缩短、性能下降、通信中断（如衰落、极盖吸收与闪烁）的电离层扰动、电离层暴、不规则体和波动进行预测（时间尺度超过 1 天）。对于 HF 选频和民用、军用 GNSS 定位和雷达系统而言，还需要对电离层反射特性（时间尺度小于 5 分钟）以及电离层总电子含量（时间尺度小于 5 分钟）进行短时预报。表 3.5 总结了磁暴、太阳辐射、无线电中断（X 射线导致电离层扰动）的影响，以及每个太阳周期平均发生频率（事件数/天数）。

表 3.5　磁暴、太阳辐射和无线电中断效应（Poppe 2000）

描　述	磁暴效应	每个太阳周期（=11 年）平均发生频率（事件数/天数）
极端（Extreme）	高频无线电传播在许多地区中断持续 1 到 2 天，卫星导航中断数天，低频无线电导航中断数小时，极光出现在赤道附近	4 次（4 天）
超强（Severe）	高频无线电传播偶尔中断，卫星导航减弱数小时，低频无线电导航扰动，极光出现在热带地区	100 次（60 天）
强（Strong）	卫星导航和低频无线电导航断续，高频无线电传播断续，极光出现在中纬度地区	200 次（130 天）
中等（Moderate）	高纬度地区高频无线电传播衰减，极光出现在纬度 50°附近	600 次（360 天）
小（Minor）	极光出现在高纬度地区（60°），动物迁徙开始受到影响	1700 次（900 天）
描　述	太阳辐射效应	每个太阳周期（=11 年）平均发生频率（事件数/天数）
极端（Extreme）	高频无线电通信在极地区域中断，定位误差使得导航变得极度困难	少于 1 次
超强（Severe）	跨越极盖区的高频无线电通信中断，导航误差增大数日	3 次
强（Strong）	跨越极盖区的高频无线电传播中断，导航定位误差增大	10 次
中等（Moderate）	跨越极盖区的高频无线电传播和极盖区的导航定位受轻微影响	25 次
小（Minor）	极地区域附近高频无线电受轻微影响	50 次
描　述	无线电中断效应	每个太阳周期（=11 年）平均发生频率（事件数/天数）
极端（Extreme）	高频无线电：太阳照射的地球一侧高频无线电通信中断数小时，海上船只和空中飞机失去高频无线电联络	少于 1 次
	导航：太阳照射的地球一侧潜艇和飞机使用的低频导航中断数小时，导航定位丢失。太阳照射的地球一侧，也可能扩展到地球另一侧，卫星导航定位误差增大数小时	
超强（Severe）	高频无线电：太阳照射一侧的地球大部分高频无线电通信中断 1 到 2 小时，期间海上船只和空中飞机失去高频无线电联络	8 次（8 天）
	导航：低频无线电导航中断导致潜艇和飞机系统定位误差持续增大 1 到 2 小时。太阳照射的地球一侧的卫星导航可能受到轻微破坏	

续表

描　述	无线电中断效应	每个太阳周期（=11 年）平均发生频率（事件数/天数）
强（Strong）	高频无线电：太阳照射的地球一侧，高频无线电通信大面积中断，海上船只和空中飞机失去无线电联络 1 小时左右	175 次（140 天）
	导航：低频导航信号会有数小时的减弱，对潜艇和飞机定位系统造成影响	
中等（Moderate）	高频无线电：有限的高频无线电通信信号减弱，海上船只和空中飞机失去无线电联络 10 分钟左右	350 次（300 天）
	导航：低频导航信号会有 10 分钟左右的减弱，对潜艇和飞机定位系统造成影响	
小（Minor）	高频无线电：太阳照射的地球一侧，高频无线电通信性能轻微减弱，海上船只和空中飞机偶尔失去无线电联络	2000 次（950 天）
	导航：低频导航信号短暂减弱，对潜艇和飞机定位系统造成影响	

VLF（3～30kHz，100～10km）频段的无线电传播是通过地球和较低电离层区域之间形成的波导来实现的，这类波导受大耀斑期间强烈的 X 射线通量所引起的变化影响。太阳耀斑爆发通常在几分钟内发生，导致信号幅度和相位急剧变化。这些波导高度的变化会导致信号丢失或水下密码通信锁死。

VHF（30～300MHz，10～1m）及以上频段的卫星和其他跨电离层无线电信号由于背景电离作用而被消弱。电离层闪烁和法拉第极化旋转效应与无线电信号传播路径上的电离层总电子含量相关。目前的导航系统，如 GPS、GLONASS 和伽利略系统使用的卫星信号都会穿透地球电离层从而受到影响产生延迟，因此必须考虑。电离层修正在电离层空间天气事件中尤为重要。例如，在赤道和极地区域，电离层波动和闪烁异常会严重干扰用于精确飞行控制的 GNSS 系统，即使是很小的误差也可能导致严重的后果。

电离层的幅度和相位闪烁效应会引起持续的信号断续，甚至完全中断。其他电离层空间天气现象也会引起无线电传播的幅度和相位的波动。这将导致 VHF 到 L 频段内的卫星对地或飞机的传输中断，特别是在赤道带上（纬度±20°）。舰队卫星通信（FLTSATCOM）、空军卫星通信（AFSATCOM）和 GPS 尤其容易受到这种形式的空间天气的影响。地球电离层对宽带无线电信号的影响现在还极其不确定，因此未来发展天基 UHF（300～3000MHz，1m～10cm）宽带无线电系统，包括天基叶簇穿透合成孔径雷达系统和宽带 UHF 卫星通信系统等，还有许多巨大的困难需要克服。

第 8 章将专门论述电离层空间天气和无线电传播的细节内容。这里要强调，随着对近地空间的进一步开发利用和人类在太空的持续存在，对电离层空间天气成因和影响的认知对于国际空间天气预报，特别是对于能够提前有效地发出告警的恶劣空间天气预警广播网络越来越重要。到第 25 个太阳周期，基于地基、天基监测预警系统协同采集的日地数据将大大提高空间天气支持能力。

参考文献和补充书目

[1] Allen JH (1982) Some commonly used magnetic activity indices: their derivation, meaning, and use. In:

Proceedings of a workshop on satellite drag, Boulder, Colorado.

[2] Allen JH, Wilkinson DC (1992) Solar-terrestrial activity affecting systems in space and on earth. In: Solar-terrestrial predictions-IV: proceedings of a workshop, Ottawa, Canada.

[3] Baker D, Lanzerotti LJ (2016) Resource letter SW: space weather. American J Phys 84: 166-180.

[4] Baker N, Skoug R, Tulasi Ram S et al (2015) CME front and severe space weather. J Geophys Res 119: 10041-10058.

[5] Borovsky JE, Shprits Y (2017) Is the Dst index sufficient to define all geospacer storms?

[6] Bradley PA (1993) Indices of ionospheric response to solar-cycle epoch. Adv Space Res 13: 25-28.

[7] Cander LR, Stanic BV (1979) Cross polarization of EM waves scattered by an isotropic inhomogeneous moving plasma column. J Applied Phys 50: 5219-5222.

[8] Cander LR, Mihajlovic SJ (1998) Forecasting ionospheric structure during the great geomagnetic storms. J Geophys Res 103: 391-398.

[9] Cannon P (2013) Extreme space weather: impacts on engineered systems and infrastructure. Royal Academy of Engineering, London.

[10] Conkright RO, Ertle MO, Feldstein A et al (1984) Combined catalog of ionosphere vertical sounding data. Report UAG-91, National Geophysical Data Center, NOAA, Boulder.

[11] Davis TN, Sugiura M (1996) Auroral electrojet activity index AE and its universal time variations. J Geophys Res 71: 785-801.

[12] Denkmayr K, Cugnon P (1997) About sunspot number medium-term predictions. In: G.Heckman et al (eds) Solar-terrestrial prediction workshop V, Hiraiso solar terrestrial research center, Japan.

[13] De Franceschi G, Gulyaeva T, Perrone L et al (1999) MAC: an oriented magnetic activity catalogue for ionospheric applications. U.R.S.I. Int Ref Ionosphere News Lett 6(4): 5-6.

[14] Hapgood MA (2010) Towards a scientific understanding of the risk from extreme space weather. Adv Space Res 47: 2059-2072.

[15] Houminer Z, Bennett JA, Dyson PL (1993) Real-time ionospheric model updating. J Elect Electron Eng 13(2):99-104.

[16] ITU-R (1995) Recommendation P. 371 Choice of indices for long-term ionospheric prediction. International Telecommunication Union, Geneva.

[17] Jakowski N, Borries C, Wilken V (2012) Introducing a disturbance ionosphere index. Radio Sci 47 RS0L14.

[18] Johnston HF (1943) Mean L-indices from twenty one magnetic observatories and five quiet and five disturbed days for 1942. Terr Magn Atmos Elec 47.

[19] Kamide Y (2006) What is an “intense geomagnetic storm”? Space Weather 4: S06008.

[20] Kamide Y, Joselyn JA (1991) Toward a standardized definition of geomagnetic sudden impulses and storm sudden commencements. EOS Trans AGU 72: 300-312.

[21] Knipp D J (2017) Essential science for understanding risks from radiation for airline passengers and crews. Space Weather 15.

[22] Loewe C A, Prolss GW (1997) Classification and mean behavior of magnetic storms. J Geophys Res 101: 14209-14213.

[23] Mikhailov AV, Mikhailov VV (1995) A new ionospheric index MF2. Adv Space Res 15(2): 93-97.

[24] Noll C (2010) The crustal dynamics data information system: A resource to support scientific analysis using space geodesy. Adv Space Res 45(12): 1421-1440.

[25] Perrone L, De Franceschi G (1998) Solar, ionospheric and geomagnetic indices. Ann Geofis 41(5/6): 843-855.

[26] Poppe B (2000) New scales help public, technicians understand space weather. EOS Trans AGU 81(29).

[27] Rishbeth H (2001) The centenary of solar-terrestrial physics. J Atmos Sol-Terr Phys 63: 1883-1890.

[28] Secan JA, Wilkinson PJ (1997) Statistical studies of an effective sunspot number. Radio Sci 32(4): 1717-1724.

[29] Sugiura M (1965) Hourly values of equatorial Dst for the IGY. Ann Int Geophys Year 35: 9-45.

第4章 电离层变化性

摘要：重点研究了在最近的几个太阳活动周期中，电离层是如何随高度变化产生不同的分层的，这种分层是正常和极端空间天气条件下欧洲上空等离子体介质的主要特征。本章以多个月份为例，分析低太阳活动和高太阳活动条件下夏季、春秋分和冬季时的电离层情形，揭示了电离层对太阳活动和季节的依赖性，以及地磁宁静时从一天到另一天的时间依赖性。并回顾了最近几次日食期间的TEC锐减情况。

关键词：电离层分层；电离层变化性；电离层探测；IGS；VTEC；电离层噪声；日食

由于地球电离层的形态已经被研究了很长一段时间，并且得到了很好的定义，因此，基于气候学推导出的模型被广泛使用。这些模型体现了反复和持续发生的电离层变化，经常用来表现地球高层电离大气的背景或参考条件。因此可从中得到最重要的信息，即电离层随高度变化产生不同分层，每天都在变化，且和季节、地理/地磁位置以及太阳活动都有关。本章以多个月份为例，分别说明了在低太阳活动和高太阳活动条件下，夏季（5月、6月、7月、8月）、春秋分（3月、4月和9月、10月）和冬季（11月、12月、1月、2月）的电离层情况，揭示了电离层对太阳活动、季节的强依赖性，以及从一天到另一天的时间依赖性。

所有这些都是中性和电离成分之间复杂相互作用的表现，大多依赖于地磁场，以及上、下磁层的影响。然而，也存在一些不可忽视的意外变化，可称为干扰、扰动或者电离层噪声。当有影响的日地源在一定时间内有效不变时，例如一段持续数日的地磁宁静或不宁静状态将导致电离层等离子体介质的不稳定和高速变化。在下面讨论的NmF2和VTEC的意外增加和减少的一些例子中，产生的异常变化程度与电离层空间天气高度相关。

4.1 地球电离层气候学

相对于中性大气背景，术语“电离层”被用来指代地球上层大气（中间层、热层和外逸层）中的电离部分，它能够传输、折射和反射无线电波。大气层通常基于温度剖面定义（见图2.5)，电离层则基于电子密度剖面定义。高层大气中的中间层、热层和外逸层中的带电层构成了地球电离层。它从大约50km的高度延伸到数个地球半径的高度，其中只有不到1%的成分被电离。它是一种以电子为有效负离子的低温等离子体介质，以约105m/s的速度进行随机热运动，可忽略不计。它的结构和动力学特性基本上由大气的化学成分决定并随时间和空间的变化而变化。它经常会因太阳和地外电离扰乱日地交互而受到影响。由于地球磁场在很宽的频率范围内对电离层的电波传播起主导作用，因此这种等离子体介质被认为是各向异性的。在这种电离层水平分层的假设下，描述低功率无线电传播的基本微分方程实际上表示了低温电子磁等离子体的色散关系（Budden 1985)。

地球电离层各层之间的边界从未清晰地确定过，传统上划分为D层、E层、F层和上层

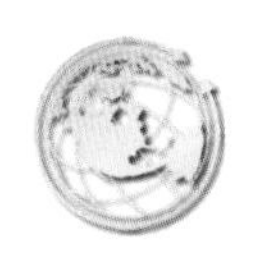

区域。主要按照高度、电子密度和离子分布来定义。地球电离层中，层与层之间的分界（D 层与 E 层约在 90km 处分界，E 层与 F 层约在 150km 处分界）是由于大气吸收导致太阳光谱能量在不同高度沉积、大气密度随高度变化的复合过程及上层大气组成随高度的变化等。

广义上的 D 层包含了 C 层和 D 层，E 层包含了 E 层本身和突发 Es 层。在白天，F 层有时被细分为 F1 层和 F2 层，而在晚上，它们合并成一个单层。显然，这些电离层相互重叠，厚度从几千米到几百千米不等，等离子体温度在 E 层约 800K，在 F 层为 1000K 到 2000K 之间。这些层可以进一步划分为子层，如低纬度半规范的 F1.5 和 F3 子层，它们只会在一些特定的场景下出现，超出了本书的讨论范围。

从最初的观测到如今的监测网络，在构建我们对电离层科学和相关应用的基本理解中，地面传感器都起到了核心作用。它们提供了最长时间的电离层数据，并将持续下去。从电离图可获取到 E 层和 F 层的局部最大等离子体频率或寻常波临界频率（foE、foEs、foF1、foF2 等）、最小虚高（h'E、h'Es、h'F、h'F2 等）和峰值高度（hmE、hmF、hmF2 等）。电离图为基于电离层垂直探测数据人工标绘或计算机生成的相对于频率的虚拟高度曲线图，采样周期为 1h 至 5min 或更短（见图 4.1）。此外电离图还有更多的有用信息，例如记录的最低频率 fmin、突发 E 层特征 foEs 和 fbEs、F 层的特殊分量 fxF2 和 fzF2、传输因子 M（d）、流星回波、扩展 F 等。通常通过在电离层垂测站部署电离层探测仪来监测这些特性。电离层探测仪包含发射频率 f 在 1 至 20MHz 之间的调频脉冲发射机，当发射的脉冲在 f=fp 时被电离层反射，则可根据等离子体频率 fp 导出相应的最大电子密度 Nm，公式为：$Nm=1.24\times10^{10}fp^2$，其中 Nm 的单位为 e/m^3，fp 的单位为 MHz。

电离层探测站由世界各地的天文台和实验室负责运营，采用标准方法来解析、还原、处理和发布电离层公报。除了垂测（VIS）电离图外，另外还有两种对电离层研究和应用有重要意义的电离图：一种是当同步的发射机和接收机被分开放置距离很远时，通过斜向探测获得的斜测（OIS）电离图；另一种是当发射机和接收机距离较近时，发射的信号在远端被地面后向散射反射，通过后向散射探测技术获得的后向散射电离图。前者可提供在特定时间内电离层传播模式的直接观测结果，而后者则可用于确定 HF 通信的最佳工作频率，或与许多其他应用一起作为监视预警装备。

F 层高度与 M(3000)F2 密切相关，其中传输因子 M（通常也称为传播因子或斜向因子）是基于反射层高度、频率和斜向电波传播路径长度三者之间的经验关系估计得出的电离层特征。最高可用频率（MUF）是临界频率和给定距离 d 所对应的传输因子 M 的乘积，即 MUF(d)=M(d)×fp。例如，3000km 无线通信电路的瞬时 MUF 可简单地由 MUF(3000)F2=M(3000)F2×foF2 给出，其中 foF2 为 F2 层的临界频率，即电离层垂直入射时反射的寻常模式的最高频率，M(3000)F2 是收发相距 3000km 时的传输因子 M。因此，F 层电子密度在局部或全球范围内的任何增加或减少都会影响到 MUF 和电离层的反射特性。

临界频率和最小虚高的分布可直接获取使用，但高度分布不能，因为电子密度-高度剖面 N（h）不能直接从电离图中得到。将虚高积分转化为等效电子密度-高度剖面的问题尚未成功地用解析法解决，只能用各种数值方法来近似。图 4.1（a）给出了使用适当的经验方程自动生成电子密度剖面的示例。

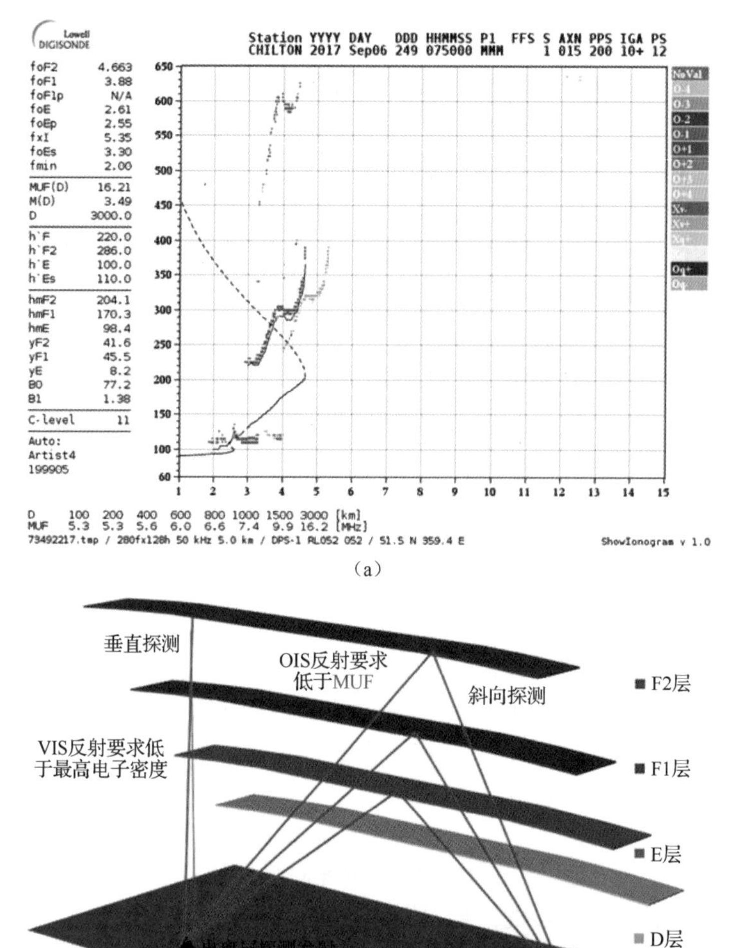

图 4.1 （a）数字垂测电离层图及自动解析结果示例：2017 年 9 月 6 日 07:50UT，Chilton 站（51.6°N，358.7°E）的垂直电子密度剖面（EDP）。其中 F2 层峰值以上部分的 EDP（虚线）是通过假设为 α-Chapman 形状得到的。红色和绿色的回波点分别为垂直的 O 和 X 回波，分别代表不同的正、负多普勒频移。可采用不同的颜色来区分来自 NNE、E、W、NNW 和 NNW 等不同方向的回波。（b）垂直探测和斜向探测的简单示意

在过去的三四十年中，发展出了一种被广泛使用的将垂测电离图转换成电子密度剖面的方法。POLAN 程序就是其中的一个实例，获得了很高的精度和认可度。在 2008 年 12 月这一太阳活动极小月份，通过运行 POLAN 程序计算了一天的底部电子密度与高度，其中月均太阳黑子数 Sn=1（月均平滑太阳黑子数 SSn=2.2），月均太阳射电通量 F10.7=69，然后又计算了 2014 年 3 月太阳活动极大的一天，Sn=128.7（SSn=114.3），F10.7=150.5，它们分别表示了当前太阳活动周期的极值。计算结果如图 4.2（a）所示，显示了 Chilton 站（51.60°N，358.67°E）典型昼夜时间冬季和春分条件下，电子密度与电离层实际高度的依赖关系。

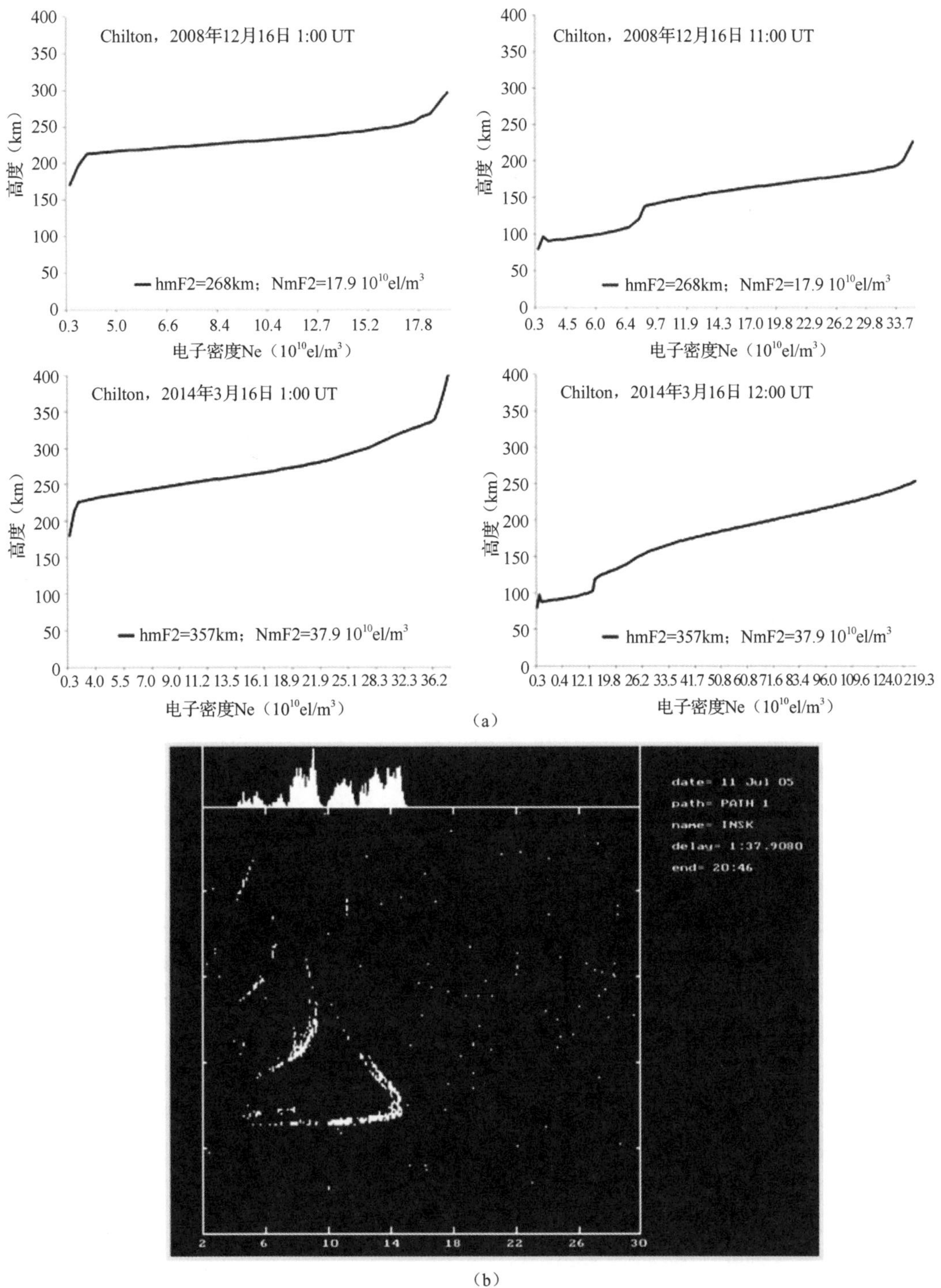

图 4.2　（a）2008 年 12 月 16 日 1:00UT 和 11:00UT（上图）和 2014 年 3 月 16 日 1:00UT 和 12:00UT（下图）Chilton 站（51.6°N，358.7°E）电子密度随高度变化的剖面 N（h）（日太阳黑子数 Sn=0）。（b）2005 年 7 月 11 日 20:46UT Inskip-Chania 斜向探测链路的电离图

电离层垂直探测一直是为全球、区域和局部建模以及长期电离层预测，状态描述/现报和

短期预报提供电离层数据的重要测量方法，但电离层斜向探测活动（OIS）的状况则完全不同。常规电离层垂直探测得到的大型数据库可用于形态学研究。电离层探测网在全球范围内运行良好。现代化的电离层探测仪的可扩展网络对于快速准实时（nRT）数据处理、显示和发布至关重要，这些是电离层天气研究最基础的能力。最近建立的全球电离层无线电观测站（GIRO）及 GIRO 数据中心正在努力实现一个极为重要的目标，即整合全球分布的电离层探测网，主要是数字垂测仪，也包括其他具有自动电离图生成能力的数字化电离层探测仪，最终目标是实现持续的 nRT 感知数据采集能力。电离层特征的历史数据集也可通过多种渠道获得，如 NGDC（美国博尔德国家地球物理数据中心）CD 数据集、欧洲地区电离层 COST251 项目的 VI 电离层数字数据库 CD 以及其他各种数据集。

斜向探测对于高频无线电通信传播预测、天波雷达定位监视、电离层模型验证等极其重要。但由于技术和管理问题，目前斜向探测主要应用于实时短波频率管理，还未用于面向电离层研究的系统性观测。最近，在 COST 296 项目中，研究人员在英国 Inskip（53.50°N，2.5°W）和希腊 Chania（35.7°N，24.0°E）之间进行了电离层斜向测量，并将结果用于验证各种 MUF 预测和预报方法。Inskip-Chania 斜向探测链路的电离图如图 4.2（b）所示。

不必细说，重要的是要认识到，电离层斜向探测为实时确定主要的传播模式提供了独特的方法，且可通过历史数据分析来验证电离层传播条件。斜向探测数据为世界不同地区的传播预测和电离层模型验证提供了可能。

国际标准化组织（ISO）的地球电离层标准——国际参考电离层（IRI），根据不同层峰值高度和最大电子密度的经验关系给出了电子密度剖面 N（h）。IRI 模型的其他特征参数包括离子组成、离子和中性温度、一些附加的等离子体参数、磁赤道附近的离子漂移以及 F1 层和扩展 F 层现象的出现概率。它还提供了从 60km 到用户指定的上边界高度范围内的 VTEC。在 IRI 模型中，M(3000)F2 和 foF2 的全球月中值数字地图通过应用 URSI 或 CCIR/ITU 系数提供。采用 FORTRAN 语言编写的 IRI 模型代码可从 2RI 的网站获得。

除了与电离层结构和动力学系统的变化有关的主要时间和空间天气扰动外，必须记住，地球电离层表现出的相当大的地理变化，与电离层等离子体的产生、衰退和传输机制有关。从电离层的角度来看，通常将地理区域划分为高纬度地区、中纬度地区和低纬度地区。高纬度地区延伸到约 60°地磁纬度以外，包括极光区和极盖区。低纬度地区位于地磁赤道两侧约 20°范围内，包括赤道和赤道异常区。中纬度地区在这两个地区的边界之间。

众所周知，在地磁扰动条件下，极光区可以向赤道方向扩展，从而减小中纬度地区的宽度。虽然本书的重点是通过电离层探测和全球导航卫星系统（GNSS）观测得到欧洲中纬度地区的电离层特征，但值得注意的是，在扰动的空间天气条件下，赤道和极光区观测到的电离层效应在中纬度地区也会以大致相同的方式发生，反之亦然。同样重要的是，欧洲中纬度电离层与毗连的美国电离层之间以及巴西赤道电离层与印度赤道电离层之间存在差异，这与磁极位置以及南大西洋地磁场异常有关。

上层电离层是指高于 F2 层峰值高度，低于被称为质子层的电离氢区（见图 4.3（a））。它像 F 层一样可变，以等离子体再分配过程为主要特征。自从 1957 年 Sputnik I 人造卫星发射以来，地空 VHF 传播被用来研究上层电离层。无线电探测器已在近地环境中存在了几十年，包括 Alouette/ISIS 系列卫星（国际电离层研究卫星）上的电离层探测器，以及最近加装在 IMAGE 卫星上的射电成像（RPI）磁层探测器。通过这些技术研究人员很快发现了三种电离层效应：

（1）线极化无线电信号在各向异性等离子体中的旋转，即法拉第旋转；

（2）由小尺度（数十米）和大尺度（数十千米）电离层不规则现象（称为闪烁）所产生的幅度、相位、极化和到达角变化；

（3）共振现象。

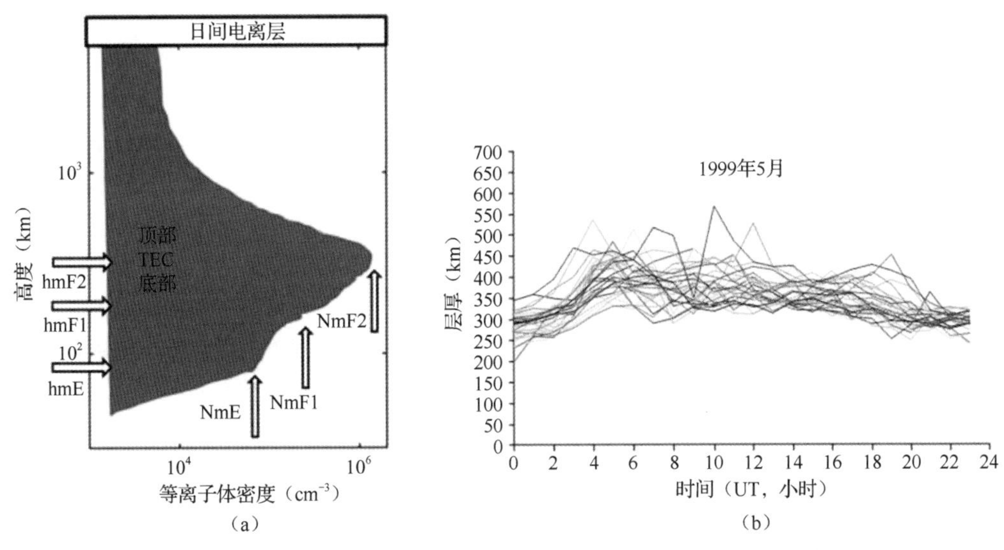

图 4.3　（a）2000km 以下典型电离层电子密度剖面示例。（b）根据 Chilbolton GPS 站（51°08′N，01°26′W）的总电子含量和 Chilton 站（51.6°N，358.7°E）的最大电子密度计算得到的 1999 年 5 月等效层厚每日小时变化

当卫星在 F 层峰值高度以上进行观测时，采用上层电离层探测器垂直入射电离层进行探测。它们覆盖地理区域较大，不被 D 层吸收，并可观察等离子体共振效应。电离层站不便在海洋上部署，因此日本电离层探测卫星（ISS-b）上层电离层探测仪绘制的全球 foF2 图为这些区域的电离层观测做出了重要贡献，并发现了电离层槽（地磁纬度 50°N～70°N 之间的小片低电子密度区域）。

从电离层上部卫星发射 VHF 无线电信号（30～300MHz，10～1m）并在地面接收，可对法拉第极化旋转进行重要测量，同时也可以测量信号传播路径上的总电子含量（TEC）。天基全球定位系统（GPS，1995）和其他全球导航卫星系统（GNSS），如欧洲的伽利略全球导航卫星系统（Galileo）、俄罗斯的格洛纳斯系统（GLONASS）、中国的北斗系统（BDS）和日本的 QZSS 等，在提供导航、定位和授时（PNT）服务的同时，也支持地球物理科学基础研究并做出了卓越贡献。电离层造成的信号传播路径和传播速度变化对导航定位精度有很大的影响，基于这些影响可得到 TEC 信息。由于基于这些低成本系统能够实现精确的、高时空分辨率的全球数据采集和分发，使得电离层 TEC 监测和建模取得了前所未有的进展。

总电子含量是无线电发射机和接收机之间信号传播路径上的电子总数，因此 TEC 是一个用来监测可能的电离层空间天气响应的很好的参数。电离层 TEC 通过测量每平方米的电子数得到，单位为 MKS，1 单位 TEC（TECU）等于 $10^{16}e/m^2$，相当于 GPS L1（1575.42MHz）0.1624m 的电离层延迟。地球电离层的 TEC 值范围可以从几 TECU 到几百 TECU 不等，与地方时、纬度、经度、季节、地磁活动、太阳黑子周期和对流层状态等相关。Klobuchar（1978）给出的电离层 TEC 值的范围为 10^{16}～$10^{19}e/m^2$。通常 TEC 的变化受 F 层控制，因为这里的电子密度最大，高度最高。由于 TEC 与 F 层最大电子密度 NmF2 呈正相关，因此不仅可以作为 F 层电离变化的可靠指标，也可以作为地球电离层等离子体整体变化的指标。

当总电子含量数据与电离层探测仪测量的最大电子密度数据相结合时，其比值定义为等效层厚 τ=TEC/NmF2。已知在电子密度和电子含量均为均匀分布的前提下，层厚描述的是垂直电子密度剖面的宽度，并取决于热层-电离层系统的温度和离子组成。图 4.3（b）显示了层厚的日小时变化。可见在 1999 年夏季（5 月），虽然在日出前后层厚似乎确实有所增加，但是小时变化并不特别明显，而天与天之间的变化很大。

TEC 是电离层电子密度的一种积分测量方法，基于电离层穿透点斜向总电子含量（STEC）投影得到垂直总电子含量（VTEC），因此，在实际应用中使用的是 VTEC。必须指出的是，基于 20200km 高空的 GNSS 信号观测到的 TEC 包含了电离层 D 层、E 层、F1 层（若存在）和 F2 层的全部电子含量，以及对应于质子层 TEC 组分的量。在电离层电子密度较高的白天，质子层 TEC 约占电离层-质子层总 TEC 的 10%，而在电离层电子密度较低的夜间，质子层 TEC 约占电离层-质子层总 TEC 的 40%～50%。本章基于国际 GNSS 服务（IGS）全球台网地基接收机的双频 GNSS 测量数据，应用 Ciraolo 的几何自由线性方法将卫星到接收机的视距 TEC 转换为电离层穿透点上的 VTEC，来研究 VTEC 的一般动态（Ciraolo 等，2007）。

自 1994 年以来，IGS 一直从合作运营的全球地面跟踪站网络中汇集、归档并免费发布 GNSS 观测数据集。这些高质量的数据、产品和服务为地球参考坐标系、地球观测和研究、定位、导航和授时等提供支持，带来了巨大的公众利益，是近年来很多科学进步的关键因素。值得特别提及的是 IGS 电离层工作组（Iono-WG），该工作组于 1998 年 6 月开始常态化生成综合垂直总电子含量地图。其最新的快速 VTEC 地图（引入了 GLONASS 数据）对于理解电离层空间天气响应特别重要。

4.2 D 层和 E 层扰动

虽然扰动效应在 D 层和 F 层及以上地区最为明显，但是在某些日地条件下，E 层扰动也不能被忽略。开展扰动研究既有助于了解电离层空间天气，也有益于地球上层大气物理学的研究。扰动研究必须将地球自然扰动因素（如气象天气、地震、火山等）和人为扰动因素（如核爆、化学改性、电磁加热等）加以区分。本节重点讨论自然扰动因素，人为扰动因素主要在第 9 章讨论。

D 层扰动不仅表明空间天气活跃，同时还是地球电离层和大气环境的重要影响因素。D 层对电波的吸收是影响电波传播的重要空间环境因素，在此过程中，通过与电离层电子、中性大气之间的交互，电波能量转化成了热能和电磁噪声。D 层的中性大气主要由氮气（N_2）和氧气（O_2）组成，次要成分为 Ar、CO_2、He、O_3、H_2O，在 70km 高度处中性粒子密度约为 2×10^{22} 粒/m^3。D 层的中性大气的密度足以发生 2 体、3 体碰撞，使得化学反应相当复杂。电离层 D 层的高度约在 50～90km 之间，在接近 h=80km 处存在最大电子密度。其日间电子密度约为 10^8～10^{10}e/m^3，电子中性碰撞频率较高，约 10^6s^{-1}，这些都和太阳天顶角 χ（cosχ）相关。D 层主要由正分子离子、NO^+、电子、O_2^-及其他可能的负离子组成。太阳 Lyman-α（约为 121.6nm）辐射对 NO 组分的电离有重要贡献，太阳宇宙射线（主要是 1～100MeV 的太阳质子和可能的能量大于 10keV 的太阳电子）对 NO 成分的电离也有重要贡献。由于电子和中

性粒子之间的碰撞频率很高，无线电波进入 D 层后会被大量吸收。D 层的底部称为 C 层，主要由 MeV 宇宙射线产生。D 层的电离在某种程度上通过大规模环流与气象现象相关联。

增强的 Lyman-α 或 X 射线（0.1～0.8nm）辐射是宁静环境下 D 层离子产生的主要来源，其强度往往很大，以致于传统电离层探测方法所使用的中高频无线电波被彻底吸收，无法工作。由于偶尔出现的散射现象，D 层的空间电离结构给无线电观测带来了额外的问题。因此，第一次高确定性 D 层结构实验研究是基于甚低频（VLF，3～30kHz，10～100km）无线电观测实现的。常用的方法是在距离商用连续波发射器至少 100km 远的地方监测接收信号强度。该设备主要用于在几个固定频率上精确测量回波信号强度并进行吸收评估。

太阳耀斑的强 X 射线导致 D 层电离增强、吸收增加，从而产生突发电离层骚扰（SID）。图 4.4 显示了 1991 年 9 月基于 A3 吸收测量法（也称为连续波法）观测到的两个太阳耀斑的例子。

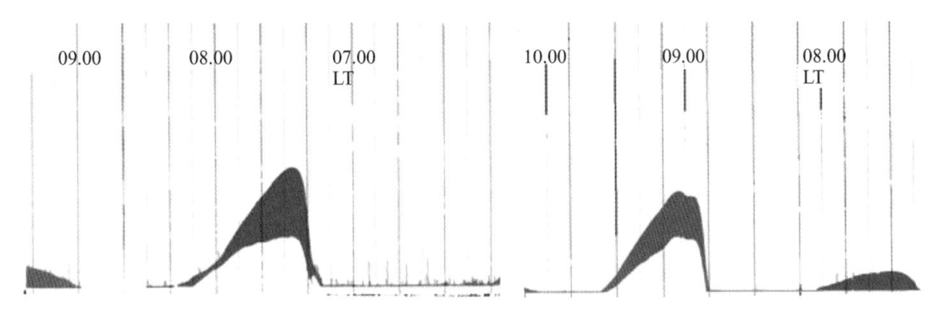

图 4.4　1991 年 9 月 8 日 07 时 15 分（左）和 1991 年 9 月 24 日 08 时 50 分（右）在 Grocka 站（44.8°N20.5°E，URSI 代码 BE145）基于 A3 吸收测量法观测到的太阳耀斑

如图 4.4 中的例子所示，虽然 SID 的时间相对较短（约 1 小时），但它们影响到了阳光照射的半个地球，产生的四种现象如表 4.1 所示。

表 4.1　D 层突发电离层骚扰（SID）现象小结

SID 现象	技　术	影　响	辐　射
短波衰落（SWF）	HF 电波传播	吸收增加	X 射线（0.05～0.8nm）
宇宙噪声突然吸收（SCNA）	宇宙噪声测量器（电离层相对不透明计）	吸收增加	X 射线（0.05～0.8nm）
相位突然异常（SPA）	VLF 电波传播	反射高度降低	X 射线（0.05～0.8nm）
天电干扰突然增强/减弱（SEA/SDA）	VLF 天电干扰	强度升高	X 射线（0.05～0.8nm）

短波衰落（SWF）也称为日光衰落，表现为在白天短波（HF，3～30MHz，100～10m）信号突然减弱，可持续几分钟到数小时。信号吸收是突发的，首先在较低频率产生严重影响，然后相对缓慢地恢复。由于 SWF 与引起 D 区电离增强的大耀斑有关，其持续时间取决于耀斑的持续时间。SWF 的强度取决于：①X 射线太阳耀斑的大小；②太阳天顶角 χ；③背景电离层条件。

宇宙噪声突然吸收（SCNA）表现为宇宙噪声强度突然下降，然后逐渐恢复。这些事件按严重程度分级（如 SWF 的情况）：①短暂的轻微强度变化；②相对较长时间的中等强度变化；③长时间大强度变化。

相位突然异常（SPA）是指 VLF 信号在斜入射时因反射高度下降数公里而发生相位突变

的现象。在 SPA 事件中，相位会快速增加（大约 1～5min）并缓慢恢复（大约 30min～3h）。中等强度的太阳耀斑引起的相移通常大约为 30°～60°。

天电干扰突然增强/减弱（SEA/SDA）与 X 射线耀斑期间大气场强的变化有关。当发生 SEA 时，极低频（ELF，<3kHz，>100km）信号会突然增强。在 10～75kHz 频段，27kHz 附近的 VLF 噪声场强会增加。当发生 SDA 时，1～10kHz 的天电干扰会突然下降。

磁暴可以在磁暴发展过程中产生额外的 NO^+，或在磁暴后效期间从磁层内部产生电子沉淀（100keV 或更大），从而改变 D 层的化学性质。这将使反射高度降低到 70km 左右，并在地磁场恢复到磁暴前的正常状态后持续数天。

简单的化学反应表明，E 层的大气非常稀薄，只有 2 体碰撞发生。电离是在大约 90～140km 的高度由 X 射线（1～20nm）和 Lyman-β（约为 102.6nm）引起，主要产生 NO_2^+、O_2^+和 O^+ 等正离子。E 层通常在日出时出现，日落时消失，夜间残余峰值密度约为 3×10^9e/m^3，而白天约为 10^{11}e/m^3，这意味着随$(\cos\chi)^{1/2}$变化的 NmE 在正午时分最高，在时节方面则是夏季最高。一些研究发现，虽然 NmE 通常随太阳活动强度的增加而增加，但也存在一定程度的变异性，有时会随太阳活动强度的增加而减小。E 层中的电子典型寿命约为 20s。与较低的 D 层一样，E 层离子碰撞非常多，等离子体运动由中性运动决定。

微量金属离子如 Fe^+、Mg^+和 Ca^+等以流星的形式进入大气，构成中纬度突发 E 层（Es 层）的主要离子成分，该层叠加在海拔 95～135km 的 E 层内（见图 4.1 中的电离层）。Es 层的电子密度远远超过周围的 E 层、典型厚度约 500～2000m，特殊情况下可以延伸到 1000km。Es 层在低、中、高纬度地区的行为有很大区别。虽然与太阳电离没有直接联系，但中纬度 Es 层的出现随地点和时间而变化，表现出同日变化（上午和日落时分最大）和季节变化（夏季月份最大）。Es 层多出现在赤道区和中低纬地区的白天，且结构紧密，其垂直临界频率 foEs 经常高到足以引起 GNSS 总电子含量的脉冲状扰动。极光 Es 层有多种类型，但一般来说，主要发生在夜间，对无线电通信非常重要，可能起到辅助作用，也可能引起巨大的衰落和多径问题。

尽管扰动效应在 D 层和 F 层最为明显，但在 E 层也能观察到太阳耀斑效应（见表 4.2）。突发频率偏移（SFD）表现为反射的 HF 信号频率突然变化，如频率突然增大，然后再恢复。观测结果表明，发生 SFD 时并没有过度吸收，说明在电子碰撞频率较低的 E 层，额外的电离是由极紫外（EUV）辐射（波长 124～10nm，能量 10～124eV）产生的。太阳耀斑磁效应（SFE）是由于电离层电导率增加导致电子电流升高，从而引起地磁场扰动。

表 4.2　E 层突发电离层骚扰（SID）现象小结

SID 现象	技　术	影　响	辐　射
突发频率偏移（SFD）	HF 多普勒	反射高度降低	EUV（10～124nm）
太阳耀斑磁效应（SFE）	磁强仪	增强电离导电性	EUV（10～124nm）和 X 射线（0.8～14nm）

4.3　F 层扰动

F 层是电离层中电子密度最高的部分，在中纬度地区的夏季，F 层分为 F1 层和 F2 层，在冬季分层消失。F1 层仅在白天出现，主要因 EUV（20～80nm）辐射产生，高度约 150～180km，处在 F2 层以下。F2 层的高度约 200～400km，由大致相同的波长辐射产生。F2 层电

子密度较高是因为其电子损耗系数随高度的下降速度远高于电子产生速度。电子密度达到一定高度后因重力和扩散对离子分布的控制而停止增加，通常在夜间约为 $5\times10^{10}e/m^3$，在夏季白天约为 $8\times10^{11}e/m^3$。总的来说，F 层高度电离，F1 层以 NO^+和 O_2^+离子为主，F2 层以 O^+离子为主，在 300km 高度处中性粒子密度约为 2×10^{18} 粒子$/m^3$。F1 层电子典型寿命约为 1 分钟。F2 层在夜间仍存在，因为其电子寿命约 20 分钟，这是由以下因素决定的：（1）风将该层抬升到损失系数较小的高度；（2）质子流；（3）弱 EUV 通量和可能存在的高能粒子。就电波传播而言，F2 层是地球电离层最重要的组成部分，因为它全天候都存在。由于其高度很高，通过折射高频频段的最高频率，可以实现最远距离通信。

E 层和 F1 层最大电子密度的季节变化与太阳天顶角保持同相，而 F2 层最大电子密度在白天（冬季异常）与太阳天顶角变化是反相的，不再遵循每日和季节（$\cos\chi$）^{n}定律。在早期电离层科学中，如果不遵循太阳控制的以光化学为主导的变化模式，随时间的和其他特殊的电子密度变化均被认为是异常的。目前基于大量热层和电离层密度观测的知识，认为它们是全球环流引起的中性成分变化的结果。图 4.2（a）中的图形表示最大电子密度比大于 3∶1。因此，电子的生成和损耗是 D 层、E 层和 F1 层形态变化的原因，而等离子体扩散、中性风和电磁漂移等形成的电离运动是产生 F2 层的决定性辅助因素。它们的共同点是，随着 2011 年太阳黑子周期推进，规模均显著增加。

F 层的时空变化形式包括周日变化、季节变化和太阳活动周期变化，以及大的不规则变化等，都是地磁纬度的函数。正如 Zolesi 和 Cander 详细描述的那样，与电离层气候学相对应的 foF2 变化的特征基本上已被很好地理解，并且可以成功地建模。然而，与电离层天气的扰动、电离层暴和不规则体相关的 F 层参数波动仍然是一个重要的科学问题，且它们对无线电信号的传播，特别是对 GNSS 信号（L 波段）的传播有重要影响。F 层是地球电离层中变化最大、最难以预测的结构。在测量误差方面，电离层探测数据通常覆盖中纬度 2～15MHz 范围内的 foF2。foF2 数据按 0.1MHz 的分辨率四舍五入，取 foF2=7.0±0.05MHz，对应 NmF2 为 $60.76\times10^{10}e/m^3$，观测精度约为 2%。从目前的研究来看，空间天气响应远远超过这个值，因此电离层产生的变异性远远高于典型电离层探测仪的 foF2 测量误差。

如表 4.3 所示，在 F 层也检测到了太阳耀斑效应。当大部分增强的电子含量突然出现在海拔约 200km 的 E 层上方时，附加的 EUV 辐射将产生突发频率偏移（SFD）。电离层电子含量主要取决于 F 层的变化，也取决于上层的 SID。在 SID 事件期间，它只增加了几个百分点，在百分比上明显低于 D 层和 E 层的响应，但总体上不可忽略。

表 4.3　F 层突发电离层骚扰（SID）现象小结

SID 现象	技　术	影　响	区　域	辐　射
突发频率偏移（SFD）	HF 多普勒	反射高度降低	F	EUV（10～124nm）
电子含量上升	法拉第效应	电子含量上升	F 及其以上区域	EUV（10～124nm）

4.4　电离层噪声

虽然第 2 章和第 3 章所述的影响源基本保持不变，但历史上和最近的地基和天基观测一直都在提供很有挑战性的信息，说明电离层存在显著多样的定性和定量变化，与电离层的平均行为有很大偏差。即使没有来自太阳的额外能量或动量输入，地球高层大气有时也会表现出各种各样的天气特征。例如，已有中纬度电离图显示的结构比之前看到的要多得多。某个位置每天、一天内或数小时内的电离层特征参数（如 NmF2、M(3000)F2、hmF2、VTEC 等）的波动原因往往无法被准确识别，因此通常将其统称为地球物理噪声。

本书中主要讨论电离层空间天气，因此将地球物理噪声看成电离层噪声，并分两部分进行描述。首先，讨论了几个 F 层活动的例子，均为地磁宁静条件下，无法与任何日地事件相关联。其次，列举了在没有扰动条件时的类似电离层暴模式的电离层大幅度正增强。所有这些都有可能是星基增强系统校正模型和所有电离层预报模型的重要误差源。地球环境中若干潜在的且相互关联的重要问题，如大气波与电离层电场之间的重要耦合，一般地球物理噪声特别是电离层噪声，都是当代地球物理学中非常热烈的研究领域。

这些效应叠加在常规的 F 层的昼夜循环和夜间衰退上，其中太阳周期变化意味着中纬度最大电子密度和垂直总电子含量在太阳极大期可以高出 3～8 倍。通常采用两组数据来生成小时变化曲线，以揭示当太阳 EUV 通量增加/减少导致电离增强/减弱时，电离层 NmF2 和 VTEC 的总体变化。2000 年 2 月为高太阳活动水平月，月均 Sn=165.7（SSn=170.6）、F10.7=172.7、Ap=16，共 8 次 SSC，最大 Ap=60。图 4.5 左将 Chilton 站（51.6°N，358.7°E）在该月的每小时 NmF2 组合在一起，与 NmF2 月中值（黑线）的偏差约±40%。图中某些电离层正暴期间，NmF2 远高于相应的月中值。

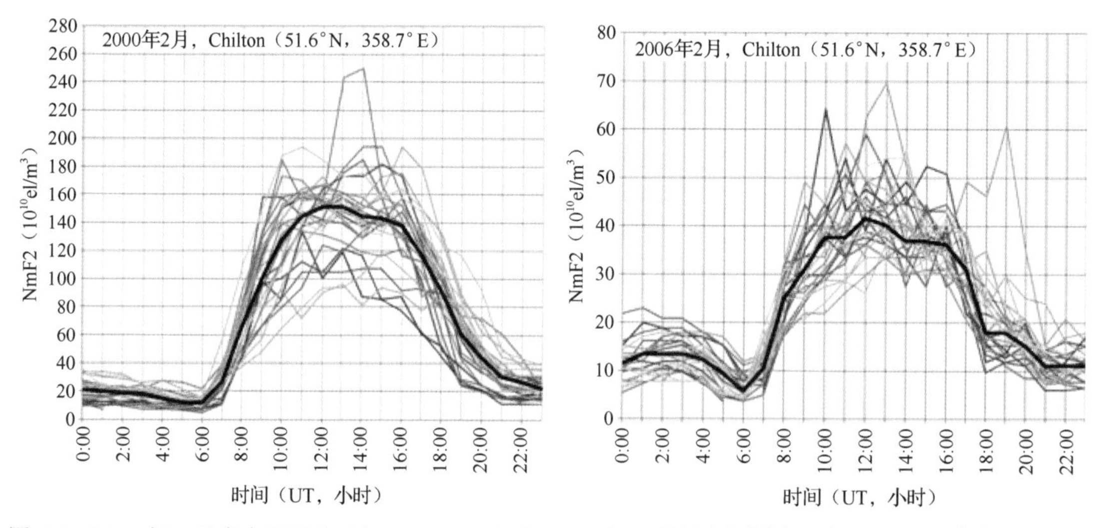

图 4.5　2000 年 2 月高太阳活动（左，Sn=165.7）和 2006 年 2 月低太阳活动（右，Sn=5.7）期间，Chilton 站（51.6°N，358.7°E）的每日 NmF2 小时变化图。其中黑色曲线为 NmF2 的小时月中值。

2006 年 2 月为低太阳活动水平月，月均 Sn=5.7（SSn=29.7）、F10.7=76.5、Ap=6，最大 Ap=19，没有发生 SSC。这一时期内 NmF2 较低，2002 年 2 月日间约为其 3.5 倍，夜间约为其 1.4 倍（见图 4.5 右）。月均 NmF2 比值（2000 年 2 月/2006 年 2 月）远小于这两个电离层冬季月的月均太阳黑子数或月均平滑太阳黑子数之比，但与相应的月均 F10.7 之比相近。这一时期内，太阳活动加剧的影响也非常明显：最大值以及最小最大值之比都显著增大。图 4.5 中的几条最低曲线是由电离层暴负相期间 NmF2 迅速下降造成的。2000 年 2 月与 2006 年 2 月日间 NmF2 变化的重要共同特征是黎明前最低，上午迅速上升，晚上急剧下降。总的来说，

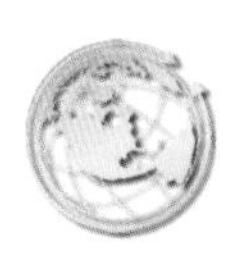

无论太阳活动水平如何，冬季白天和夜晚都有很大的正偏离。

图 4.6 中展示了两个电离层夏季月份，其中 2000 年 6 月为高太阳活动月份，月均 Sn=188（SSn=172.7）、F10.7=180.3、Ap=15，共发生 6 次 SSC 磁暴，最大 Ap=64，2006 年 6 月为低太阳活动月份，月均 Sn=24.5（SSn=26.2）、F10.7=76.7、Ap=8，无 SSC，最大 Ap=26。在两图中都出现了傍晚 NmF2 增强，即所谓的夜间异常，只是在 2000 年 6 月高太阳活动期间没那么明显。2000 年 6 月每小时 NmF2 与月中值的总体偏差约为±35%，而日间偏差则较小（约±15%），夜间偏差与总体偏差相近（约±35%）。月均 NmF2 比值（2000 年 6 月/2006 年 6 月）约为 2，这同样只对应于各自月均 F10.7 之比。而在冬季观测到的昼夜巨大正差异在夏季并不存在。图 4.6 中的部分曲线同样是由于电离层暴在负相或正相期间造成 NmF2 快速下降或升高造成的。

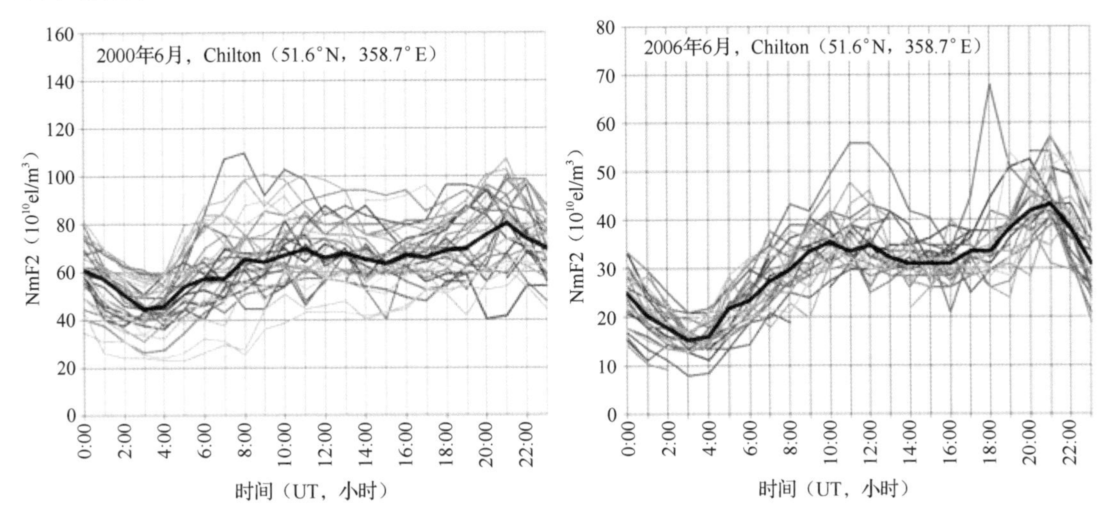

图 4.6　2000 年 6 月高太阳活动（左，Sn=188）、2006 年 6 月低太阳活动（右，Sn=24.5）期间，Chilton 站（51.6°N，358.7°E）的 30 天 NmF2 24 小时变化图

将最高电子密度用电离层柱密度或垂直总电子含量替代［采用与英国 Hailsham 电离层站（50.9°N，0.3°E）同址的 HERS GNSS 观测站数据，距离 Chilton 站非常近，UT=LT］，会得到相似的结果。太阳极大期的 VTEC 远远超过太阳极小期，其值具有最基本的太阳周期依赖性。

图 4.7 分别显示了 2000 年 2 月高太阳活动水平和 2006 年 2 月极低太阳活动水平期间，HERS 站观测的 10 分钟 VTEC。2000 年 2 月的 VTEC 持续较高，相比 2006 年 2 月，夜间约为其 2 倍，日间约为其 4 倍，变化率高达 40%，可见 VTEC 日小时变化在高太阳活动期间更加明显。在这两组数据中，从部分 VTEC 值可以看出电离层正暴。同样 VTEC 比值（2000 年 2 月/2006 年 2 月）远低于月均太阳黑子数比值，但太阳活动上升的影响非常明显。

图 4.8 显示了 2000 年 6 月（高太阳活动夏季月份）和 2006 年 6 月（低太阳活动夏季月份）HERS 站的 10 分钟 VTEC。可以看出只有在 2006 年 6 月低太阳活动时才会出现 VTEC 夜间异常，VTEC 相对月中值的变化率在夜间约为±30%，白天稍低，约为 21%。VTEC 比值（2000 年 6 月/2006 年 6 月）约为 2.5，比相应的月均 Sn 比值更接近月均 F10.7 比。在 2000 年 6 月的几天里，VTEC 再次快速下降或升高，可见是电离层暴效应。

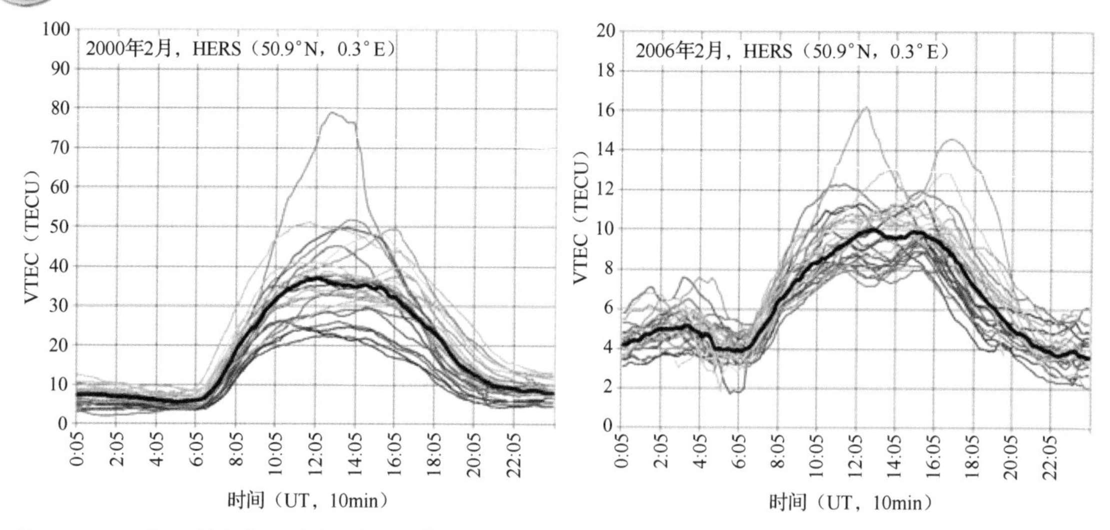

图 4.7 2000 年 2 月高太阳活动（左，月均 Sn=165.7）和 2006 年 2 月低太阳活动（右，月均 Sn=5.7）期间，HERS 站（50.9°N，0.3°E）的 10 分钟 VTEC 图

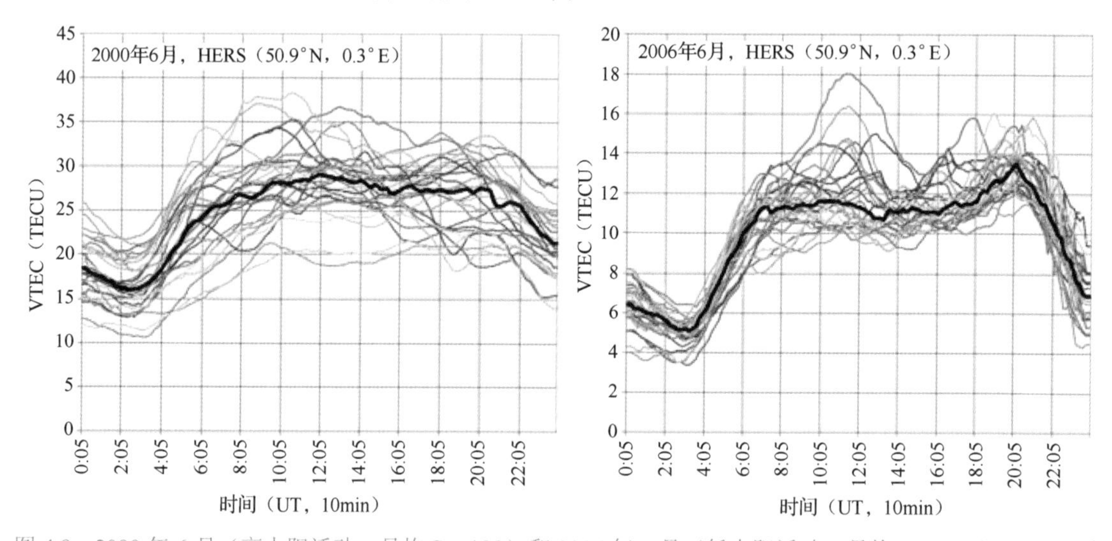

图 4.8 2000 年 6 月（高太阳活动，月均 Sn=188）和 2006 年 6 月（低太阳活动，月均 Sn=24.5），HERS 站（50.9°N，0.3°E）的 10 分钟 VTEC 图

即使忽略这些明显的电离层暴日，以上数据中的 NmF2 和 VTEC 也存在显著的月变化，约为 15%～40%。在对电离层空间天气进行建模和预测时需要考虑这一点，因为通过对其他月份的地基和天基观测数据进行分析也证实了这一点。这一现象的物理解释可以从太阳辐照度的日变化和与低层大气的耦合中找到。

以上数据中，高太阳活动期间冬季（2 月）的 NmF2 和 VTEC 超过夏季（6 月），可见存在明显的中纬度季节异常。

4.4.1 地磁宁静条件下的 F 层和上部电离层

平静的未受扰动的地磁场并不意味着一定会有一个未受扰动的中纬度电离层，这一事实清楚地强调了地球的上部电离层大气中的巨大可变性，以及起作用的各种因素。这意味着，

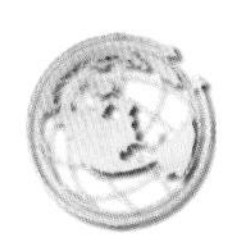

即使在每个月的 10 个国际磁静日（10Q-days，以不规则性来定义的地磁活动最低的时期）内，电离层也不是静止的。特别是 F 层特征的变化时序有时会表现出非常显著的日变化和小时变化，有时会在一小时内交替变化。电离层对地磁活动的响应已研究多年，宁静时期的电离层参数确定已从实测月平均值发展到取磁暴前后数天的小时平均值，或取月极静日的值。此外，基于海量月均测量数据建立的 IRI 经验模型，通常可以作为宁静时期的有效参考。

在文献中，由地磁活动和其他扰动引起的变化通常被表示为相对于宁静时期参考曲线（本文选择月中值模式）的百分比偏差。测量结果可用下式表示。

$$\Delta X(\%)=100\times(X-X_{med})/X_{med} \tag{4.1}$$

上式表示的是电离层特征/参数 X 相对于同一时刻的月中值（宁静时期参考值）X_{med} 的变化百分比。如果百分比偏差在±25%以内，则认为这是宁静电离层因组成变化导致的正常日间变化。采用月中值作为基准分析 NmF2、foF2、MUF (3000) F2 和其他电离层特征的偏差非常便利，不仅能够消除极值的影响，还能建立短期预报和长期预测之间的联系，这对电离层空间天气非常重要。

国际上通常采用 10 个磁静日（10Q-days）和 5 个磁扰日（5D-days）来定义每个月不规则地磁活动的特殊时期。它们表现了高纬度地区电流的磁效应，通常基于日 Kp 指数给出，按以下三个标准计算：（1）8 个 Kp 值的总和；（2）8 个 Kp 值的平方和；（3）8 个 Kp 值的最大值。根据以上标准，每个月的每一天都分配一个相对序号，并取平均序号最低的 10 天作为磁静日，最高的 5 天作为磁扰日（Johnston，1943）。

在宁静的地磁条件下，并不需要使用大量的 NmF2/VTEC 变化模式，只需按季节区分：高太阳活动（如 2000 年）和低太阳活动（如 2006 年）的冬季月份（如 2 月）和夏季月份（如 6 月）。表 4.4 显示了图 4.5、图 4.6、图 4.7 和图 4.8（介绍了典型的 NmF2 和 VTEC 变化）对应月份的 10 个磁静日。同时还给出了 2000 年 8 月的 10 个磁静日，该月为电离层夏季月份，发生了三次 SSC，最大 Ap=123，代表了相对复杂的整体地磁条件和相当有趣的电离层响应。

表 4.4　10 个国际磁静日（10Q-days）

年	月	Q1	Q2	Q3	Q4	Q5	Q6	Q7	Q8	Q9	Q10
2000	02	18	19	4	17	20	22	29	16	2	1
2006	02	14	25	9	18	13	5	27	1	8	2
2000	06	30	16	9	25	17	21	2	20	19	29
2006	06	26	4	23	21	13	5	24	19	20	12
2000	08	22	25	18	19	26	20	9	17	8	27

图 4.9 给出了 2000 年 2 月 Chilton 站 10 个磁静日的每小时 NmF2 及其月中值和相同时间 HERS 站的 10 分钟 VTEC，同时在每个图中给出了相应时间的 Ap 值（Ap≤8）。如前所述，2000 年 2 月太阳和地磁活动非常活跃，NmF2/VTEC 值飙升，相对月中值，Q6、Q7 两天出现了一些显著的正变化，而 Q3、Q9 和 Q10 三天出现了负变化。图 4.11 上表明，这些天的 NmF2/VTEC 相对月中值的变化平均为±40%，表现出对大规模电离层扰动的典型响应。由系统故障或特殊的地球物理条件（高吸收水平、存在强 Es 层、当 NmF2≤NmF1 时的电离层 G

条件）导致的部分数据缺失，影响了正确的数据解析和还原，因此 NmF2 和 VTEC 曲线存在间隙。G 条件意味着 foF2 小于 foF1，这通常表明正在发生电离层暴。

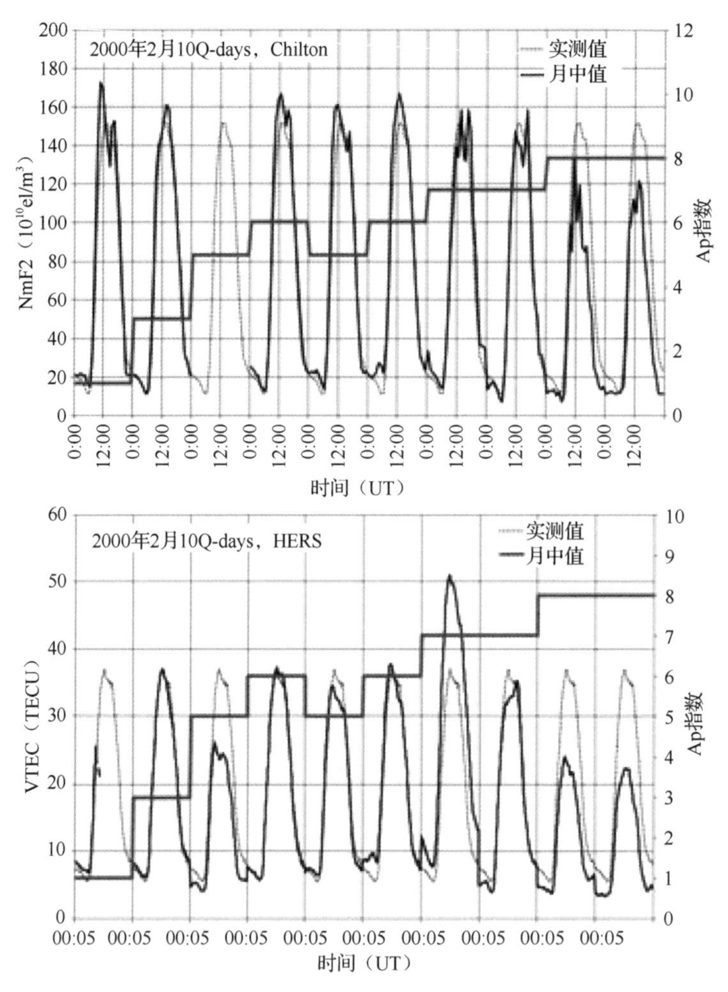

图 4.9　2000 年 2 月 10Q-days 期间，Chilton 站（51.6°N，358.7°E）每小时 NmF2 及其月中值（上），HERS 站（50.9°N，0.3°E）的 10 分钟 VTEC 及其月中值（下），以及相应的 Ap 指数。部分数据缺失导致 NmF2 和 VTEC 曲线存在间隙

图 4.10 上显示了 2006 年 2 月 10 个磁静日 Chilton 站的每日 NmF2 变化，与月中值的百分比变化如图 4.11 下所示。极低的 Ap 值（Ap≤4）正好与预测的±25%的电离层变化相对应。尽管 2006 年 2 月的 10 个磁静日定义了与地磁活动相关的日常变化的最小范围，但图 4.9 和图 4.10 中地磁宁静时期的模式清楚地表明，在昼夜 ΔNmF2 高于±25%的基础上，存在一些明显的短期变化。再来看 2006 年 2 月 HERS 站的 VTEC 和 ΔVTEC 变化（见图 4.10 下和图 4.11 下），该月为太阳和地磁活动最低的月份之一，磁静日的 VTEC 接近 VTEC 月中值，基本保持在±25%范围内。

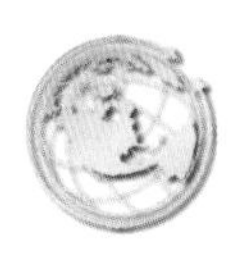

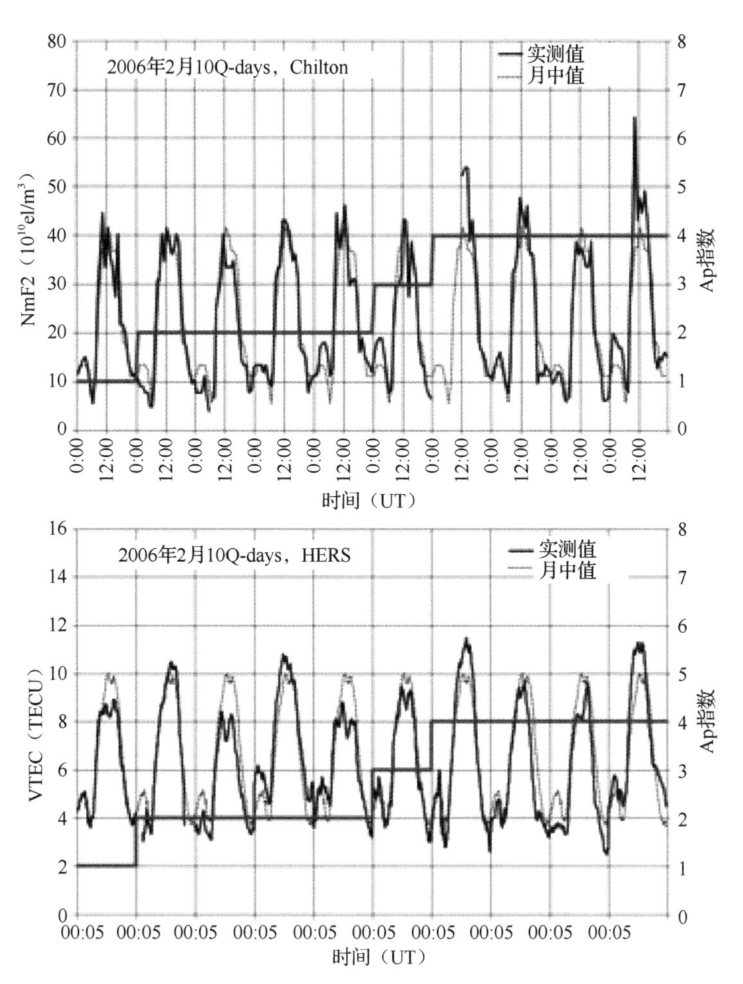

图 4.10　2006 年 2 月 10Q-days 期间，Chilton 站（51.6°N，358.7°E）每小时 NmF2 及其月中值（上），HERS 站（50.9°N，0.3°E）的 10 分钟 VTEC 及其月中值（下），以及相应的 Ap 指数。部分数据缺失导致 NmF2 和 VTEC 曲线存在间隙

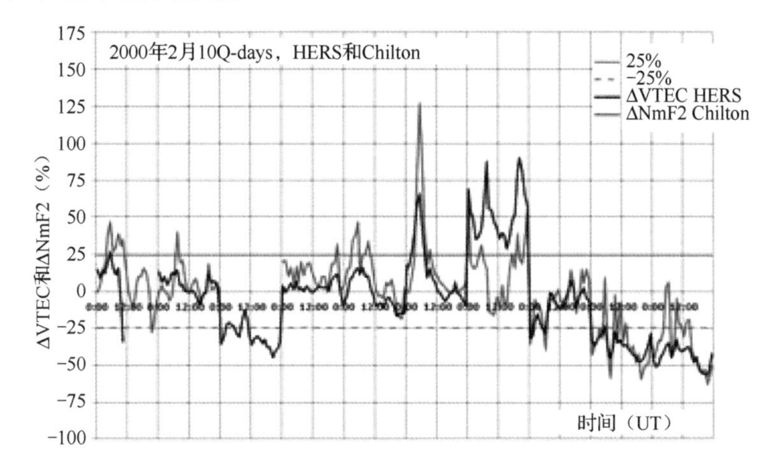

图 4.11　在 2000 年 2 月（上）和 2006 年 2 月（下）10Q-days 内，HERS 站（50.9°N，0.3°E）每小时 ΔVTEC 和 Chilton 站（51.6°N，358.7°E）的每小时 ΔNmF2

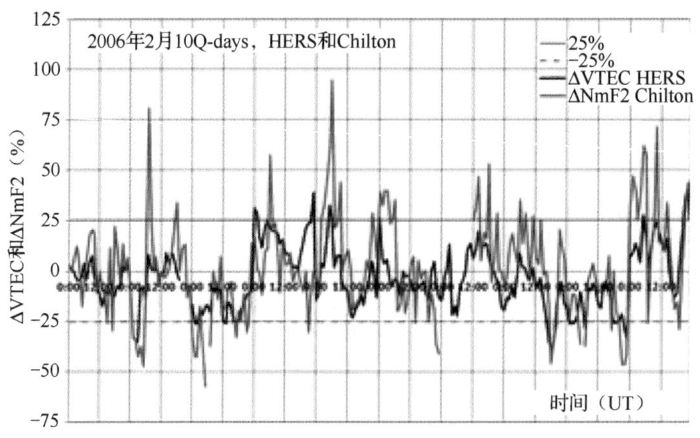

图 4.11　在 2000 年 2 月（上）和 2006 年 2 月（下）10Q-days 内，HERS 站（50.9°N，0.3°E）每小时 ΔVTEC 和 Chilton 站（51.6°N，358.7°E）的每小时 ΔNmF2（续）

然而从图 4.12 上可以看到，尽管 F 层的季节效应很强，但 2000 年 6 月 10Q-days 中 Chilton 站的 NmF2 变化和 HERS 站的 VTEC 变化（见图 4.13）与 2000 年 2 月具有非常相似的特征。对于任何需要进行精确电离层短期预报的空间气象服务来说，这都不能被忽略。

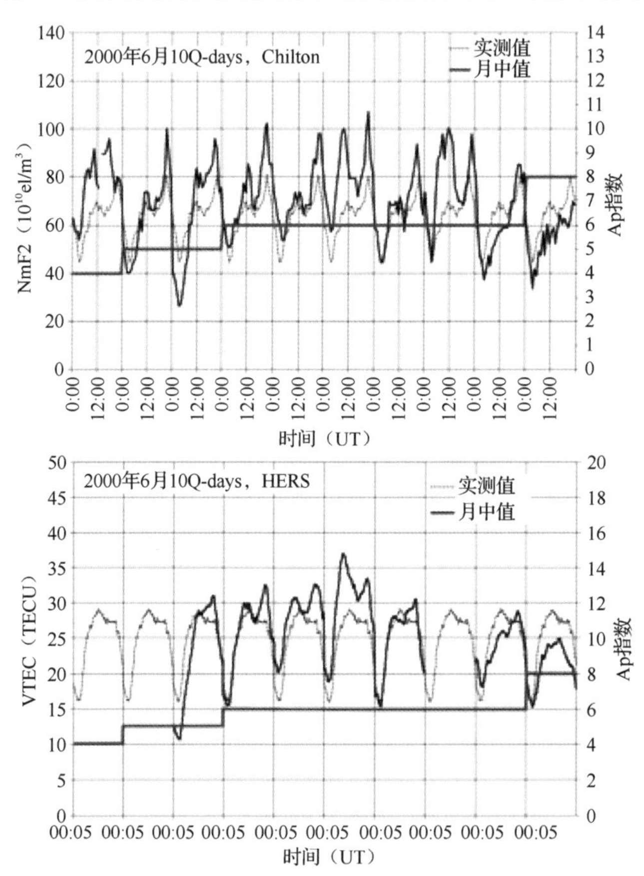

图 4.12　2000 年 6 月 10Q-days 期间，Chilton 站（51.6°N，358.7°E）每小时的 NmF2 及其月中值（上），HERS 站（50.9°N，0.3°E）每天的 10 分钟 VTEC 及其月中值（下），以及相应的 Ap 指数

图 4.13 所示的 2006 年 6 月 10Q-days 期间的 NmF2 和 VTEC 变化与 2000 年 6 月出现的

噪声模式形成了鲜明的对比。电离层小时间变化（ΔNmF2 大多在±30%以内）和小时内变化（ΔVTEC 大部分在±25%以内）可从图 4.14 下中清楚地看到。

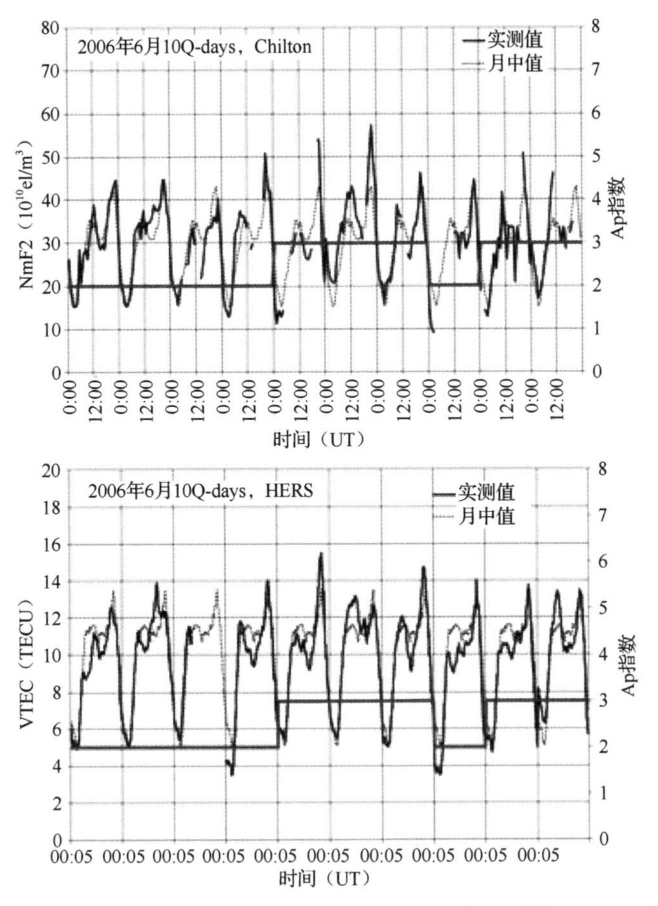

图 4.13 2006 年 6 月 10Q-days 期间，Chilton 站（51.6°N，358.7°E）每小时的 NmF2 及其月中值（上），HERS 站（50.9°N，0.3°E）的 10 分钟 VTEC 及其月中值（下），以及相应的 Ap 指数

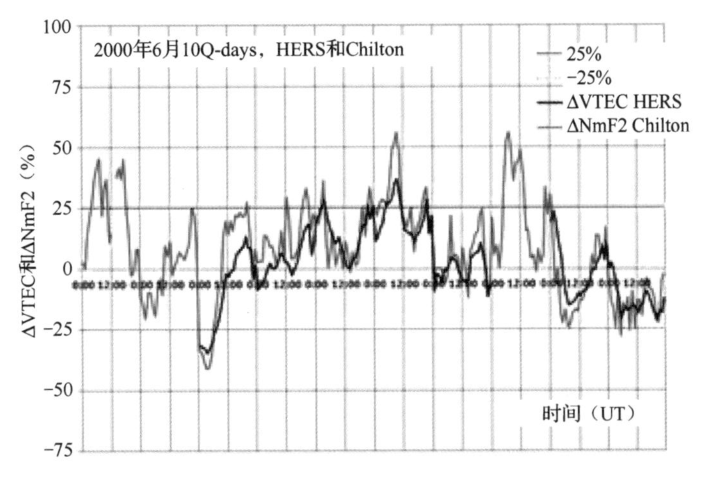

图 4.14 在 2000 年 6 月（上）和 2006 年 6 月（下）10Q-days 内，HERS 站（50.9°N，0.3°E）每小时 ΔVTEC 和 Chilton 站（51.6°N，358.7°E）每小时 ΔNmF2

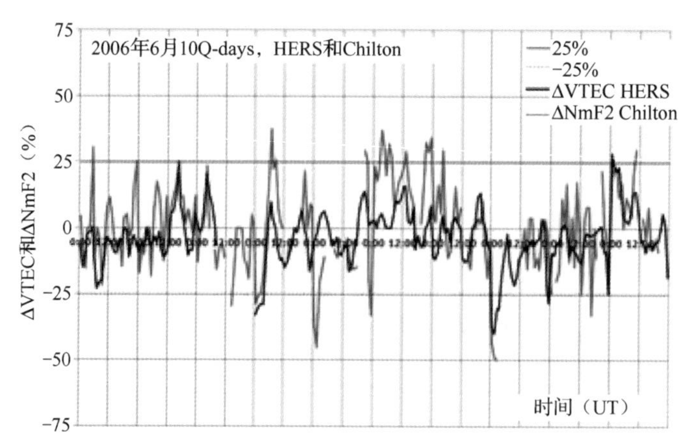

图 4.14 在 2000 年 6 月（上）和 2006 年 6 月（下）10Q-days 内，HERS 站（50.9°N，0.3°E）每小时 ΔVTEC 和 Chilton 站（51.6°N，358.7°E）每小时 ΔNmF2（续）

与 2000 年 2 月和 2000 年 6 月一样，2000 年 8 月也是一个太阳和地磁活动活跃的月份，月均 Sn=180.5（SSn=172.8）、F10.7=163.6、Ap =16，并发生三次 SSC，最大 Ap=123。图 4.15 分别以 10 个磁静日期间 Chilton 站（51.6°N，358.7°E）的 NmF2 和 HERS 站（50.9°N，0.3°E）的 VTEC 的日变化为例，说明了这种日地条件的影响。这些图表明，随着 10Q-days 期间太阳活动水平的升高，虽然 Ap 指数小于 7，但是产生了较宽的 F 层最大电子密度峰值。白天 NmF2 增强的 10-Qdays 模式平均大于 50%，这种增强变化几乎和第 5 章中将要讨论的电离层正暴一样。然而在图 4.15 下中可以清楚地看到，在同样的 10Q-days 内，HERS 站的每日 VTEC 变化是不同的。图 4.15 上所示的 NmF2 增强不太明显，仅在 Q4-day 和 Q6-day 两天，VTEC 在短时间内增加了几个 TECU，ΔVTEC<35%（见图 4.16）。其他磁静日的 VTEC 与月中值基本一致。

图 4.15 显示了 2000 年 8 月极高太阳活动期间，Chilton 站的 NmF2 和 HERS 的 VTEC 的主要特征为：（i）两个几乎同址的站点，NmF2 和 VTEC 值在总体形状上有非常密切的相关性；（ii）在相同的 10-Qdays 地磁条件下，其各自的日变化幅度存在显著差异。这与

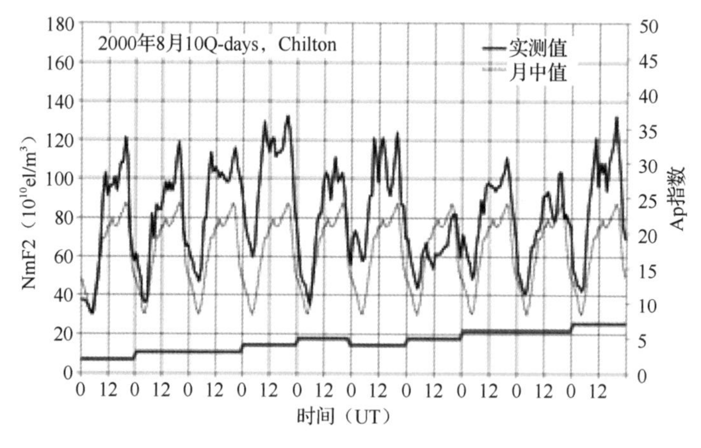

图 4.15 2000 年 8 月 10-Qdays 期间，Chilton 站（51.6°N，358.7°E）的每小时 NmF2 及其月中值（上），HERS 站（50.9°N，0.3°E）的 10 分钟 VTEC 及其月中值（下），以及相应的 Ap 指数

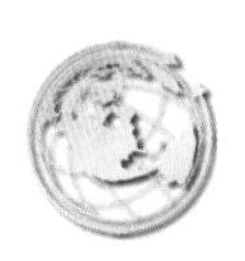

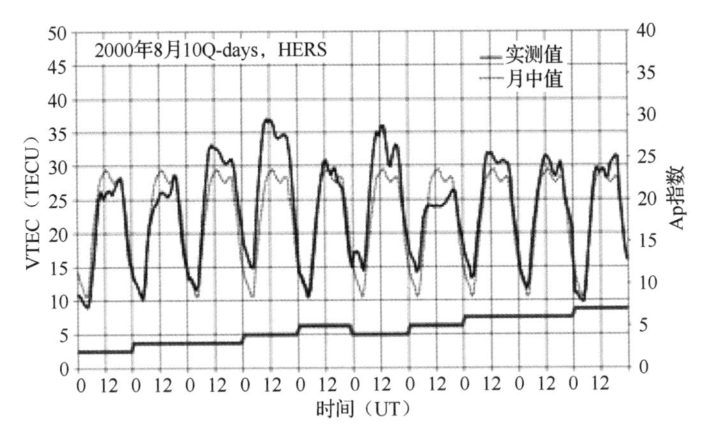

图 4.15　2000 年 8 月 10-Qdays 期间，Chilton 站（51.6°N，358.7°E）的每小时 NmF2 及其月中值（上），HERS 站（50.9°N，0.3°E）的 10 分钟 VTEC 及其月中值（下），以及相应的 Ap 指数（续）

图 4.16 中所示的 10Q-days 的 ΔNmF2 和 ΔVTEC 模式是明确匹配的。磁静日的 ΔVTEC 平均为 ΔNmF2 的 1/3，这可能表明一种普遍的气候模式，在这种模式下，太阳活动的增加将导致 F 层的最大电子密度增加，但不一定导致总电子含量增加。

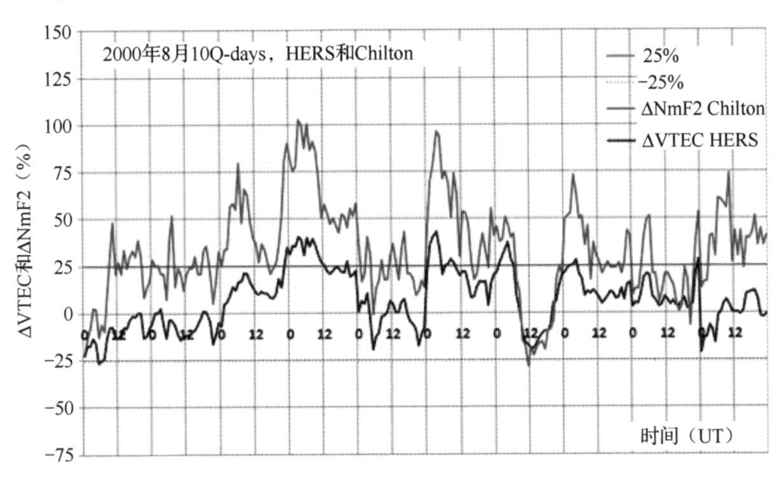

图 4.16　2000 年 8 月 10Q-days 期间，HERS 站（50.9°N，0.3°E）每小时的 ΔVTEC 和 Chilton 站（51.6°N，358.7°E）的每小时 ΔNmF2

图 4.9～图 4.16 总结了在地磁宁静条件下电离层行为研究的重要阶段成果，明确了中纬度底部最大电子密度和电离层垂直总电子含量，受与光电离、太阳仰角和整体电动力学的短期变化有关的过程控制。在地磁活动非常低的情况下，无论是太阳活动极大期还是极小期，电离层都不是静止的，这表明有必要对电离层-大气耦合进行更多的研究。

4.4.2　地磁宁静条件下突然增加

地球电离层电子密度呈不可预测的短期小时变化甚至分钟级的局部异常。本节重点讨论 Dst 指数高于−50nT 时的电离层噪声事件，这代表了相对宁静的没有磁暴的时期。从 10 分钟的 VTEC、NmF2 中可以检测到电离层对这些事件的响应。地磁宁静条件的具体定义为 ΣKp ≤14，其中 ΣKp 是每天 8 次的三小时 Kp 值的总和。根据大量观测数据统计发现，VTEC 和

NmF2 相对月中值的偏差最高可达 70%。基于宁静日电离层指数的电离层暴预报模型都会受到日地事件对基线的扰动的影响，而细节将取决于所使用的基线减法标准。将这类事件与通常的电离层空间天气事件分开并加以正确理解，可以为电离层暴预报模型提供重要的参考估计。

在 2010 年 2 月 5 日 Q4-day 当天，Ap=2、ΣKp=4、Sn=12 之后，2010 年 2 月 6 日，Ap=4 和 Sn=36，ΣKp 达到 8。接下来的 2 月 7 日 Q10-day，Ap=3、ΣKp=6、Sn=38，而 2010 年 2 月的月均太阳黑子数为 28.5。根据先前的定义，2010 年 2 月 6 日 Ap=4 且ΣKp=8，地磁活动是一个无扰动日，但当天电离层发生了显著变化，存在明显的扰动区间，如图 4.17 所示。需要注意 2010 年 2 月 5 日至 7 日这段时间的 Sn 值，太阳活动开始增加，产生了第一次 M 级 X 射线耀斑，并在 2 月 6 日 18:59UT 达到峰值。

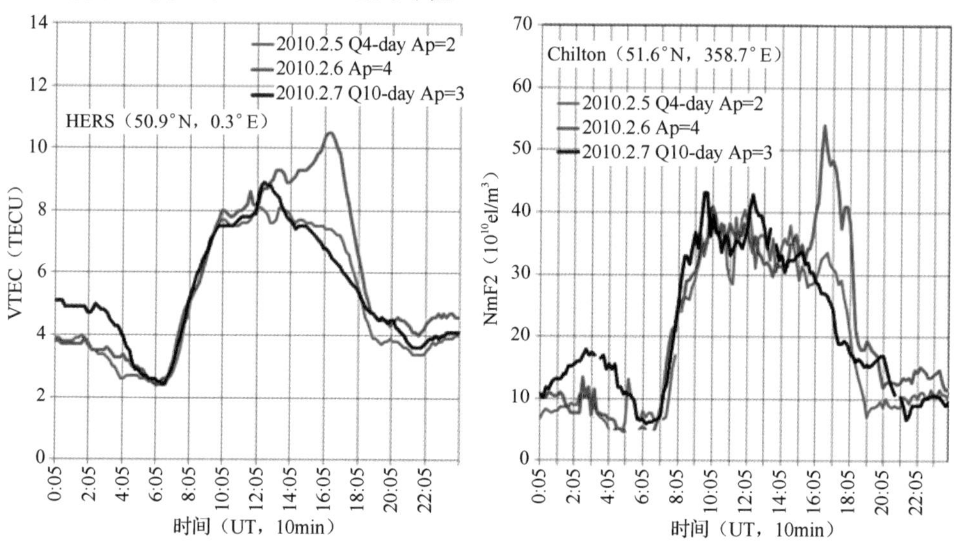

图 4.17　2010 年 2 月 5 日至 7 日期间，HERS 站（50.9°N，0.3°E）的 10 分钟 VTEC（左）和 Chilton 站（51.6°N，358.7°E）的 NmF2（右）

在冬季电离层条件下，2010 年 2 月 5 日至 7 日这三天期间 HERS 站（50.9°N，0.3°E）10 分钟 VTEC 和附近的 Chilton 站（51.6°N，358.7°E）的 NmF2 如图 4.17 所示。主要特征是 2 月 5 日和 2 月 7 日观测到的 VTEC 之间的差异相对较小，NmF2 变化也呈现出相同的特征。另外，在 2010 年 2 月 6 日当地午后的的数据中，可以清楚地看到较强的短期类正暴效应。与 2 月 5 日前和 2 月 7 日后的几天相比，VTEC 在 5 小时内有所增加，最高时增加了约 3.5TECU。在 2 月 6 日，从 15:00UT 到 19:00UT，NmF2 突然增加，几乎翻了一倍。随后在 2010 年 2 月 7 日夜间，一系列 M 级耀斑导致 VTEC 增加约 1TECU，NmF2 增加约 8×10^{10}e/m^3。

电离层活动在时间上具有强烈的季节性变化和类电离层暴变化。接下来对于地磁宁静条件下的 VTEC 和 NmF2 突增的讨论，将主要集中在 2011 年 6 月 19 日（夏季电离层条件）午后发生的 VTEC 和 NmF2 突增事件。2011 年 6 月 18 日时磁静日 Q6-day，当天 Ap=4、ΣKp=8、Sn=61，紧接着 2011 年 6 月 19 日 Q4-day，Ap=4、ΣKp=7、Sn=47。6 月 20 日，地磁活动开始略有增加，Ap=7、ΣKp=14，而太阳活动下降到 Sn=39。必须强调的是，在 2011 年 6 月 18 日至 20 日期间，太阳活动相对较低（2011 年 6 月的月均太阳黑子数为 56.1），没有观测到 M 级和 X 级的 X 射线耀斑。因此，VTEC 和 NmF2 增强和耀斑无关，这说明可能存在类电离层正暴效应。实际上通过图 4.18 可以发现，在 2011 年 6 月 19 日 06:05UT—12:05UT 之间，出现了一个类扰动区间，表明地球电离层发生了显著的短期变化。2011 年 6 月 19 日，HERS 站的 VTEC 值增加>30%，Chilton 站的 NmF2 增加>60%，明显的正相持续了 6h。

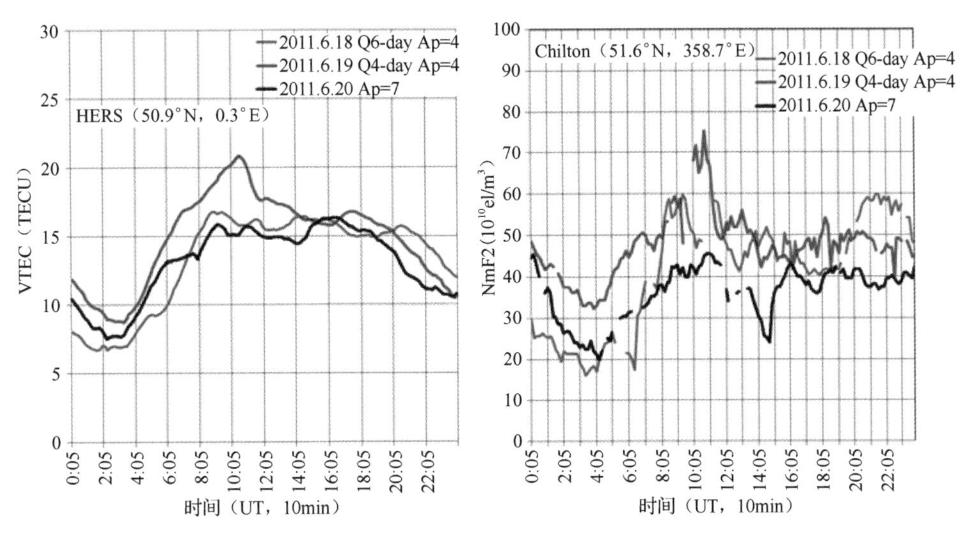

图 4.18　2011 年 6 月 18 日至 20 日期间，HERS 站（50.9℃N，0.3℃E）的 10 分钟 VTEC（左）和 Chilton 站（51.6℃N，358.7℃E）的 NmF2（右）

图 4.19 给出了在地磁宁静条件下夜间 VTEC 和 NmF2 增强的示例。2009 年 2 月 1 日，Ap=3、ΣKp=6、Sn=0，紧接着 2 月 2 日为 Q2-day，Ap=1、Sn=0，ΣKp 达到了极低水平 1。2 月 3 日，Ap=4、ΣKp=6、Sn=0，而 2009 年 2 月的月均太阳黑子数也只有 1.2。而且这一时期没有值得关注的太阳活动，没有观测到太阳黑子群，也没有发现 M 级和 X 级的 X 射线耀斑，太阳射电通量 F10.7 没有超过 70sfu，地磁活动非常宁静（Kp≤2），2009 年 2 月 3 日 20 时 12 分左右，活跃性开始增加。图 4.19 显示在 00:05UT 和 07:05UT 之间，10 分钟 VTEC 和 NmF2 数据出现了类扰动增强，ΔVTEC>60%和 ΔNmF2>50%。可见，夜间地球电离层也存在明显的短期显著变化，且很难与任何日地指数相关联。

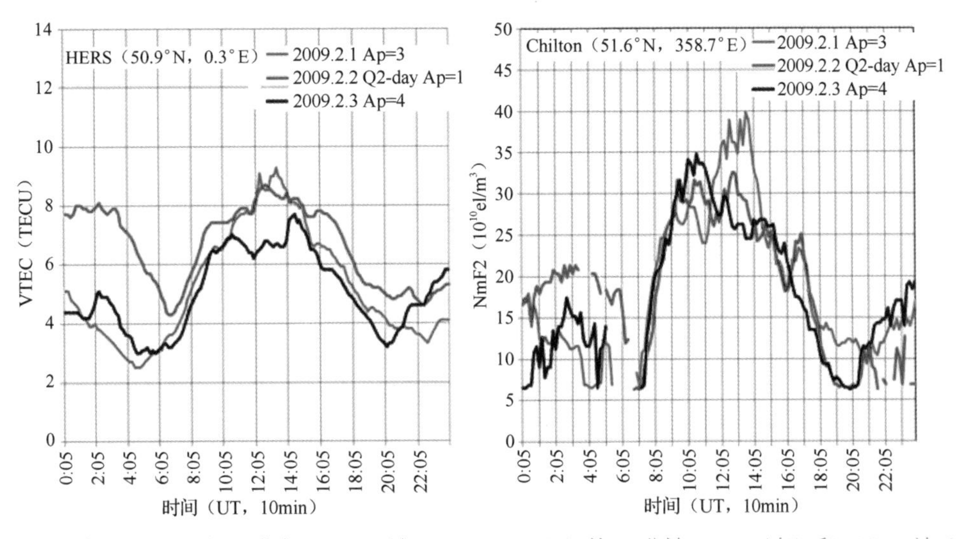

图 4.19　2009 年 2 月 1 日至 3 日期间，HERS 站（50.9℃N，0.3℃E）的 10 分钟 VTEC（左）和 Chilton 站（51.6℃N，358.7℃E）的 NmF2（右）

这些下午、早晨和夜间的TEC/NmF2升高事件，是多年来观察研究的众多事件中的一部分。最近的一次事件如图4.20所示，发生在2017年6月非稳定地磁条件下，在白天数小时内出现了极高的VTEC和NmF2，而该月的月均太阳黑子数为19.4。6月3日HERS站（见图4.20左）和Chilton站（见图4.20右）的观测结果，表现出的F层响应类型模式，与在电离层冬季月份由超强磁暴初相引起的相同。6月3日Sn=24、Ap=8、ΣKp=14；6月2日（Q10-day）Sn=23、Ap=4、ΣKp=8；6月4日（Q10-day）Sn=25、Ap=2、ΣKp=3。

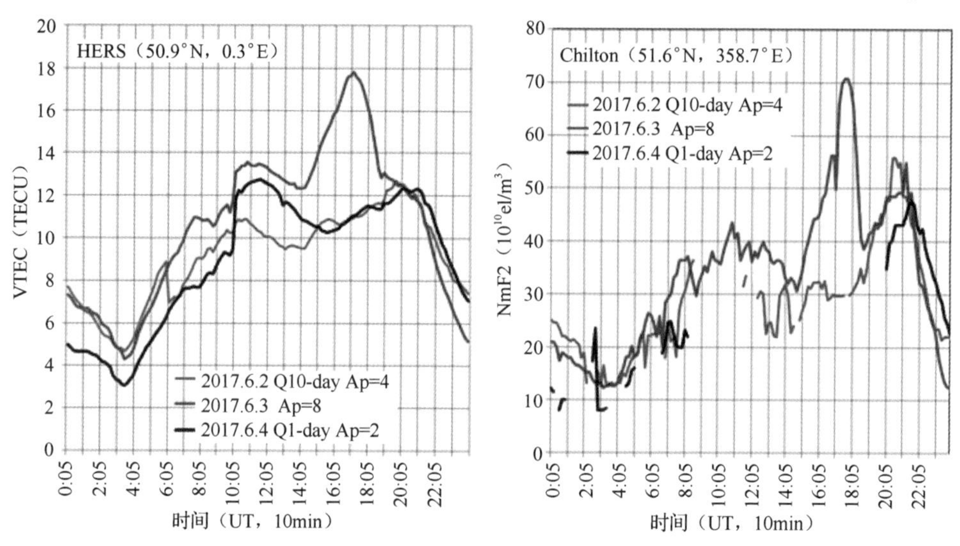

图4.20 2017年6月2日至4日期间，HERS站（50.9℃N，0.3℃E）的10分钟VTEC（左）和Chilton站（51.6℃N，358.7℃E）的NmF2（右）。部分数据缺失导致曲线产生间隙

这些例子说明了一个重要的问题，即无论太阳活动水平如何，在极低地磁活动期间，都会出现VTEC和NmF2增强，这与当前的GNSS及未来的Galileo的应用紧密相关。在上述条件下观测到的具有类似电离层暴或噪声的电离层正增强模式可能是星基增强系统校正模型或任何电离层预报模型的重要误差源。此外有理由相信，小规模电离层天气事件可能是VTEC和NmF2在中纬度增大的辅助驱动因素，其重要性不亚于后文所述的传统电离层正暴。对于观测到的VTEC和NmF2的异常特征，一种可能的解释是太阳光会引起微小的垂直漂移，或者完全局部的物理现象，导致化学损失显著减少，电离层等离子体密度显著增加。

4.5 日食期间TEC突然降低

日食是月球完全或部分挡住太阳，在地球上投下阴影的一种自然现象。不但日地物理学家特别关注，公众也抱有极大的兴趣。日食提供了一种独特的条件，可研究地球大气层由于热流和电离辐射暂时减少而产生的一系列现象。日食可以发生在任何太阳和地磁活动条件下。图4.21所示的例子是1999年8月11日—13日期间卫星环境图（NOAA/SEC）。1999年8月11日的日全食发生在Nova Scotia以南（41.0°N，65.1°E），开始时间为9:32UT。

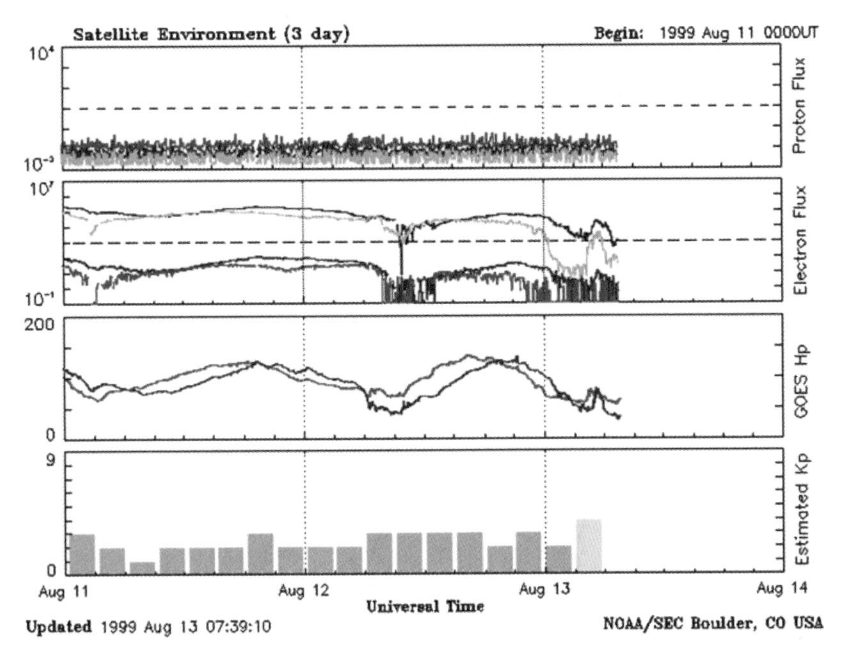

图 4.21　1999 年 8 月 11 日至 13 日期间卫星环境图（NOAA/SEC）

底部电离层主要受局部太阳辐射的控制，而 F 层和上层更多的是受等离子体再分布过程的影响，因此通常基于总电子含量来描述日食期间太阳电离辐射暂时中止所产生的瞬态效应。一般来说，在中纬度地区，日全食期间 TEC 损耗约为 30%～40%，电离层对太阳遮蔽的响应延迟约为 20～40 分钟。

如前所述，TEC 对太阳辐射在短时间尺度上的变化很敏感。1999 年 8 月 11 日日食之前、期间和之后，位于英国 Chilbolton 站（51°08′N，01°26′W）和 Sparsholt 站（51°05′N，01°23′N）的 GPS 接收机进行的 TEC 观测呈现了其中一个事件。1999 年 8 月 11 日日食期间观察到的电子密度波动持续约 5h，说明在电离层高度产生的声波和重力波同时向上下传播，如图 4.22（b）左所示。观测到的主要特征包括日食开始后有约 3TECU 的急剧减少，以及在日食结束时逐渐恢复到正常的午间 TEC 值。相对于 1999 年 8 月 10 日和 12 日这两个参考日，日全食期间监测到的电离变化分别达到 28%和 45%，如图 4.22（b）。虽然这些变化只说明了（51°N，1°W）这一特定位置的情况，但人们发现，在日全食路径上的其他地方也是类似的。

2005 年 10 月 3 日发生了一次日环食，08:41UT 首先在北大西洋上空观测到，08:51UT 到达西班牙和葡萄牙的北部海岸，然后到达非洲上空，最后在印度洋上空观测到。这次日食之前和期间的地磁条件并没有显示出强烈的日地扰动（F10.7=74.4、Ap=9），因此可以合理地认为，在这次日食期间，扩散传输过程占主导地位。图 4.23 显示了 TEC 较低时的减少，日食期间总等离子体相对期望值损耗约 15%（蓝线显示了日食前后几天的平均值），相对 2005 年 10 月的月中值损耗约 25%。与图 4.22 观察到的特征不同，2005 年 10 月 3 日日食期间未检测到增强波动（见图 4.23）。

2015 年 3 月是电离层春分月，其特点是太阳活动正常，但地磁活动较高，月均 Sn=54.5（SSn=82.1）、F10.7=126、Ap=16，3 月 17 日有三次 SSC，最大 Ap=108。2015 年 3 月 20 日 08:00UT 至 11:40UT 发生了日食，从欧洲西北部向东北部。在全食区之外，可以在整个大陆上不同程度地看到日食的阴影。虽然这次日食发生在3月17日超强磁暴的恢复相期间且有着非常有趣的演化（见图4.24左），但观测到的VTEC损耗与1999年8月11日Chilbolton站和2005年10月3日HERS站在日食期间的VTEC损耗相似。3月20日的日食事件（Ap=22）中观察到的VTEC减少了几个单位TEC，总等离子消耗量相对于期望值（见图4.24右中的蓝线）约为27%。

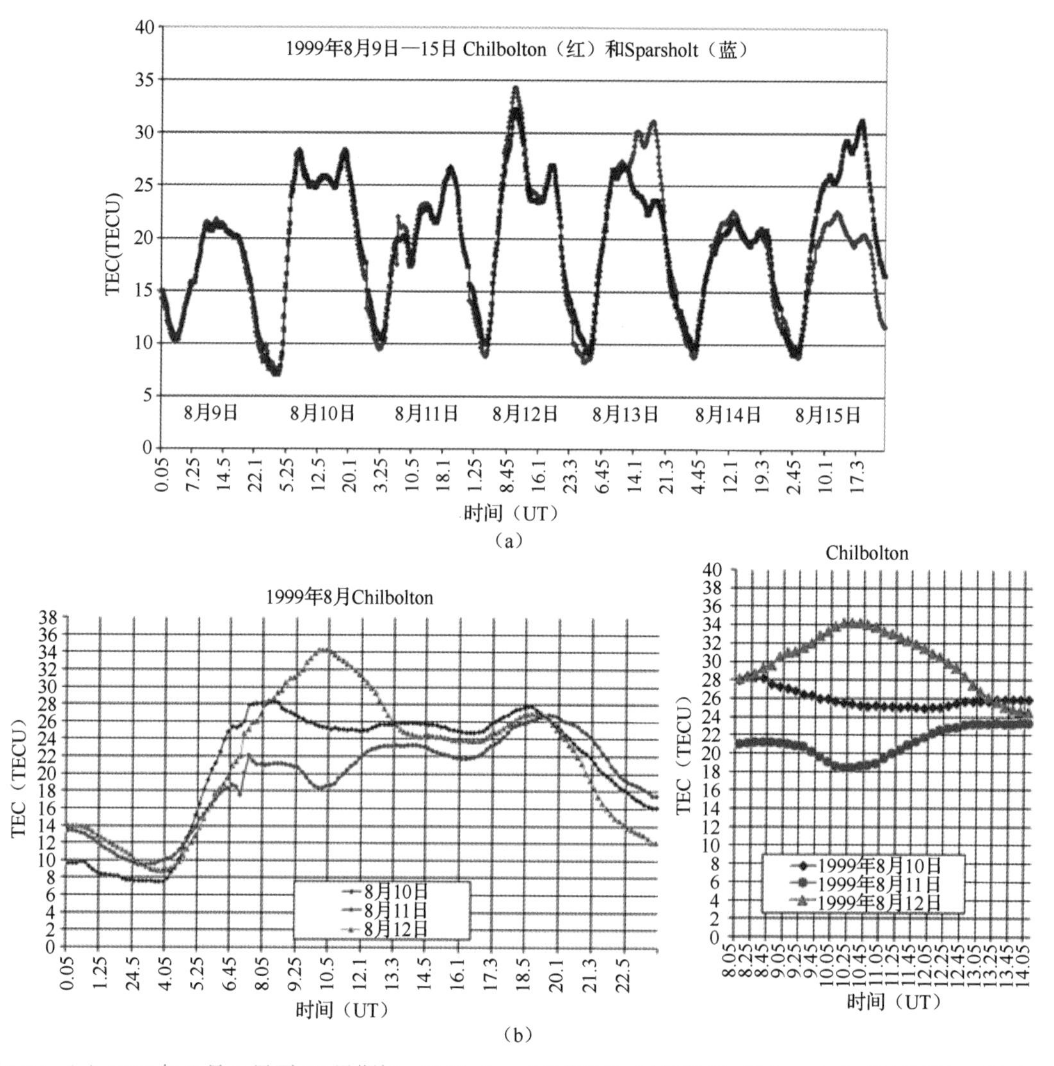

图4.22 (a) 1999年8月9日至15日期间，Chilbolton（51°08′N，01°26′W）和Sparsholt（51°05′N，01°23′W）两个GPS站的TEC。(b) 1999年8月10日、11日和12日Chilbolton GPS站（51°08′N，01°26′W）的TEC，左图为每天24小时数据，右图为08:05UT到14:05UT时间段内的数据

日食期间，太阳的极紫外线电离辐射暂时减少，从而减少了地球电离层的电离。这并不局限于全食区的狭窄地带，因为月球阴影的影响远远超出这一范围，且改变了许多频段的传播条件。极低频（VLF）信号从电离层底部的D层反射，由于日食引起的光电离下降，随着电离层底部向上移动，导致VLF射线路径或时间延迟延长。GNSS用户通过采用特定的单频导航定位校正模型，可以有效减少日食期间的电离层传播误差。

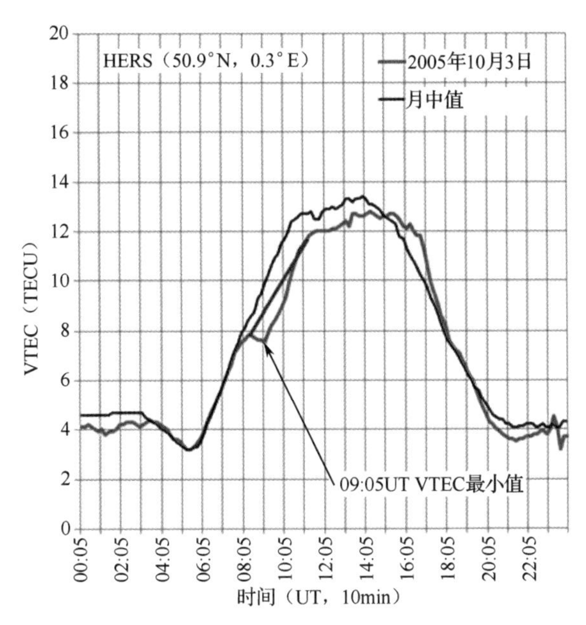

图 4.23　2005 年 10 月 3 日 HERS 站（50.9℃N，0.3℃E）10 分钟 VTEC 及月中值

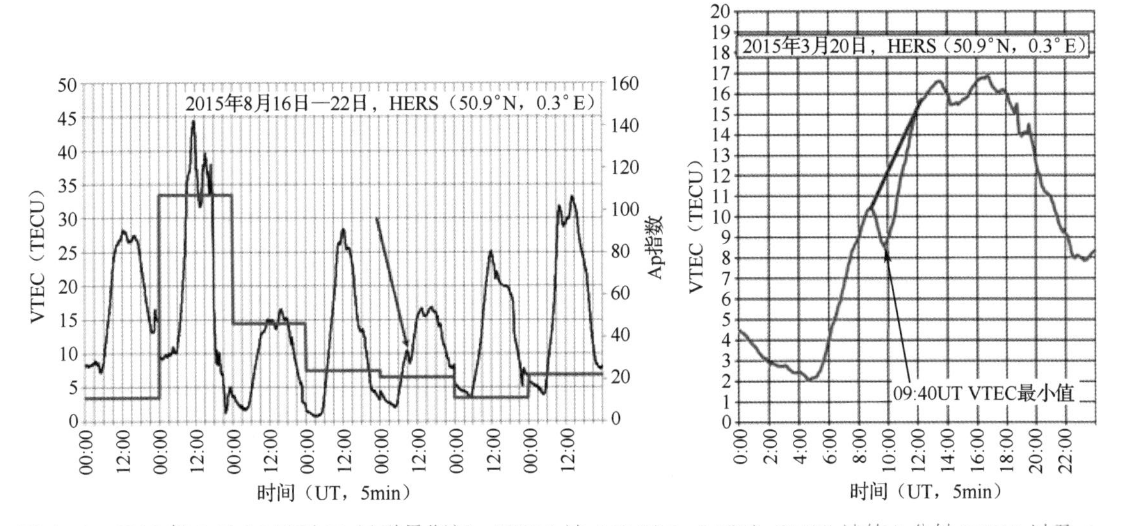

图 4.24　2015 年 3 月 16 日至 22 日磁暴期间，HERS 站（50.9℃N，0.3℃E）GNSS 站的 5 分钟 VTEC 以及 Ap 指数的变化（左）和 2015 年 3 月 20 日日食时的 VTEC（右）

参考文献和补充书目

[1] Badeke R, Borries C, Hoque MM et al(2018) Empirical forecast of quiet time ionospheric total electron content maps over Europe. Adv Space Res.

[2] Bilitza D, Altadill D, Zhang Y et al (2014) The international Reference Ionosphere 2012-a model of international collaboration .J Space Weather Space Clim 4(A07).

[3] Bjoland LM, Belyey V, LOvhaug Up et al(2016) An evaluation of international Reference Ionosphere electron density in the polar cap and cusp using EISCAT Svalbard radar measurements. Ann Geophys 34: 751-758.

[4] Breed AM, Goodwin GL, Vandenber A-M et al(1997) Ionospheric total electron content and slab thickness determined in Australia. Radio Sci 32: 1635-1643.

[5] Budden KG(1985) The propagation of radio waves. Cambridge University Press, Cambridge.

[6] Cander LR, Haralambous H(2011) On the importance of total electron content enhancements during the extreme solar minimum. Adv Space Res 47: 304-311.

[7] Chen G, Wu C, Huang C et al (2015) Plasma flux and gravity waves in the midlatitude ionosphere during the solar eclipse of 20 May 2012. J Geophys Res 120: 3009-3020.

[8] Ciraolo L, Azpilicueta F, Brunini C et al (2007) Calibration errors on experimental slant total electron content (TEC) determined with GPS. J Geod 81: 111-120.

[9] Davies K(1990) Ionospheric radio . Peter Pere grinus LTD, London.

[10] Davis MJ, Da Rosa AV(1970) Possible detection of atmospheric gravity waves generated by the solar eclipse. Nature 226: 1123.

[11] Deminova GF(2007) Maps of foF2, hmF2, and plasma frequency above F2-layer peak in the night-time low-latitude ionosphere derived from intercosmos-19 satellite topside sounding data. Ann Geophys 25: 1827-1835.

[12] Dominici P(1993) Ionosfera .Enciclopedia delle scienze fisiche III: 298-312.

[13] Dow JM, Neilan RE, Rizos C(2009) The International GNSS Service in a changing landscape of global navigation satellite systems. J Geod 83: 191-198.

[14] Forbes JM, Palo SE, Zhang X(2000) Variability of the ionosphere . J Atmos Sol-Terr Phys 62: 685-693.

[15] Hernandez-pajares M, Juan JM, Sanz J et al(2009) The IGS VTEC maps: a reliable source of ionospheric information since 1998. J Geod 83: 263-275.

[16] Hoque MM, Wenzel D, Javowski N et al (2016) Ionospheric response over Europe during the solar eclipse of March 20, 2015. J Space Weather Space Clim.

[17] Jakowski N, Stankov SM, Wilken V et al(2008) Ionospheric behavior over Europe during the solar eclipse of 3 Octorber 2005. J Atmos Sol-Terr Phys 70(6): 835-946.

[18] Johnston HF(1943) Mean K-indices from twenty one magnetic observatories and five quiet and five disturbed days for 1942. Terr Magn Atmos Elec 47: 219.

[19] Kersley L, Malan D, Pryse Se et al(2004) Total electron content-a key parmeter in propagation: measurement and use in ionospheric imaging. Ann Geofis 47: 1067-1091.

[20] Klobuchar JA(1978) Ionospheric effects on satellite navigation and air traffic control systems. Recent advances in radio and optical propagation for modern communication, navigation, and detection Systems. In: AGARD Proceedings-LS-93. NTIS, Springfield VA. ISBN 92-835-1280-4.

[21] Knight HK, Galkin IA, Reinisch BW(2018) Auroral ionospheric E region parameters obtained from satellite-based far ultraviolet and ground-based ionosonde observation: 1. Data, methods, and comparisons. J Geophys Res 123.

[22] Lloyd H(1861) On Earth-currents, and their connection with the diurnal changes of the horizontal magnetic needle. Trans Roy Irish Acad 24: 115-141.

[23] Mendillo M, Rishbeth H, Roble RG et al (2002) Modelling F2-layer seasonal trends and day to day variability driven by coupling with the lower atmosphere . J Atmos Sol-Tell Phys 64: 1911-1931.

[24] Mendillo M, Huang C-L, Pi X et al(2005) The global ionospheric asymmetry in total electron content. J Atmos

Solar -Terr Phys 67: 1377-1387.

[25] Mikhailov AV, Depueva AK, Leschinskaya(2004) Morphology of quiet time F2-layer disturbances: high and lower latitudes . Int J Geomag Aeronom 5: 1-14.

[26] Mikhailov AV, Perrone L, Smirnova N(2012) Two types of positive disturbances in the daytime mid-latitude F2-layer: morphology and formation mechanisms. J Atmos Sol-Terr Phy 81: 59-75.

[27] Misra P Enge P(2004) Global positioning system: signals, measurements and performance. Ganga Jamuna Press, Lincoln.

[28] Pietrella M, Perrone L, Fontana G et al(2009) Oblique-incidence ionospheric soundings over Central Europe and their application for testing now casting and long term prediction models. Adv Space Res.

[29] Piggott WR, Rawer K (1972a) U.R.S.I. Handbook of ionogram interpretation and reduction. Report UAG-23. National Oceanic and Atmospheric Administration, Boulder.

[30] Piggott WR, Rawer K(1972b) U.R.S.I. Handbook of ionogram interpretation and reduction. Report UAG-23A.Second Edition, Revision of Chapters 1-4, National Oceanic and Atmospheric Administration, Boulder.

[31] Prolss GW(1995) Ionospheric F-region storms. In: Volland H(ed) handbook of atmospheric electrodynamics, vol 2. CRCPress, Boca Raton, pp 195-248.

[32] Reinisch BW, Galkin IA(2011) Global Ionospheric Radio Observatory(GIRO). Earth Planets Space 63: 377-381.

[33] Rishbeth H, Garriott OK(1969) Introduction to ionospheric physics. Elsevier, New York.

[34] Rishbeth H, Mendillo M(2001) Patterns of F2-layer variability . J Atmos Sol-Terr Phys 63: 1661-1680.

[35] Schaer S(1999) Mapping and predicting the Earth's ionosphere using the global positioning system Dissertation, Astronomical Institue University of Berne.

[36] Shi S, Yang G, Jiang G et al(2017) Wuhan ionospheric oblique backscattering sounding system and its applications-A review. Sensors.

[37] Stankov SM, Bergeot N, Berghmans D et al (2017) Multi-instrument observations of the solar eclipse on 20 March 2015 and its effects on the ionosphere over Belgium and Europe . J Space Weather Space Clim.

[38] TitherdgeJE(1985) Ionogram analysis with the generalized program POLAN. Rep UAG-93 World Data Center A for Solar Terr Phys, NOAA Environmental Data Service, Asheville.

[39] Tsai HF, Liu JY(1999) Ionospheric total electron content response to solar eclipses. J Geophys Res 104: 12, 657-12, 668.

[40] Wang C, Rosen IG, Tsurutani BT et al(2016) Statistical characterization of ionosphere anomalies and their relationship to space weather events. J Space Weather Space Clim 6: A5.

[41] Zhao B, Wan, W, Liu L et al(2008) Anomalous enhancement of ionospheric electron content in the Asian-Australian region during a geomagnetically quiet day. J Geophys Res 113: A11302.

[42] Zolesi B, Cander LR(2014) Ionospheric Prediction and forecasting. Springer, Heidelberg, New York, Dordrecht, London.

第 5 章　电离层暴形态

摘要： 介绍了最近三个太阳活动周期（SC22～SC24）中由空间天气事件或太阳条件变化引起的重大电离层暴的特征。基于电离层探测和 GNSS 观测讨论了电离层暴形态的起源。

关键词： 电离层暴；磁暴；正相；负相；超级风暴

磁暴和电离层暴是直接相关的，大体上是一起发生。前者在 F 层和上层产生电离运动，最终引起热层风、电磁场、电流系统和中性成分的巨大变化，导致电离层暴。在电离层暴演变过程中，除了全局影响外，可能会在特定的时间和地点产生重大影响。“暴”一词源于气象学，表示地球磁场的非典型变化，与地球上层大气的电子含量有关。电离层暴不是突然开始的，而是在磁暴突然开始后不久开始的，磁暴对 F 层及以上区域的扰动较大，对 F 层以下区域的影响相对较小。

这些现象的复杂性及其对电离层空间天气研究和应用的重要性，持续激励着人们尝试利用当前和历史数据重新考虑电离层暴形态模型和这些扰动的起源。第 4 章给出了典型中纬度电离层示例和各种图形，它们在一段相当长的时间内平稳地波动并伴随着缓慢的空间梯度变化以及零星的小尺度高度非线性“噪声”过程。本章的挑战是如何描述最大电子密度和垂直总电子含量（二者决定了电离层电子密度分布）在磁暴期间从其参考的宁静水平增加（称为正暴）或减少（称为负暴）的过程。这可能会持续几个小时到数天，通常会经过较短的初相、较长的主相和更长的恢复相。

基于垂测仪测量的和基于 GNSS 接收机观测的电离层暴特征与磁暴并不总是相似的，且与常规模式存在很大的差异。电离层暴的总体影响取决于太阳周期和季节因素，以及 SSC 磁暴爆发的 UT 和 LT，响应范围可能是全球、区域或局部，响应强度可能极端强烈也可能比较温和。

5.1　太阳周期形态

从电离层暴次数来看，太阳活动在 F 层对磁暴的响应中有重要影响。在高太阳活动期间，观测到电离层暴响应在强度上更为明显，持续时间更长。为了研究这一问题，我们分析了最近三个太阳周期高地磁活动期间的最强和最弱电离层暴。它们有一个共同的特征，那就是它们都是在 3 月和 4 月电离层春分的夜晚开始的。大部分案例来自中纬度地区的 Chilton（51.6°N，358.7°E）电离层站和 HERS（50.9°N，0.3°E）GNSS 站，这两个站分别能够提供长期且连续的 NmF2 和 VTEC 数据。来自同一地点的 VTEC 观测和电离层垂测在确定电离层气候和板厚变化以及识别地磁宁静条件下的电离层噪声等方面已经证明了其可用性，预计这些将对研究电离层天气以及开发、测试相关预报模型更加有用。在本章中，当这两个站点存在数据缺失时，或者参照欧洲版图需要进行进一步阐述时，会使用其他站点的数据。

首先要研究的磁暴是发生在 1989 年 3 月 13 日 01:27UT（D1-day）的 SSC。这是历史上

自 1932 年以来的第二大磁暴。它发生在第 22 个太阳活动周期，是一个真正的超级电离层暴事件。1989 年 3 月是高太阳活动和高地磁活动月份，月均 Sn=170.4（SSn=198）、F10.7=205.1、Ap=41，共发生 7 次 SSC，最大 Ap=246。

图 5.1 显示了 1989 年 3 月 12 日至 18 日的电离层暴时间线，指数在短时间内迅速上升至最高水平，Kp=9、Ap=246，并在接下来的 48 小时内保持较高水平。Dst 指数在第一次 SSC 后约 23 小时达到-589nT。3 月 16 日（D5-day），在 05:32UT 发生第二次 SSC 之后，Kp 指数再次上升到 7 级，导致地磁场在恢复相多次波动。

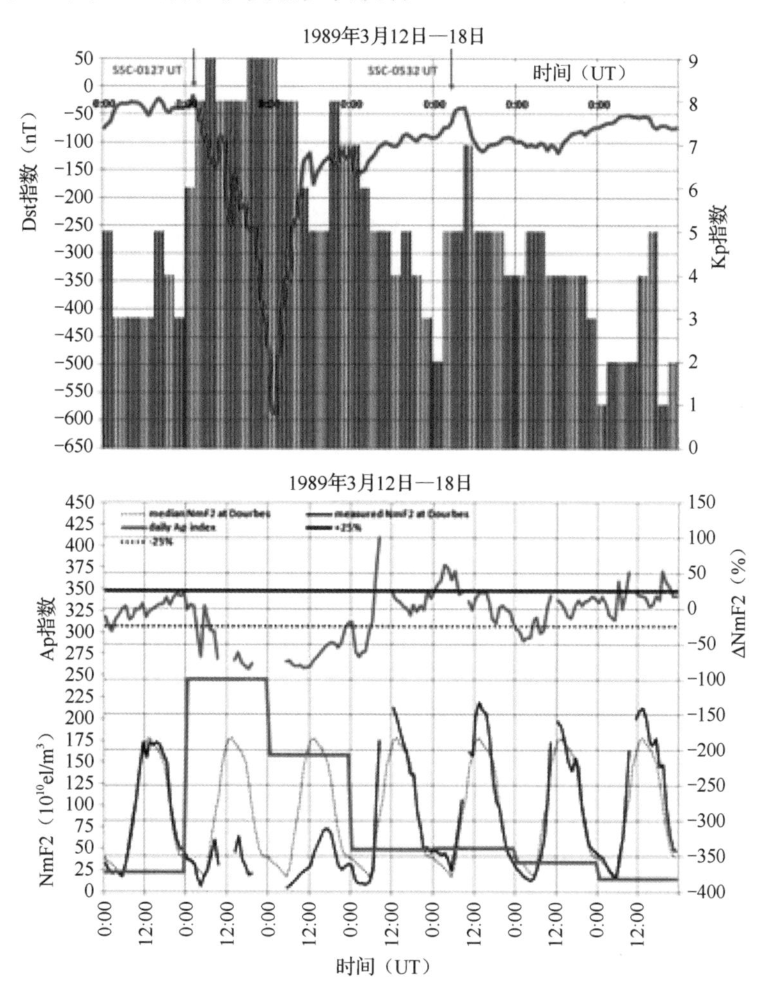

图 5.1　1989 年 3 月 12 日至 18 日磁暴期间，Dst 指数和 Kp 指数的时间变化（上），Dourbes 站（50.1°N，4.6°E）的 NmF2 和 ΔNmF2 以及 Ap 指数变化（下）

图 5.1 和图 5.2 以及后续图中的实线和虚线分别表示 NmF2 的测量值和月中值；红色曲线分别显示的是 Dourbes 站（地理经纬度：50.1°N、4.6°E，地磁经纬度：51.7°N、88.9°E，URSI 代码 DB049）、Juliusruh 站（地理经纬度：54.6°N，13.4°E，地磁经纬度：54.3°N，99.7°E，URSI 代码 JR055）、Rome 站（地理经纬度：41.9°N，12.5°E，地磁经纬度：42.3°N，93.2°E，URSI 代码 RO041）的 ΔNmF2（%）；箭头标示的是所讨论的磁暴的 SSC 时间。电离层暴主相的严重吸收导致 Dourbes 站和 Juliusruh 站的电离图部分 F 层数据缺失，从而因缺少 foF2

数据造成 NmF2 和 Δ NmF2 曲线出现间隙。此外，在白天的磁暴负相，foF2 可能会比 foF1 还低（G 条件），导致有时在标绘中低估了 NmF2 的下降百分比。磁暴期间，同一时间最大电子密度和垂直总电子含量相对各自的月中值的偏离百分比 ΔNmF2 和 ΔVTEC，代表了电离层暴的强度。当持续超过 3 个小时，大于+25%的最大正值用于表征电离层暴正相强度，小于−25%的最小负值用于表征电离层暴负相强度。为了清楚地显示太阳周期、时节和日期的影响，在所有图形中使用相同的量级尺度来展现 NmF2、VTEC、ΔNmF2 和 ΔVTEC 在逻辑上是合理的，但难以实现。

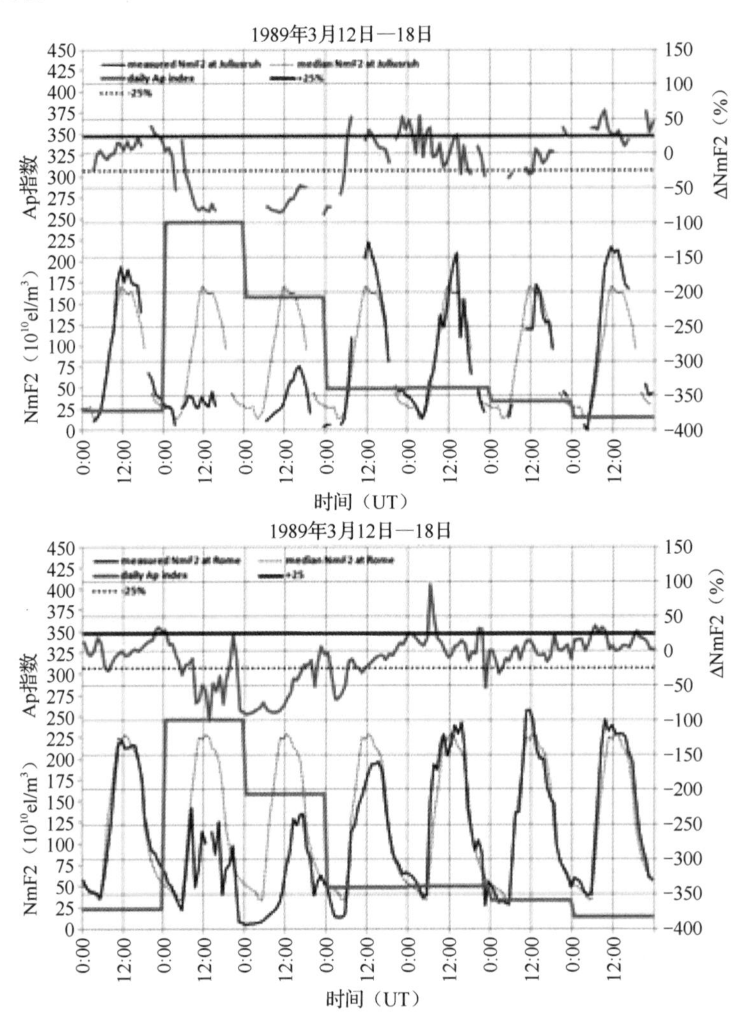

图 5.2　1989 年 3 月 12 日至 18 日磁暴期间 Juliusruh 站（左，54.6°N，13.4°E）和 Rome 站（右，41.9°N，12.5°E）的 NmF2、ΔNmF2 以及 Ap 指数变化

图 5.1 下和图 5.2 展示了超级磁暴对相同纬度区域的三个站（Dourbes、Juliusruh、Rome）上方 F 层的影响。所有站的最大电子密度在 3 月 12 日表现出了典型的宁静期行为，非常接近月中值，ΔNmF2 在±25%以内。但是，在第一次 SSC 以后（见图 5.1 上），Dourbes 和 Juliusruh 两个站（分别见图 5.1 下和图 5.2 上）的 NMF2 相对月中值连续 48 小时显著下降，日最低 ΔNmF2 在−85%到−90%之间。在 Rome（见图 5.2 下），较低平均幅度的稳定损耗持续时间稍短，在

负相期间出现更明显的波状振荡。对电离图的仔细观察发现，这些现象同时还伴随着 h’F 空前地上升到 700km 甚至更高。第二次 SSC 造成 NmF2 短暂升高，随后是 ΔNmF2 在±25%范围内的恢复相。1989 年 3 月的大磁暴的主要特征是长时间电离层负暴效应，最大电子密度下降超过 80%。

2001 年 3 月 29 日的日冕物质抛射，伴随着强南向行星际磁场，造成了一场渐进的超强磁暴，于 3 月 31 日（D1-day）4 时左右开始。在磁暴期间，Dst 指数在 09:00UT 达到了最低值−387nT，ΔDst 最大值为 413nT，全球 Ap 指数达到 192，这意味着在这场第 23 太阳活动周期内的磁暴也可以被归类为超级磁暴（见图 5.3）。这是一个典型的双峰主相磁暴，在初相后 6 小时出现第一个峰值，在 03:00UT—09:00UT 共两次 Kp=9；第二个峰值出现在 15:00UT—21:00UT，Kp=8；在 22:00UT 时，Dst=−284nT（见图 5.3 上）。在 2001 年 3 月底的这些磁暴条件之后，4 月也非常活跃，月均 Sn=161.7（SSn=160.7）、F10.7=192.5、Ap=22，以及 7 次 SSC，最大 Ap=85。

图 5.3 和图 5.4 给出了地磁活动指数曲线以及 Chilton 站（51.6°N，358.7°E）和 HERS 站（50.9°N，0.3°E）数据，当地 LT=UT。这两组图的显著特点是，ΔNmF2 和 ΔVTEC 曲线的变化与 Dst 曲线相似。其中正相非常相似，但负相 NmF2 变化比最强地磁场变化的时间要长。

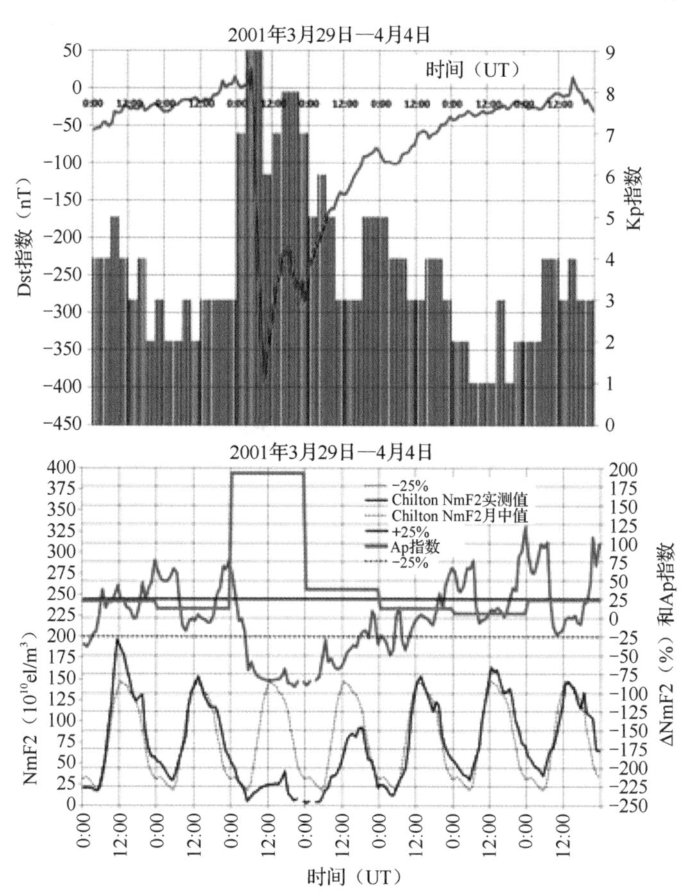

图 5.3　2001 年 3 月 29 日至 4 月 4 日磁暴期间的 Dst 指数和 Kp 指数（上），和 Chilton 站（51.6℃N，358.7℃E）的 NmF2、ΔNmF2 以及 Ap 指数（下）

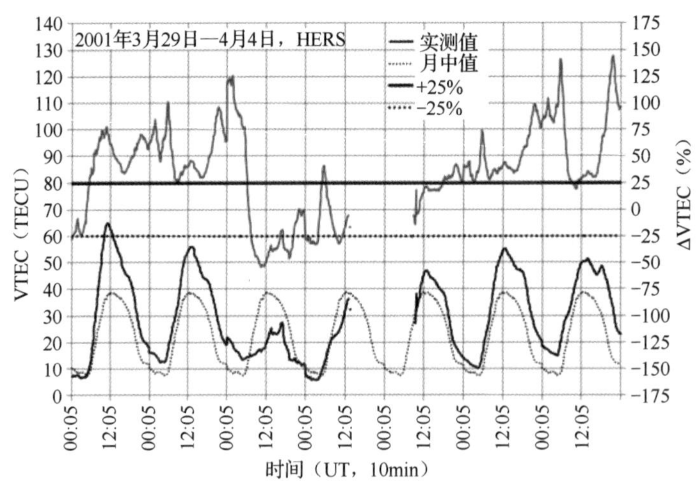

图 5.4　2001 年 3 月 29 日至 4 月 4 日磁暴期间 HERS 站（50.9°N，0.3°N）的 VTEC 和 ΔVTEC 的时间变化。部分数据缺失会导致 VTEC 和 ΔVTEC 曲线出现间隙

在 2001 年 3 月 31 日的电离层暴中，可用清楚地看到 NmF2 和 VTEC 分布的明显变化。从图 5.3 和图 5.4 来看，在磁暴初相，两个站的 NmF2 和 VTEC 迅速上升，表明电离层暴出现了一个短暂的正相（ΔNmF2 和 ΔVTEC 相对月中值上升+25%以上），最大 ΔNmF2/ΔVTEC≈72%/125%。值得注意的是，相比 NmF2，VTEC 在清晨异常增强更加明显。非常有意思的是这场电离层暴的负相（ΔNmF2 和 ΔVTEC 相对月中值下降超过 25%）持续了 40 多个小时，覆盖了扰动期的整个主相，对日间电离层造成了明显的影响。在日间，ΔNmF2/ΔVTEC 的最大变化约为-82%/-53%。尽管在图 5.4 所示的 HERS 站 VTEC 存在相同的数据间隙，但在磁暴漫长的恢复相，负相并没有继续，相反 NmF2 和 VTEC 显著上升。ΔNmF2/ΔVTEC 的最大正变化率约 100%甚至更高。这些可能与 2001 年 4 月 4 日的地磁场扰动有关（见图 5.3）。

在 2015 年被称为 St.Patrick’s Day 的磁暴期间，3 月 15 日部分 halo CME 的到来主导了太阳风的状况，该 helo CME 以 683 公里/秒的速度在 1AU 内向地球方向运动，造成了当前第 24 个太阳周期中最强大的磁暴，也是迄今为止唯一 Dst 指数低于-200nT 的磁暴。该磁暴可归类为双峰主相磁暴，第一个峰值出现在 SSC=04:45UT 后 5h（出现在 09:00UT—11:00UT），Kp=5，第二个峰值出现在 21:00UT—23:00UT，Kp=8、Dst=-223nT（出现在 23:00UT，见图 5.5 上）。3 月 16 日、17 日、18 日、19 日和 20 日的太阳黑子数分别为 46、38、41、49 和 20，略低于 2015 年 3 月的月均太阳黑子数 54.5（SSn=82.5）。图 5.5 左中的 Dst 指数变化表明随后几天的恢复相非常缓慢（Kp 指数经常保持在 5 级）。

尽管 2015 年 3 月磁暴日的太阳活动远低于 1989 年 3 月和 2001 年 3 月磁暴日，但如图 5.5 下和图 5.6 上所示，Chilton 站的 NmF2 实测值和月中值，以及 HERS 站的 VTEC 实测值和月中值都非常高。这些变化清楚地说明了 F 层对强磁暴的典型响应，3 月 17 日日间出现一个初始正相，随后在日间和夜间电离层出现一个扩展的负相。图 5.6 中的一个非常明显的重要特征是，HERS 和 Chilton 两个同址站的 NmF2 和 VTEC 值的整体形状存在密切的相关性，在日变化中，特别是负暴时，它们各自的百分比偏差的幅度差异非常小。因此，这次电离层暴的特征为：正相平均 ΔNmF2/ΔVTEC 在 25%到 66%之间，负相平均 ΔNmF2/ΔVTEC 在-80%到-25%之间；最大 NmF2/VTEC 负偏离距离最小 Dst 的延迟超过 24h，最大 NmF2/VTEC 正偏离距离 SSC 时间的延迟约为 7h。

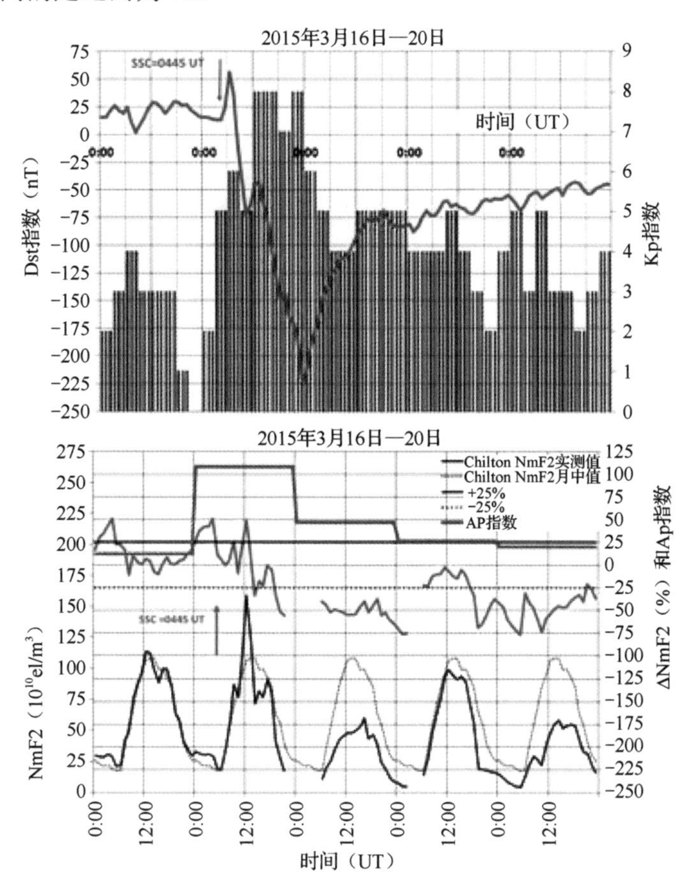

图 5.5　2015 年 3 月 16 至 20 日磁暴期间的 Dst 指数和 Kp 指数（上），Chilton 站（51.6°N，358.7°E）的 NmF2、ΔNmF2 和 Ap 指数的时间变化（下）

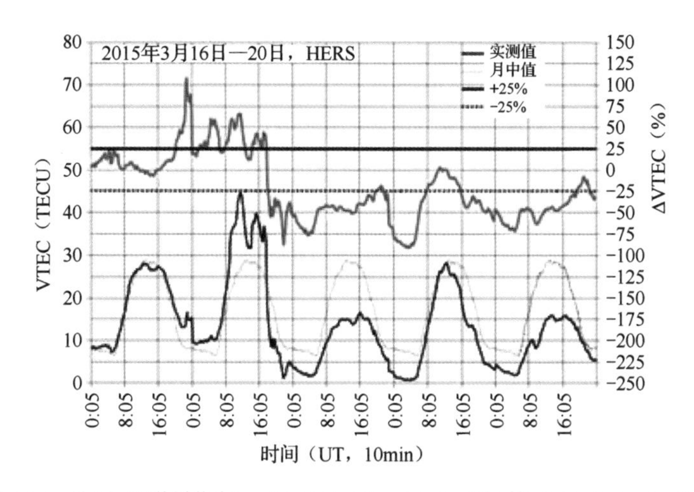

图 5.6　2015 年 3 月 16 日至 20 日磁暴期间，HERS 站（50.9°N，0.3°E）的 VTEC 和 ΔVTEC 变化（上），Chilton 站（51.6°N，358.7°E）ΔVTEC 和 ΔNmF2 变化（下）

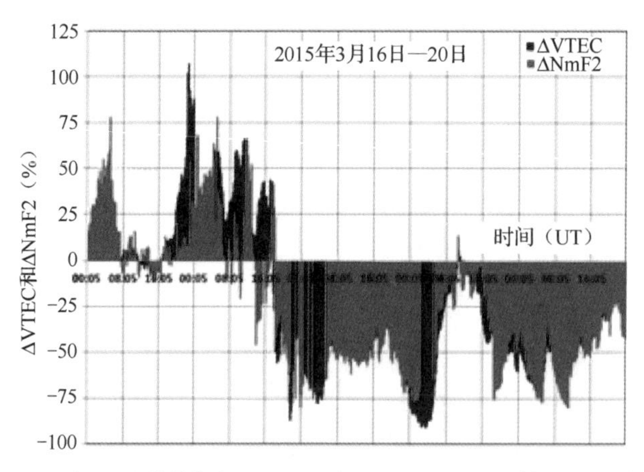

图 5.6　2015 年 3 月 16 日至 20 日磁暴期间，HERS 站（50.9°N，0.3°E）的 VTEC 和 ΔVTEC 变化（上），Chilton 站（51.6°N，358.7°E）ΔVTEC 和 ΔNmF2 变化（下）（续）

这一事件期间最大电子密度和垂直总电子含量的变化也十分有趣，因为在电离层暴的第一个白天正相中明显呈现出一致的双 NmF2、TEC 增强模式，两个峰值有明显的分区。大约 10:50UT—14:00UT，相对宁静参考值的月中值，第一个峰值时 NmF2 和 VTEC 增加了约 66%，第二个峰值增加了约 41%。异常高的第一正相峰可归因于赤道风的影响，第二个正相峰可归因于磁层电场对中纬度站点（Chilton 站和 HERS 站）的影响。在第 24 太阳活动周期最强的磁暴之后，即进入漫长的恢复过程，经过几天的持续消耗（约为 30%～82%）完成了整个负相模式。

随着太阳活动水平的降低，重大空间天气事件可能会在太阳活动极小期前后持续存在。以下选取的都是低太阳活动水平下观测到的例子，以解释在这些日地条件下与地磁和电离层暴有关的一些典型特征。

1995 年是第 22 太阳周期的最后一年，太阳活动水平非常低，大部分时间地磁宁静，1995 年 4 月的月均 Sn=21.6（SSn=9.4）、F10.7=77.6、Ap=16，发生了两次弱 SSC 和一次渐进式磁暴，最大 Ap=100。1995 年 4 月 7 日（D1-day）发生了 CIR（共转交互作用区）驱动的磁暴，最小 Dst=−149nT，Kp 指数从 4 月 6 日宁静状态迅速上升到 4 月 7 日的扰动状态（见图 5.7 上）。电离层暴引起的最大电子密度电离衰减从 4 月 7 日清晨开始，造成非常明显的负相，日间 ΔNmF2≈−50%，夜间 ΔNmF2≈−70%（见图 5.7 下）。在随后的几天里日最小值持续较低，恢复非常缓慢。

2010 年 4 月处在第 24 太阳周期起始阶段，太阳活动水平非常低，月均 Sn=10.4（SSn=20.8）、F10.7=75.7、Ap=10，共发生三次 SSC，最大 Ap=55。图 5.8（上）基于常用指数（Dst、AP 和 Kp）对 2010 年 4 月的磁暴进行了总述。大磁暴始于 4 月 5 日（D1-day），SSC=08:26UT，Kp=8、Ap=55；在 15:00UT，Dst=−81nT；4 月 6 日（D2-day）Ap=44；直到 4 月 8 日结束，地磁活动始终以高水平为主。4 月 10 日（Q2-day）地磁活动缓慢恢复到宁静水平。这场磁暴的源头是 4 月 3 日的一次 halo CME，当时一股快速的太阳风流与日冕洞相连，伴随着一股强大的行星际冲击波，该现象在 4 月 5 日 07:56UT 被高新化学组成探测器（ACE 航天器）观测到。图 5.8 下显示了电离层响应，采用的是 Dourbes 站（50.1°N，4.6°E）观测的每小时 VTEC，以及相对月中值的变化百分比。ΔVTEC=100%和 50%的双峰符合磁暴 D1-day

日间时段正相效应的典型模式。这些时段受赤道风的影响最大，将 F 层提升到低损耗高度，而太阳的作用不会减弱。这是一个全球效应，可能导致中纬度地区的一些电离层暴出现典型的日间正相。

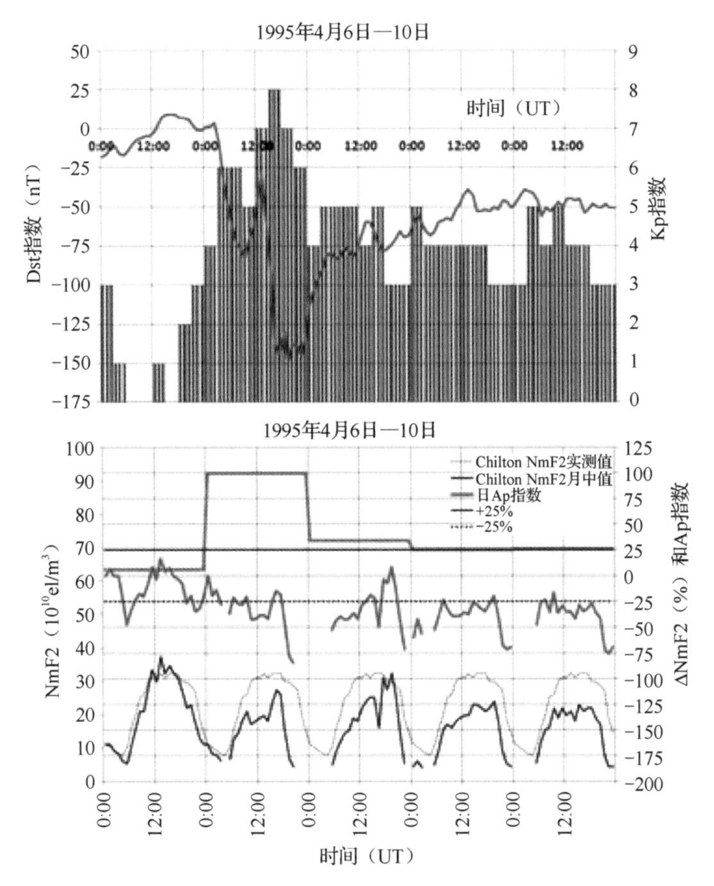

图 5.7　1995 年 4 月 6 日至 10 日磁暴期间，Dst 指数和 Kp 指数时间变化（上），Chilton 站（51.6°N，358.7°E）NmF2、ΔNmF2 的时间变化和 Ap 指数的变化（下）。部分 foF2 数据缺失导致 NmF2 和 ΔNmF2 曲线出现间隙

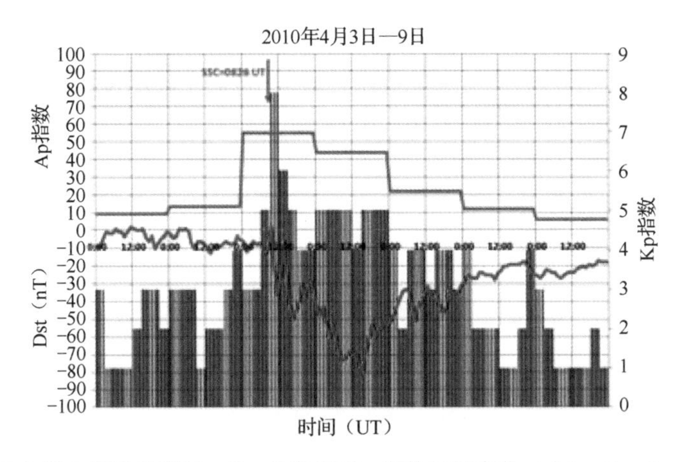

图 5.8　2010 年 4 月 3 至 9 日磁暴期间，Dst 指数和 Kp 指数时间变化（上），Dourbes 站（50.1°N，4.6°E）VTEC 和 ΔVTEC 的时间变化（下）

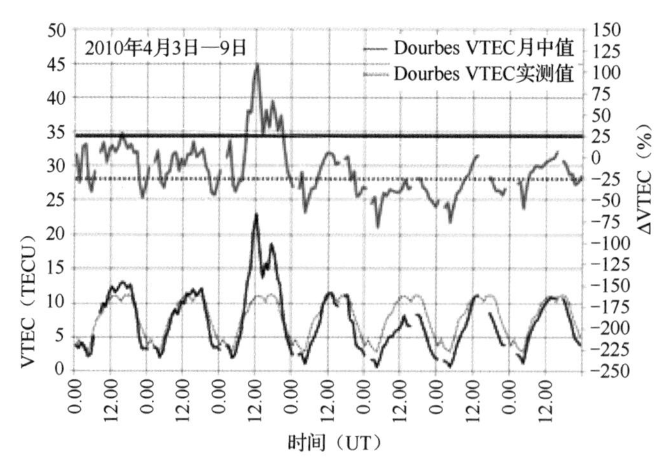

图 5.8　2010 年 4 月 3 至 9 日磁暴期间，Dst 指数和 Kp 指数时间变化（左），Dourbes 站（50.1℃N，4.6℃E）VTEC 和 ΔVTEC 的时间变化（右）（续）

通过对 9 个欧洲电离层站的临界频率 foF2 的分析，我们列出了 2010 年 4 月 3 日至 9 日期间 NmF2 的测量值和中值变化（数据存在严重间隙），如图 5.9（a）和图 5.9（b）所示：（i）从 Juliusruh 站（54.6°N，13.4°E）到 Nicosia 站（35.1°N，33.3°E），随着纬度下降，正相持续时间越来越长且变得越来越显著。Chilton 站（51.6°N，358.7°E）/HERS 站（50.9°N，0.3°E）在 SSC 后的正相持续时间约为 12h，而 El-Arenosillo 站（37.1°N，353.2°E）/SFER 站（36.5°N，353.8°E）的正相持续时间大于 24h；（ii）正相后，在不同地点出现不同强度的长负相；（iii）从 San Vito 站（地理经纬度 40.6°N、17.8°E，地磁经纬度 41.1°N、98.5°E，URSI 代码 VT139）到 Chilton 站（51.6°N，358.7°E），负相随纬度的升高而增强。通过与全球中纬度地区其他电离层站和 GNSS 站的数据进行比较，证实了以上通用结论，同时总体上对 VTEC 的影响略低于对 NmF2 的影响［见图 5.9（b）］。

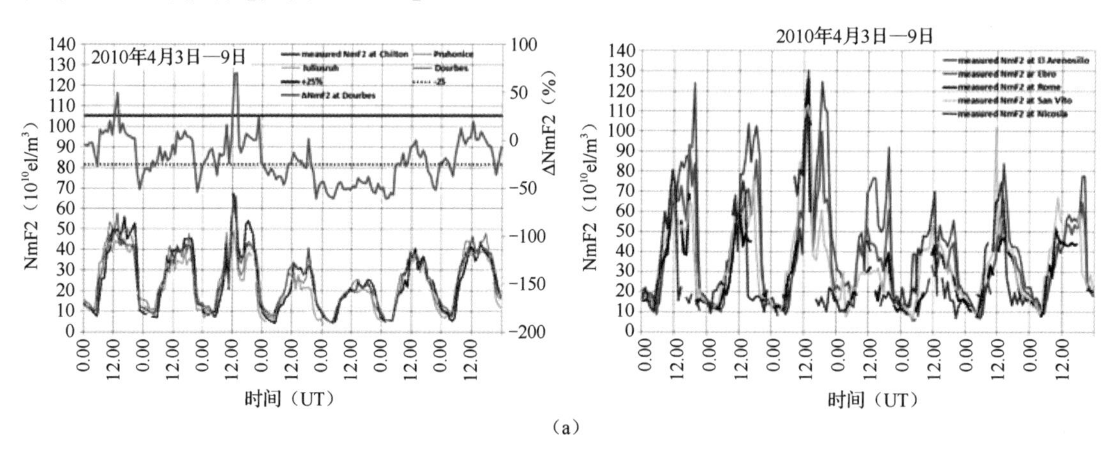

（a）

图 5.9　（a）2010 年 4 月 3 日至 9 日磁暴期间，Chilton 站（51.6℃N，358.7℃E）的 NmF2 和 ΔNmF2 变化，以及 Pruhonice（50.0℃N，14.6℃E）、Juliusruh（54.6℃N，13.4℃E）和 Dourbes（50.1℃N，4.6℃E）等站的 NmF2 变化（左）；El Arenosillo（37.1℃N，353.2℃E）、Ebre（40.8℃N，的 0.5℃E）、Rome（41.9℃N，12.5℃E）、San Vito（40.6℃N，17.8℃E）和 Nicosia（35.1℃N，33.3℃E）等站的 NmF2 变化（右）。（b）2010 年 4 月 3 日至 9 日磁暴期间，Chilton 站（51.6℃N，358.7℃E）的 ΔNmF2 和 HERS 站（50.9℃N，0.3℃E）的 ΔVTEC 时间变化（左），El Arenosillo 站（37.1℃N，353.2℃E）的 ΔNmF2 和 SFER 站（36.5℃N，353.8℃E）的 ΔVTEC 的时间变化（右）

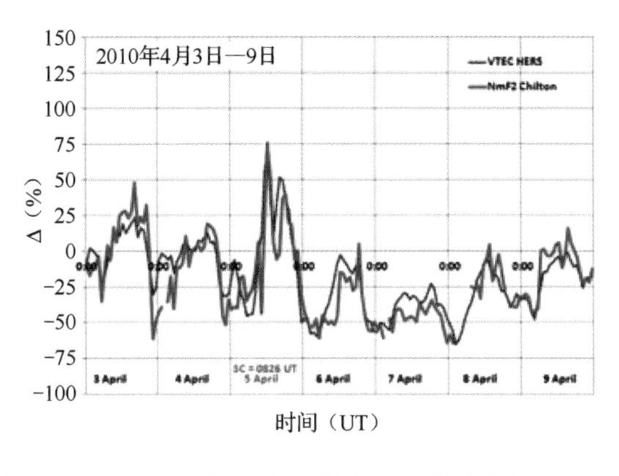

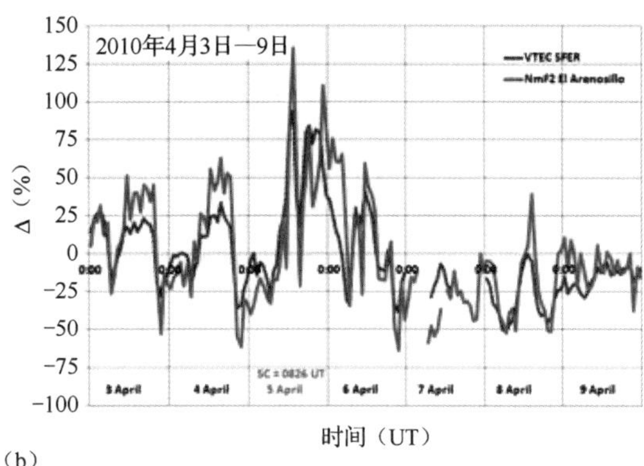

（b）

图 5.9　（a）2010 年 4 月 3 日至 9 日磁暴期间，Chilton 站（51.6℃N，358.7℃E）的 NmF2 和 ΔNmF2 变化，以及 Pruhonice（50.0℃N，14.6℃E）、Juliusruh（54.6℃N，13.4℃E）和 Dourbes（50.1℃N，4.6℃E）等站的 NmF2 变化（左）；El Arenosillo（37.1℃N，353.2℃E）、Ebre（40.8℃N，的 0.5℃E）、Rome（41.9℃N，12.5℃E）、San Vito（40.6℃N，17.8℃E）和 Nicosia（35.1℃N，33.3℃E）等站的 NmF2 变化（右）。（b）2010 年 4 月 3 日至 9 日磁暴期间，Chilton 站（51.6℃N，358.7℃E）的 ΔNmF2 和 HERS 站（50.9℃N，0.3℃E）的 ΔVTEC 时间变化（左），El Arenosillo 站（37.1℃N，353.2℃E）的 ΔNmF2 和 SFER 站（36.5℃N，353.8℃E）的 ΔVTEC 的时间变化（右）（续）

5.2　季节形态

近几十年的深入的研究表明，电离层对磁暴的响应因季节、经纬度、强度、发生时间、持续时间等而异。如第 4 章所述，NmF2 和 VTEC 的变化具有很强的季节性特征，可见电离层暴事件产生的电场、热层风和中性成分的快速变化也取决于 F 层和上部在电离层暴前的季节性条件。在欧洲地区单点观测到的主要电离层特征和垂直总电子含量的风暴期季节平均形态模式可以归纳如下：

（1）冬季以正暴为主，而负暴更多出现在夏季；

（2）正相暴在冬季更强，持续时间更长；

（3）负相暴在夏季更强，持续时间更长。

2003 年 8 月是第 23 太阳活动周期中的一个活跃的电离层夏季月份，该太阳周期太阳活动处于中等水平，月均 Sn=115.4（SSn=92.9）、F10.7=122.2、Ap=23，发生了一次 SSC，最大 Ap=108。2003 年 8 月 17 日至 21 日地磁活跃期的 Dst 指数、Kp 指数和 Ap 指数如图 5.10 所示。SSC 发生在 8 月 17 日 14:21UT，Kp 指数在 2003 年 8 月 18 日 06:00UT—18:00UT(D1-day）达到强度 7，而 Dst 值在 16:00UT 为-148nT，Ap=108。

从图 5.10 可以看出，8 月 17 日在 SSC 之后，18:00UT—21:00UT 期间，NmF2 急剧上升，出现了短暂的正暴效应，最高 ΔNmF2=52%。在 SSC 开始之前，虽然 Kp 值非常低，但 NmF2 变化非常显著，ΔNmF2≥75%，甚至有可能超过 90%。这一点将在适当的时候进一步讨论。在随后的负相，电离损耗导致 Chilton 电离层站最高 ΔNmF2=-91%，且夜间更为明显。

在 2003 年 10 月 27 日—31 日期间，发生了被广泛报道的第 23 太阳周期后极大期事件。除了其科学意义外，因电离层受到严重影响，造成垂直误差超出限值，导致基于 GPS 的广域增强系统（WAAS）在 10 月 29 日（共 15h）和 30 日（共 11h）无法使用。此外，某国际油

田服务公司在发现其在世界各地的测量仪器发生了 6 起干扰事件后，向测量和钻井人员发出了关于太阳风暴潜在影响的内部技术告警。

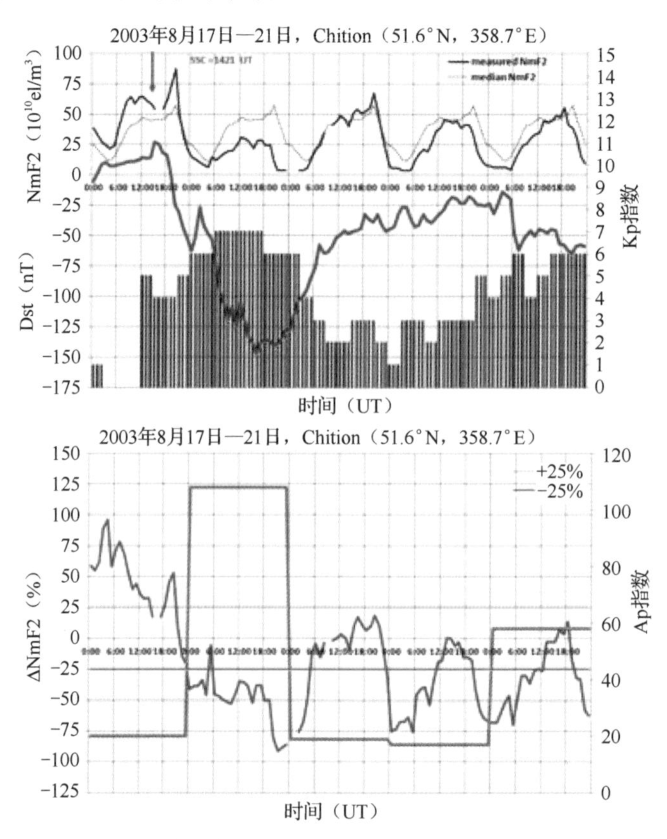

图 5.10　2003 年 8 月 17 日至 21 日磁暴期间的，Dst 指数、Kp 指数和 Chilton 站（51.6℃N，358.7℃E）的 NmF2 的时间变化（左），相应的 ΔNmF2 和 Ap 指数的时间变化（右）

2003 年 10 月是太阳活动水平中等但地磁非常活跃的电离层秋分月，月均 Sn=97.8（SSn=89.1）、F10.7=156.7、Ap=35，共发生了 4 次 SSC，最大 Ap=204。图 5.11（a）显示了第一次 SSC，造成了非常严重的后果，并与 10 月 28 日 02:06UT 的 Dst 指数变化有关。2003 年 10 月 29 日（D1-day）06:11UT 的第二次 SSC 是由 10 月 28 日 11:10UT 的一次大型 X 级太阳耀斑引起的，随后在 10 月 30 日（D2-day）又发生了第一次 CME 事件，造成了大小为 −353nT 的首次 Dst 大偏移。第二次行星际日冕物质抛射（ICME）的冲击于 10 月 30 日 16:50UT 到达，造成另一次更强烈的下降，Dst 在 23:00UT 到达谷值−383nT，主相持续时间约为 5 小时。

根据 Ap 指数最大值和 Dst 指数双最小值可确定，这次发生在太阳活动极大期三年后的电离层秋分月的极端磁暴事件由夜间开始，并持续了数天。图 5.11（a）表明，10 月 28 日第一次 SSC 与 NmF2 的日间显著增强（正相）之间存在很强的相关性。NmF2 在 10:00UT 左右激增至约 90×10^{10}e/m^3，并在约 3h 后继续增加至约 175×10^{10}e/m^3。这些增强数据来自中纬度电离层垂测站 Chilton 站（图 5.11a），是由导致电动力学过程的磁层过程引起的，造成了 ΔNmF2 最大正变化（从 52%到 115%）的戏剧性的“黄昏效应”。

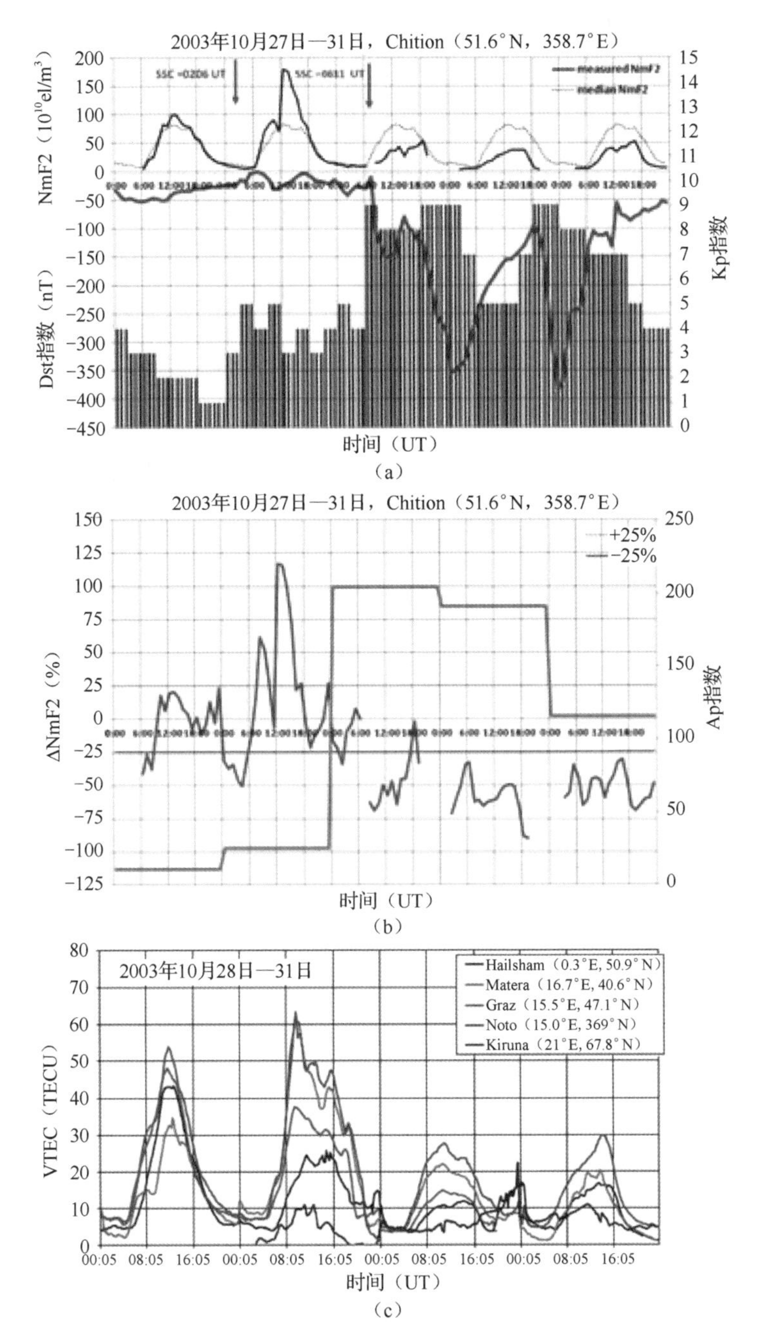

图 5.11 （a）2003 年 10 月 27 日至 31 日磁暴期间 Chilton 站（51.6°N，358.7°E）的 NmF2、Dst 指数和 Kp 指数的时间变化（左）和相应的 ΔNmF2 和 Ap 指数（右）。部分 foF2 数据缺失导致 NmF2 和 ΔNmF2 曲线出现间隙。(b)2003 年 10 月 28 日至 31 日磁暴期间欧洲地区 67°S 到 37°N 纬度范围内的 GNSS 站的 VTEC。（c）2003 年 10 月 28 日、29 日和 30 日欧洲地区 30°N 到 70°N，10°W 到 90°E 范围内的电离层 foF2 等值线图。其中+号表示该处为实测值。（d）2003 年 10 月 28 日、29 日和 30 日，欧洲地区 30°N 到 70°N，10°W 到 90°E 范围内的电离层 M(3000)F2 等值线图

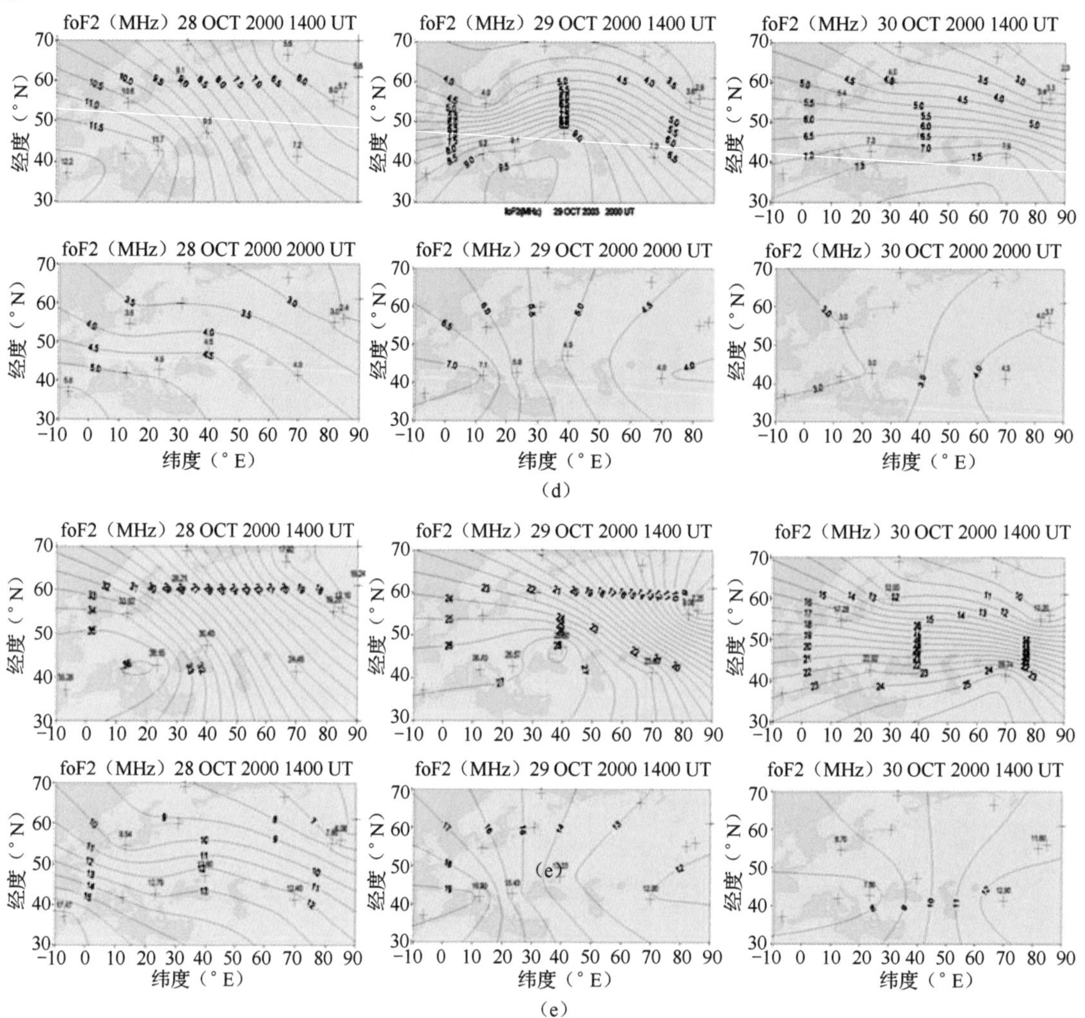

图 5.11 （a）2003 年 10 月 27 日至 31 日磁暴期间 Chilton 站（51.6°N，358.7°E）的 NmF2、Dst 指数和 Kp 指数的时间变化（左）和相应的 ΔNmF2 和 Ap 指数（右）。部分 foF2 数据缺失导致 NmF2 和 ΔNmF2 曲线出现间隙。（b）2003 年 10 月 28 日至 31 日磁暴期间欧洲地区 67°S 到 37°N 纬度范围内的 GNSS 站的 VTEC。（c）2003 年 10 月 28 日、29 日和 30 日欧洲地区 30°N 到 70°N，10°W 到 90°E 范围内的电离层 foF2 等值线图。其中+号表示该处为实测值。（d）2003 年 10 月 28 日、29 日和 30 日，欧洲地区 30°N 到 70°N，10°W 到 90°E 范围内的电离层 M(3000)F2 等值线图（续）

继 10 月 29 日 06:11UT 第二次 SSC 之后，NmF2 开始下降到 ΔNmF2≈−70%［图 5.11（a）］，表明发生了一次主要受风的化学效应影响的持久的电离层负暴，最小 ΔNmF2≈−90%。需要再次强调的是，NmF2 的最大负变化与最大 Ap 指数相对应（见图 5.1、图 5.2 和图 5.3），因此每日地磁活动指数的预测对于了解电离层天气极其重要。

图 5.11（b）显示了 2003 年 10 月 28 日至 31 日地暴期间，欧洲区域 67°S 到 37°N 范围内的 5 个 GNSS 站观测的 VTEC 变化。10 月 29 日（D1-day），Kiruna 站和 Noto 站之间的峰值 VTEC 差约为 52TECU 并呈明显的波状变化，随后的两天（D2-day 和 D3-day），VTEC 严格按照预期的日间模式（纬度越低，VTEC 越高）回落到约 20TECU。Kiruna 站的数据在 10 月 30 日下午和晚上表现出最令人不安的变化。图 5.11（a）、（b）和（c）中所示的一些特征

疑似电离层行波扰动（TID）向赤道扩展，将在第 7 章中进一步讨论。

图 5.11（c）显示了 2003 年 10 月磁暴期间 14:00UT 和 20:00UT 两个时间点的基于垂测站实测值得到的电离层 foF2 区域等值线图。在磁暴的主相期间，整个欧洲区域（纬度 30°N 到 70°N、经度 10°W 到 90°E）因电离损耗出现了明显的电离层规则结构大规模中断。+号（代表实测值）的缺少个数明确地警示了磁暴的严重性及其对监测能力的影响。对于电离层空间天气影响的技术系统而言，这是另一个非常重要的问题［见图 5.11（d），另见第 7 章和第 8 章］。

2003 年 11 月是一个地磁高度活跃的电离层冬季月份，太阳活动处于中等水平，月均 Sn=82.9（SSn=86.9）、F10.7=148.9、Ap=28，共发生三次 SSC，最大 Ap=150。11 月 18 日爆发了一对 M 级耀斑，CME 的冲击导致了磁暴的爆发。SSC 始于 11 月 20 日 08:03UT(D1-day)，在 21:00UT Dst 达到最小值−422nT，15:00UT 左右 Kp 达到最大值 9。值得注意的是，2003 年 10 月 28 日和 29 日的太阳耀斑为 X17 级和 X10 级，导致了强烈的双重磁暴，Dst 分别达到−353nT 和−383nT。而 2003 年 11 月 18 日较弱的 M3.2/2N 级太阳耀斑和 CME，却导致了 11 月 20 日的准超级磁暴，Dst 达到−422nT。这清楚地表明，决定地磁暴强度的不只是太阳耀斑的能量和速度，太阳磁场也起着非常重要的作用。

从 2003 年 11 月 19 日至 23 日磁暴期间的电离层数据（见图 5.12）来看，11 月 19 日（Q8-day），Chilton 站（51.6°N，358.7°E）每小时 F 层最大电子密度 NmF2 和月中值非常接近，表现出正常的宁静期特征。在第二天 08:03UT SSC 之后，NmF2 突然激增，ΔNmF2 在约 5 小时内达到最高约 85%，完美呼应最大 Ap 指数。在 F 层电子密度显著增加之后，NmF2 保持了超过 24 小时的正偏离，可视为持久的没有负暴的电离层正暴（见图 5.12 下）。这导致 11 月 20 日之后 ΔVTEC 变化范围在±25%之内。11 月 20 日上午 9:00UT，HERS 站（50.9°N，0.3°E）观测的 VTEC 开始风暴期增长，在 16:00UT 之前相对月中值 ΔVTEC 上升约 100%，在经历了短暂下降之后又显著上升，高达月中值的 290%。

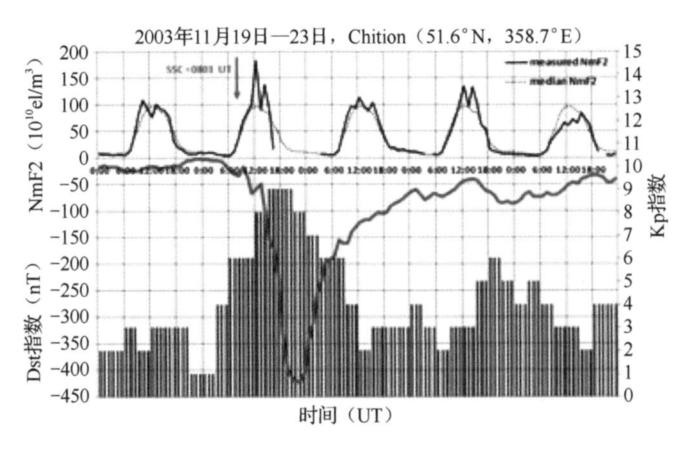

图 5.12　2003 年 11 月 19 日至 23 日地磁分风暴期间，Dst 指数、Kp 指数和 Chilton 站（51.6°N，358.7°E）NmF2 的时间变化（上），相应的 ΔNmF2 和 Ap 指数的时间变化（下）。部分 foF2 数据缺少导致 NmF2 和 ΔNmF2 曲线存在间隙

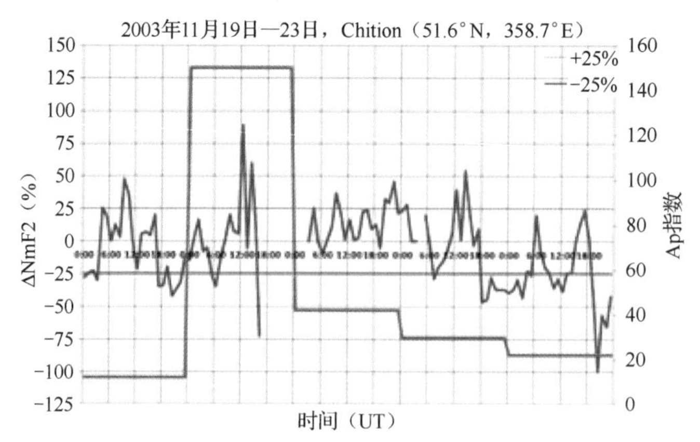

图 5.12　2003 年 11 月 19 日至 23 日磁暴期间，Dst 指数、Kp 指数和 Chilton 站（51.6°N，358.7°E）NmF2 的时间变化（上），相应的 ΔNmF2 和 Ap 指数的时间变化（下）。部分 foF2 数据缺少导致 NmF2 和 ΔNmF2 曲线存在间隙（续）

11 月 20 日磁暴第一天中纬度地区垂直总电子含量的复杂变化（基于 GNSS 接收机监测）如图 5.13 所示，表明在冬季磁暴正相期间，总电子含量增加幅度在日落前后有一个非常明显的最大值，并在夜间持续显著增强。这支持了一种观点，即来自质子层的电离可能是导致磁暴期间总电子含量增加的原因之一。

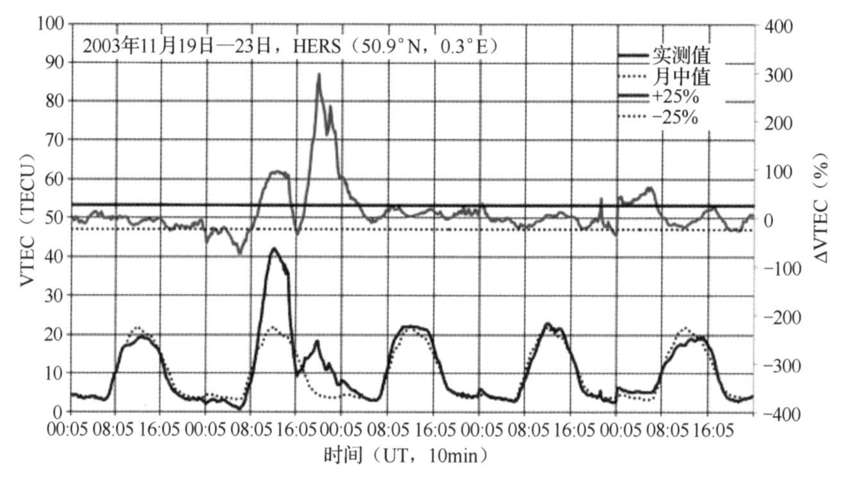

图 5.13　2003 年 11 月 19 日至 23 日磁暴期间，HERS 站（50.9°N，0.3°E）的 VTEC、ΔVTEC 的时间变化

5.3　每日形态

2004 年 11 月是另一个太阳活动较弱但地磁高度活跃的电离层冬季月份，月均 Sn=70.1（SSn=56.6）、F10.7=115.8、Ap=25，共发生三次 SSC，最大 Ap=161。在这个月，地面磁力仪记录了一次极为复杂的磁暴，在 11 月 8 日 07:00UT（Dst=−374nT，D2-day）和 11 月 10 日 11:00UT（Dst=−263nT，D1-day）出现两次 Dst 极小值。磁暴最大 Kp 达到双 9，Ap 分别为 140 和 161［见图 5.14（a）］。

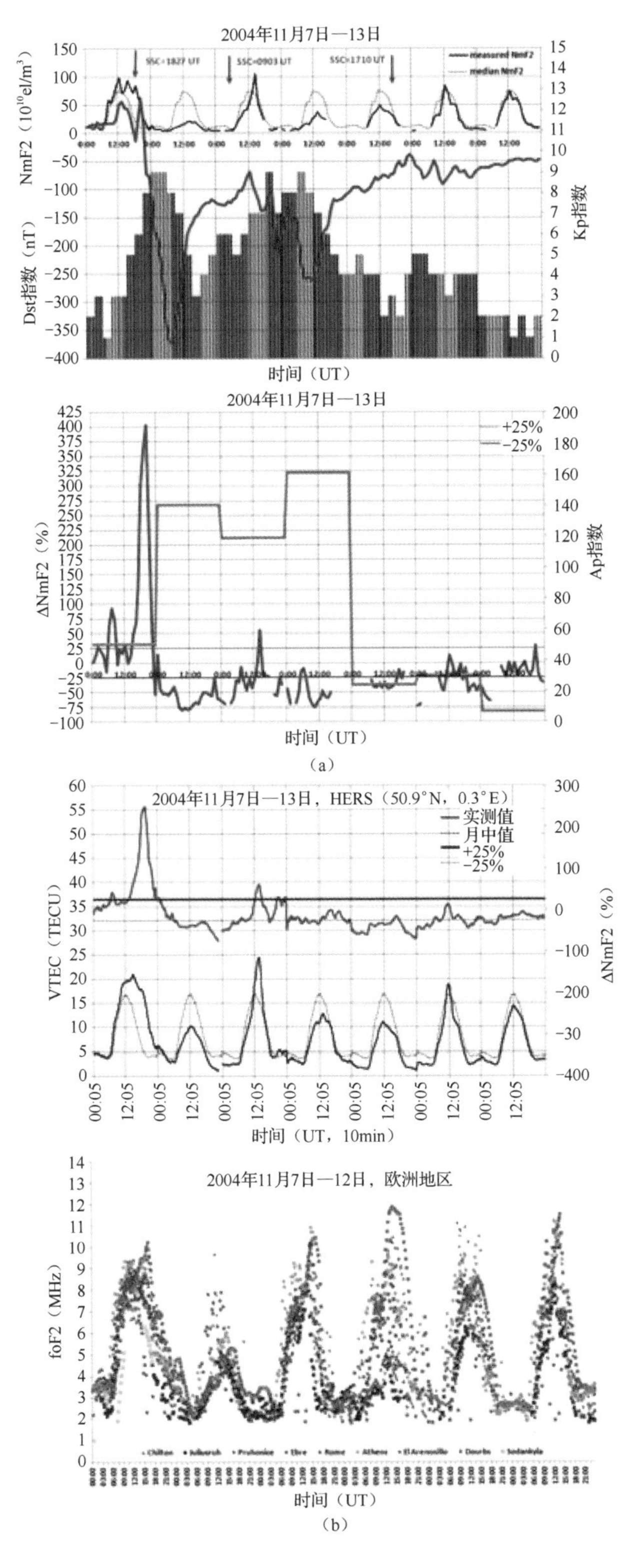

图 5.14　(a) 2004 年 11 月 7 日至 13 日磁暴期间，Dst 指数、Kp 指数和 Chilton 站（51.6°N，358.7°E）的 NmF2 的时间变化（上），相应的 ΔNmF2 和 Ap 指数的时间变化（下）。(b) 2004 年 11 月磁暴期间，HERS 站（50.9°N，0.3°E）的 VTEC 和 ΔVTEC 时间变化（上）和欧洲地区 foF2 的时间变化（下）

在电离层暴的第一主相，日间最高电子密度值（约 16×10^{10}～$28\times10^{10}e/m^3$）与月中值（约 56×10^{10}～$74\times10^{10}e/m^3$）相比极低，形成了一个持续超过 24 小时的负暴，ΔNmF2<-80%。在 11 月 10 日磁暴的第二主相，日间 NmF2 剧减，但衰减幅度低于第一个主相（ΔNmF2< -60%）。2004 年 11 月磁暴期的主要异常特征可从图 5.14（a）中看出，11 月 7 日 18:00UT—21:00UT（D4-day）第一次 SSC 后，夜间观测到极高 NmF2（约 52×10^{10}～$80\times10^{10}e/m^3$，而月中值约为 10～$20\times10^{10}e/m^3$）；11 月 9 日 9:03UT（D3-day）第二次日间 SSC 之后的几个小时内，出现了另一个短暂的日间 NmF2 最大值；11 月 11 日 17:10UT SSC 后，在第二天 11:00UT Dst 达到-92nT，但对 F 层电子密度的长时间负相影响很小［见图 5.14（a）上］。

从图 5.14（a）下和 5.14（b）上可以看出，正暴对 NmF2 和 VTEC 在时间点和持续时间（约 12 小时）具有相同的影响。在 2004 年 11 月 7 日磁暴期间，因等离子体的增长，导致 VTEC 相对于月中值剧增 255%，这是磁层-热层-电离层耦合的最明显结果之一，可能导致中纬度地区的极端电离梯度。与 2003 年 11 月 20 日的演变相反，NmF2 和 VTEC 的最大正变化与 Ap 指数的最大值并不匹配，它们出现在磁暴主相开始之前，这是每日电离层暴形态的一个非寻常情况。

即使是在欧洲区域内，不同电离层垂测站间的时空变化差异都非常大，这些站点包括：Chilton 站（51.6°N，358.7°E）、Juliusruh 站（54.6°N，13.4°E）、Pruhonice 站（地理经纬度 50.0°N、14.6°E，地磁经纬度 49.6°N、98.5°E，URSI 代码 PQ052）、Ebre 站（地理经纬度 40.8°N、0.5°E，地磁经纬度 43.6°N、80.9°E，URSI 代码 EB040）、Rome 站（41.9°N，12.5°E）、Athens 站（地理经纬度 38.0°N、23.6°E，地磁经纬度 36.4°N、102.5°E，URSI 代码 AT138）、El Arenosillo 站（地理经纬度 37.1°N、353.2°E，地磁经纬度 41.4°N、72.3°E，URSI 代码 EA036）、Dourbes 站（50.1°N，4.6°E）和 Sodankyla 站（地理经纬度 67.4°N、26.6°E，地磁经纬度 63.64°N、120.8°E，URSI 代码 SO166）等。这种差异如图 5.14（b）下所示（部分站点数据）。这就产生了许多实际的电离层空间天气问题，并有力地推动了在减轻这些问题方面的努力。

此外，图 5.15 提供了欧洲区域以临界频率 foF2 作为地理纬度和地理经度的函数的等值线地图。2004 年 11 月 7 日、8 日和 9 日每天 06:00UT 和 12:00UT 的地图样本证实了前面所述的整体形态。它们反映了电离层暴从高纬度向低纬度扩张的趋势，并强调了电离层空间天气可能会对相关应用造成的影响（如导致 HF 频段的通信、雷达和导航的间歇或完全中断，主要发生在极区和中高纬度地区）。挪威和芬兰的接收站探测到了这一电离层暴，是一个快速移动的极光弧，造成电离层异常，将对 GPS/GNSS 信号造成影响。

2004 年 7 月是活动高度太阳活动中等但地磁活跃的电离层夏季月，月均 Sn=83.8（SSn=64.8）、F10.7=120.2、Ap=23，共 5 次 SSC，最大 Ap=186。2004 年 7 月 22—28 日磁暴期间的特点是有一系列弱的日冕物质抛射。在这些事件期间，第一次 SSC 发生在 7 月 22 日 10:36UT，此时 Chilton 站（51.6°N，358.7°E）最大电子密度已经偏高，ΔNmF2 超过 70%。图 5.16 中有一些不规则的峰值，可能与大气行波扰动（TAD）有关，而 TAD 与剧烈的孤立亚暴活动有关。在 21:00UT—23:00UT 这段时间 Kp 指数达到了 7，紧接着在 7 月 23 日 03:00UT（D3-day）出现了第一个 Dst 指数最低值-99nT，这过程中长时间的正相振荡突然发展为长达 24 小时的负相，ΔNmF2 远低于-25%的阈值，最小 ΔNmF2≈-71%。第二次 SSC 发生于 7 月 24 日 06:14UT（D5-day），对 NmF2 造成相似的影响，但幅度高至 ΔNmF2≈105%，而持续时间则只有 6h。当 22:00UT 时 Kp 指数达到 6 时，NmF2 值在几小时内暴跌到最小值，

ΔNmF2≈-73%，此时 Ap=154、Dst<-100nT（图 5.16）。然而，在第二个 Dst 指数最低值期间，NmF2 在 7 月 25 日下午（D2-day）出现了一定程度的恢复。

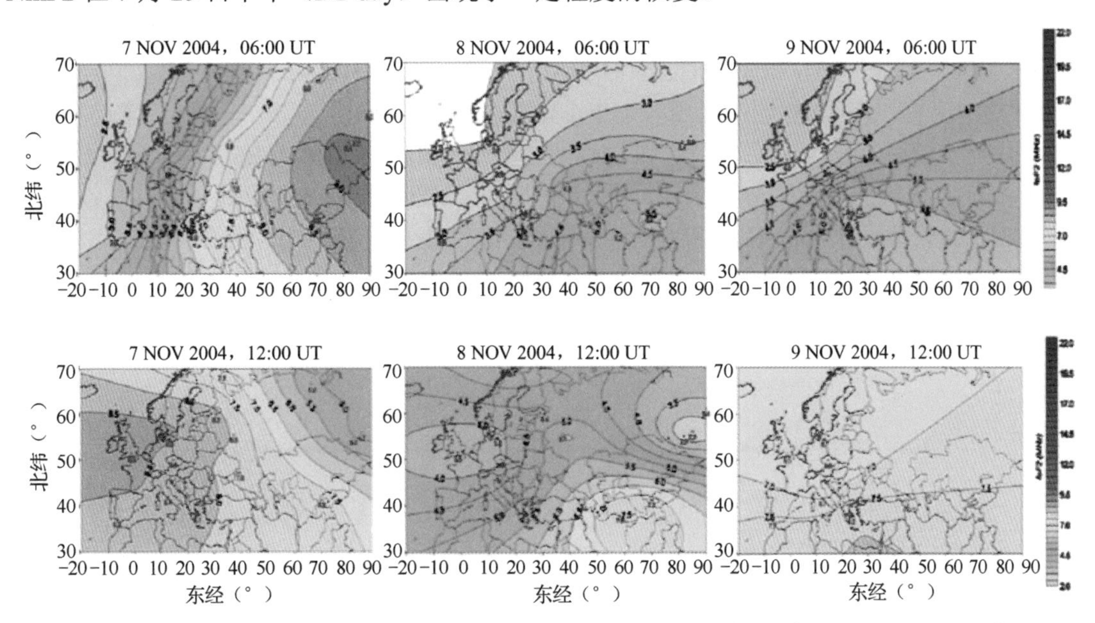

图 5.15　2004 年 11 月 7 日、8 日、9 日 06:00UT 和 12:00UT 时欧洲区域（纬度 30°N 至 70°N、经度 20°W 至 90°E）foF2 等值线图。其中+表示实测值

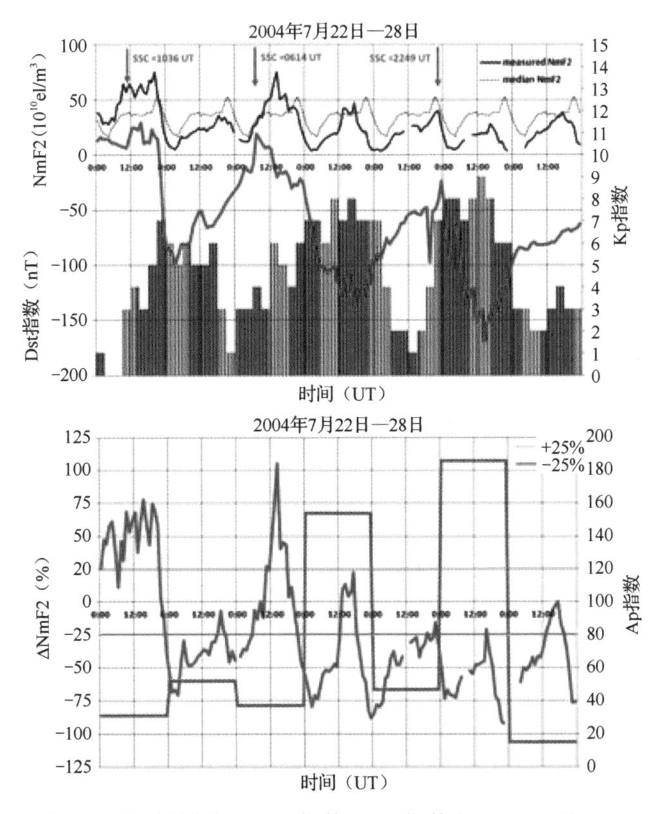

图 5.16　2004 年 7 月 22 日—28 日磁暴期间，Dst 指数、Kp 指数和 Chilton 站（51.6°N，358.7°E）的 NmF2 的时间变化（上），相应的 ΔNmF2 和 Ap 指数的时间变化（下）

第三次 SSC 发生在 7 月 26 日 22:49UT（D4-day）第二次磁暴恢复相，紧接着 Kp 达到最高值，Kp=9、Ap=186、Dst=−170nT，在地磁场恢复到正常水平的缓慢过程中，形成了一个充分发展的电离层暴负相（见图 5.16）。

与 Chilton 站的电离层数据相对应，HERS 站（50.9°N，0.3°E）的 VTEC 对 2004 年 7 月 22 日和 24 日的多重磁暴的响应呈现与之出非常相似的昼夜变化，即日间 VTEC 增加和夜间 VTEC 减少（见图 5.17）。可以看到，在这两天中存在高出月中值 ΔVTEC 约 75%的强增长，且每天都持续了 6 小时以上。7 月 26 日至 28 日期间，VTEC 再次出现负暴。在这种情况下，采用 Ap 指数表征的最强的地磁活动并不会导致典型的电离层暴模式，这表明复杂的每日电离层暴时间特征对当地气象预报人员的规划和减灾工作具有重要意义。

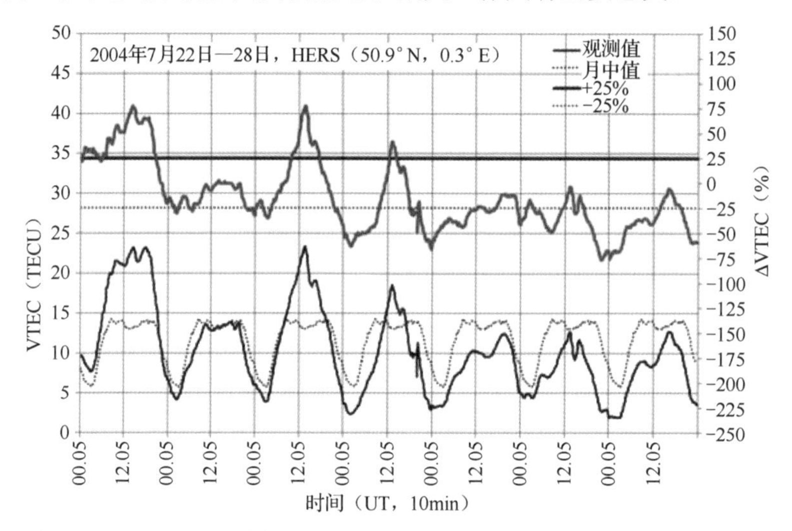

图 5.17　2004 年 7 月 22—28 日磁暴期间，HERS 站（50.9°N，0.3°E）的 VTEC 和 ΔVTEC 时间变化

2012 年 7 月夏季电离层暴的特点是南向行星际磁场在低于-10nT 水平下持续了约 32 小时，本次电离层暴出现在第 24 太阳活动周期的上升期，太阳活动处于中等水平，月均 Sn=100.1（SSn=84.5）、F10.7=137.8、Ap=14，共四次 SSC，最大 Ap=78。当伴随着 X1.4 级太阳耀斑的地向全晕 CME 在 2012 年 7 月 12 日爆发后，在 7 月 14 日 18:09UT 发生了第一次 SSC，Dst 指数开始下降，并在 7 月 15 日 18:00UT（D1-day）前后达到最小值-127nT。第二次 SSC 发生在次日凌晨 04:49UT，随后在 16:12UT（第二次 SSC 的恢复相）发生了第三次 SSC，如图 5.18（a）左。

图 5.18（a）右显示了 7 月 13 日—19 日磁暴期间，Chilton（51.6°N，358.7°E）和 Fairford（地理经纬度 51.7°N、358.5°E，地磁经纬度 54.3°N，82.8°E，URSI 代码 FF051）这两个邻近站的电离层行为。最显著的特征是，这些邻近电离层站的周日变化非常一致，而 Chilton 的月中值也有明显的夜间异常，这正好代表了这两个监测站的宁静参考水平。很明显，在第一次 SSC 几个小时后，在傍晚 NmF2 峰值增至约 80×10^{10}e/m^3，ΔNmF2>40%。然后，NmF2 在 7 月 15 日明显降低（夜间下降 80%以上、日间下降 30%），其间电离层负暴主要由第二次（D3-day）和第三次（D5-day）SSC 的影响叠加在已经高度扰动的 NmF2 周日变化背景上，这种现象到 2012 年 7 月 19 日（Q6-day）才完全恢复正常。

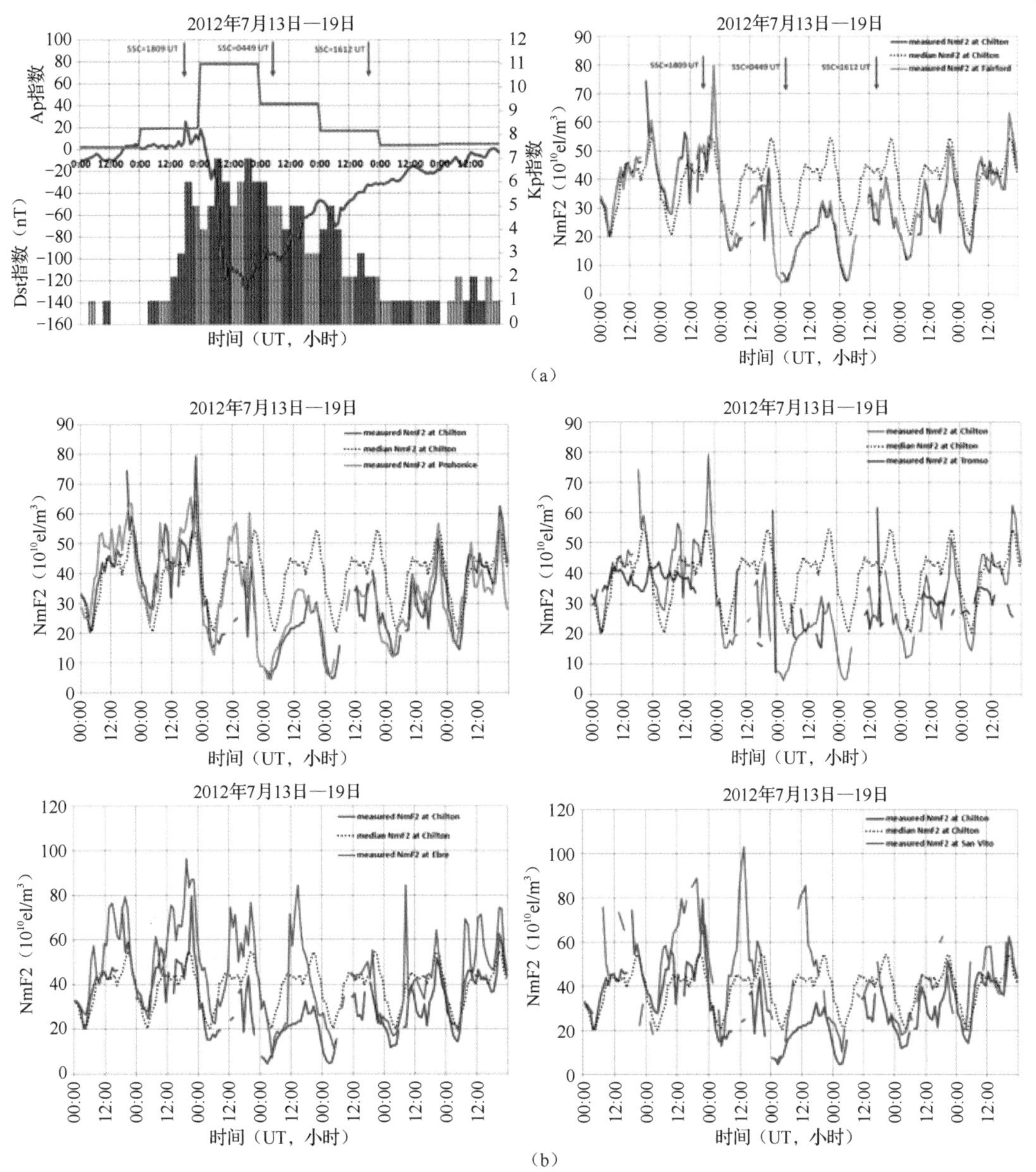

图 5.18　（a）2012 年 7 月 13 日—19 日磁暴期间，Dst 指数、Ap 指数和 Kp 指数时间变化（左）和 Chilton 站（51.6°N，358.7°E）和 Fairford 站（51.7°N，358.5°E）的 NmF2 的时间变化（右）。（b）2012 年 7 月 13 日—19 日磁暴期间，Chilton 站（51.6°N，358.7°E）与以下站点的 NmF2 变化对比：Pruhonice 站（50.0°N，14.6°E）（左上）、Tromsø 站（69.7°N，19.0°E）（右上）、Ebre 站（40.8°N，0.5°E）（左下）和 San Vito 站（40.6°N，17.8°E）（右下）

图 5.18（b）基于多个电离层垂测站的最大电子密度 NmF2 观测数据，综合呈现了欧洲地区电离层对这一事件响应的区域差异，有力地说明了纬度效应的含义，如图 5.18（b）。虽然所有站点的 NmF2 均有显著增加，但随着纬度的降低，正效应开始的时间越来越晚。为了跟踪扰动区域内电离层暴的演变和强度，2012 年 6 月 15 日的 NmF2 变化被绘制成经度-时间（见图 5.19 上）和纬度-时间（见图 5.19 下）的等值线地图。可以观察到欧洲电离层的若干小尺度特征，例如局部 F 层电离层暴活动的显著增强/减弱特征。

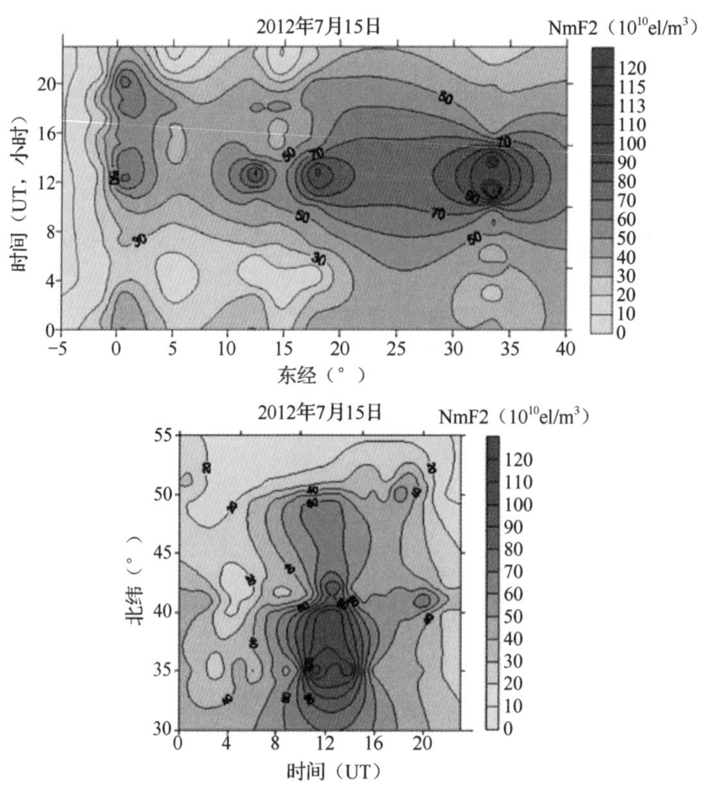

图 5.19　2012 年 7 月 15 日（D1-day）NmF2 的经度-时间（上）和纬度-时间（下）等值线图

在 7 月 14 日的第一次 SSC 几小时后的下午晚些时候，NmF2 的显著增强（见图 5.18）在 HERS 站（50.9°N，0.3°E）的 VTEC 变化中没有出现，说明 7 月 14 日没有实质的电离层正暴效应。NmF2 和 VTEC 的月中值均存在夜间异常。随着磁暴的进程和 VTEC 的持续负相，HERS 站大部分时候只能观测到 VTEC 的强减弱。然而，7 月 15 日和 16 日（D1-day 和 D2-day）在低中纬度 GNSS 站 NOT1 站（36.9°N，15.0°E）和 NICO 站（35.1°N，33.4°E），日间 VTEC 高至 2 倍于高中纬度的 HERS 站和 GOPE 站（49.9°N，14.8°E），这和其他日期的情况不一样。这种 VTEC 随不同经纬度及时间的变化，如图 5.20（b）所示的 ΔVTEC 等值线地图所示。

2012 年 3 月 7 日至 13 日这一周的太阳活动由一个太阳黑子群主导，共产生了三个 X 级、十二个 M 级和无数 C 级耀斑。根据地面地磁场测量，2012 年 3 月 7 日 04:20UT（D2-day）爆发了 SSC 磁暴，最大 Kp=6，Ap=48。根据比利时皇家天文台的数据，ACE 在 3 月 7 日 03:35UT 检测到行星际激波，然后 SOHO/CELIAS 在 03:47UT 也检测到，IMF 幅度达到了 18nT，在较长时间内，IMF 的南北分量 Bz 为负。此外，在 3 月 8 日的 10:45UT 和 10:53UT 也检测到行星际激波。IMF 幅度有 12～25nT 的增长，进一步可以增加到 40nT，但是 Bz 分量显著向北，导致连续两个 3 小时 Kp=5，再连续两个 3 小时 Kp=4，Ap=25，SSC=11:03UT。然而，在 3 月 9 日 00:00UT（D1-day）前后，行星际 CME 导致 IMF 幅度再次增大，这一次 IMF Bz 分量主要向南。在 08:18UT 前后，太阳风的速度突然增加到约 950km/s。连同仍是负的（向南的）IMF Bz 分量，进一步加强了正在进行的磁暴，在连续两个 3 小时内 Kp 分别达到 8 和 7，Ap=87。在 3 月 12 日（D4-day）09:00UT—15:00UT 的 6 小时内，观测到两次 Kp 达到 6 的磁暴，其中 SSC=09:15UT，Ap=32。

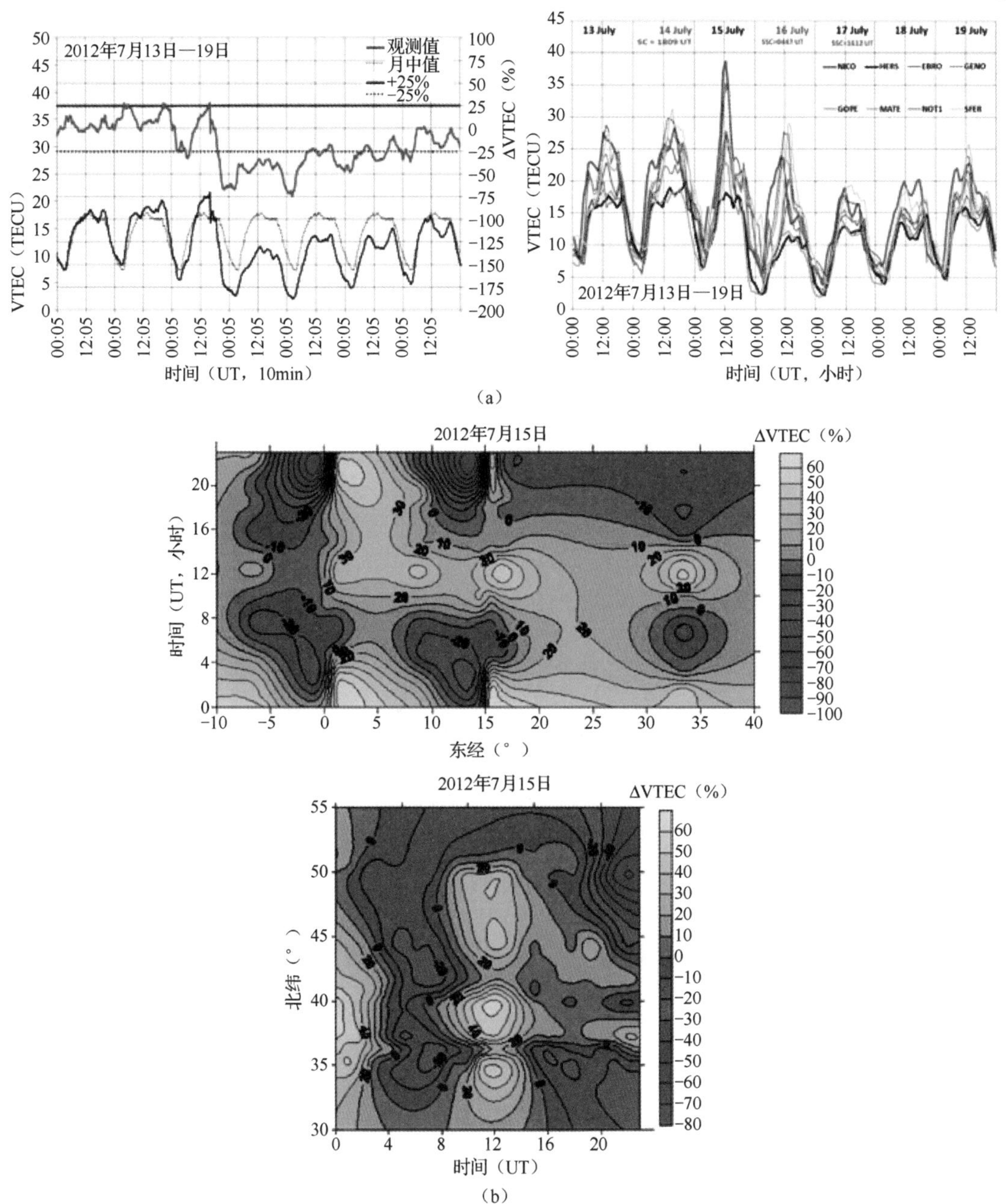

图 5.20　(a) 2012 年 7 月 13 日—19 日磁暴期间，HERS 站（50.9°N，0.3°E）的 VTEC 和 ΔVTEC 时间变化（左），HERS、GOPE（49.9°N，14.8°E）、GENO（44.4°N，8.9°E）、EBRE（40.8°N，0.49°E）、MATE（40.6°N，16.7°E）、NOT1（36.9°N，15.0°E）、SFER（36.5°N，353.8°E）和 NICO（35.1°N，33.4°E）等站的 VTEC（右）。(b) 2012 年 7 月 15 日（D1-day）经度 10°W～40°E（上）和纬度 30°N～55°N（下）范围内在，磁暴期相对宁静时期的变化百分比 ΔVTEC 等值线图

图 5.21 上显示了 2012 年 3 月 7 日至 13 日期间的 Dst 指数变化，给出了多次地磁场扰动的可视化展示。该月太阳活动处于中等水平，月均 Sn=86.6（SSn=98.3）、F10.7=115.7、Ap=16，共发生 4 次 SSC 磁暴，最大 Ap=87。图 5.21 下显示了 HERS 站（50.9°N，0.3°E）的 VTEC 历史数据。除一两天以外，夜间 VTEC 的变化不明显，但日间电子密度会随不同的电离层

暴相而增加或减少。此外，夜间 VTEC 变化（见图 5.21 下和图 5.22）会因纬度不同而有轻微的差别（几个 TECU）。

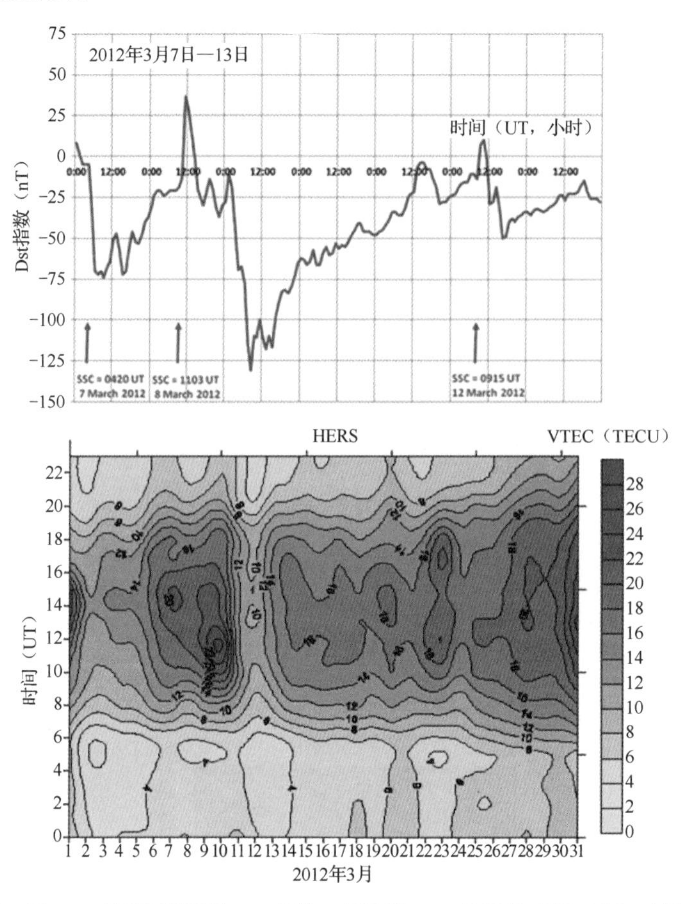

图 5.21 2012 年 3 月 7 日—13 日磁暴期间的 Dst 指数，标注了 SSC 的开始时间（上），以及 HERS 站（50.9°N，0.3°E）的 VTEC（下）

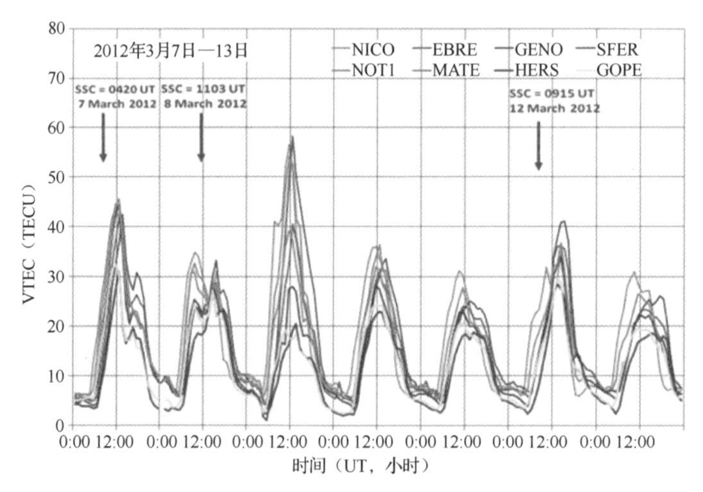

图 5.22 2012 年 3 月 7 日—13 日磁暴期间，HERS（50.9°N，0.3°E）、GOPE（49.9°N，14.8°E）、GENO（44.4°N，8.9°E）、EBRE（40.8°N，0.49°E）、MATE（40.6°N，16.7°E）、NOT1（36.9°N，15.0°E）、SFER（36.5°N，353.8°E）和 NICO（35.1°N，33.4°E）等站的 VTEC 时间变化

通过研究磁暴期间欧洲地区 NmF2 的湍流演化，发现 NmF2 的最大值出现在 2012 年 3 月 9 日 12:00UT 的 EL Arenosillo 站(37.1°N，353.2°E)，比 Chilton(51.6°N，358.7°E)，Pruhon-Ice（50.0°N，14.6°E）和 Dourbes（50.1°N，4.6°E）等站的值高出了 4.5 倍。在其他天，这个倍数约为 2，在最强烈的负相时更低。对这些站点 ΔNmF2 特性的详细研究突出了在高中纬度地区形状良好的常见电离层暴模式，与低中纬度地区的 NmF2 变化形成鲜明对比。图 5.23（c）中的区域等值线图提供了一个 NmF2 在经纬度和不同时间上分布的示例。它们有助于展示由高纬度能量输入形成的不同驱动所产生的特殊结构，以接近超音速的速度穿透大气层上边界，以一种尚待研究的方式沿其路径扰动电离层。

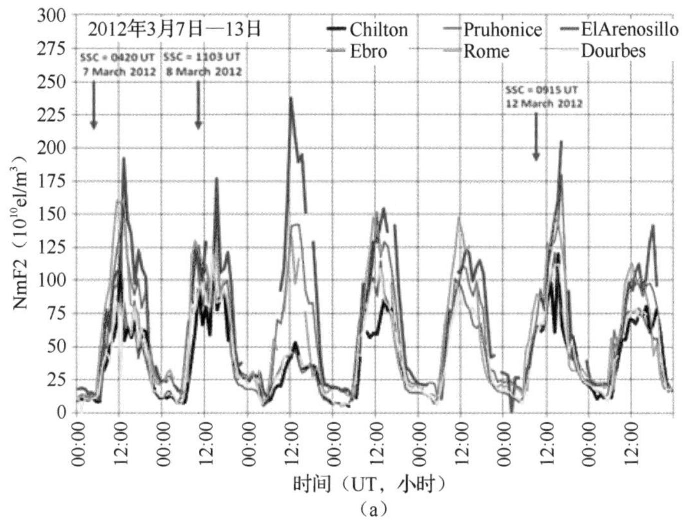

（a）

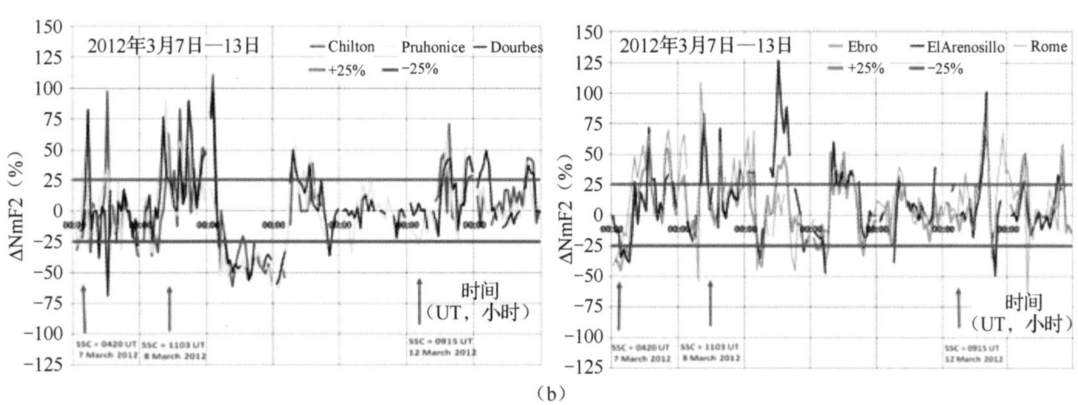

（b）

图 5.23　（a）2012 年 3 月 7 日—13 日磁暴期间，Chilton（51.6°N，358.7°E）、Pruhonice（50.0°N，14.6°E）、Dourbes（50.1°N，4.6°E）、Rome（41.9°N，12.5°E）、Ebre（40.8°N，0.5°E）和 El Arenosillo（37.1°N，353.2°E）等站的 NmF2 时间变化。（b）2012 年 3 月 7 日—13 日磁暴期间，图 5.23（a）所示站点的 ΔNmF2 时间变化。（c）2012 年 3 月 9 日（D1-day）图 5.23（a）所示站点 NmF2 的纬度（上）和经度（下）相对时间的等值线地图

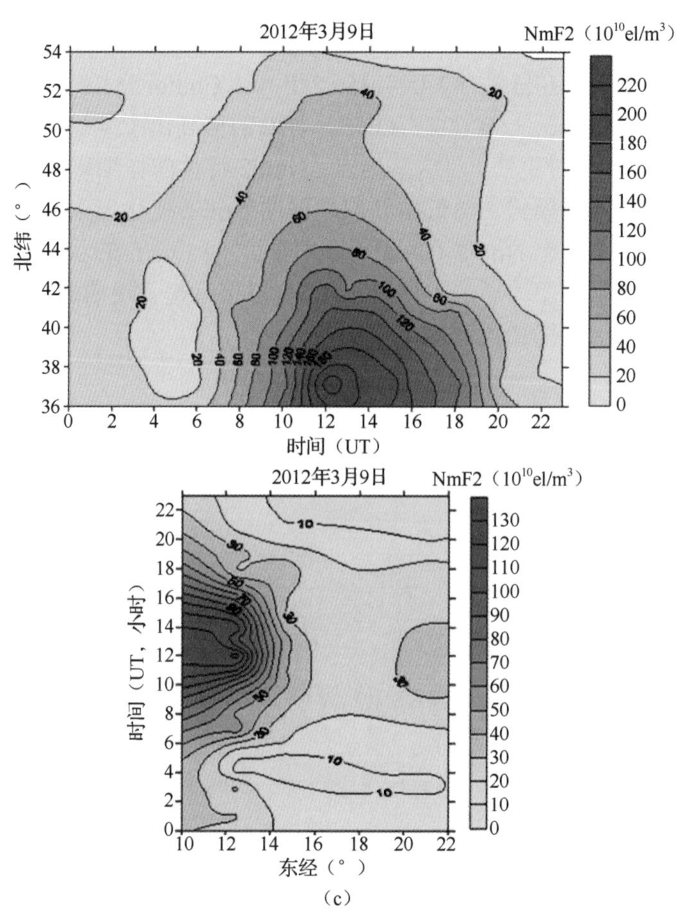

图 5.23 （a）2012 年 3 月 7 日—13 日磁暴期间，Chilton（51.6°N，358.7°E）、Pruhonice（50.0°N，14.6°E）、Dourbes（50.1°N，4.6°E）、Rome（41.9°N，12.5°E）、Ebre（40.8°N，0.5°E）和 El Arenosillo（37.1°N，353.2°E）等站的 NmF2 时间变化。（b）2012 年 3 月 7 日—13 日磁暴期间，图 5.23（a）所示站点的 ΔNmF2 时间变化。（c）2012 年 3 月 9 日（D1-day）图 5.23（a）所示站点 NmF2 的纬度（上）和经度（下）相对时间的等值线地图（续）

5.4 小磁暴形态

第 23 和第 24 太阳活动周期之间低而长的太阳活动极小期，加上第 24 太阳活动周期中太阳活动的缓慢增加，表明太阳正在进入一个大太阳活动极小期（GSMin），可能与 Maunder 极小期（MM）相当。在 2008 年，太阳活动非常低，大部分时间地磁场活动也是宁静的。根据对 2008 年和 2009 年极端太阳极小期电离层暴形态的持续分析，得到了一些关于 NmF2 和 VTEC 对弱磁暴敏感性的结果。我们重点研究了 Chilton 站（51.6°N，358.7°E）和 HERS 站（50.9°N，0.3°E）上空的单一中纬度电离层，并考虑了电离层监测、建模和预报所使用的方法和技术对精度的影响。通常空间天气研究的重点是高太阳活动事件以及由此产生的电离层暴增强或减弱电离的过程，大多数情况下这是对通信和导航系统造成不良影响的原因。但是，即使在没有太阳风的能量和动量输入的情况下，这些影响也不能被忽视，因为正如第 4 章所介绍的，地球的电离层在任何时候都表现出广泛的天气变化。在小磁暴期间，也可能会对穿

透电离层的或电离层反射的通信信道和信号传播造成一些高量级的扰动。

2008 年 10 月是一个地磁宁静的秋分月，当月的太阳活动水平极低，月均 Sn=4.2（SSn=2.4）、F10.7=68.2、Ap=7，没有发生 SSC，但在 10 月 11 日（D1-day）发生了一个逐渐减弱的磁暴，Ap=34、Kp=6（见图 5.24 左上）。如图 5.24 所示，在 10:15UT NmF2 和 VTEC 突然开始显著增加，持续了大约 5 小时的高幅度增长。直到 10 月 11 日 20:00UT Dst 指数达到最大衰减-75nT 之前，在夜间 NmF2 和 VTEC 依然保持小尺度振荡。在充分发展的电离层暴正相，NmF2 和 VTEC 值相比之前的 10 月 9 日（Q1-day）和 10 日（Q9-day）以及之后的 10 月 12 日、13 日、14 日（Q10-day）和 15 日高出 100%。值得注意的是，在前 48 小时地磁宁静的条件下（分别是 Q1-day 和 Q9-day），中纬度 NmF2 和 VTEC 的异常增强呈现出与第 4 章中已经讨论过的相类似的尖锐的凸起。

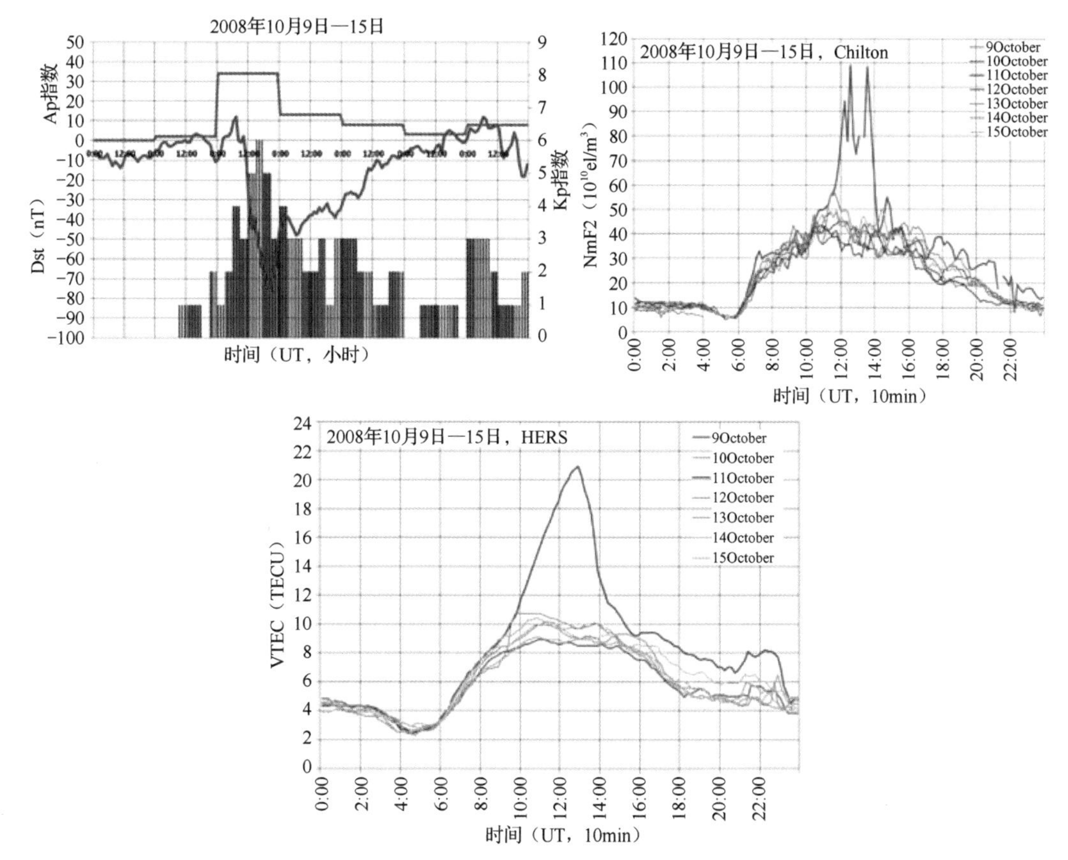

图 5.24　2010 年 10 月 9 日—15 日磁暴期间的 Dst、Ap 和 Kp 指数（左上）、Chilton 站的（51.6°N，358.7°E）的 NmF2 时间变化（右上）和 HERS 站（50.9°N，0.3°E）的 VTEC 时间变化（下）

2015 年 1 月是一个地磁宁静的冬季月，太阳活动属于中等水平，月均 Sn=93（SSn=89.3）、F10.7=141.7、Ap=9，1 月 7 日（D1-day）06:14UT 发生了一次 SSC，Ap=31，双 Kp=6，12:00UT 左右达到最小 Dst=−99nT（见图 5.25 左上）。与 SSC 相对应的是 VTEC 在较长时间内（从 08:00UT 到 16:00UT）快速大幅度上升（见图 5.25 右上）。在此期间，出现了非常强的正暴效应，HERS 站上空 12:00UT 的 VTEC 相对月中值上升了 175%以上，最大 VTEC 值约为 62×10^{16}e/m^2。最大 VTEC 正偏离和最小 Dst 的时间偏差约为 25 分钟，相对 SSC 的时间延迟约为6h。此后不久，在1月8日（D5-day）和9日（Q10-day），伴随着主要发生在夜间的偶尔的负暴效应（ΔVTEC平均小于−50%），在磁暴恢复相，极高的VTEC范围转化为一个扩展的振荡相。最大VTEC负偏离相对最小Dst的时间延迟约11小时。

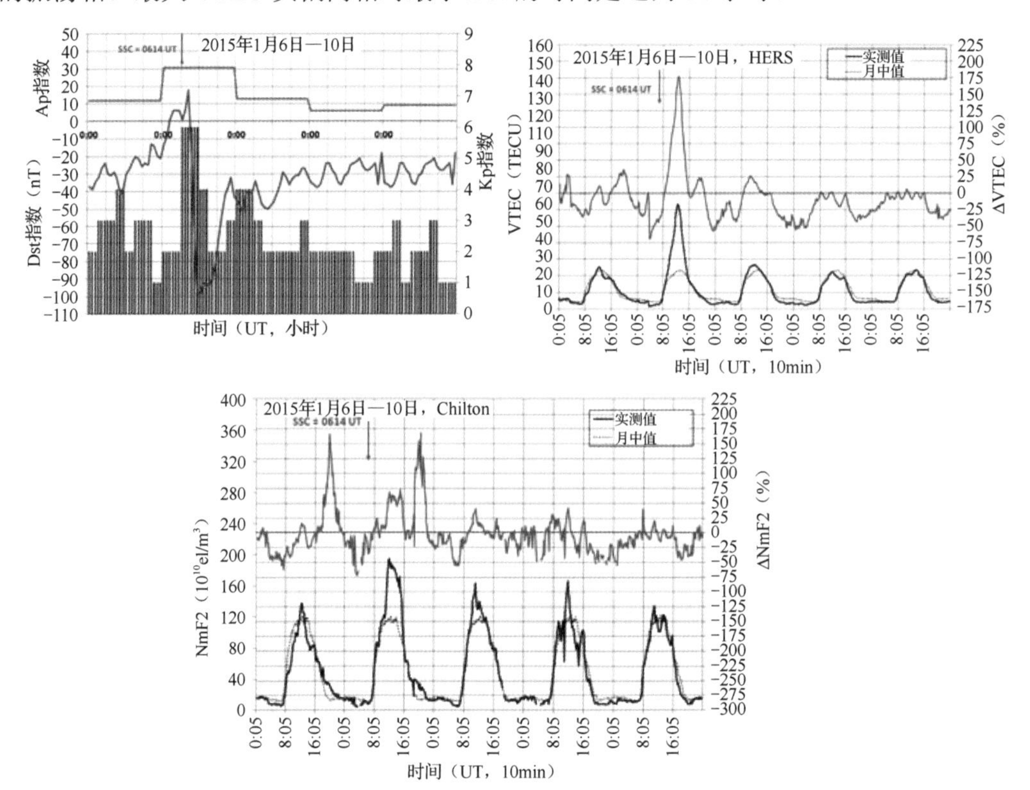

图5.25　2015年1月6日—10日磁暴期间的Dst指数、Ap指数和Kp指数（左上）、HERS站（50.9°N，0.3°E）的VTEC和ΔVTEC时间变化（右上）和Chilton站（51.6°N，358.7°E）的NmF2和ΔNmF2（%）时间变化（下）

虽然图5.25中Chilton站的NmF2和相应的ΔNmF2主峰与VTEC的变化相似，但也有差异。首先是分别出现在12:00UT（ΔNmF2≈70%）和20:00UT（ΔNmF2≈170%）双峰模式，均间隔了90分钟。其次在1月6日电离层暴前夕，NmF2在数小时内持续上升，峰值几乎达到了350×10^{10}e/m^3，相对月中值上升幅度达170%，这可能是2015年1月4日（D2-day）和5日（D3-day）F层的风暴前条件造成的。事实上，这两天地磁场对NmF2有影响，但对VTEC没有影响，可能与F层及以上区域的夜间电子密度分布有关。

从地磁的角度来看，2011年3月是一个相当活跃的春分月，太阳活动为中等水平（第24太阳活动周期），月均Sn=78.6（SSn=53.8）、F10.7=124.3、Ap=8，共三次SSC，最大Ap=37。3月10日（D3-day）06:32UT发生了一次小SSC，在3月11日（D1-day）06:00UT时Ap=37、Dst=−83nT，在21:00UT—23:00UT期间Kp=6（见图5.26左）。2011年3月10日，在SSC之后不久，电离层出现了两次VTEC上升（见图5.26右）。第一次持续了约五个小时并在12:00UT达到最大ΔVTEC=65%。第2次持续了8小时增强幅度≤30%的正相，随后是持续了近3天的VTEC损耗约50%的长负相。这些基于foF2/NmF2和VTEC数据进行电离层暴统计的著名研究共同勾勒了小磁暴的典型形态。

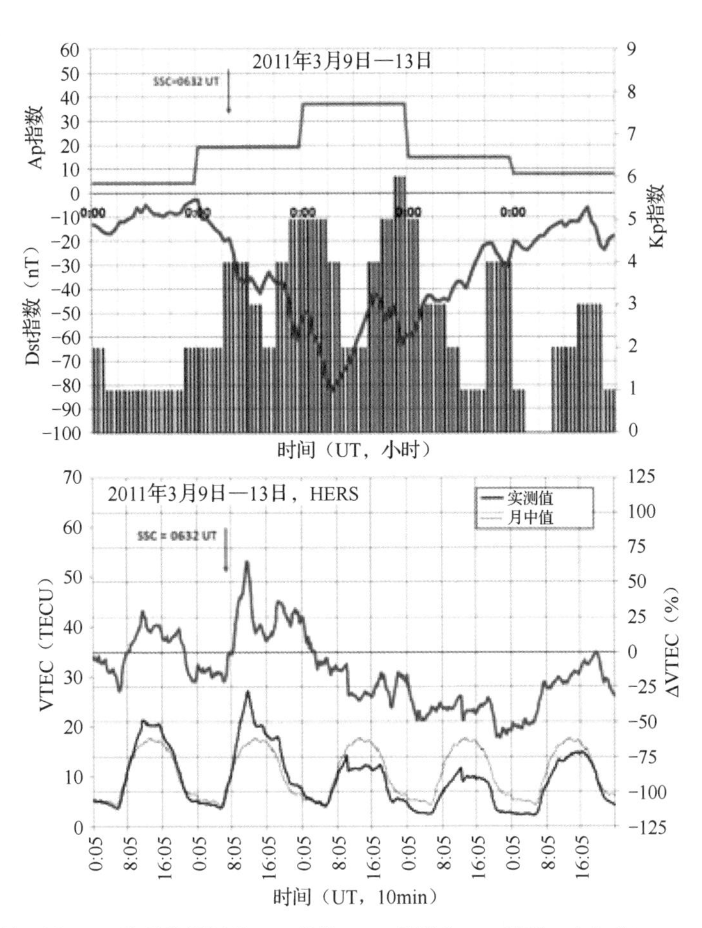

图 5.26　2011 年 3 月 9 日—13 日磁暴期间的 Dst 指数、Ap 指数和 Kp 指数（左）和 HERS 站（50.9°N，0.3°E）的 VTEC 和 ΔVTEC 的时间变化（右）

5.5　电离层暴形态的起源

自 Anderson 在 1928 年和 Hafstad、Tuve 在 1929 年发现并描述电离层暴以来，电离层对磁暴的响应得到了广泛的研究。由于可能造成严重后果，因此迫切需要对它们进行实时或近实时检测、密切监测，合理精确建模，并最终成功预报。对电离层暴形态的科学理解将使识别、表征和分类成为可能。这将使我们能够首先将电离层暴的时间变化与低水平振荡或类噪声电离层变化、不规则体和波动区分开来，然后描述它们产生的物理和化学过程。

前几节介绍了最近三个太阳活动周期的特定案例的研究结果。其中第 22 太阳活动周期在 1989 年 3 月 12 日至 18 日接近最高，在 1995 年 4 月 6 日至 10 日接近最低；第 23 太阳活动周期在 2001 年 3 月 29 日至 4 月 4 日接近最高；第 24 太阳活动周期在 2010 年 4 月 3 日至 9 日接近最低，在 2015 年 3 月 16 日至 20 日接近最高。主要研究成果包括：（1）电离层暴在其演化过程中对最大电子密度和垂直总电子含量分布产生较大扰动的案例；（2）“活动指数”所定义的太阳和地磁活动上升的指标与电离层暴发展之间的时间关系。同时可以看出，电离层暴模式的不同之处在于：（i）强度和正相持续时间；（ii）无视 Dst 指数的变化，NmF2/VTEC 的开始或延迟增长的时机；（iii）NmF2/VTEC 在负相开始时随 Dst 指数的下降而下降的速

度；（iv）NmF2/VTEC 的衰减程度及持续时间。

对 F 层最大电子密度和垂直总电子含量的变化进行了研究，对比了它们在太阳活动最大年和最小年不同电离层时间的磁暴期间的差异，如 2003 年 8 月 7 日至 21 日（夏季）、2003 年 10 月 27 日至 31 日（秋分）和 2003 年 11 月 19 日至 23 日（冬季）。时间效应对电离层暴引起的 F 层及以上电离密度的变化有重要影响。因此，对在磁暴期间的不同时间出现两个以上 SSC 的时间段进行了研究，包括第 23 太阳活动周期中 2004 年 11 月 13 日至 17 日和 2004 年 7 月 22 日至 28 日，以及第 24 太阳活动周期中 2012 年 7 月 13 日至 19 日和 2012 年 3 月 7 日至 13 日。通过分析 2010 年 10 月 9 日至 15 日这一接近太阳活动极小期（第 23 太阳周期）的时期，以及 2011 年 3 月 9 日至 13 日和 2015 年 1 月 6 日至 10 日这两个中等太阳活动的时期（第 24 太阳周期），可以得出小磁暴在电离层气候中的作用。总的来说，很明显，在相同或类似的日地条件下，NmF2/VTEC 对磁暴的响应形态并不完全一致。电离层暴的特性使我们得出这样的结论：无论太阳活动水平、地磁扰动的强度和时间如何，不管是规模还是影响的持续时间，几乎没有哪两次电离层暴能表现出完全相同的行为。

ΔNmF2 和 ΔVTEC 通常用来表示电离层暴的强度，而 Ap 指数、Dst 指数、Kp 指数则用来表示磁暴的强度。然而，两者之间的正相关显然不像预期的那样密切。这表明，在一定的日地环境下，电离层暴的强度可能在很大程度上取决于背景电离层遭遇到的 SSC 磁暴。这可以通过回顾本章已经提供的一些案例来证实。但 2011 年 2 月 13 日至 19 日的地磁活跃期需要专门论述，因为异常响应看起来简单，实际原因可能很复杂。

2011 年 2 月是第 24 太阳活动周期上升阶段的电离层冬季月，日地活动处于低水平，月均 Sn=48.3（SSn=48.8）、F10.7=94.5、Ap=6，发生三次 SSC，地磁活跃，最大 Ap=22。在 2 月 14 日 15:56UT（D5-day）SSC 后，Dst 在 19:00UT 上升到 35nT，在 23:00UT 迅速降至−40nT，最大 Kp=6、最大 Ap=13，具有一个相当长的恢复相（见图 5.27 上）。图 5.27 中显示了 HERS 站（50.9°N，0.3°E）的 10 分钟 VTEC 和相对月中值的 ΔVTEC，可以从中看到电离层的响应，ΔVTEC 具有 25%左右短期正相振荡。

图 5.27 的上图表明 2 月 17 日是前一场电离层暴恢复相的宁静日（Q9-day）。2011 年 2 月 18 日夜间（D2-day）01:30UT 发生 SSC，在 05:00UT 时 Dst=51nT，10 小时后 Dst=−32nT，连续两个 Kp=5，Ap=21。这种异常的地磁场变化所产生的独特的电离层扰动模式，导致 VTEC 持续 32 小时上升，幅度高达 125%，非常罕见。图 5.27 中显示，在 2 月 18 日至 19 日夜间，HERS 的电子含量显著增加，并一直持续到清晨。在 2011 年 2 月 13 日至 19 日整个地磁活跃期间 Chilton 站（51.6°N，358.7°E）的 NmF2 和 ΔNmF2 变化也是如此（见图 5.27 下），虽然出现了两次 SSC 和两个高度正向 Dst 脉冲，但按照通常的定义，不能被认为是一个电离层暴期。这使得图 5.28 所示的对比尤其重要。

此外，这样一个持久的正相，显然不是在太阳生产的同时电离层等离子体上升到损耗较低的区域这么简单。相反，它源于通常引起电离层暴效应的三个主导因素之间非常复杂的交互作用：热层成分变化、中性风扰动和磁层起源电场的出现。

图 5.28 呈现了一个很好的案例，说明除了小磁暴即 29<Ap<49 时（2015 年 1 月 6 日—9 日），电离层冬季月且地磁活动水平为 15<Ap<29 时（2011 年 2 月 17 日—20 日）也能引起 ΔVTEC 激增，规模堪比同季节的大磁暴（2004 年 1 月 21 日—24 日）。总的来说，2011 年 2 月 17 日—20 日的地磁活跃期的 VTEC 激增，与另两次电离层暴（分别为大电离层暴和小电

离层暴）相比，无论是活动指数还是其他方面，都有所不同。这三次电离层暴的正相在强度和持续时间上略有差异，其中发生在 2 月份的电离层暴中，尽管地球物理条件不太有利（Ap 指数和 Dst 指数都很低），电离层却表现出最强的、持久的正相，且没有出现过负相。这是一个有力的证明，说明冬季地磁活跃期（Ap=21）只产生一个正相电离层响应，这是参与产生负暴的电动力学系统和热层过程相互竞争的时间尺度导致的。这使得电离层的建模和预测变得更加复杂。

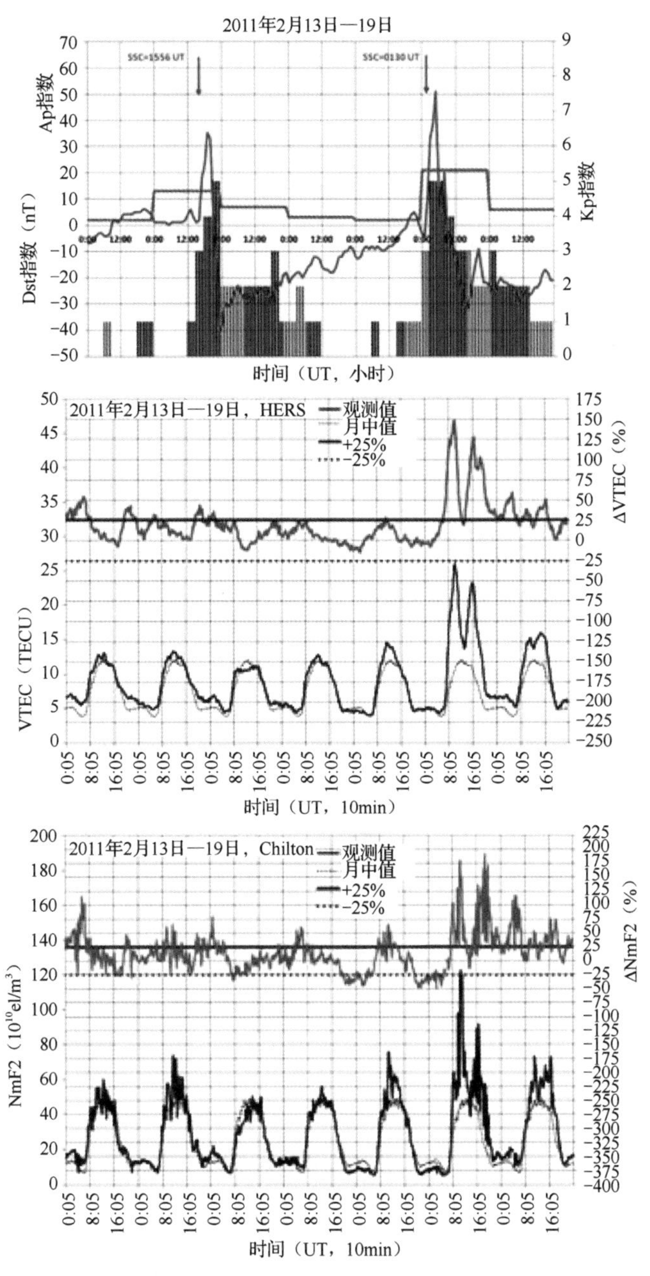

图 5.27　2011 年 2 月 13 日—19 日地磁活跃期的 Dst 指数，Ap 指数和 Kp 指数（上），HERS 站（50.9°N，0.3°E）的 VTEC 和 ΔVTEC 时间变化（中），Chilton 站（51.6°N，358.7°E）的 NmF2 和 ΔNmF2 时间变化（下）

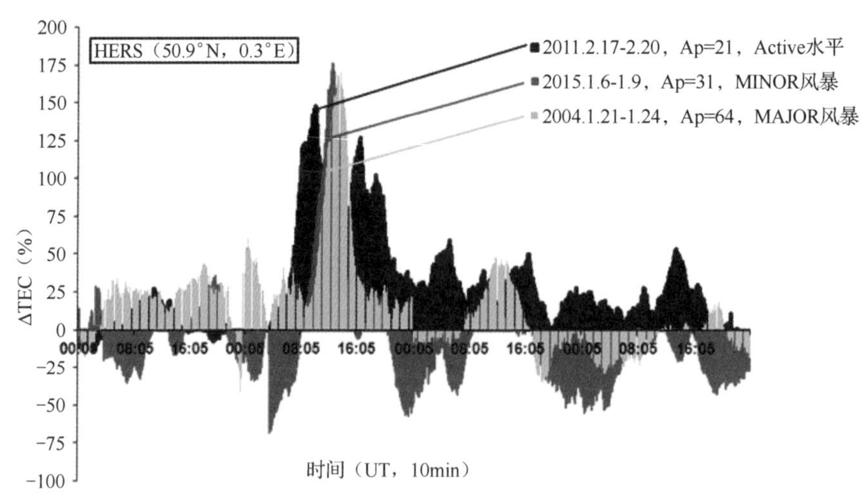

图 5.28　2004 年 1 月 21 日—24 日大磁暴（绿色阴影）、2015 年 1 月 6 日—9 日小磁暴（红色阴影）和 2011 年 2 月 17 日—20 日（黑色阴影）期间，HERS 站（50.9°N，0.3°E）的每日 ΔVTEC

相比之下，在 2004 年 1 月和 2015 年 1 月的风暴都是正相之后紧跟着负相，且小磁暴比大磁暴更明显（见图 5.28）。这些现象似乎是第 23 太阳活动周期（2004 年 1 月 21 日—24 日电离层暴）和第 24 太阳活动周期（2015 年 1 月 6 日—9 日电离层暴）之间不同总太阳活动水平、发生在太阳活动的上升期或下降期、电离层暴期间 SSC 逼近（或者缺少它）或其他可能原因造成的。

众所周知，电离层暴时间变化取决于风暴发生的当地时间。图 5.29 显示了两次始于春分月清晨的电离层暴的 ΔVTEC 变化：2010 年 4 月 5 日 SSC=8:26UT（D1-day）和 2011 年 3 月 10 日 SSC=6:32UT（D3-day）。其中 2010 年 4 月为大磁暴，Ap=55，Dst=−81nT，2011 年 3 月为小磁暴，Ap=37，Dst=−83nT。

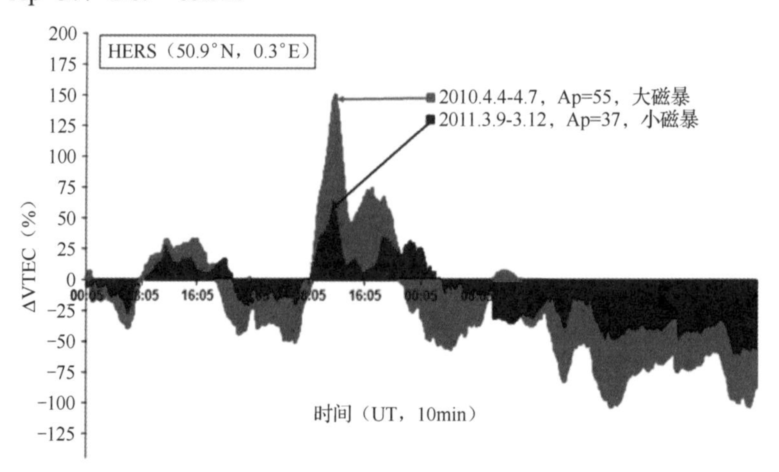

图 5.29　2010 年 4 月 4 日—7 日大磁暴（红色阴影）和 2011 年 3 月 9 日—12 日小磁暴（黑色阴影）期间，HERS 站（50.9°N，0.3°E）的每日 ΔVTEC 曲线

这两个示例均采用了中纬度 HERS 站（50.9°N，0.3°E）的数据，爆发前 24 小时内 ΔVTEC 变化大约在±25%之内。两次风暴期的 VTEC 呈扩展双峰结构，ΔVTEC 在 2010 年 4 月大磁暴期间增加了 150%～50%，2011 年 3 月小磁暴期间增加了 60%～30%。之后，VTEC 降至它们

的宁静期参考水平以下，且在 48 小时后没有迅速复苏的迹象。图 5.29 中所示的底部包络变化证实了长期持续负相的演进，春分的 3 月和 4 月 ΔVTEC 在−60%～−100%之间，这也是这两次事件的主要特征。虽然根据 Ap 指数，2011 年 3 月是小磁暴，2010 年 4 月是大磁暴，但总体上它们可以被看成具有相似 VTEC 变化的事件，小磁暴影响稍弱，具有几乎相等的最低 Dst 指数（分别为−83nT 和−81nT）。这种电离层行为与设想的春分期间普遍存在的电离层暴形态相当一致。

我们基于覆盖欧洲地区的电离层垂测数据和 GNSS 观测数据，针对中纬度电离层暴从起始到恢复相进行了研究。发现形成波动的各种常见的物理现象通常是混沌的。在相同或相似的日地条件下，磁暴引起的 NmF2 和 VTEC 响应的形态并不一致。无论是强度还是持续时间，都几乎没有具有完全相同特征的电离层暴。在磁暴期间，巨大的电离运动伴随着全球电动力学系统、热层风和化学变化，通常还伴随着中性大气波动，形成了复杂的日地条件，持久性极低，且没有前后共同特征。第一，由于电离层和磁暴的初始驱动因素不同，电离层暴的发生和发展与磁暴主相相关性较低；第二，电离层正相暴或负相暴出现所必需的前置条件是由 F 层及其以上区域在 SSC 所处时间的昼夜和季节模式确定的。第三，电离层暴的强度及其影响的大小很难与单一的“活动指数”联系起来，即使它们之间的关系是已知的（目前尚未发现）。第四，F 层及以上区域在磁暴后的强大的快速恢复能力，严重制约了对电离层暴根本成因的研究。

我们也对超强磁暴（Ap>100，Dst≤200nT 和至少一个 Kp=9）的 NmF2 和 VTEC 数据进行了分析研究。在 1989 年 3 月和 2001 年 3 月接近太阳活动极大期的超级磁暴，负暴模式在强度和持续时间上并没有呈现出有任何显著的差异，且在整个磁暴发展过程中没有出现正相。然而，在接近太阳活动极小期的 1995 年 4 月，同样没有正相且出现了类似的负相，Ap=100、Dst=−149nT、Kp=6。这意味着可以从广义的统计意义上识别出一个典型的电离层暴模式，但很难从一个个电离层暴的案例研究中确认。我们认为，该次超强磁暴期间发生的主要电离层特征与大磁暴和小磁暴是相同的，只是在强度和持续时间上有所不同，这可能是一个例外，而不是可观测和可重复的现象。即使在相似的日地条件下，NmF2 和 VTEC 对单个磁暴响应的形态也不能实际地标准化。在对电离层暴的表征中，几乎没有电离层暴能表现出完全相同的发展，无论特征（正相或负相）、量级（大、中或小），或观察到的响应持续时间（短或长）。

在中纬度地区，一些电离层暴的特征已通过地基和天基观测站以及国际日地物理计划（ISTP）的实地测量任务进行了良好的记录。人们提出了不同的物理机制来描述这些特征，并通过模型计算进行了仿真验证。如第 2 章所述，复杂的磁暴结构将对地球电离层产生远超平常的动能和动量输入。太阳辐照度（光子）和太阳风（粒子）最初集中在极地地区，但会变得足够强烈以至于可以影响全球的高层大气区域。极地地区受到来自太阳风的巨大的动能和动量传递，被显著加热、膨胀并改变上层大气的组成和风环流。电离层等离子体结构和动力学系统发生了变化，改变了其电导率和调节电流，从而导致行波扰动。大气波与快速时变的电离层电场、电流之间形成了显著的耦合，并从高纬度地区向低纬度地区蔓延。这些变化也与来自大量低层大气的、向上动能和动量耦合的机械和电动力输入有关。在这样的复杂条件下，F 层和上层区域的电子密度可以在全球范围内的特定区域、甚至特定地点以复杂的方式减少或增加。

负相的起源主要与上层大气中性气体组分的显著变化有关，即原子分子中性浓度比的变化。地球电离层主要由 EUV 和 X 射线光谱中的高能太阳光子（$h\upsilon$）产生和维持，是在光电离过程中产生了冷等离子体介质：$O+h\upsilon \rightarrow O^+ + e$（91.0nm）；$O_2+h\upsilon \rightarrow O_2^+ + e$（102.8nm）和 $N_2+h\upsilon \rightarrow N_2^+ + e$（79.5nm）。通过电荷转移或原子离子交换反应，O^+ 与 N_2 或 O_2 相互作用产生：$O^+ + O_2 \rightarrow O_2^+ + O$（速度系数 k_1）；$O^+ + N_2 \rightarrow NO^+ + N$（速度系数 k_2）；同时 N_2^+ 与 O 相互作用：$N_2^+ + O \rightarrow NO^+ + N$。化学反应速度系数 k_1 和 k_2 取决于所参与物质的温度以及 O_2 和 N_2 分子的振荡状态。

电子电荷转移引起以下离解复合反应：$NO^+ + e \rightarrow N+O$；$O_2^+ + e \rightarrow O+O$；$N_2^+ + e \rightarrow N+N$。在 200km 左右及以上的电离层中，$O_2$ 和 N_2 的中性分子密度相对不足，O_2^+ 和 N_2^+ 缓慢生成而又快速复合，导致 O^+ 成为主导离子。而在吸收 EUV 辐射的其他波长时，中性大气的较高部分会受热，EUV 辐射的较长波长部分逐渐深入大气，导致分子气体发生光解作用。这种能量的沉积导致了电离层和中性大气的强耦合，因为它代表了额外的电离、热力学调节和大气传输复杂变化的来源。太阳能量在 200km 以下的沉积影响了较低热层中原子和分子的动态交换，使得研究大气成分的组成、性质和运动的高层大气物理学，成为电离层空间天气的一个重要因素。

电子和离子浓度的变化率=产生−损耗−传输，即 $\partial N/\partial t = q - L(N) - div(NV) = q - \beta N - NdivV - VgradN$，所以质量守恒连续方程的损耗过程 L（N）=βN 可以用 F 层等离子体漂移速度 V 和线性损耗系数 $\beta = k_1 N[O_2] + k_2 n[N_2]$ 来表示。其中速度系数 k_1 和 k_2 与 O^+ 离子和中性分子 O_2、N_2 的碰撞有关。损耗系数 β 对 O_2 和 N_2 的依赖性极强，说明电子密度随 β 的增加而增加，但随着原子氧浓度[O]的增加，电子密度下降的速度快于生成速率 q。因此，电子密度平衡状态严重依赖于 $[O]/[N_2]$ 和 $[O]/[O_2]$ 这两个比值。

同时需要注意的是，传输项 div(NV)中的 V 代表等离子体速度，由于水平运动的影响在连续方程中可以忽略，因此可以简化为只保留垂直漂移速度，使得 $div(NV) = \partial(NW)/\partial h$。传输项 div(NV)表示由传输引起的一般净损耗，包括扩散、中性风和垂直电磁漂移等。例如，垂直扩散速度由 $W = -D(h)\sin^2 I(1/Ne \times dNe/dh + Mg/2KT)$ 给出，其中 D(h)为双极扩散系数，I 为磁倾角，Ne 为电子数密度，M 为离子质量，g 为重力加速度，T 为温度，K 为玻尔兹曼常数。电离层等离子体穿过磁力线的主要机制是电磁 $(E \times B)/B^2$ 漂移，其速度大小为 $W = E/Bo \times \cos I$，其中 E 和 Bo 分别为电场和磁场的大小。

在大约 700km 以上的高度，F 层的 O^+ 离子逐渐转换为质子层的 H^+ 离子和一些 He^+ 离子。这一电荷交换过程 $O^+ + H \leftrightarrow H^+ + O$ 形成的等离子体通量，沿地球磁力线进出质子层，对维持中纬度 F 层（特别是夜间）非常重要。在极光电离层中，这一过程是磁层 O^+ 离子的来源之一，这说明电离层可能对磁层动力学系统有重要影响。

在地磁活动增强过程中，由于原子氧浓度[O]的复合损失率随高度的增加快于生成速率，导致原子氧浓度[O]与分子氮浓度 $[N_2]$ 的比值减小。在峰值高度 hmF2，$Nm \sim qm/\beta m \sim I\infty$（初始离子辐射强度）$\times n[O]/\{k_1 N[O_2] + k_2 n[N_2]\}$，在中纬度地区会因 NmF2 下降而发生电离层负暴。整个过程由电离层暴引起的热层环流变化、热力学调整、碰撞耦合和动态阻力驱动，使热层的分子浓度 $[N_2]$ 升高，而原子浓度[O]降低。这些效应可因局部颗粒沉降减少 NmF2 和槽区强气辉辐射而增强 NmF2。由于热层的弛豫时间较慢，电离层负暴的持续时间可与相应磁暴的恢复相一样长。此外，由于各高度的背景热层的 $[O]/[N_2]$ 比值较低，且在电离层暴期热层风的化学作用下更小，因此只有电离层负暴在夏季会比其他季节更加频繁。此外，槽区向赤道方向的移动也可能引起负暴效应。

正相表示 F 层电子密度突然增加并超出了基于季节和时间的预报结果，被认为是因电离密度的迅速增加引起的，特别是在当地的中午或下午期间，等离子体过程的复合和向下扩散都迅速减弱，$[N_2]/[O]$减小，赤道等离子喷射迅速加强。人们普遍认为，在$[N_2]/[O]$比值已经很低的时期（如冬季），如果$[N_2]/[O]$比值很低，垂直运动会被磁暴加剧，从而形成增强环境。然而，在所有季节的电离层暴中所看到的黄昏效应的例子并不支持这种观点。产生双峰的竞争电离层暴时间机制包括中性风、成分变化和电场。热层风和电磁场作为主要驱动因素的主导作用仍在讨论中。结果表明，热层加热和由此产生的环流需要严谨分析，以量化实际的焦耳加热增强，并确定这是否足以压倒盛行风。建立的电离层暴模式可能主要与正相的局部时间依赖机制（风、电场和降水）、负相的日间 O/N_2 变化和夜间槽运动有关。

然而，仍然存在两个重要的问题。由于磁层、电离层、热层和低层大气过程之间的非线性相互作用，一旦地磁活动增加到足以启动等离子体分布的动态变化时，究竟可以预期到什么?还有这将如何影响 NmF2 和 VTEC 的变化，从而产生与正常水平的显著偏差？即使电离层暴时间变化的物理原因是已知的，对磁暴期间地球电离层行为的全面描述和对所涉及的机制也已经充分了解，可基于此进行先进的仿真和建模，但这是个永远也不会结束的科学问题。

本章着重讨论了欧洲 30°N～55°N 地理纬度范围内磁暴对电离层的影响。基于电离层垂测和 GNSS 数据进行了系统的分析研究，重点关注四种特定电离层暴特征的存在与否：正暴、负暴、黄昏效应和高密度梯度。对最新文献进行的调查应该可以确定这些发现在多大程度上适用于全球范围。第 6 章和第 8 章将讨论关于这些特定特征的一些预报和建模工作的结果，使用的是电离层 COST 行动项目开发的 RAL 准实时电离层数据库的数据。

参考文献和补充书目

[1] Anderson CN(1928)Correlation of long wave transatlantic radio transmission with other factors affected by solar activity .Proc Inst Radio Eng NY 16: 297-347.

[2] Astafyeva E, Zakharenkova I, Forster M(2015)Ionospheric response to the 2015 St. Patrick’s Day Strom: a global multi-instrumental overview. J Geophys Res 20: 9023-9037.

[3] Bhattarai N, Chapagain NP, Binod Adhikari B(2016)Total electron content and electron density profile observations during geomagnetic storms using COSMIC satellite data. Discovery 52(250): 1970-1990.

[4] Blagoveshchensky DV, Maltseva OA, SergeevaMA(2018)Impact of magnetic storms on the global TEC distribution .Ann Geophys.

[5] Blanc M, Richmond AD(1980)The ionospheric disturbance dynamo. J Geophys Res 85: 1669-1686.

[6] Buonsanto MJ(1999)Ionospheric storm- a review. Spce Sci Rev 88: 563-601.

[7] Buresova D, Lastovicka J(2008)Pre-storm electron density enhancements at middle latitudes. J Atmos Solar-Phys 70: 1848-1855.

[8] Cander LR(2016)Re-visity of ionosphere storm morphology with TEC data in the current solar cycle. J Atmos Sol Terr Phys 138-139: 187-205.

[9] Daglis I A(1997)The role of magnetosphere-ionosphere coupling in magnetic storm dynamics. In: Tsurutani BT et al(eds)magnetic storms, AGU Geophysical Monograph Series 98: 107-116 Washington DC.

[10] Danilov AD, Morozova LD(1985)Ionospheric storm in the F2 region, morphology and physics(Review). Geomag Aeron 25: 593-605.

[11] Duncan RA(1969)F-region seasonal and magnetic-storm behavior. J Atomos Terr Phys 31: 59-70.

[12] Kamide Y(2006)What is an "Intense geomagnetic storm"? Space Weather.

[13] Liu W, Xu L, Xiong C et al(2017)The ionospheric storms in the American sector and their longitudinal dependence at the northern middle latitudes. Adv Space Res 59: 603-613.

[14] Liu X, Yue J, Wang W et al(2018)Responses of lower thermospheric temperature to the 2013 St. Patrick's Day geomagnetic storm. Geophys Res Lett 45(10).

[15] Matsushita S(1959)A study of the morphology of ionospheric storms. J Geophys res 64: 305-321.

[16] Matuura N(1972)Theoretical models of ionospheric storms. Space Sci Rev 13: 124-189.

[17] Mendillo(2006)Storms in the ionosphere: patterns and prcessed for total electron content .Rev Geophys.

[18] Mendillo M, Klobuchar JA(1974)An atlas of the midlatitude F-region response to geomagnetic storms . AFCRL Technical Report # 0065, LG Hanscorn AFB, Bedford MA.

[19] Obayashi T(1964)Morphology of storms in the ionosphere. Rev Geophys 1: 335-366.

[20] Panda SK, Gedam SS, Rajaram G et al(2014)A multi-technique study of the 29-31 October 2003 geomagnetic storm effect on low latitude ionosphere over Indian region with magnetometer, ionosonde, and GPS observations . Astrophys Space Sci 354: 267-274.

[21] Prolss GW(1995)Ionospheric F-region storms. In: Volland H(ed)handbook of atmospheric electrodynamics, vol2. CRC Press Boca Raton, pp 195-248.

[22] Prolss GW(2006)Ionospheric F-region storms: unsolved problems. In: Characterising the ionosphere, meeting proceedings RTO-MP-IST-056 10: 10-1-10-20neuilly-sur-Seine.

[23] Rajesh PK, Liu JY, B alan N et al(2016)Morphology of midlatitude electron density enhancement using total electron content measurements. J Geophys Res 1503-1507.

[24] Rees D(1995)Observations and modeling of ionospheric an thermospheric disturbance during major geomagnetic storms: a review .J Atmos Terr Phys 57: 1433-1457.

[25] Rish beth H(1998)How the thermospheric circulation affects the ionospheric F2-layer. J Atmos Sol Terr Phys 60: 1385-1402.

[26] Sojka JJ, Schunk RW, Dening WF(1994)Ionospheric response to the sustained high geomagnetic activity during the March'89 great storm. J Geophys Res 99: 21, 341-21, 352.

第6章　电离层空间天气预报和建模

摘要： 描述了能够生成有效空间天气产品的电离层天气预测、实况描述、预报和建模技术。将来，这些技术最终会被决策机构在空间环境实况描述、预警和预报中采用，其生成的数据产品必须及时、准确、可靠。

关键词： 电离层预测；电离层预报；电离层实况描述；人工神经网络

从可用的预报技术中做出选择并非易事，必须能够拓展或改善电离层空间天气预测系统的性能。预报技术的选择依据是其在实际电离层中的预期用途及其性能的客观评价。因此，本章介绍了两种不同的技术，它们均能够在地磁宁静但存在噪声和干扰时，对 foF2、M(3000)F2 和 TEC 等重要电离层特征参数进行预测，且这两种方法同样适用于现报和实时预报。两种技术在数学方法、数据要求和最大预测范围方面均有所不同。我们提供了基于欧洲各高、中纬度电离层垂测站的实际研究案例。事实证明，这两种技术均具有较高的性能水平，可通过在线自动化预测服务为最终用户提供有效帮助。此外还介绍了基于趋势线对垂直总电子含量（VTEC，通过 GNSS 信号解算得到）的统计预报。

在电离层天气建模中，经验修正和数据同化模型起着重要作用，用于描述 F 层和顶部对磁暴的响应。其中一些已被证明有着切实的改善。

6.1　基于 STIF 工具统计预报

短期电离层预报系统（STIF）可基于 foF2 和 M(3000)F2 等电离层特征参数的连续测量数据，为欧洲地区（30°N～70°N，10°W～90°E）提供未来 24 小时（最大预测范围）的电离层预报。该系统由 COST251、271 和 296 等项目赞助，部署在互联网上在线运行。STIF 由共有 25 个地基电离层垂测站的探测网提供基本输入（站点分布如图 6.1 所示），foF2 和 M(3000)F2 的测量值基于 URSIGRAM 格式（ITU-R 建议书，1997），通过电子邮件发送到英国卢瑟福•阿普尔顿实验室（RAL）的中央服务器。

STIF 部署在 RAL/RCRU（无线电通信研究部）供无线电通信用户使用的空间天气网站如图 6.2（b）和图 6.2（c）所示，其运行程序可通过图 6.2（a）所示的流程图来理解。每天基于定时汇集的数据更新 foF2 的预报图，最长可提前 24 小时预报［见图 6.3（a）上］，并可生成目标区域每小时的 foF2 实测图［见图 6.3（a）中］和 TEC 预报图［见图 6.3（a）下］。可基于实测 foF2 和 M(3000)F2 预报 M(3000)F2［见图 6.3（b）上］，并可通过人机交互生成指定时间地点的最佳可用频率（FOT）预报图［见图 6.3（b）下］。

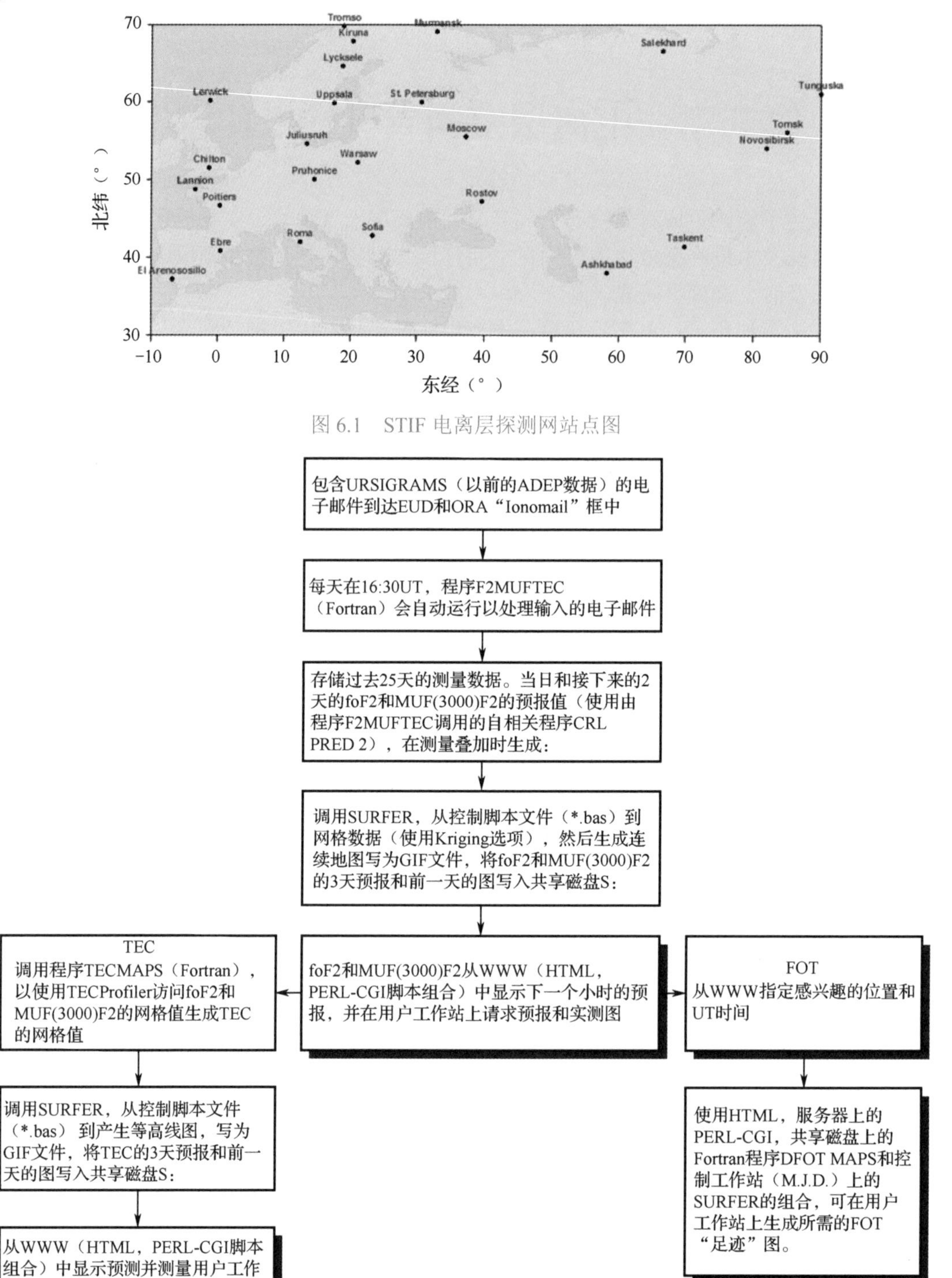

图 6.1　STIF 电离层探测网站点图

（a）

图 6.2　(a)STIF 工作流程；(b)基于 STIF 算法并供无线电通信用户使用的 RAL/RCRU 空间天气网(SWW)，1998 年至 2008 年启用；(c) 截至 2004 年 2 月 20 日，各大洲（左）和各职业（右）的 SWW 活跃用户分布

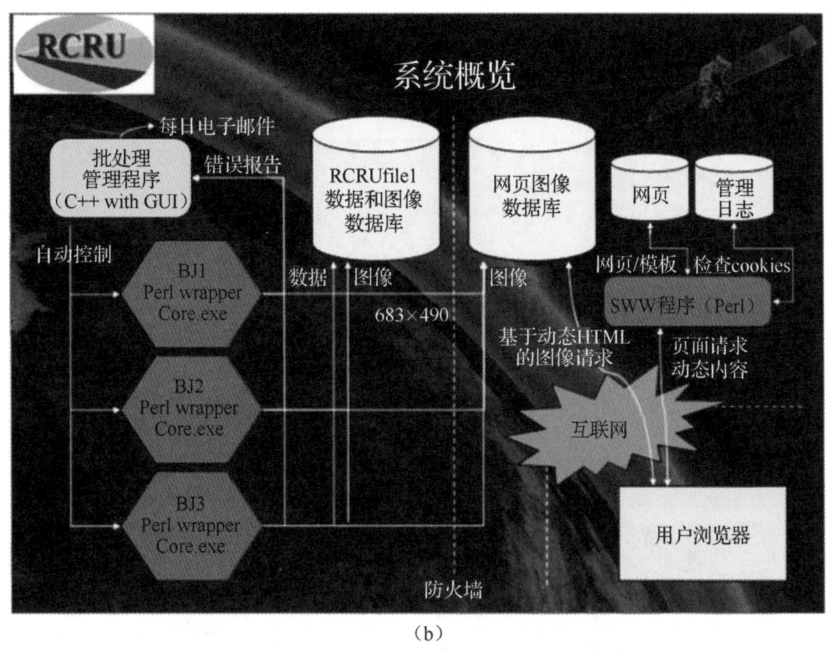

（b）

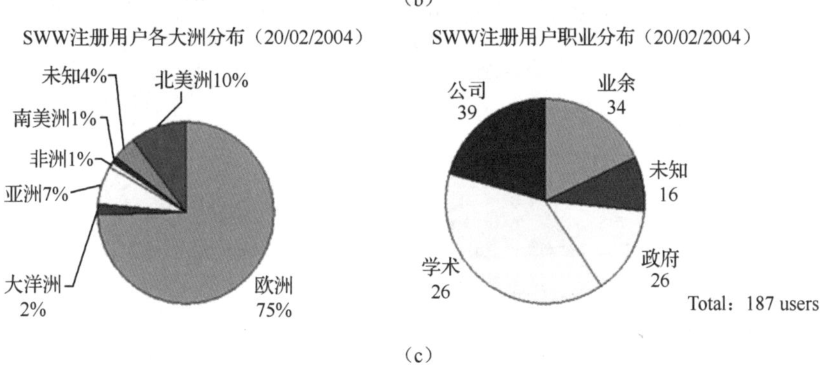

（c）

图 6.2　（a）STIF 工作流程；（b）基于 STIF 算法并供无线电通信用户使用的 RAL/RCRU 空间天气网（SWW），1998 年至 2008 年启用；（c）截至 2004 年 2 月 20 日，各大洲（左）和各职业（右）的 SWW 活跃用户分布（续）

对于每个具有足够测量数据的站点，STIF 基于过去 25 天的相应观测值构造自回归滤波器，并应用自相关程序生成该站的 foF2 和 M(3000)F2 预报值。STIF 基于 NeQuick 模型得到电子密度剖面并提供 TEC 预报。NeQuick 的剖面分析器是修改后的 Di Giovanni-Radicella（DGR）模型，该模型使用 5 个 semi-Epstein 层，简化了 foE 模型和 foF1 模型的电离层特征，并将 STIF 的 foF2 和 M(3000)F2 预报值作为输入。所有图均以纬度 2.5°、经度 5.0°的网格分辨率生成，并使用 Kriging 插值技术绘制。Kriging 技术特别适合绘制数据稀疏的等值线，来自垂测站的电离层数据通常就是这种情况。为了赋予沿纬度变化更大的权重，引入了 2.1 的各向异性因子。所有这些电离层特征参数的预报值和最近可用测量值的等值线图每天定时更新，并在指定的网站上发布。因此可以轻松地修改建模方法，使用实时数据提前 24 小时进行预报，并生成所需的电离层特征参数图。

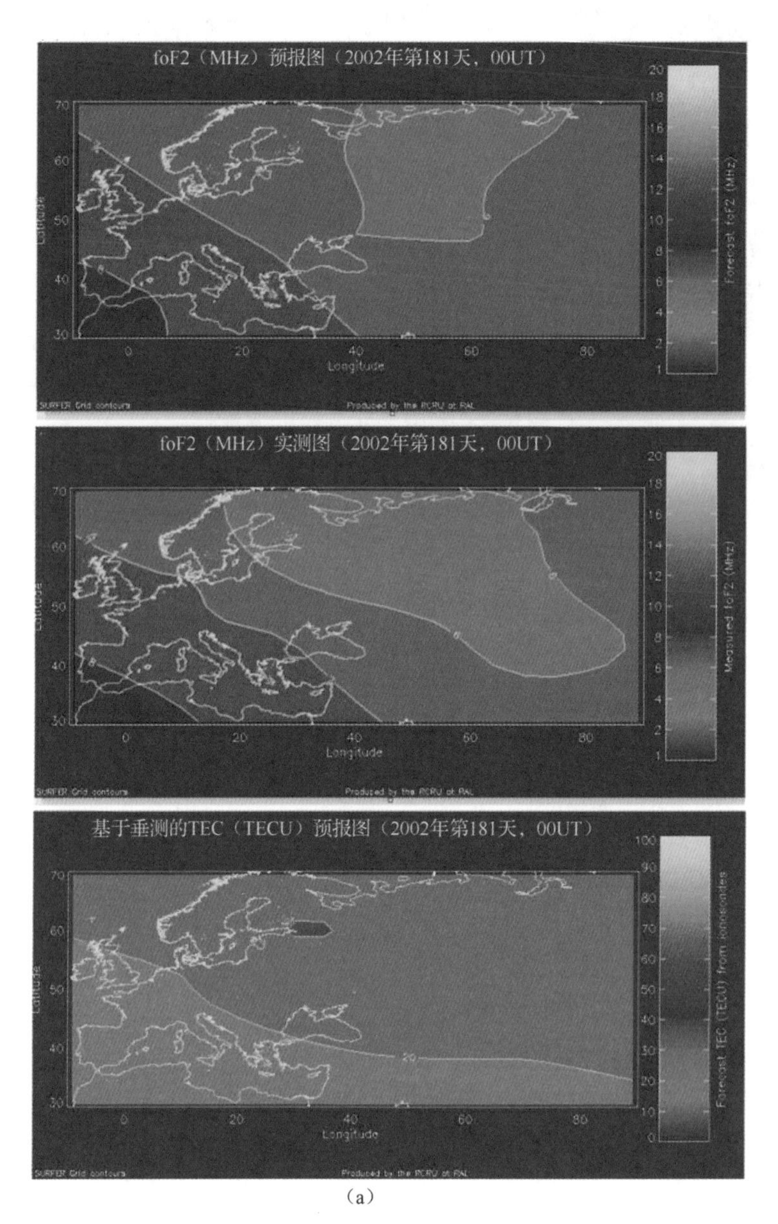

（a）

图 6.3 （a）2002 年 6 月 30 日 00:00UT，欧洲地区提前 24 小时 STIF foF2 预报图（上）、实测图（中）和 STIF TEC 预报图（下），区域经度范围为 10°W～90°E，纬度范围为 30°N～70°N；（b）STIF 基于 foF2 和 M(3000)F2 实测值计算得到的 1998 年 6 月 17 日 UT16:00 欧洲地区的 MUF(3000)F2 地图，区域经度范围为 10°W～90°E，纬度范围为 30°N～70°N，"+" 表示提供实测值的站点（上）。STIF 以（55°N，12°E）为中心计算得到的 1998 年 6 月 16 日 18:00UT 的 FOT 图（下）

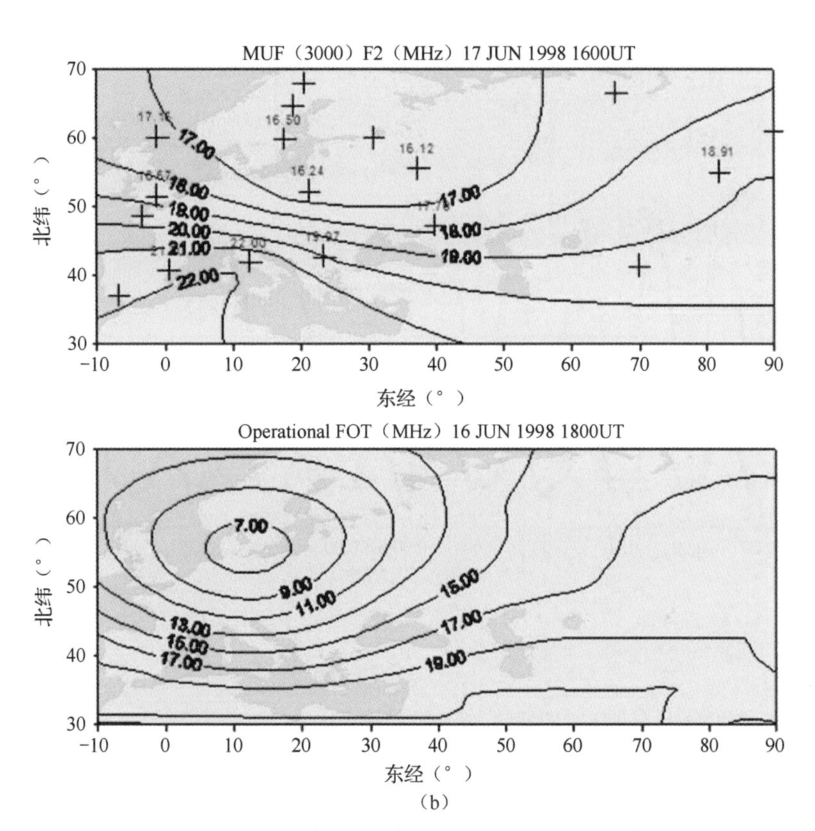

图 6.3 （a）2002 年 6 月 30 日 00:00UT，欧洲地区提前 24 小时 STIF foF2 预报图（上）、实测图（中）和 STIF TEC 预报图（下），区域经度范围为 10°W～90°E，纬度范围为 30°N～70°N；（b）STIF 基于 foF2 和 M(3000)F2 实测值计算得到的 1998 年 6 月 17 日 UT16:00 欧洲地区的 MUF(3000)F2 地图，区域经度范围为 10°W～90°E，纬度范围为 30°N～70°N，“+”表示提供实测值的站点（上）。STIF 以（55°N，12°E）为中心计算得到的 1998 年 6 月 16 日 18:00UT 的 FOT 图（下）（续）

为了举例说明如何模拟当前实际电离层观测，图 6.4 和图 6.5 分别列出了 Murmansk 和 Tunguska 两个站的 foF2、MUF(3000)F2 STIF 预报值和实测值。图中所示的时间为 2001 年 3 月的 10 个磁静日（10Q-days）（见表 6.1）。Murmansk 站地理经纬度为 69.0°N，33.0°E，地磁经纬度为 64.0°N，127.2°E，URSI 代码为 MM168；Tunguska 站又名 Podkamennaya，地理经纬度为 61.6°N，90.0°E，地磁经纬度为 50.8°N，165.4°E，URSI 代码 TZ362。表 6.1 提供了 2001 年 3 月、4 月和 2000 年 11 月的 10 个磁静日（10Q-days）和 5 个磁扰日（5D-days）的信息，这些信息与下文进一步讨论的 STIF 结果示例相关。

表 6.1　2001 年 3 月、4 月和 2000 年 11 月的 10 个磁静日和 5 个磁扰日信息

YYYY	MM	Q1	Q2	Q3	Q4	Q5	Q6	Q7	Q8	Q9	Q10	D1	D2	D3	D4	D5
2001	03	15	16	26	11	17	10	1	25	9	8	31	20	28	19	23
2001	04	30	27	24	19	25	26	17	20	3	21	11	8	13	12	18
2000	11	17	16	15	3	2	14	18	30	23	25	6	29	7	27	10

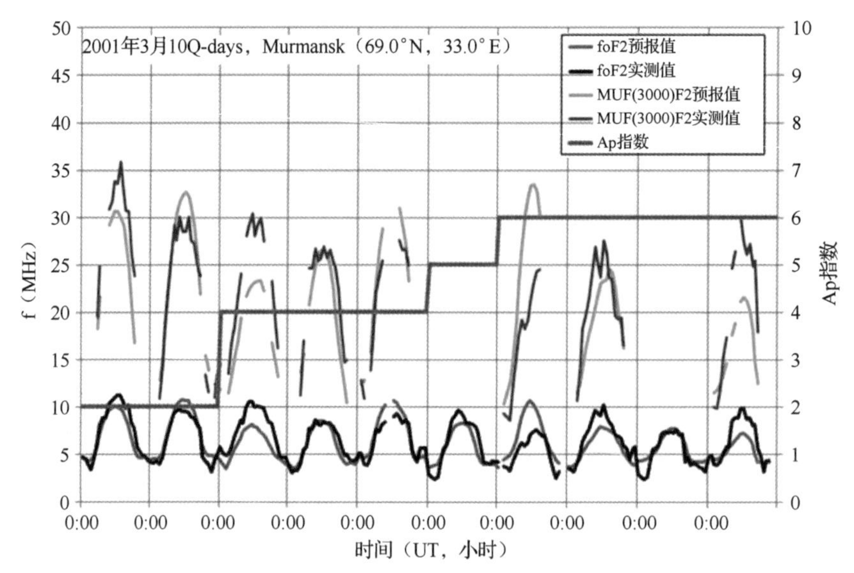

图 6.4　2001 年 3 月，Murmansk 站（69.0℃N，33.0℃E）10 个磁静日 foF2 和 MUF(3000)F2 的 STIF 提前 24 小时预报值和实测值，Ap 指数表明地磁活动水平较低

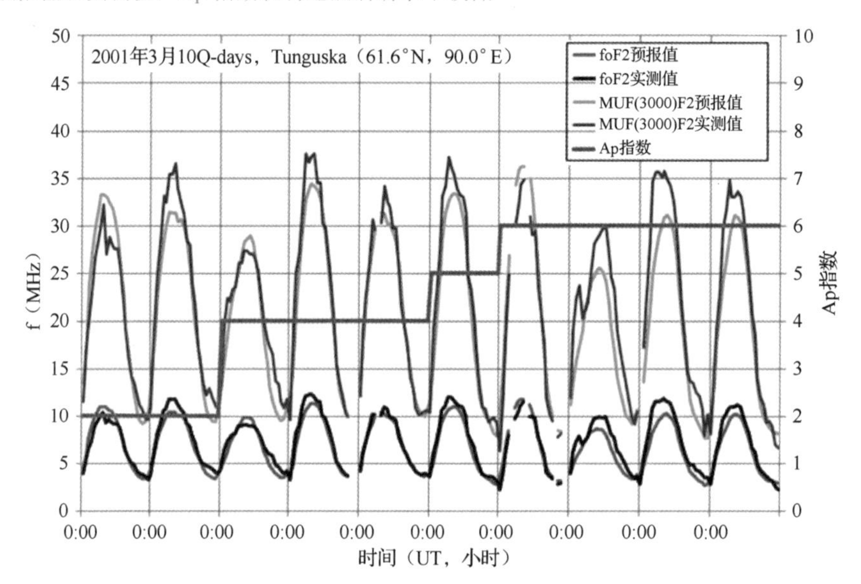

图 6.5　2001 年 3 月，Tunguska 站（61.6℃N，90.0℃E）10 个磁静日 foF2 和 MUF(3000)F2 的 STIF 提前 24 小时预报值和实测值，Ap 指数表明地磁活动水平较低

提供 STIF 应用示例的这两个北半球垂测站的地磁不变纬度 ϕ_{inv} 处于高纬度电离层区域，均属于俄罗斯电离层探测网。北极电离层探测站 Murmansk 的 ϕ_{inv} 为 64.27°，处在极光区内，而 Tunguska 站的 ϕ_{inv} 约为 55.9°，处于亚极光区。由于磁层活动水平的不断变化，地磁扰动的时间变化相当复杂，良好的预报结果对于安静和扰动情况下的极地电离层均极为重要。此外，由于这两个站之间的经度差约为 57°，其高质量数据还可揭示 foF2 和 MUF(3000)F2 的经向结构。

从图 6.4 和图 6.5 可以看出，foF2 和 MUF(3000)F2 的 STIF 预报值与实测值之间的总体一致性非常好。STIF 工具的结果与观测到的 F 层特征的某些变化（尤其是 Tunguska 站的变

化）非常吻合。即使在 2001 年 3 月这一高度活跃的春分月，在 10 个磁静日也是可以成功预测的。该月均 Sn=165.8（SSn=155.1）、F10.7=178.1、Ap=20，未发生 SSC，但在月底逐渐开始，最高 Ap=192（见图 5.3 左）。

可用均方根误差（RMSE）量化 STIF 预报值与实测值之间的误差。将 STIF 预报工具输出的估计变量 X_{STIF} 的 RMSE 定义为均方误差的平方根：

$$\text{RMSE} = \sqrt{\frac{\sum_{i=1}^{n}(X_{meas,i} - X_{\text{STIF},i})^2}{n}} \tag{6.1.1}$$

其中，n 是特定电离层垂测站的电离层特征参数 foF2 和 MUF（3000）F2 的测量值 $X_{meas,i}$ 与预报值 $X_{\text{STIF},i}$ 的样本总数。foF2 和 M(3000)F2 的 RMSE 均以 MHz 为单位来表示。此外，有时会用输入数据的标准偏差 $\sigma(X_{meas,i})$ 来对 RMSE 进行归一化，得到与样本大小无关的归一化均方根误差（NRMSE），作为 RMSE 的无量纲形式，定义为：

$$\text{NRMSE} = \frac{\text{RMSE}}{\sigma(X_{meas,i})} \tag{6.1.2}$$

表 6.2 给出了观测站的详细信息，并提供了本示例的 RMS 和 NRMS 误差数据，展示了 STIF 工具在 2001 年 3 月的 10 个磁静日中的性能。NRMSE=0 表示理想的预报，而 NRMSE=1 表示预报不比计算测量数据的均值更为有效。这清楚地表明，STIF 工具在两种电离层特征参数的预报方面均表现出色。但是，低纬度垂测站 Tunguska 的 RMSE 和 NRMSE 值均比高纬度垂测站 Murmansk 好得多。这可能是由电离层变化的尺度所致，通常电离层变化的尺度随着纬度从高到中的减小而变慢。此外，还需留意图 6.4 所示的 Murmansk 站数据缺失的影响。RMSE 是基于绝对误差进行计算，受误差波动幅度影响较大。

表 6.2　2001 年 3 月，Murmansk 站和 Tunguska 站 10Q-days 的 STIF 计算误差

站名/URSI 代码/地理和 ϕ_{inv} 坐标	RMSE（MHz）		NRMSE	
电离层特征参数	foF2	MUF(3000)F2	foF2	MUF(3000)F2
Murmansk/MM168/69.0°N，33.0°E，64.27°	1.2772	4.4615	0.5648	0.6466
Tunguska/TZ362/61.6°N，90.0°E，55.9°	0.8793	2.8437	0.3103	0.3188

基于 STIF 的 foF2 和 MUF(3000)F2 的预报值和实测值的对比的另一示例同样是基于 Murmansk 站和 Tunguska 站，时间是 2001 年 3 月 29 日至 4 月 4 日高度扰动期间，当时经历了 SC 23 中的一次最大太阳活动事件（见表 6.1 和图 5.3）。图 6.6 和图 6.7 显示了 2001 年 3 月 29 日至 4 月 4 日磁暴期间，STIF 工具根据 Murmansk 站和 Tunguska 站的 foF2 和 MUF(3000)F2 的变化，以及提前 24 小时的预报结果。正如许多电离层数据集中常见的那样，所研究的高度扰动期存在大量的数据缺口，甚至存在错误的 M(3000)F2 观测数据。数据的不连续性在 Murmansk 站最为明显，这是发展统计预测方案的主要障碍，因为该类方案需要连续数据。

尽管在大多数磁暴期间，foF2 和 M(3000)F2 呈强烈的负暴（电子密度下降和 F 层最小虚高变化），但在所测量和预报的特征之间，周日变化的形状存在合理的匹配和一定的差异。同时也发现 foF2 和 MUF(3000)F2 值及其变化在经度上的一些差异。

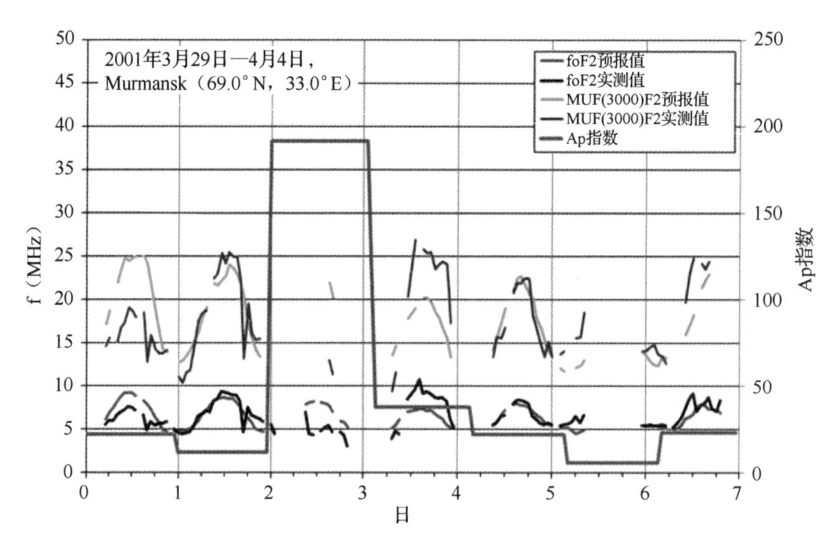

图 6.6 2001 年 3 月 29 日至 4 月 4 日期间，Murmansk 站（69.0℃N，33.0℃E）foF2 和 MUF(3000)F2 的 STIF 提前 24 小时预报值和实测值，Ap 指数表明地磁活动水平较高

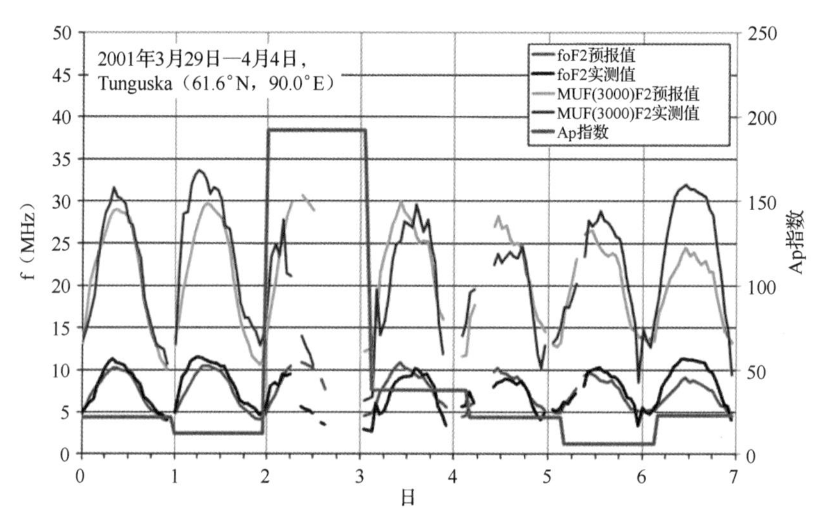

图 6.7 2001 年 3 月 29 日至 4 月 4 日期间，Tunguska 站（61.6℃N，90.0℃E）foF2 和 MUF(3000)F2 的 STIF 提前 24 小时预报值和实测值，Ap 指数表明地磁活动水平较高

表 6.3 列出了计算得出的 RMSE 和 NRMSE，这些值可定量评估在 2001 年 3 月 31 日的大磁暴期间的 STIF 性能。两站具有较高的 RMSE 和 NRMSE，与这些天中进行的电离层暴的强正相/负相所产生的异常低/高的每小时 foF2 和 M(3000)F2 输入值相对应。这些差异可能部分归因于 STIF 模型输入中的不确定性。但是，STIF 预报工具唯一的操作选项是将数据用于预报算法，这些数据来自区域内垂测站发送的电子邮件。在接下来的统计分析中，所有可用的数据，无论质量如何，甚至有问题，都被包括在 RMSE 和 NRMSE 的计算中，以避免不适当地删除真实数据。

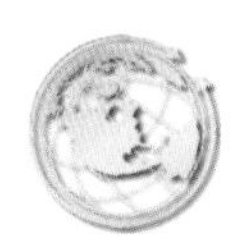

表 6.3　2001 年 3 月 29 日至 4 月 4 日期间 Murmansk 站和 Tunguska 站的 STIF 计算误差

站名/ URSI 代码/地理和 ϕ_{inv} 坐标	RMSE（MHz）		NRMSE	
电离层特征参数	foF2	MUF(3000)F2	foF2	MUF(3000)F2
Murmansk/MM168/69.0°N，33.0°E，64.27°	1.3612	3.5612	0.8384	0.7277
Tunguska/TZ362/61.6°N，90.0°E，55.9°	1.6706	5.0320	0.6940	0.7025

图 6.8 所示的 foF2 和 MUF(3000)F2 预报示例检验了 STIF 性能可能存在的季节性差异，该示例使用了 Moscow 站在 2000 年 11 月期间 10 个磁静日的测量值，该站点地理经纬度（55.5°N，37.3°E）、地磁经纬度（50.4°N，123.2°E）、URSI 代码 MO155、地磁不变纬度 ϕ_{inv}=50.8°。Ap 指数表明在 10Q-days 中地磁活动水平较低。通常冬季的 foF2 和 M(3000)F2 数据呈现出明显的昼夜变化，而秋分则与此不同。2000 年 11 月的冬季电离层活动的总体情况是处于一个最大太阳活动事件中，月均 Sn=158.1（SSn=163.1）、F10.7=180.6、Ap=17，共发生 6 次 SSC，最大 Ap=56。

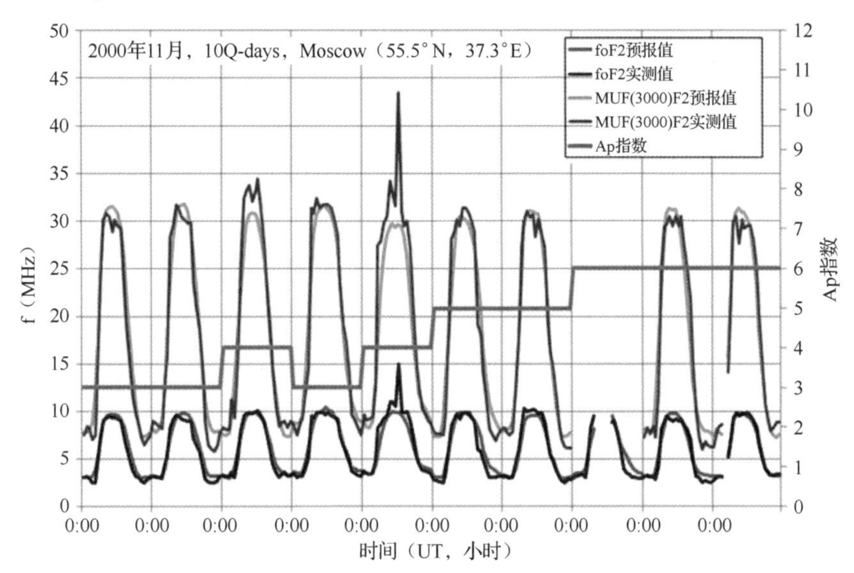

图 6.8　2000 年 11 月，Moscow 站（55.5°N，37.3°E）10 个磁静日 foF2 和 MUF(3000)F2 的 STIF 提前 24 小时预报值和实测值，Ap 指数表明地磁活动水平较低

图 6.8 给出了在 2000 年 11 月的 10 个磁静日（见表 6.1）Moscow 站的 foF2 和 MUF(3000)F2 的实测值与 STIF 工具提前 24 小时的预报值之间的对比。这些数据具有高质量，高平均值，随时间缓慢变化的特点。可明显看出预报值和实测值的匹配度非常好，表 6.4 所列的 RMSE 和 NRMSE 也说明了这一点。2000 年 11 月 2 日（Q5-day）正午时分的 foF2 和 MUF(3000)F2 出现异常高的峰值，其中 foF2 高于 15MHz，MUF(3000)F2 高于 44MHz，这是第 4 章讨论的安静地磁条件下电离层噪声现象的一个极好的例子。

11 月的 5D-days 包括三场中等强度的 SCC 磁暴，被选作 Moscow 站的主要研究案例。第一次 SSC 发生在 11 月 6 日，是 D1-day，时间是 9:47UT，Ap=55；第二次发生在接下来的 11 月 7 日（D3-day），时间是 7:18UT，Ap=44；而第三次 SSC 时间是 11 月 10 日（D5-day）的 06:18UT，Ap=42。图 6.9 显示了在 2000 年 11 月的 5 个磁扰日，Moscow 站的 foF2 和

MUF(3000)F2 实测值和 STIF 的预报值的对比。尽管这两个特征参数的预报结果都呈现了其日间行为的总体特征，但变化幅度不符合日变化特征，尤其是在 SSC 的开始和初相期间。

表 6.4　2000 年 11 月，Moscow 站和 Chilton 站在 10 个磁静日和 5 个磁扰日的 STIF 计算误差

站名/ URSI 代码/地理和 ϕ_{inv} 坐标	RMSE（MHz）10Q-days		NRMSE 10Q-days	
电离层特征	foF2	MUF(3000)F2	foF2	MUF(3000)F2
Moscow/MO155/55.5°N，37.3°E，50.8°	0.7284	2.2871	0.2479	0.2265
	RMSE（MHz）5D-days		NRMSE 5D-days	
Moscow/MO155/55.5°N，37.3°E，50.8°	1.3272	5.1814	0.5211	0.6027
Chilton/RL952/51.6°N，358.7°E，49.7°	1.6631		0.4805	

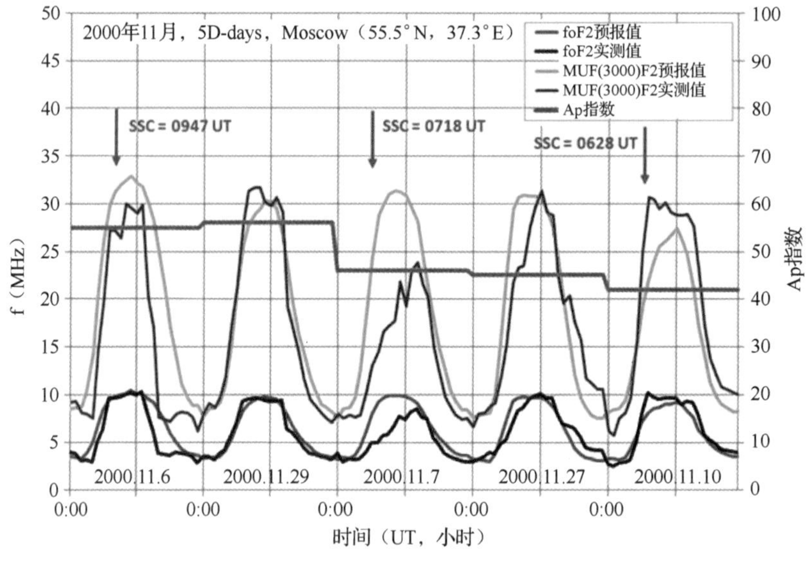

图 6.9　2000 年 11 月 5 个磁扰日，Moscow 站（55.5°N，37.3°E）foF2 和 MUF(3000)F2 的 STIF 提前 24 小时预报值和实测值的对比。Ap 指数表明，随着 SSC（时间如箭头所示）的爆发，地磁活动水平上升

选择的第二组数据来自 Chilton 站，该站经纬度为（51.6°N，358.7°E），地磁不变纬度 ϕ_{inv}=49.7°。其 M(3000)F2 值不可用，仅基于 foF2 验证以上结论的有效性。图 6.10 同样显示了 STIF 预报的 foF2 与 Chilton 站的实测值的对比。SSC 导致 D1-day 和 D3-day 电离层耗空，并且 D5-day 白天出现持续数小时的 foF2 升高，STIF 预报技术对其强度无法充分把握。

因此，可以得出结论，由于磁暴活动引起的 foF2 实测值的短期变化与相应的预报结果的短期变化没有很好的相关性。但也不太可能长时间偏离正常变化，预报结果也和实测结果整体上非常时的情景类似。实测结果与预报结果之间的巨大差异反映了以下事实：与 2001 年 3 月 31 日磁暴一样，在 2000 年 11 月的 5D-days，提前 24 小时的预报算法不足以准确描述磁暴全球模式在时间上的演化。

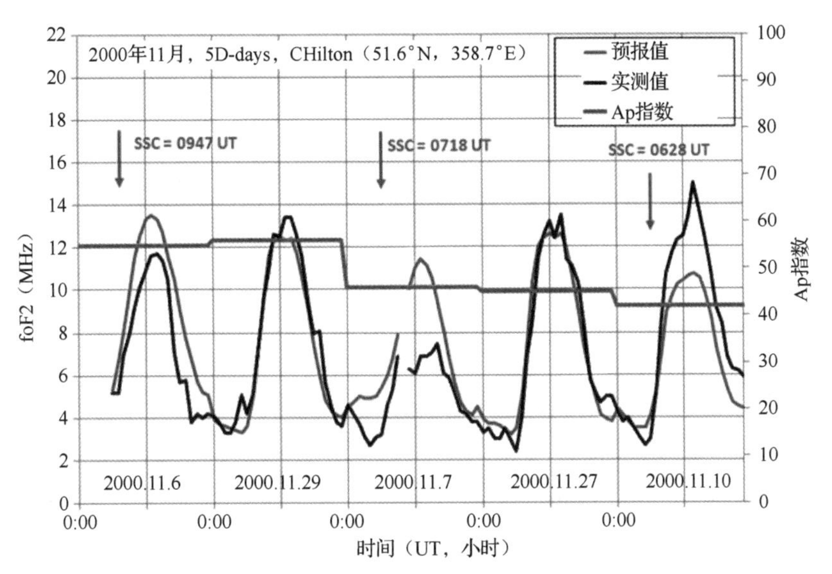

图 6.10　2000 年 11 月 5 个磁扰日，Chilton 站（51.6°N，358.7°E）foF2 的 STIF 提前 24 小时预报值和实测值。Ap 指数表明，随着 SSC（时间如箭头所示）的爆发，地磁活动水平上升

表 6.4 列出了 2000 年 11 月的统计结果作为示例。与之前的类似，可以预期 68%的预报值将在一个 RMSE 之内，95%的预报值将在两个 RMSE 之内。

图 6.11 和图 6.12 给出了 STIF 预报工具在 2000 年 11 月针对磁静和磁扰情况的总体性能，这也代表了大多数时期的典型情况。预报值和实测值的最大偏差证实了在不同电离层天气条件下的预报可靠性。图 6.11 和图 6.12 中的红线表示完美拟合。

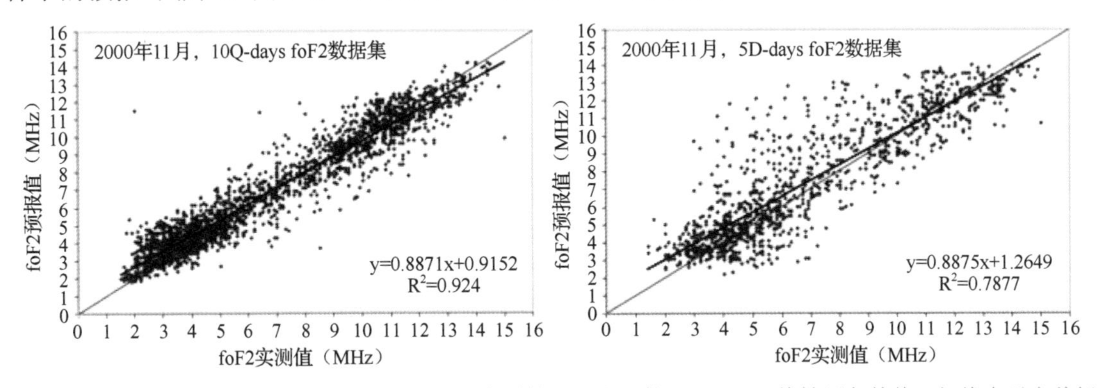

图 6.11　2000 年 11 月 10 个磁静日（左）和 5 个磁扰日（右）的 STIF foF2 线性回归趋势。红线表示完美拟合，黑线表示实际拟合

图 6.11 显示了 2000 年 11 月 10Q-days（左）和 5D-days（右）期间，每日 foF2 实测值和预报值之间的假设线性回归关系。示例数据的散点图显示，斜率 R 的值几乎相同。但输出目标对的截距不同，显然相较于 5D-days，10Q-days 的分散程度要小得多。两个数据集之间 10Q-days 的确定系数约为 0.92，5D-days 的确定系数约为 0.78，这意味着在线性回归模型中，其中任意一个变量对另一个变量的解释程度，分别为 92%和 78%。

用 STIF 计算的每小时 MUF(3000)F2 值相对于 10Q-days 和 5D-days 的观测值的散点图显示在图 6.12 中。可以看出，M(3000)F2 值的预报值和实测值呈线性相互依赖性。与 foF2 一

样，在磁静日里，MUF(3000)F2 的 STIF 预报值与实测值之间有密切的一致性。这意味着建模得到的 M(3000)F2 值能够很好地再现观测值。同样，在磁扰日里 STIF 的误差通常会增大（见表 6.1、图 6.9 和图 6.10）。

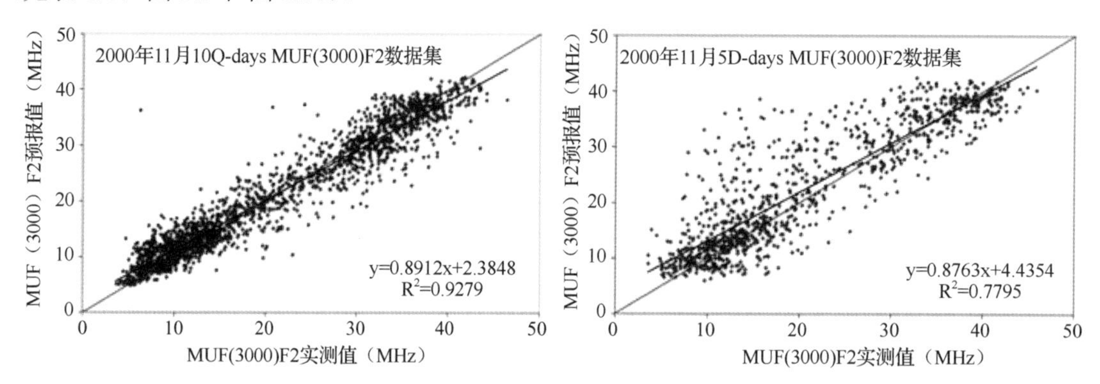

图 6.12　2000 年 11 月 10 个磁静日（左）和 5 个磁扰日（右）的 STIF MUF(3000)F2 线性回归趋势。红线表示完美拟合，黑线表示实际拟合

6.2　基于趋势线统计预报

目前，欧洲各地都有大量的观测站处于常态化运行状态。它们基于标准化流程提供电离层底部最大电子密度和各层虚高等主要特征参数的测量（如 foF2，foF1，foE，h’F，h’E），并对地面和地球同步卫星/轨道卫星之间的单位截面垂直柱内的总电子含量进行协同观测（如 IGS，包含了相应上层电离层的特征）。由此可以对 2005 年 1 月的许多因素进行研究，如模型生成的电离层空间结构和实际情况的相似度，foF2 和基于 GNSS 得出的 VTEC 的空间相关性等。

有记录可查的最大的太阳辐射风暴发生在 2005 年 1 月 20 日，该次风暴使得极地地区的地面粒子探测器的计数率增长了 55 倍。据计算，如果航空旅客穿越南极地区，他们将在一小时内承受相当于一整年的海平面典型宇宙辐射剂量。该事件也被选作冬季月份的典型案例，当时处在第 23 太阳活动周期的下降阶段，中纬度电离层的状况相对平稳。从 Dst 记录（见图 6.13）以及电离层 foF2 和 VTEC 等值线［见图 6.14（a）］来看，均出现了扰动和宁静状态。注意到图中 Dst 在 1 月 17 日至 21 日前后发生了较大变化，并在月底前恢复到了稳定状况。1 月 17 日发生了一次 SSC=07:48UT 的大磁暴，Ap=84；在 1 月 18 日 Dst 上升至−103nT，随后在 1 月 21 日发生 SSC=17:11UT 的另一场大磁暴，Ap=66，Dst 在 1 月 22 日达到−97nT，随后几天逐渐恢复。

图 6.14（a）显示，从 2005 年 1 月 17 日起，磁暴使得 foF2 和 VTEC 都发生了显著变化，日间值显著增大。图 6.14（b）的进一步细节显示，Chilton 站（51.6°N，358.7°E）的 foF2 高出月中值 40%以上（正相），持续两天后逐渐下降（负相）。将 El Arenosillo 站（37.1°N，353.2°E）测得的 foF2 值添加到图 6.14（b）中，可以发现 SSC 数小时后产生并持续超过 48 小时的波状结构（蓝色箭头所示），在约 15°的纬度范围内具有非常有趣的空间相关性。

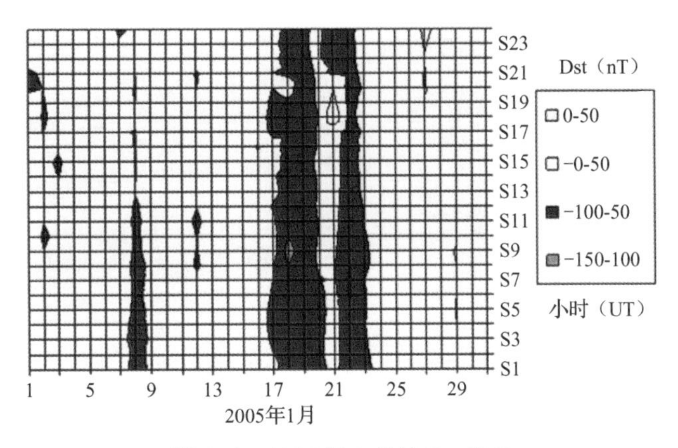

图 6.13　2005 年 1 月的 Dst 记录

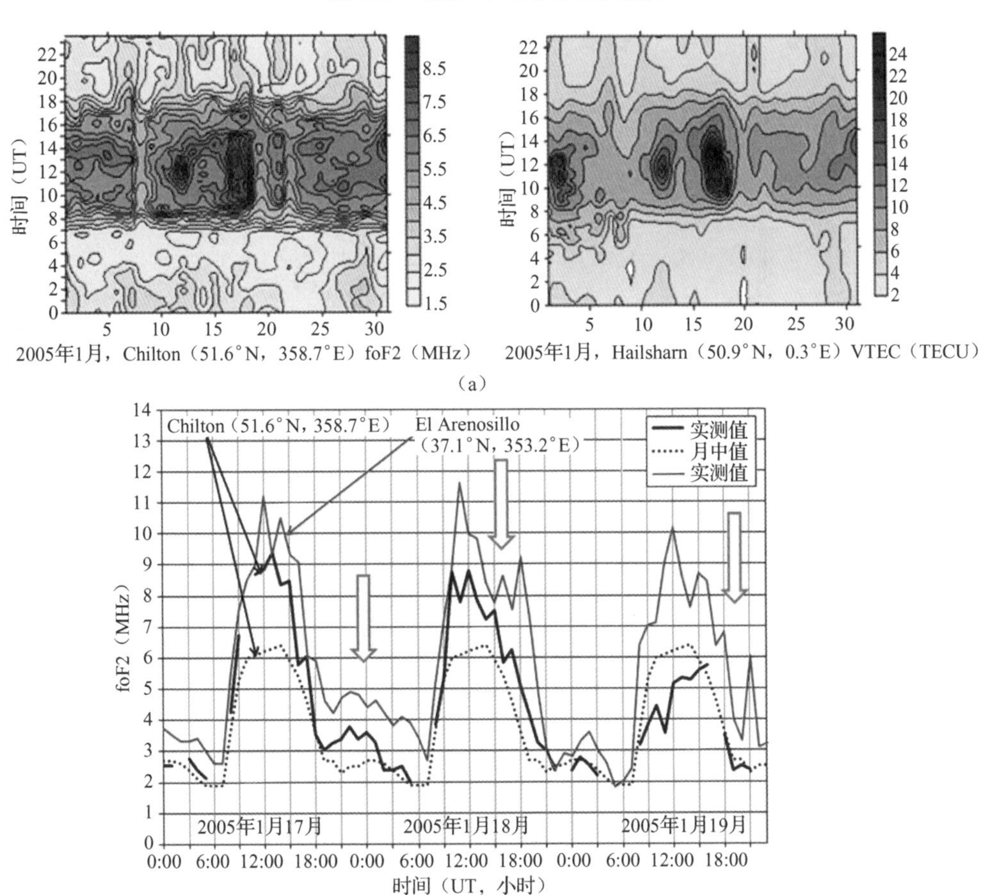

图 6.14　(a) 2005 年 1 月，作为日期和时间的函数，Chilton 站（51.6°N，358.7°E）的 foF2 图和 HERS（50.9°N，0.3°E）的 VTEC 图；(b) 2005 年 1 月 17 日—19 日的磁暴期间，Chilton 站（51.6°N，358.7°E）和 El Arenosillo 站（37.1°N，353.2°E）的 foF2

图 6.15 中 1 月 17 日 HERS 站（50.9°N，0.3°E）和 MADR 站（40.4°N，355.7°E）的 VTEC 增幅分别超过 140%和 160%，随后 HERS 站逐渐降至负相，但 MADR 站在随后几天几乎没有发生负相。在 1 月 21 日第二场磁暴之后，HERS 站的夜间 VTEC 在几个小时内大幅度增加

（超过 100%），这是该模式的一个重要特例。

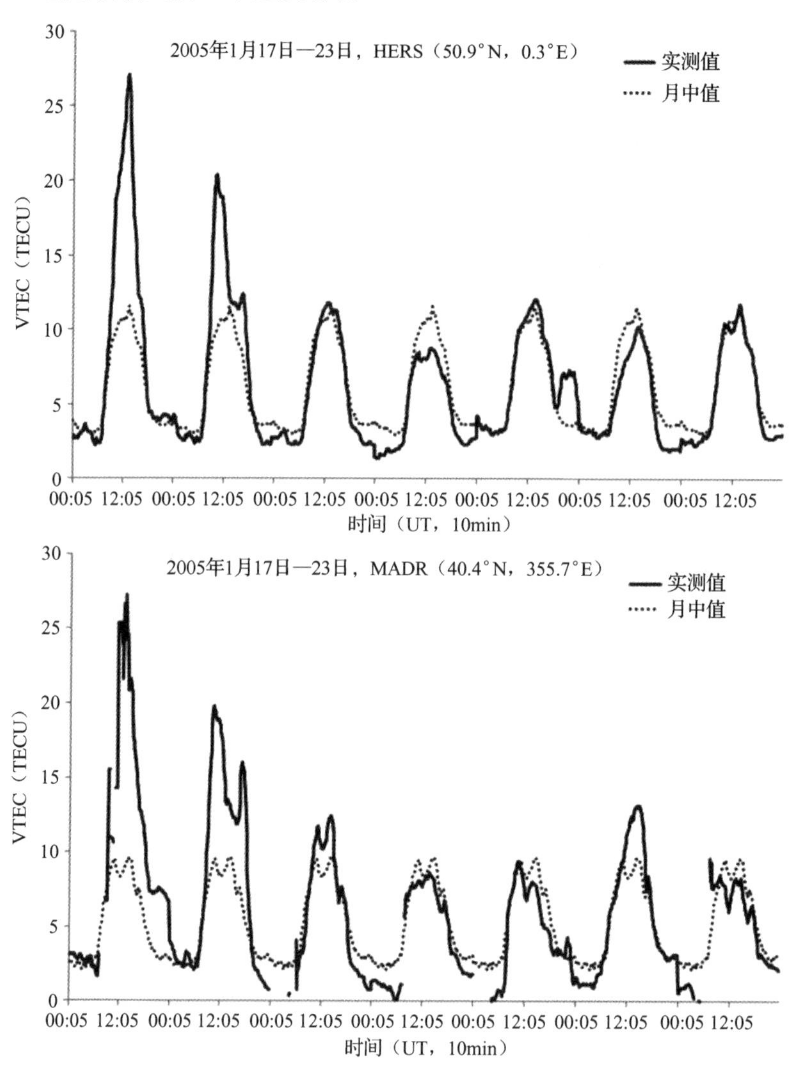

图 6.15　2005 年 1 月 17 日—23 日磁暴期间，HERS 站（50.9℃N，0.3℃E）（上）和 MADR 站（40.4℃N，355.7℃E）（下）的垂直总电子含量 VTEC

空间相关性可以表征某个位置的偏差与一定距离外另一个位置的偏差的相互依赖程度，因此可基于图 6.15 所示的 VTEC 值在空间域进行趋势分析。通常使用最小二乘法计算线趋势来定义欧洲不同地区 VTEC 的纬向和经向相关性。图 6.16 左表明可以使用线性函数来表示 HERS 站的 VTEC 与 MADR 站的 VTEC 的相关性。作为衡量回归线表示数据的好坏的一种度量，决定系数 R^2=0.7931，意味着 HERS 站处 VTEC 总变化的 79%可以通过回归方程描述的 MADR 站和 HERS 站的 VTEC 间的线性关系来解释，但其他 21%仍无法解释。通常认为度量强度和方向的线性相关系数 R>0.8 时属于相关性较强，在 R<0.5 时属于相关性较弱。此处 R=0.89，因此相关性很强。2005 年 1 月的 VTEC 月中值散布甚至更小，这通常表明电离层处于安静状态。图 6.16（右）以及图中标出的相关性结果 R^2=0.9616 和 R=0.98 也说明了这种效应。这些图表明，将线性趋势线程序作为基于一个位置的值获取另一位置的值的工具，具有很大潜力。

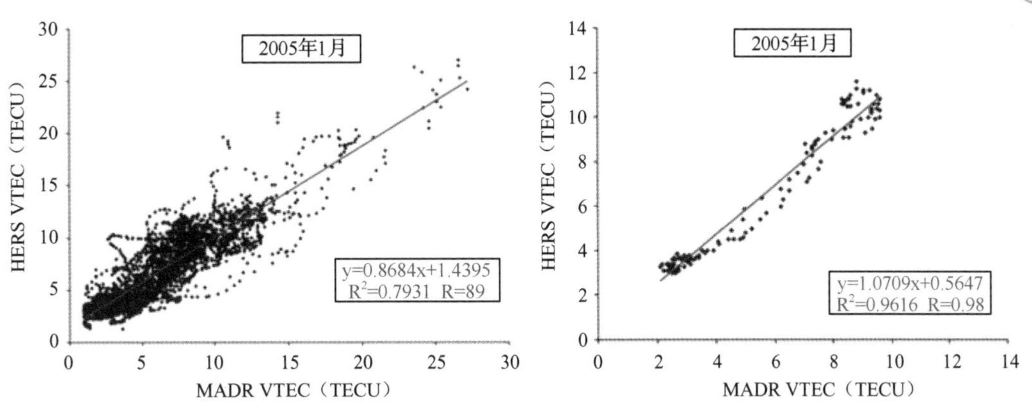

图 6.16　2005 年 1 月，HERS 站（50.9°N，0.3°E）的 VTEC 相对 MADR 站（40.4°N，355.7°E）的 VTEC 的线性趋势线，左图为 VTEC 每 10 分钟值，右图为 VTEC 月中值

尽管在磁暴期间 VTEC 的散布更大，但在图 6.17 中可以看出强相关性特征。基于 2005 年 1 月 16 日—23 日有限的数据可得，两站电离层穿透点间的纬度间隔约为 1250km，相关系数为 0.91。

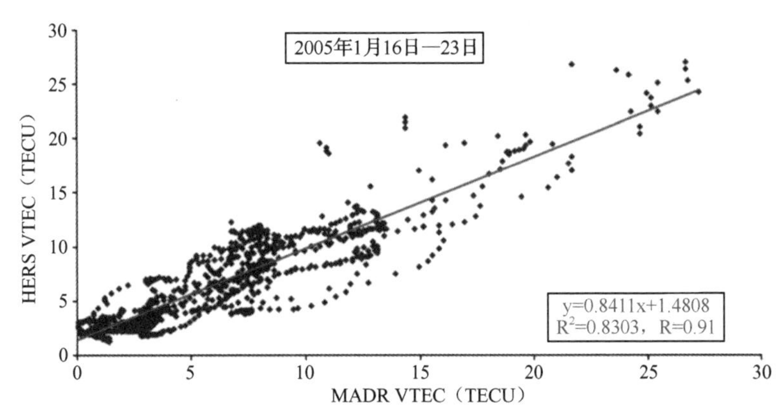

图 6.17　2005 年 1 月 16 日—23 日的磁暴期间 HERS 站（50.9°N，0.3°E）的 VTEC 相对 MADR 站（40.4°N，355.7°E）的 VTEC 的线性趋势线，其中 VTEC 为每 10 分钟值

VTEC 月中值的线性相关系数为 0.98，磁暴日 VTEC 的线性相关系数为 0.91，表明了经度相似、纬度相隔 10° 的接收站之间的特殊相关性的预测能力。因此可以基于 MADR 的 VTEC 和图 6.16 右所示的线性方程来估算 2006 年 1 月 HERS 站的 VTEC 月中值。图 6.18 左显示了 HERS 站 2006 年 1 月的 VTEC 月中值的实测值和预测值的对比，其中预测值是基于 MARD 站的 VTEC 月中值估算的。预测值和实测值非常吻合。

基于图 6.17 所示的相关系数为 0.91 的相关性预测了 2006 年 HERS 站的一个磁扰日的 VTEC。图 6.18 右显示了 2006 年 1 月 26 日磁暴 D1-day（Dst<−70nT、Ap=30）HERS 站的 VTEC 实测值和预测值的对比，其中 VTEC 预测值是基于 MADR 站的实测值估算得到的。结果表明，对于这一磁扰日，预测精度在±3TECU 范围内。这一精度是根据预测残差计算得到的，这些残差是模型 VTEC 值与 HERS 站每 10 分钟 VTEC 实测值之间的差。图 6.18 左所示的 VTEC 月中值给出的预测准确度在±1.5TECU 以内，可以看出通常情况下该算法可以非常精确地表示观测数据。

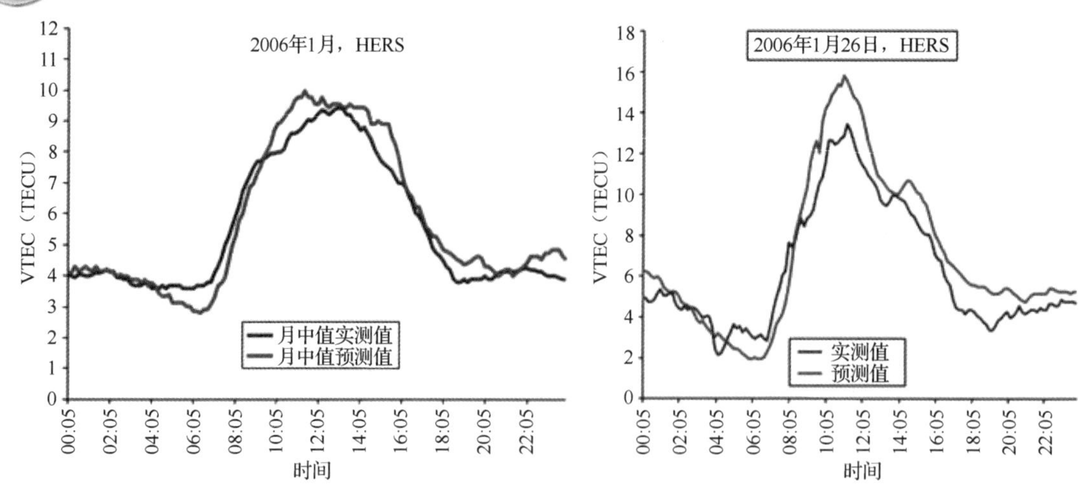

图 6.18　左：HERS 站（50.9°N，0.3°E）2006 年 1 月 VTEC 月中值的实测值和预测值的对比。右：HERS 站 2006 年 1 月 26 日 D1-day 的 10 分钟 VTEC 的实测值和预测值的对比。预测值基于 MARD 站（40.4°N，355.7°E）的月中值和 10 分钟值计算得到。

使用 POTS 站（52.4°N，13.1°E）的 VTEC 观测也获得了很好的结果（见图 6.19），该站点与 HERS 站（50.9°N，0.3°E）纬度接近，经度相隔约 12°。图 6.18 和图 6.19 所示的线性趋势线分析的结果证实，即使在电离层中等扰动的情况下（如 2006 年 1 月 26 日的情况），也可以基于其 VTEC 测量值预测其他位置的 VTEC 值。这意味基于全球 GNSS 星座提供的实时时延值有可能提升建模和趋势预测，为解决自动实时跨电离层频率管理难题和改善电离层空间天气服务提供了一种最有前途的方法。

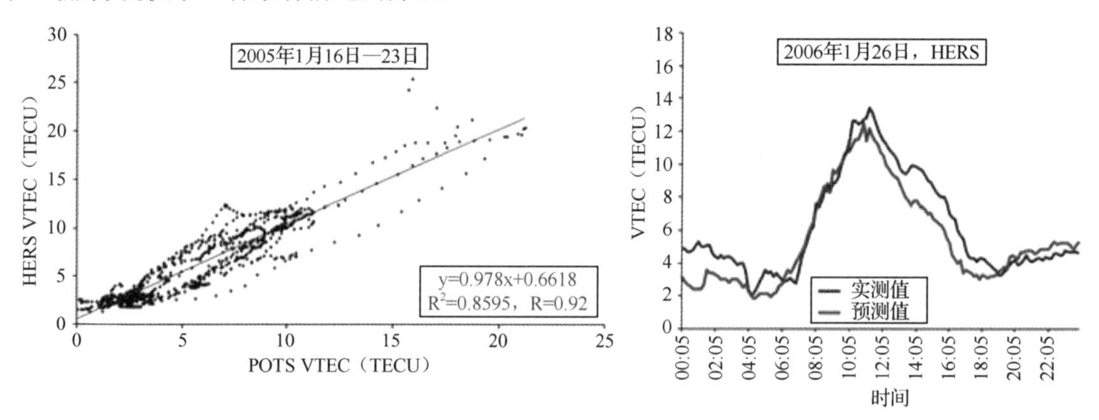

图 6.19　2005 年 1 月 16—23 日的磁暴期间，HERS 站（50.9°N，0.3°E）VTEC 相对 POTS 站（52.4°N，13.1°E）10 分钟 VTEC 的线性回归趋势线（左）；2006 年 1 月 26 日 D1-day HERS 站 VTEC 实测值和预测值对比，预测值基于 POTS 站的实测值给出（右）

6.3　基于人工神经网络动态预报

自 20 世纪 80 年代后期以来，由于传统多变量统计分析中的线性方法对于描述真实电离层显得过于简单，因此人们开始研究将人工智能技术应用到近地空间环境高度非线性和复杂过程的建模中，并取得了显著成就。对于基于各种人工神经网络技术（ANN）和非线性动态

系统理论的数据驱动建模方法更是如此。这种用于短期预报的数值方法的现代发展，可能将引导神经网络技术成功应用于电离层不规则体监测。多种人工神经网络模型已被考虑用于日地应用，其中应用最广泛的是混合时延多层感知器神经网络（MLP）。标准 MLP 是一大类前馈神经网络，神经元分层排列，在科学文献和随附的商业软件手册中都有详细记录。

下面详细介绍如何基于人工神经网络技术提前 1～5h 预报中高纬度地区的 foF2。这要求 foF2 在某个时刻的预报值取决于自身的过去值、适当的国际太阳黑子数 Ri、以及 Ap 指数和日 Dst 指数。相同的过程也被应用于总电子含量时间序列。包含输入和输出的神经网络架构如图 6.20 所示。

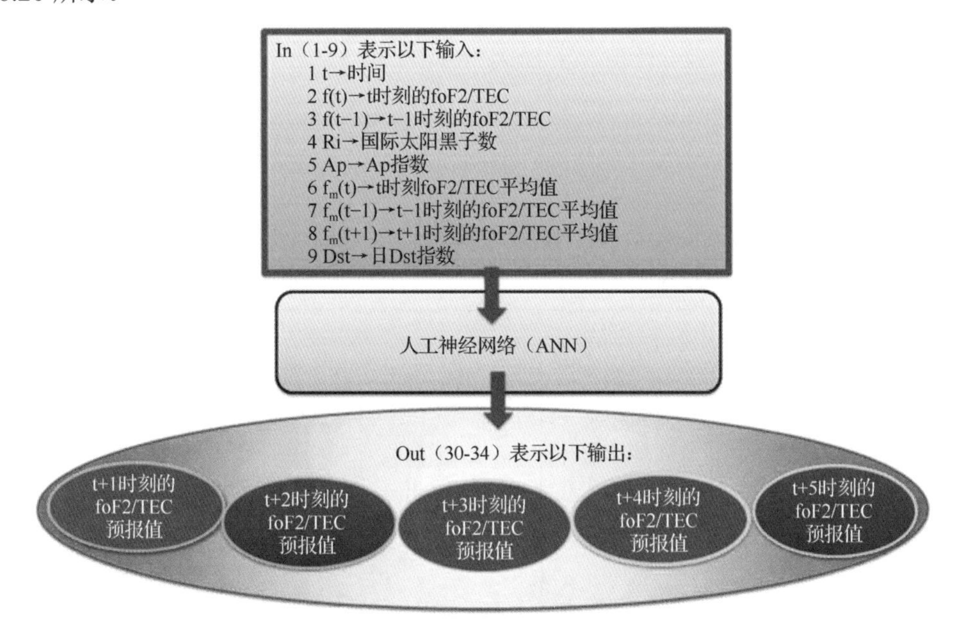

图 6.20　包含输入和输出的神经网络结构

基于 1973 年 Slough 站（地理经纬度 51.5°N，359.4°E，地磁不变纬度 ϕ_{inv}=49.8°）每小时的 foF2 值来训练和测试神经网络。剔除不确定的 foF2 测量值后，保留的有用数据样本共 7085 个。其中学习集包括 6300 个 foF2 值样本，余下的 785 个样本用于测试。使用的是具有反向传播并且动量系数为 0.4 的混合时延多层感知神经网络。每一层的学习率各不相同，输入层为 0.4，第一隐藏层为 0.3，第二隐藏层为 0.25。所有学习率均更改为指数下降并以 300000 次迭代作为断点。使用学习集计算 f_m，以产生 foF2 平均周日变化。

图 6.21 显示了 1973 年 11 月 22 日 09:00UT 到 1973 年 11 月 24 日 22:00UT 期间，英国 Slough 站的每小时 foF2 实测值（蓝线）和基于神经网络 70h 测试数据的提前 1h 预报值（红线）。图 6.22 在图 6.21 的基础上增加了提前 2h 预报值（绿线）。从图 6.21 可知，提前 1h 的 foF2 预报值和实测值高度一致。图 6.22 中的一致性也是合理的，提前 2h 的 foF2 预报值与实测值依然贴合。以相同的方式对提前 3h 预报进行了测试，结果表明，预报的 foF2 值与实测值存在显著差异，特别是在夜间。当提前 4h 和提前 5h 进行预报时，Slough 站 foF2 预报值和实测值的周日变化一致性要差的多。

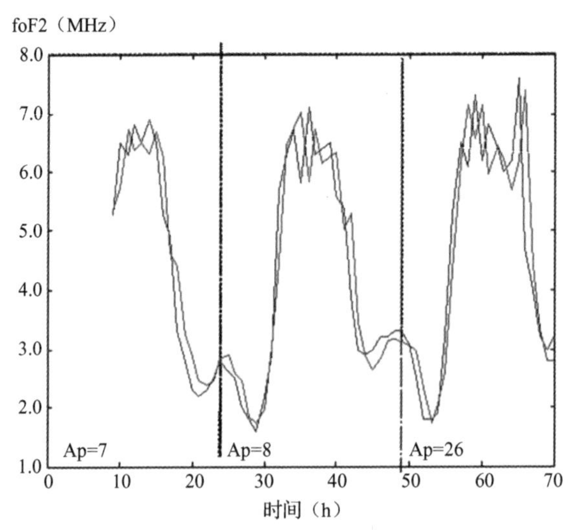

图 6.21　1973 年 11 月 22 日 9:00UT 到 11 月 24 日 22:00UT 期间，Slough 站（51.5°N，359.4°E）每小时 foF2 的实测值（蓝线）和基于神经网络的提前 1h 预报值（红线），Ap 指数表示当天的地磁活动水平

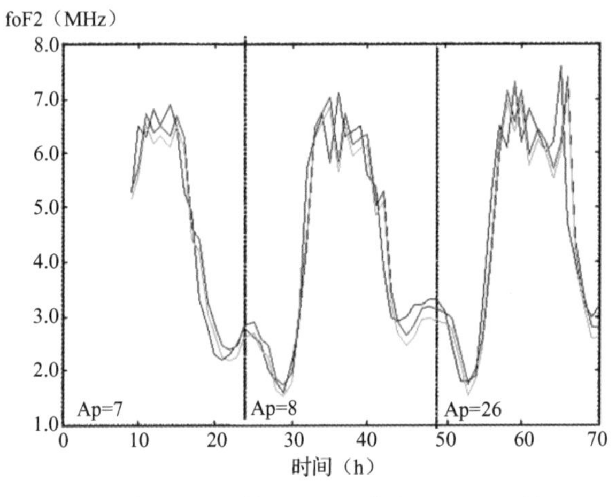

图 6.22　1973 年 11 月 22 日 9:00UT 到 11 月 24 日 22:00UT 期间，Slough 站（51.5°N，359.4°E）每小时 foF2 的实测值（蓝线）和基于神经网络的提前 1h 预报值（红线）、提前 2h 预报值（绿线），Ap 指数表示当天的地磁活动水平

预报领域中最通用的误差指标是根据下式计算的平均绝对百分比误差（MAPE）：

$$\text{MAPE}(\%)=\frac{1}{N}\sum_{1}^{N}\frac{\text{abs}(\text{foF2meas}-\text{foF2for})}{\text{foF2meas}}(100) \tag{6.3.1}$$

其中 N 是拟合点的总数，foF2meas 是在给定时间 t 时的实测值，而 foF2for 是在给定时间 t 时的预报值。因此，MAPE 定义了预报结果与实测数据之间的误差，以了解并验证神经网络技术的有效性和准确性。根据 Lewis（1982）的建议，MAPE 小于 10%表示该方法可提供高准确度预测，介于 10%到 20%之间表示预测准确度良好，介于 20%到 50%之间表示预测合理，而超过 50%则表示预测不准确。

对于上述研究示例，MAPE 在提前一个小时预报时为 2.26%，提前两小时预报时为 4.45%，提前三小时预报时为 6.45%，提前四小时预报时为 7.71%，提前五小时预报时为 8.47%。由于 MAPE 都小于 10%，因此可认为能够提前长达 5h 进行高精度预报。图 6.23 总结了预报范围

内获得的结果。红色曲线代表最佳对数拟合，并给出了相应的回归方程。此示例确定了在冬季（1973 年 11 月）低太阳活动（月均 Ri=23.9）和北中纬度（Slough 站）条件下，前 5h 内 MAPE 对预报时间范围的非线性依赖性。

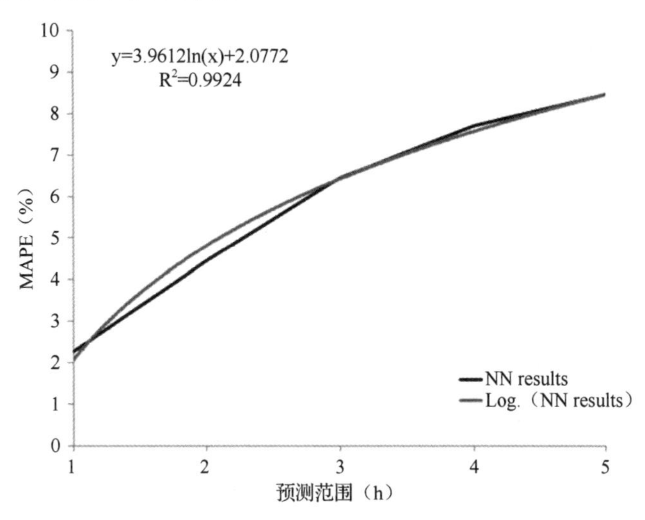

图 6.23　MAPE 与预测范围的对应关系

灵敏度矩阵是各输入项下各输出项的一阶偏导数的绝对值的数学期望值：

$$S_{(i,j)} = \{\text{Ex abs[delta Yi/delta Xj]}\}\text{i,j} \tag{6.3.2}$$

如果 Y=F(X,W)，其中输出 Y，输入 X，F 是神经网络传递函数，并且 W 是所有参数的矩阵，则

$$s = \text{lim(delta X} - 0)[F(\text{X} - \text{Delta,W}) - \text{F(X+Delta,W)}] / [\text{2Delta}]$$

$$s = [\text{F} - (\text{X} - \text{Delta, W}) - \text{F(X} + \text{Delta, W})] / [\text{2Delta} * 100] \tag{6.3.3}$$

其中，Delta=(Xmax−Xmin)*p/100,p=5%。

因此，对于所有输入：

$$S = \text{Average(abs(s))} \tag{6.3.4}$$

表 6.5 中的灵敏度矩阵定量描述了输入对神经网络输出的影响，具体如下：（1）主要影响输出的是时间 t 处的 foF2，其影响随着预报小时数的增加而减小；（2）其次是 t−1 时刻的 foF2 的影响，其影响随着预报小时数的增加而增加；（3）清楚地表明了预报小时数对 $f_p(t+5)$的主要影响；（4）从长期平滑过程得出的输入具有大致相同的影响，包括 Ri，Ap，$f_m(t)$，$f_m(t-1)$和 $f_m(t+1)$。由于 Ri 和 Ap 是每天的行星指数，在任何地理位置 24 小时内具有相同的值，因此在涉及 1 小时分辨率数据的过程中，它们的影响并不明显。

表 6.5　1973 年 11 月，Slough 站（51.5°N，359.4°E）人工神经网络预报 foF2 试验的灵敏度矩阵和 MAPE

输入/输出	$f_p(t+1)$	$f_p(t+2)$	$f_p(t+3)$	$f_p(t+4)$	$f_p(t+5)$
t	11.0	16.5	18.5	21.1	22.8
f(t)	64.1	56.3	46.9	38.2	27.2

续表

输入/输出	$f_p(t+1)$	$f_p(t+2)$	$f_p(t+3)$	$f_p(t+4)$	$f_p(t+5)$
f(t−1)	10.7	19.2	26.6	29.7	30.0
Ri	2.7	4.5	6.4	7.6	8.9
Ap	6.7	9.2	10.4	10.9	11.8
$f_m(t)$	6.6	9.1	10.8	11.6	12.4
$f_m(t-1)$	8.8	12.7	14.6	14.6	13.5
$f_m(t+1)$	12.3	15.8	18.2	18.8	18.2
MAPE（%）	2.26	4.45	6.45	7.71	8.47

可以通过一个很好的示例来说明 foF2（及其平方 NmF2）扰动和梯度的严重程度。该示例采用了两个垂测站的观测数据：Sofia 站，地理经纬度（42.7°N，23.4°E），地磁经纬度（41.0°N，103.9°E），URSI 代码 SQ143，地磁不变纬度 ϕ_{inv}=38.54°；Uppsala 站，地理经纬度（59.8°N，17.6°E），地磁经纬度（58.3°N，106.9°E），URSI 代码 UP158，地磁不变纬度 ϕ_{inv}= 56.61°。该示例发生在 1986 年 2 月磁暴期间，被归类为太阳活动极小期的超强磁暴事件。

1986 年 2 月是一个特殊的月份，Ri=23.2，Ap=27，3 次 SSC，最大 Ap=202。1986 年 2 月上旬的超强磁暴起于 2 月 3 日—7 日一系列中到大强度的太阳软 X 射线耀斑，此前已在第 21 太阳活动周期后期和第 22 太阳活动周期初期经历了长期宁静的太阳活动条件。与这些耀斑相关的是，一次 SSC 始于 2 月 6 日 13:12UT，在出现最大正 Dst（15nT）46h 后，于 2 月 9 日 01:00UT 达到最小 Dst（−307nT），i△Dst|max=322nT。Dst 指数和 Kp 指数的复杂发展如图 6.24 所示。SSC 之后，Ap=202 的超强磁暴持续了大约 7 天，可被认定为超级磁暴。因此，对磁暴驱动下的极端电离层空间天气进行建模和预报具有重要意义。

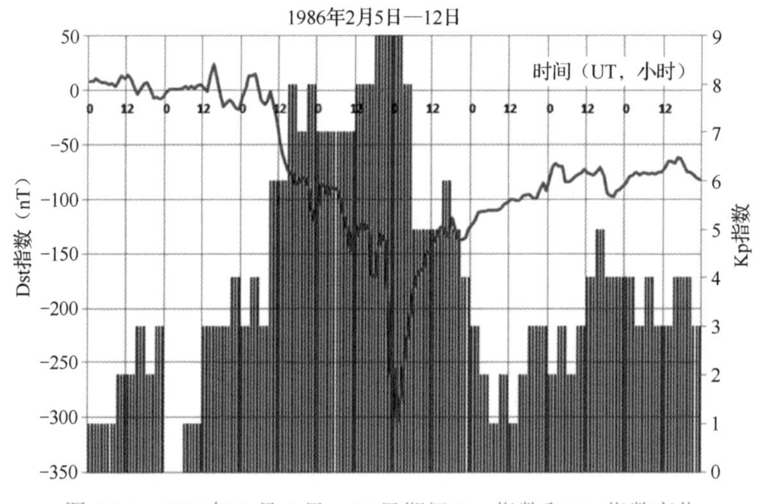

图 6.24 1986 年 2 月 5 日—12 日期间 Dst 指数和 Kp 指数变化

图 6.25 显示了在 1986 年 2 月磁暴期间，在典型的中纬度垂测站 Sofia，随着 foF2 测量值的变化，神经网络提前 1h 给出预报结果。预报结果可以非常清楚地呈现，超级磁暴期间当 F 层响应磁层输入时的一些复杂结构和电动力学系统。仔细观察图 6.25 可以看出，提前 1h

预报神经网络技术可为昼夜 foF2 变化趋势提供有效的预报。在日出时和电离层暴的第一个正相时更是如此。但是对于短期大幅度负相 foF2 变化，如 2 月 9 日白天和 2 月 10 日—11 日夜间，神经网络预报均与测量数据不匹配。

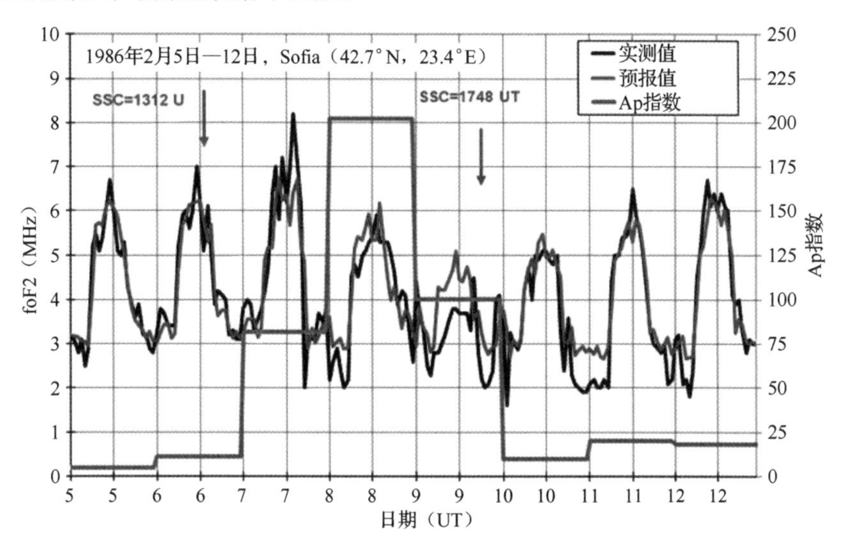

图 6.25　1986 年 2 月 5 日—12 日磁暴期间，Sofia 站（42.7°N，23.4°E）基于神经网络的 foF2 提前 1h 预报值和实测值。Ap 指数表明地磁活动非常活跃，其中 SSC 开始时间已通过箭头标注

图 6.26 显示 1986 年 2 月 Sofia 站的 foF2 提前 1h 神经网络预报值和实测值，以说明一个月中 foF2 每日波动的周期性变化。从图中可以看出，除了两次磁暴外，神经网络技术很好地再现了该月每天的 foF2 正常最大值、最小值。

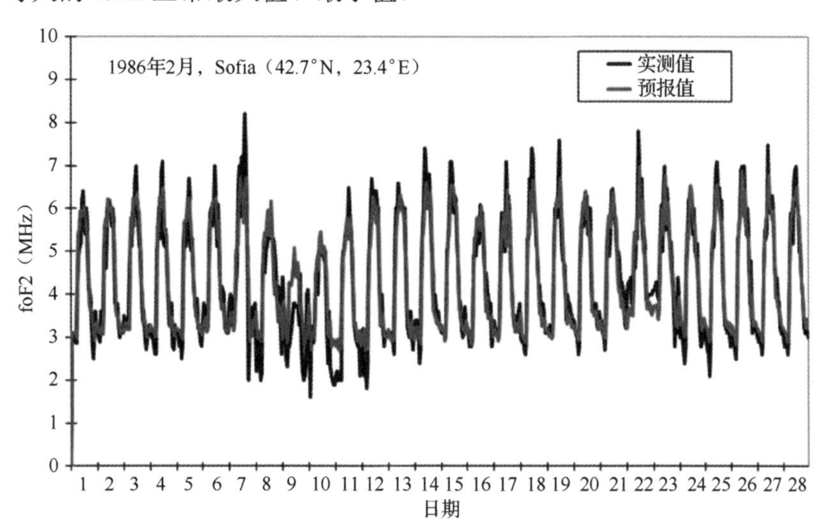

图 6.26　1986 年 2 月，Sofia 站（42.7°N，23.4°E）基于神经网络的 foF2 提前 1h 预报值和实测值

1986 年 2 月的电离层暴是电离层空间天气的一个极好的例子，它表明如果能够改进参考模型，先进神经网络预测工具值得考虑使用。在对流层天气预报中，当某一物理参数变化缓慢时，持久模型或许是最常用的参考模型。现有条件的持续，可以假定后续电离层特征的测量值与上次测量值相同：

$$X_{meas}(t+k)=X_{meas}(t)=P(t+k) \tag{6.3.5}$$

其中 k=1,2,…表示预测时间范围。由持久模型和神经网络计算出的 RMSE 和 NRMSE 值如表 6.6 所示。对于该特定的神经网络，NRMSE 为 0.3853，精度相比参考持久模型显著提高约 27%。

表 6.6　1986 年 2 月，Sofia 站基于持久模型和神经网络的 RMS 和 NRMS 误差

站点名称/编码/地理经纬度和地磁不变纬度	RMSE（MHz）		NRMSE	
预报技术	持久模型	神经网络	持久模型	神经网络
Sofia/SQ143/42.6°N，23.4°E，38.54°	0.7213	0.5258	0.5285	0.3853

尽管神经网络技术对实际物理过程一无所知，但预报结果捕获了 1986 年 2 月超级磁暴期间 Uppsala 站（59.8°N，17.6°E）的大部分关键特征。NN 仅基于训练数据提前 1h 输出的 foF2 完全符合模型验证标准。如图 6.27 所示，在 1986 年 2 月 5 日至 12 日的整个磁暴期间，foF2 实测值和提前 1h 预报值几乎相同。

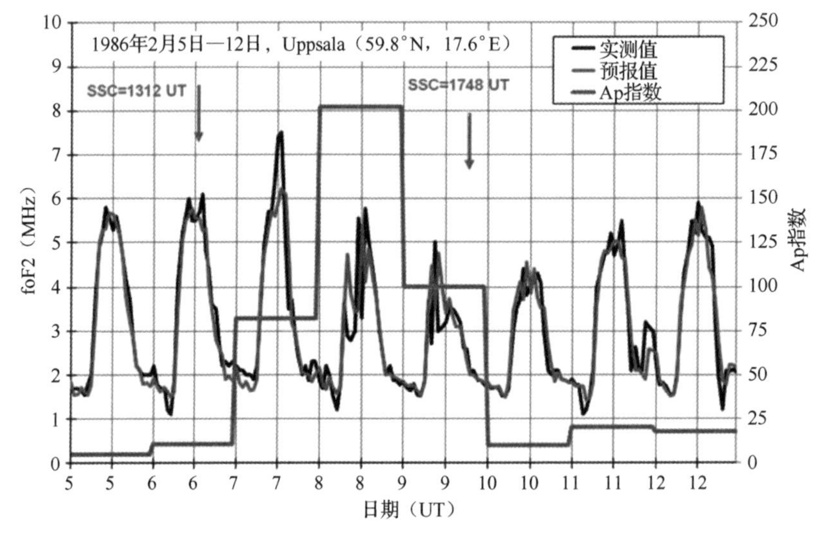

图 6.27　1986 年 2 月 5—12 日磁暴期间，Uppsala 站（59.8°N，17.6°E）基于神经网络的 foF2 提前 1h 预报值和实测值。Ap 指数表明，地磁活动非常活跃，其中 SSC 开始时间已通过箭头标注

该神经网络对于构建一个有效的实时减灾工具有重要意义，因为它能非常精确地预报磁暴发生后最初几小时内发生的电离层剧烈扰动。如图 6.28 所示 1986 年 2 月 Uppsala 站上空 foF2 预报值和实测值周日变化清晰地显示了这一点。作为解决全球电离层预测和预报这一复杂问题的传统手段的替代方法之一，神经网络技术在高纬度建模方面有相当大的改进。

表 6.7 总结了在电离层重大空间天气事件（如 1986 年 2 月的超级磁暴）期间，采用不同输入参数时的提前 1h 预报精度 MAPE。其中，输入参数分别为“仅 foF2”、“foF2+Ri+Ap”、“foF2+Ri+Dst”和“foF2+Ri+Ap+Dst”。从表 6.7 中可以看到，在 Sofia 站输入参数为“foF2+Ri+Dst”的算法和在 Uppsala 站输入参数为“仅 foF2”的算法性能稍好，但对于这两个垂测站而言，这些神经网络算法在性能上一致的。两种情况下 9.4%<MAPE<11.1%，说明对于提前 1h 预报，神经网络总体性能已经足够了。

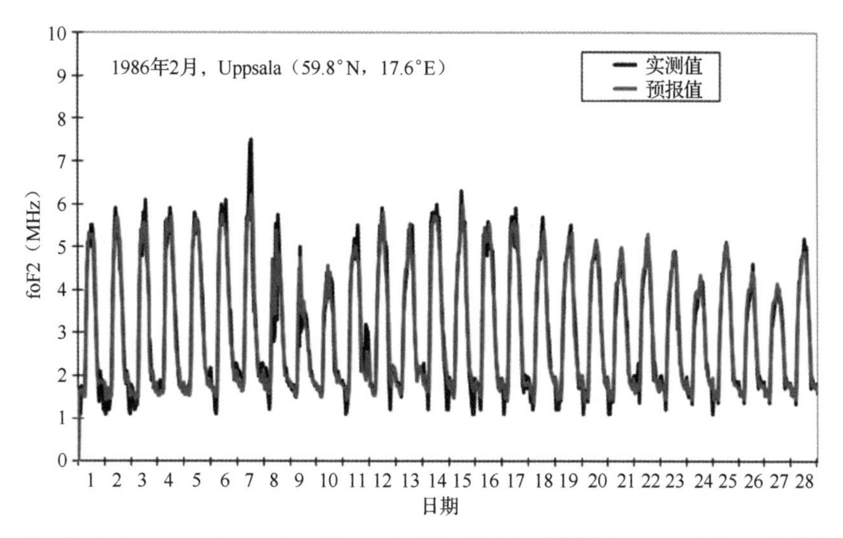

图 6.28　1986 年 2 月，Uppsala 站（59.8°N，17.6°E）基于神经网络的 foF2 提前 1h 预报值和实测值

表 6.7　1986 年 2 月期间，Sofia 站和 Uppsala 站基于不同输入参数的 MAPE

站名/URSI 代码/地理经纬度和地磁不变纬度	Sofia/SQ143/42.6°N，23.4°E，38.54°	Uppsala/UP158/59.8°N，17.6°E，56.61°
输入参数	MAPE（%）	MAPE（%）
仅 foF2	10.22	9.42
foF2+Ri+Ap	10.07	10.25
foF2+Ri+Dst	9.86	10.29
foF2+Ri+Ap+Dst	9.90	11.03

众所周知，预报精度的基本限制在于模型动力学系统对初始条件的灵敏度。通过使用神经网络技术，在太阳、磁层和热层驱动不准确或未知的情况下，通过将时间 t 和 t-1 的平均日 foF2 的准确描述与时间 t+1 的 foF2 背景模型相结合，从而有可能提前几个小时准确预报电离层暴时间。这是用人工神经网络方法进行电离层短期预报相对于传统方法的主要优势之一。

图 6.29 显示了 1990 年 9 月 5 个磁扰日 Chilton 站（51.6°N，358.7°E）的 foF2 提前 1h 预报值、实测值和月中值。同时给出实测值和月中值是为了便于核对由于 F 层气候波动而导致的数值变化。1990 年 9 月是太阳活动高但地磁活动低的一个月，月均 Ri=125.2、Ap=14，无 SSC，最大 Ap=26。该示例的日变化曲线比较平滑，接近实测值，反映了电离层变化的一般规律。但每日神经网络预报值并不遵循月中值曲线，而是成功地捕获了这 5 天中显著的小时变化。这说明神经网络技术相对于传统预报工具的主要优势，是能够在描述电离层空间天气特征的日常变化中，跟踪更短的时间尺度。

表 6.8 说明了一个值得注意的细节，即当中等地磁扰动时，以平均绝对百分比误差（MAPE）表示的预报误差较小。这也证实了基于神经网络的 foF2 短期预报技术仅基于最新的电离层数据就能达到相当高的精度。与 Ri、Ap 指数和 Dst 指数相关的其他日地观测可以改善总体结果，但效果不显著。

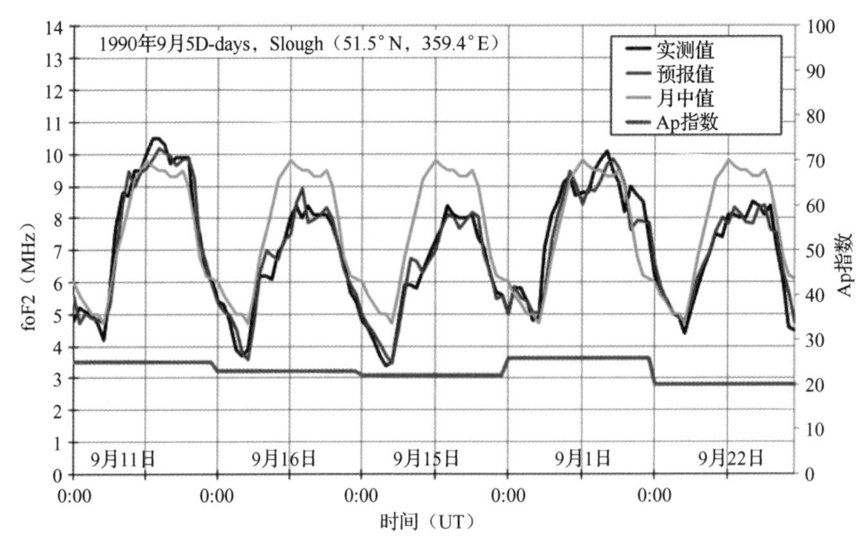

图 6.29 1990 年 9 月 5 个磁扰日 Chilton 站（51.6°N，358.7°E）的 foF2 提前 1h 预报值、实测值和月中值。Ap 指数显示了地磁活动水平

表 6.8 1990 年 9 月，Slough 站在基于不同输入参数预报的 MAPE 值

站名/URSI 代码/地理经纬度和地磁不变纬度	Slough/SL051/51.5°N，359.4°E，49.8°
输入参数	MAPE（%）
仅 foF2	4.62
foF2+Ri+Ap	4.60
foF2+Ri+Dst	4.57
foF2+Ri+Ap+Dst	4.57

最后，图 6.30 给出了 1990 年 12 月 10 个国际磁静日（10Q-days）和 5 个磁扰日（5D-days）期间的一小时 TEC 预报。10Q-days 和 5D-days 的具体日期如表 6.9 所示。

表 6.9 1990 年 10 个国际磁静日和 5 个磁扰日的具体日期及其 Ap 指数

YYYY	MM	Q1	Q2	Q3	Q4	Q5	Q6	Q7	Q8	Q9	Q10	D1	D2	D3	D4	D5
1990	12	10	19	11	26	22	29	21	28	7	2	4	24	13	5	30
Ap 指数		2	3	2	4	3	4	3	4	4	5	17	15	15	13	12

应当注意的是，尽管 1990 年 12 月接近 SC22 的极大期，Ri=129.7，Ap=7，但没有较大地磁活动，Ap 指数仅在 12 月 4 日 D1-day（见表 6.9）达到最大值 17。该月呈现出了冬季中纬度地区电离层特征：夜间 TEC 值低，白天 TEC 值高。TEC IROE 数据基于 Florence 站（43.8°N，11.2°E）对 OTS-2 卫星信号的法拉第旋转观测确定。除 12 月的 744h 被用作测试数据集外，1990 年其余全部数据被用作训练集。该示例再次证明在 10Q-days，神经网络的预报结果与实测数据非常接近［见图 6.30（a）］，这对于发展电离层噪声类现象的业务预测能力是令人鼓舞的（见第 4 章）。

图 6.30（b）显示了 1990 年 12 月 15 日（地磁归类为 D2-day）短暂电离层负暴模式的成功预报。小磁暴并没有对电离层造成很大的扰动，神经网络技术能够准确预报全部 5 个磁扰日（5D-days）的 TEC。

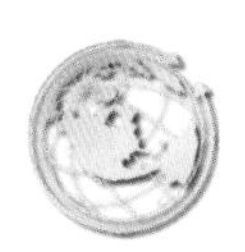

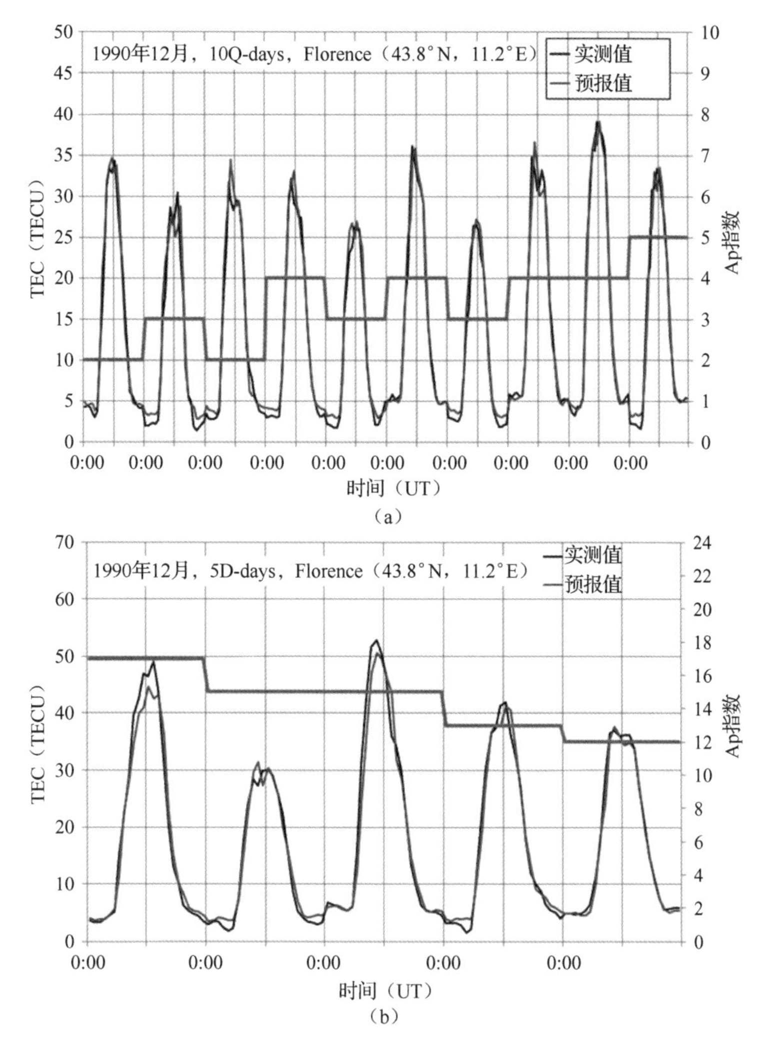

图 6.30　(a) 1990 年 12 月 10Q-days 中，Florence 站（43.8°N，11.2°E）基于神经网络的 TEC 提前 1h 预报值和实测值对比。(b) 1990 年 12 月 5D-days 中，Florence 站（43.8°N，11.2°E）基于神经网络的 TEC 提前 1h 预报值和实测值对比

表 6.10 中的灵敏度矩阵定量地给出了决定输出的每个输入参数的相对重要性，从表中可以看出，该神经网络以或不以 Ri、Dst 指数作为输入参数，对测试数据的预报几乎都一样有效。主要影响因素是最新可用的 Delta TEC(t)和 TEC(t)形式的实测值，其次是时间 t+1 和 t 处的 M TEC(t+1)和 M TEC(t)形式的背景电离层，最后是时间 t 之前 23h 和 47h 的 TEC。MAPE 值 13.57%亦证实了应用神经网络可提供良好的 TEC 预报。

表 6.10　1990 年 12 月 Florence 站（43.8°N，11.2°E）TEC 预报的灵敏度矩阵和 MAPE 值

输入：TEC	输出：TEC(t+1)
Delta TEC(t)=TEC(t)−M TEC(t)	31.84
M TEC(t+1)	24.66

续表

输入：TEC	输出：TEC(t+1)
TEC(t)	18.26
M TEC(t-23)	13.40
M TEC(t-47)	12.82
M TEC(t-1)	7.81
Delta TEC(t-23)=TEC(t-23)-M TEC(t-23)	5.04
Delta TEC(t-47)=TEC(t-47)-M TEC(t-47)	2.94
Dst	2.22
Delta TEC(t-1)=TEC(t-1)-M TEC(t-1)	2.07
M TEC(1)	1.66
Ri	0.25
MAPE（%）	13.57

6.4 电离层空间天气建模

当前电离层空间天气建模技术所处的情况是，在高要求业务场景中，使用主要来自气候模型的输出已无法满足准确性和总体预报能力的要求。任何试图精确描述地球电离层结构和动力学的模型，都会受到太阳、磁层、地磁和热层等驱动因素的时空分布的强烈影响。由于长期对这些驱动因素缺乏深入的物理理解，并且未能在数学方程式中将其正式化，因此现阶段高保真空间天气预报仍存在巨大的障碍。

虽然陆地和空间天气存在明显的差异，但值得一提的是，现代对流层天气预报的发展基于以下四个方面：（1）持续性预报；（2）趋势预报；（3）数值预报和集成预报；（4）气候预报。这其中大多是基于间距仅约 160km 的气象站协调观测，并在超级计算机技术的巨大进步的辅助下，求解相关的底层物理方程获得的。预报结果非常成功，说明多年来在数据汇集和交换方面的投入以及在建模方面的努力是合理的。

参考对流层持续性预报，电离层天气预报可假定第二天的电离层变化类似于当天的变化。如此高的持续性非常罕见，因此持续性方法最适用于地磁安静条件。在趋势预测中，如果存在可能与电离层电子密度趋势相关的太阳活动、太阳风和地磁扰动趋势，就可以应用不同的算法来确定未来条件。例如，可以采用一个模拟算法，假设下一预测期的电离层将与同一季节的历史扰动区间相同，并且具有相似的太阳活动水平和其他相关的日地参数。气候预报是基于历史观测分析电离层暴对 foF2，NmF2 和 TEC 的影响，并根据平均电离层暴形态进行参数化，从而得出电离层对特定磁暴的典型响应。该参数化方法已广泛应用于单垂测站和区域垂测站网络中。

目前已经提出了诸多方法，可通过将目标时段内的观测值与背景模型结合来提高气候和物理模型的准确性。在过去的十年里，犹他州立大学全球电离层测量同化模型（GAIM）是基于规定了电离层参数的全球电离层物理模型的，具备电离层预报功能。该模型使用的数据包括来自卫星的原始电子密度、来自垂测站的底部电子密度剖面、地面接收机和 GPS 卫星间

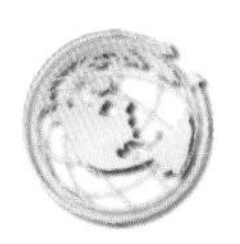

的总电子含量、来自卫星星座的掩星数据以及来自成像卫星的上层大气紫外线（UV）图像。基于 GAuss-Markov（GM）实现的 GAIM 模型（GAIM-GM）通常用于生成实时电离层参数和预报，预报时间最长约 6h。如果有足够的卫星和地面观测数据，那么数据同化建模方法的发展有望提供最可靠的预测结果。目前已有证据表明，在相同的日地条件下，不同的数据同化模型可以产生不同的结果。

2015 年，Schunk 等人为电离层-热层-电动力学系统创建了多模型集合预测系统（MEPS），基于覆盖中低纬度电离层的四种不同数据同化模型来重构特定的电离层暴事件。MEPS 针对电离层、电离层-等离子层、热层、高纬度电离层-电动力学系统和中低纬度电离层-电动力学系统等共采用了 7 个基于物理的数据同化模型。

国际参考电离层（IRI）模型是全球电离层的 ISO 气候标准，是一种基于数据的模型，国际上建议将其用于预测 50～2000km 高度范围内的电离层参数值。该模型形成于 1960 年，此后由 IRI 工作组主导，和空间研究委员会（COSPAR）、国际无线电科学联盟（URSI）开展联合项目，并基于新数据、附加参数和先进的建模技术对该模型不断改进。最新版本的 IRI-2016 经验模型可在 IRI 网站上得到。

IRI 模型可预测 50～2000km 高度范围内月均电子密度、电子温度、离子组成（O^+，H^+，N^+，He^+，O_2^+，NO^+，$Cluster^+$）、离子温度以及从 60～80km 的下边界到用户指定的上边界的电离层垂直总电子含量（VTEC）。它还可以预测在磁赤道附近的离子漂移以及出现 F1 层和扩展 F 层的概率。需要特别注意的是，IRI2000 通过电离层暴时经验模型（STORM）引入了地磁依赖性。第一版 STORM 作为地磁纬度、季节和磁暴强度的函数，用来修正 F 层临界频率 foF2 预报。该模型还使用基于数据的活动指数，这些指数能够捕获全球电离层对太阳和地磁活动的快速变化的大部分响应。结果表明，IRI2000 在磁暴期间比 IRI95 改善了近 30%，并且能够捕获超过半数的由磁暴引发的相对平静时期水平的上升变化。

图 6.31 中所示的两个示例说明了 2001 年 3 月 30 日至 4 月 3 日和 2001 年 4 月 10 日至 14 日，在 Chilton 站（51.6°N，358.7°E），包含 STORM 模型的 IRI2000 在磁暴条件下的建模质量。这些曲线显示了每小时实测 foF2 的时间变化，以及两个版本的 IRI 经验模型相应的预报值，形象地证明了 IRI2000 相比 IRI95 的性能提升。实线表示实测的电离层 F2 层临界频率 foF2，而虚阴影线和实阴影线分别是 IRI95 和 IRI2000 输出的 foF2。图的底部是日标准均方根误差 RMSE 值，其中的圆圈和叉号分别表示过去 24h 内 IRI2000 和 IRI95 的误差值，y 轴对 RMSE 进行量化。该指标与 6.1 节 STIF 预测工具一样，用于评估预报质量。

可以将 2001 年 3 月 30 日至 4 月 3 日磁暴期间的结果与 6.1 节中同一时期的 STIF 结果进行比较。图 6.32 给出了一个类似的示例，说明 Chilton 站（51.6°N，358.7°E）在 2001 年 4 月 10 日至 14 日的磁暴期间 foF2 的日变化情况，以及 STIF 跟踪磁扰日的周日变化的能力。该段时间的特点是分别于 2001 年 4 月 11 日和 13 日爆发了 SSC。如前所述，2001 年 4 月是太阳和地磁活动活跃的月份，4 月 11 日的最大 Ap=85。

从图 6.32 可以直观看出，提前 24h 预报工具 STIF 成功预测了 Chilton 站的 foF2 月中值，但是预报 SSC=15:19UT 的电离层负暴和第二次 SSC=07:34UT 的大型正相不太成功。STIF 工具成功预测 foF2 中值说明它可以作为良好的气候模型，但无法正确处理 foF2 值的突发极端增减。值得注意的是，总的 RMSE=1.338MHz 和 NRMSE=0.5649，仍比图 6.31 中所示的值好一些。

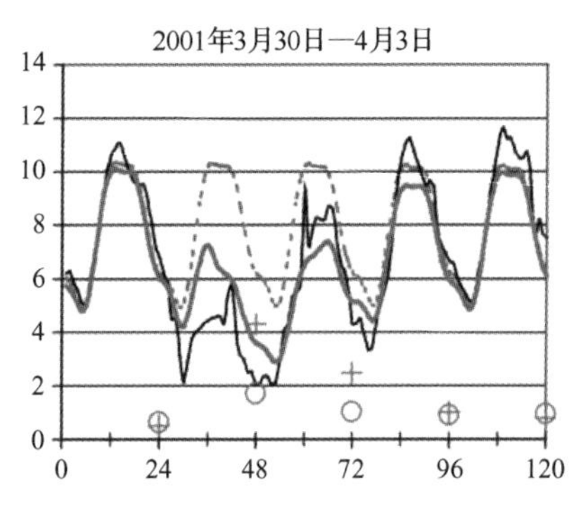

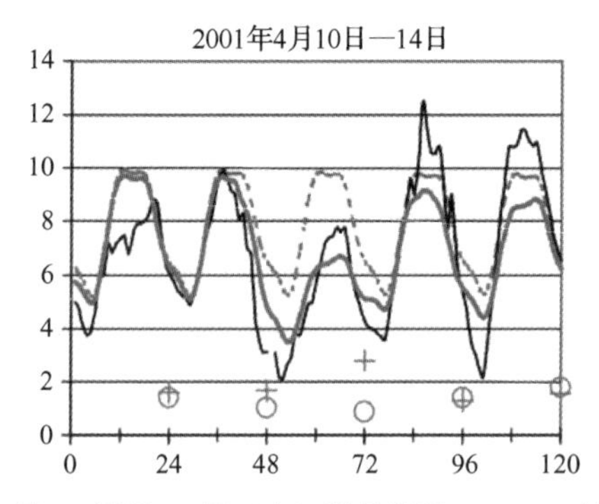

图 6.31 2001 年 3 月 30 日至 4 月 3 日（左）和 2001 年 4 月 10 日至 14 日（右）磁暴期间，Chilton 站（51.6°N，358.7°E）IRI95 和 IRI2000 模型的数据和输出。实线表示实测值，虚阴影线表示 IRI95 模型预报结果，实阴影线表示 IRI2000 模型预报结果。x 轴对应时间，单位为 h。y 轴是 foF2 数值和 RMSE 值，单位为 MHz

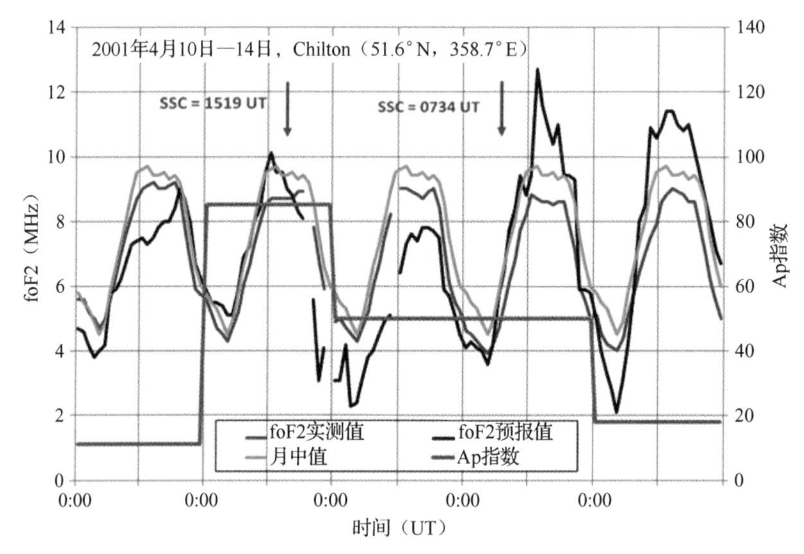

图 6.32 2001 年 4 月 10 日至 14 日电离层暴期间，Chilton 站（51.6°N，358.7°E）foF2 的 STIF 提前 24h 预报值和实测值。箭头标注的是 SSC，Ap 指数呈高地磁活动水平

建模和数据分析表明，预测不确定性不仅是由于缺乏对初始日地条件的了解，还源于预测模型/技术本身的局限性。使用 6.3 节介绍的神经网络方法可以克服这些限制。比如发生在 2001 年 4 月 10 日至 14 日之间的一场电离层暴。有趣的是，1990 年 4 月也是太阳和地磁活动非常活跃的月份，月均 Ri=140.3、Ap=27，有 3 次 SSC，最大 Ap=124，如图 6.33（a）所示（Slough 站）。根据图 6.33（a）中的 foF2 中值与实测值的比较，可明显看出，电离层电子密度随着两次 SSC 剧烈扰动，首先呈现正相，然后呈现负相。神经网络不仅能够预测这些剧烈扰动的发生，而且能够在大范围时间内非常准确地预测 foF2 测量值的显著变化。Rome 站（41.9°N，12.5°E，ϕ_{inv}=37.2°）NmF2 每日小时值在电离层暴期间的行为本质也通过图 6.33（b）中得到了清晰的说明。

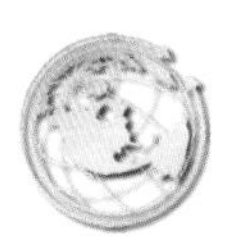

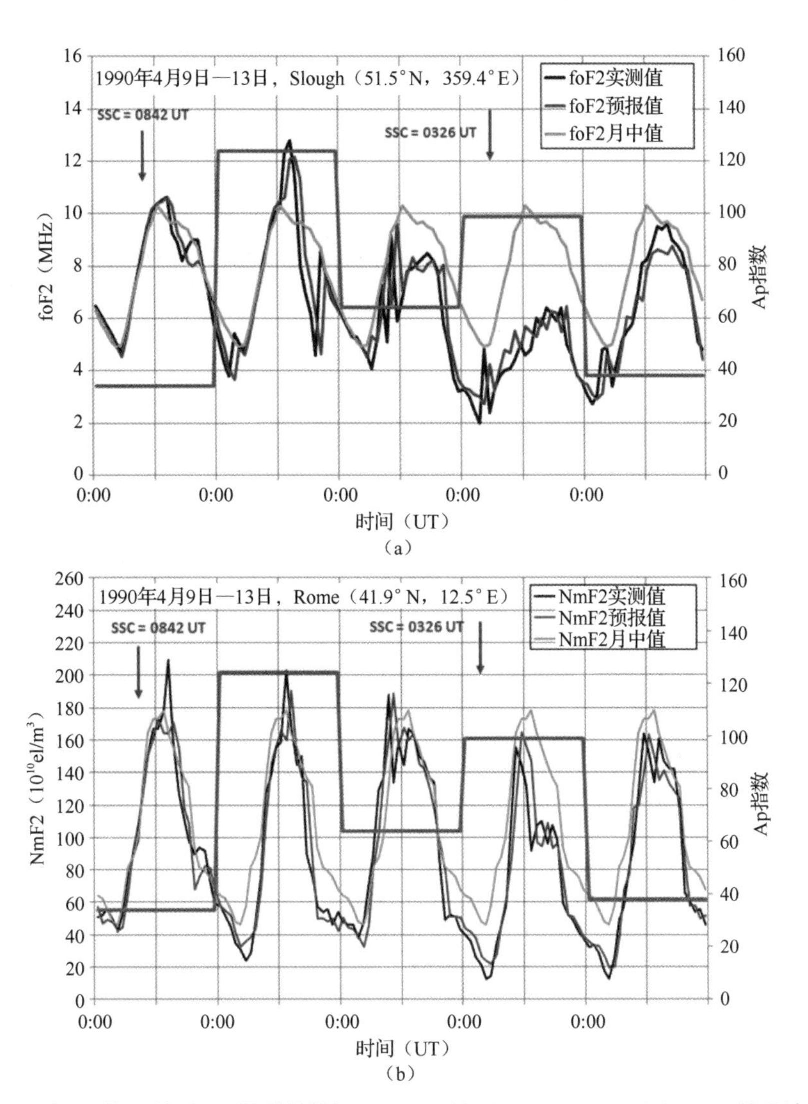

图 6.33　（a）1990 年 4 月 9 日至 13 日磁暴期间，Slough 站（51.5℃N，359.4℃E）foF2 基于神经网络的提前 1h 预报值和实测值。箭头标注的是 SSC，Ap 指数呈高地磁活动水平。（b）1990 年 4 月 9 日至 13 日磁暴期间，Rome 站（41.9℃N，12.5℃E）NmF2 基于神经网络的提前 1h 预报值和实测值。箭头标注的是 SSC，Ap 指数呈高地磁活动水平

需要注意的是，虽然前面的大多数示例使用的是欧洲垂测站多年可靠的 foF2 实测数据，事实上所有用于预报磁暴期间 foF2 的技术同样适用于预报 NmF2 和 TEC 在磁暴期间的时间变化[见图 6.33（b）]。但若要完全预测电离层等离子体密度剖面，则需要更多的数据和知识。

通过引入不同的实时算法，基于 IRI 的实时模型近期取得了可观的进展。其中最有希望的是基于 IRI 的实时同化模型（IRTAM）。IRTAM 引入了全球电离层无线电观测台网（GIRO）40 多个数字垂测站的 foF2、hmF2、B0 和 B1 等实时测量数据，这些数据可从 Lowell 的 GIRO 数据中心（LGDC）获得。通过适当的算法（如底部电离层时间线全球同化建模）将这些垂测数据同化到 IRI 模型中，以 15min 间隔生成同化后的 foF2、峰高 hmF2 和底部厚度 B0 的全球地图，并在网上发布供即时显示和交互使用。foF2、hmF2 和 B0 的 IRTAM 预测示例如图 6.34 所示，其中包括所使用的数字垂测站的位置以及每个数字垂测站实测值和预测值之间

的差异（通过站点处圆圈内的颜色表示）。目前，第一次测试结果显示，相比标准 IRI 模型，改进幅度达 2 倍，在磁扰期间甚至更高，这表明 IRTAM 作为电离层空间天气资源的潜在用途将很快得到认可。

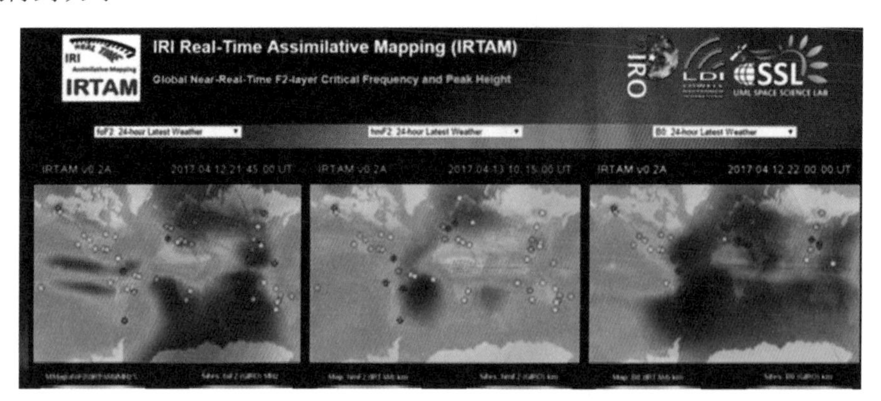

图 6.34　IRTAM 生成的 15min 间隔的 foF2（左）、hmF2（中）和 B0（右）的 IRTAM 预测示例。点表示为 IRTAM 贡献了数据的 GIRO 数字垂测站

空间天气基本上与近地环境的瞬时状态有关，在当前和未来短期内的空间环境卫星和地面传感器的基础上，一些基于太阳第一原理模型开发预测服务的举措正在顺利实施。然而，这些举措都还没有解决确定性电离层天气预报面临的主要问题，即磁暴混乱的不可预测性及其对主要电离层特征和传播参数的影响的多样性。

在 6.1 节和 6.3 节中，分别介绍了最高可提前 24h 的短期电离层预报（STIF）和最高可提前 5h 的人工神经网络（ANN）电离层特征非线性预报这两种更简单的预报架构，特别强调了电离层暴的例子，可以作为未来进一步研究的参考和起点。对于这些技术的实用功能而言，至关重要的是通过自动更新流程输入最新的可用信息。至于电离层特征参数（包括最大电子密度），尽管存在已知的缺点，使用自动标度值确定实时初始条件仍然是唯一的选择。

无论如何，高质量的电离层建模仍然是一项重大的科学和技术挑战，需要对地球高层大气中共存的中性成分和电离层等离子体都有良好的物理理解。由于相关电波传播应用的重要性，使得发展电离层模型的需求更加迫切。如 HF 无线电通信、穿透电离层传播、空间监视雷达、卫星通信、卫星定位系统、射电天文学以及基于天基雷达系统的对地观测等。电离层中的物理过程高度依赖于中性风和地磁场的相对方向，因此对地球的每个区域都是特定的，这使得局部和区域可变性成为所有成功的建模的重要课题。这对于被称为自适应建模的模型更新方法特别有效。当磁暴可以完全改变高层大气风模式和相关的等离子体传输时，真实的电离层会因严重的日地事件而变得更加复杂，从而在电离层上施加一个新的状态，而不仅仅是先前状态的发展。这就是电离层暴状态，需要根据特定应用对跟踪电离层变化的紧密程度需求，进行不同时间提前量的预报。

参考文献和补充书目

[1] Araujo-Pradere EA, Fuller-Rowell TJ(2002)STORM: an empirical storm-time ionospheric correction model 2. Validation. Radio Sci.

[2] Araujo-Pradere EA, Fuller-Rowell TJ, Bilitza D(2003)Validation of the STORM response in IRI2000. J Geophys Res.

[3] Badeke R, Borries C, Hoque MM et al(2018)Empirical forecast of quiet time ionospheric total electron content maps over Europe. Adv Space Res.

[4] Bilitza D, Altadill D, Truhlik V et al(2017)International Reference Ionosphere 2016: from ionospheric climate to real-time weather predictions. Space Weather 15: 418-429.

[5] Cander LR, Stankovi´c S, Milosavljevi´c M(1998)Dynamic ionospheric prediction by neural networks. In: AI applications in solar-terrestrial physics proceedings, ESA WPP-148: 225-228.

[6] Cander LR, Milosavljevi´c M, Tomaševi´c S(2003a)Ionospheric storm forecasting technique by artificial neural network. Annals of Geofis 46(4): 719-724.

[7] CanderLR, BamfordRA, Hickford JG(2003b)Nowcasting and forecasting the foF2, MUF(3000)F2 and TEC based on empirical models and real-time data. IEE Conference Proceedings 491(1): 139-142.

[8] Cander LR(2015)Forecasting foF2 and MUF(3000)F2 ionospheric characteristics-a challenging space weather frontier. Adv Space Res 56: 1973-1981.

[9] Daniel O(2018)GPS modeling of the ionosphere using computer neural networks. In: Rustamov RB(ed)Multifunctional operation and application of GPS.

[10] Fausett L(1994)Fundamentals of neural networks. Prentice-Hall, Upper Saddle River, NJ.

[11] Galkin IA, Reinisch BW, Huang X et al(2012)Assimilation of GIRO data into a real-time IRI. Radio Sci.

[12] Haykin S(1994)Neural networks—a comprehensive foundation. Macmillan College Publishing Company, New York.

[13] ITU-R(1997)Recommendations P Series-Part 1. International Telecommunications Union, Geneva.

[14] Kersley L, Malan D, Pryse ES et al(2004)Total electron content—a key parameter in propagation: measurement and use in ionospheric imaging. Ann Geofis 47: 1067-1091.

[15] Lamming X, LRCander(1999)Monthlymedian foF2modelling COST251 area by neural networks. Phys Chem Earth 24: 349-354.

[16] Levi MF, LR Cander, Dick MI et al(1999)Real-time ionospheric forecasting. IRI News 6: 1-5.

[17] Liu R, Liu S, Xu Z et al(2006)Application of autocorrelation method on ionospheric short-term forecasting in China. Chin Sci Bull 51(3): 352-357.

[18] Mir Reza GR, Voosoghi B(2016)Wavelet neural networks using particle swarm optimization training in modeling regional ionospheric total electron content. JAtmos Sol-Terr Phys 149: 21-30.

[19] Moreno EM, Rigo AG, Hernández-Pajares M et al(2018)TEC forecasting based on manifold trajectories. Remote Sens: 10.

[20] Muhtarov P, Kutiev I(1999)Autocorrelation method for temporal interpolation and short-term prediction of ionospheric data. Radio Sci 34: 459-464.

[21] Oliver MA, Webster R(1990)Kriging: a method of interpolation for geographical information systems. Int J Geograph Info Sys 4: 313-332.

[22] PiggottWR, Rawer K(1972a)U.R.S.I. Handbook of ionogram interpretation and reduction. Report UAG-23. National Oceanic and Atmospheric Administration, Boulder.

[23] PiggottWR, Rawer K(1972b)U.R.S.I. Handbook of ionogram interpretation and reduction. Report UAG-23A.

Second Edition, Revision of Chaps. 1-4. National Oceanic and Atmospheric Administration, Boulder.

[24] Pezzopane M, PietrellaM, PignatelliAet al(2011)Assimilation of autoscaled data and regional and local ionospheric models as input sources for real-time 3-D International Reference Ionosphere modeling. Radio Sci 46 RS5009.

[25] Pezzopane M, Pietrella M, Pignatelli A et al(2013)Testing the three-dimensional IRI-SIRMUP-P mapping of the ionosphere for disturbed periods. Adv Space Res 52: 1726-1736.

[26] Poole AWV, McKinnell LA(1998)Short term prediction of foF2 using neural networks. WDC Report UAG-105, pp 109-111.

[27] Radicella SM(2010)The NeQuick model genesis, uses and evolution. Ann Geofis 52: 239-243.

[28] Tulunay E, Ozkaptan C, Tulunay Y(2000)Temporal and spatial forecasting of the foF2 values up to twenty four hours in advance. Phys Chem Earth 25: 281-285.

[29] Tulunay E, Senalp ET, LR Cander et al(2004)Development of algorithms and software for forecasting, nowcasting and variability of TEC. Ann Geofis 47: 1201-1214.

[30] Vapnik V(1999)The nature of statistical learning theory. Springer, New York.

[31] Wintoft P, LRCander(2000)Twenty-four hour predictions of foF2 using time delay neural networks. Radio Sci 35(2): 395-408.

第 7 章　电离层不规则体和波动

摘要：本章提出了一些基本的科学问题，主要集中在中纬度电离层不规则体和波动原因、M-I-A 系统中能量的向上耦合以及热结构。以欧洲中纬度电离层的 LSTID 和 MSTID 为例对不规则行为进行了定义。

关键词：不规则体；波动；M-I-T；AGW；TAD；TID

本章对与空间天气有关的复杂的电离层不规则体和波动的一些共同元素的基本特征描述迈出了第一步，但远未完成。电离层时间变化引起多种尺度的波动，比如太阳活动引起的波动周期为 11 年左右，季节性波动周期为几个月，潮汐波动周期为几个小时，而电离层行波扰动（TID）波动持续时间为几分钟到几个小时。如本章各种示例所示，这些变化的强度在磁暴时会更强。

由于电子密度在垂直和水平结构上的不规则体（如行波扰动和突发 E 层），电离层会对无线电能量形成散射，导致通过的无线电信号幅度和相位快速变化。对这些影响的精确理解不仅是开发电离层空间天气预报模型所必需的，而且对研究不同类型的不规则行为也非常重要。一般而言，电离层空间梯度，特别在极端空间气候条件下，会降低无线电通信及导航（如 WAAS、EGNOS）系统性能并对射电天文测量（如低频阵列）形成威胁。任何依托电离层传播的无线电系统都会受到电离层不规则斑块边沿的等离子体密度梯度的影响。为了评估对地面短波和地面-太空无线电系统信号传播影响和中间层物理等日地研究，需要用地球上层大气高级模型对电离层空间结构进行定义并参数化，使得各种事件变得可预报。

7.1　电离层不规则体和大气波动

在中纬度地区，观测到的最大电子密度 NmF2 日变化标准差高达 25%，其最主要原因是中纬度地区局部/区域电离活动在时间和空间上是不相关的。目前认为这些运动都起源于对流层和平流层，也许是由诸如行星波、引力波、潮汐等气象过程直接或间接影响电离层区域引起的。对流层源在所有纬度上都很重要，被认为是中等尺度行波扰动的主要成因。

和太阳与地磁活动不直接相关的地球大气中性密度热学和动力学变化是强内部波动的成因，导致能量和动量从大气低层区域向高层转移。大气波动包括：

（1）行星波动和潮汐（尺度最大、变化周期几个小时）。大量低纬度和中纬度地区的调查研究已经将电离层等离子体密度和电动力学振荡理解为中性大气行星波动的表现，其周期为 2d、5d、10d 及 16d。

（2）大气重力波（AGW）。

（3）大气中的声重力波作为低频波，具有压缩力、重力和浮力（最小尺度）等恢复力。

当中性大气中的波在电离层高度传播时，它们与等离子体密度在局部离子中性耦合过程中相互作用，可产生准周期性电子密度扰动（即电离层行波扰动，TID），其空间和时间周期性与大气波相同。因此，TID 是中性大气中的重力波与电离层等离子体相互作用的表现。换句话说，AGW 是实际传播的，而 TID 只是它在电离层中的特征，由压力波驱动的中性风迫使离子沿着磁力线运动。场向 AGW 诱发的 TID 通常以向下传播的相位面出现，波速随高度的增加而增加。

另一方面，极光区由于沉降粒子或极光电喷流的波动而产生的加热增强，可以形成幅度较大的大气重力波，在较低的热层中以大气行波扰动（TAD）的形式传播。电离层中的 TAD 表现为 TID。多年来，人们已经确定 AGW 的来源包括：日食、地震/海啸、流星、火山爆发、龙卷风、强大的爆炸、火箭发射以及高纬度亚暴现象等。基于相速度和波周期的范围，AGW 和经典 TID 一般分为：

（1）大尺度 TID（LSTID）：时间周期大于 1h、水平速度大于 300m/s、能够传播数千千米且无显著衰减；

（2）中尺度 TID（MSTID）：时间周期为 10min 至 1h、水平速度 50m/s 至 300m/s；

（3）小尺度 TID（SSTID）：其波长小于 50km，周期为几分钟，并且经常与 F 层等离子体不规则现象的出现联系在一起。

这些不规则现象是无线电信号闪烁的原因。这些非常短的周期可能是由地球上层大气的能量和动量预估中的声波引起的。这些声波很可能不属于通常的 AGW 频谱，了解他们的作用将是未来十年的一个关键目标。它们对射电天文观测特别重要，但不属于本书讨论的范围。

可采用不同的方法来研究行波扰动，包括：垂直和斜向电离层探测、高频多普勒技术、非相干散射雷达、法拉第旋转、GNSS 卫星、光学系统观察夜间气辉放电以及层析技术等。F 层 AGW 活动的连续监测大多是通过对 TID 结构和形式的基本要素的观测和参数化间接实现的，其中包括 F2 层电子密度峰值高度（hmF2）和峰值电子密度（NmF2）、沿纬度或经度线的电子密度垂直剖面、沿等离子体通量管的离子速度等。近期一些研究以 VTEC 中的 TID 为焦点，其中 VTEC 通过斜向 TEC 观测得到。应该注意的是，垂直 TEC 是基于斜 TEC 计算得到的，基于这种方式得到的 VTEC 的梯度普遍较小。仅观察 F2 层峰值高度 hmF2 和 NmF2，可呈现不完整的 TID 图像，但图 7.1 仍然呈现了 2003 年 10 月 27 日至 30 日的波动特性，这可能是由于 TID 引起的纬向和经向陡峭梯度的例子。

2003 年 10 月 29 日（D1-day）SSC（6:11UT）后的数小时内，电离层等离子体的电子密度发生了剧烈变化，导致中纬度地区出现极端梯度，以下为部分站点 NmF2 时间变化曲线对比：Chilton 站（51.6°N，358.7°E）和 El Arenosillo 站（37.1°N，353.2°E）对比如图 7.1（a）所示，Juliusruh 站（54.6°N，13.4°E）和 Rome 站（41.9°N，12.5°E）对比如图 7.1（b）所示，Juliusruh 站（54.6°N，13.4°E）和 Chilton 站（51.6°N，358.7°E）对比如图 7.1（c）所示，El Arenosill 站（37.1°N，353.2°E）和 Rome 站（41.9°N，12.5°E）对比如图 7.1（d）所示。这种波状结构是 10 月 29 日主要的活动模式，随纬度的变化而减弱，成为夜间电离层的组成部分，表现出非常明显的负暴（见第 5 章）。这很容易让人联想到图 5.11，图中显示在 2003 年 10 月 28 日白天 NmF2 显著增强（约为 $175\times10^{10}e/m^3$）与 AE 指数激增的地磁亚暴导致的高极光活动有关。

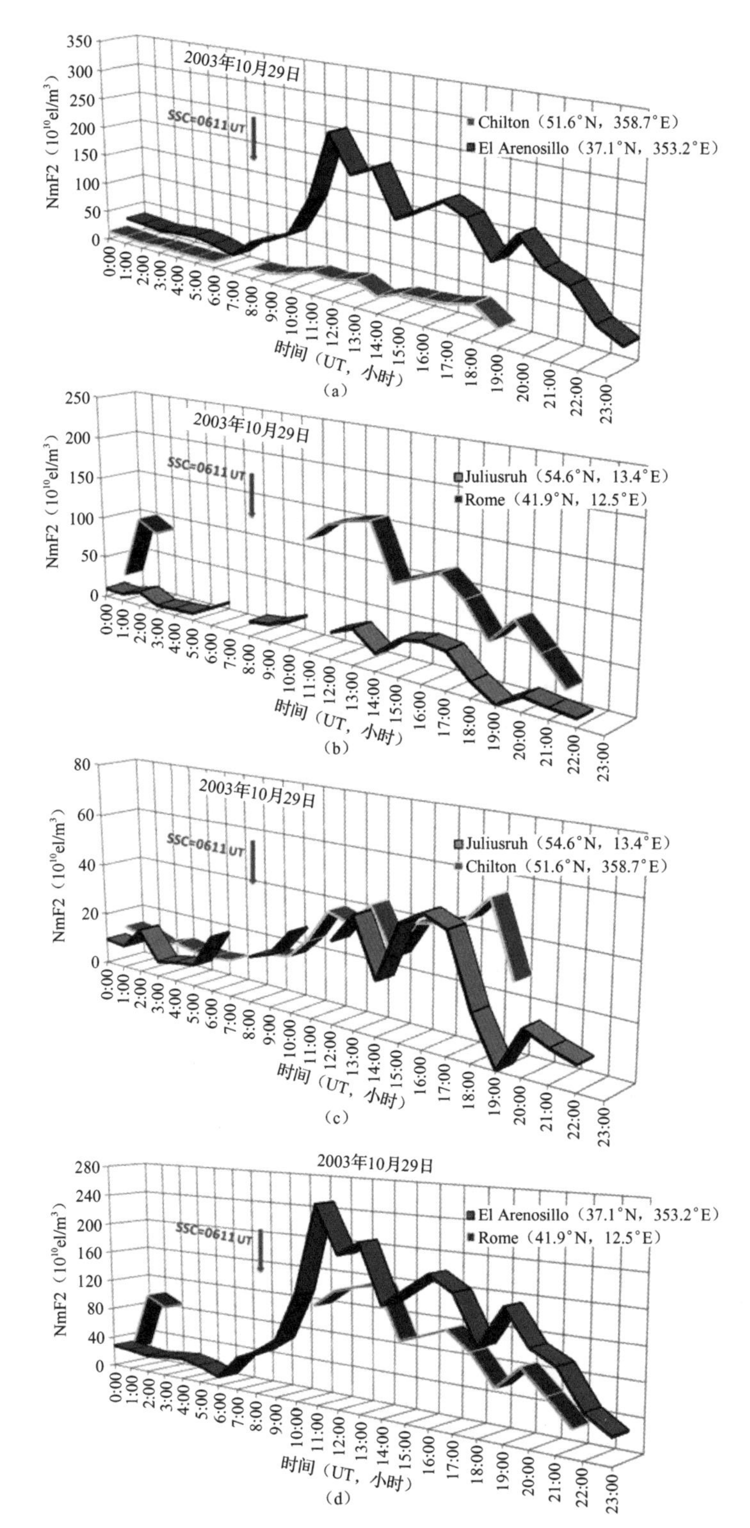

图 7.1　2003 年 10 月 29 日 NmF2 时间变化对比：(a) Chilton 站（51.6°N，358.7°E）和 El Arenosillo 站（37.1°N，353.2°E）；(b) Juliusruh 站（54.6°N，13.4°E）和 Rome 站（41.9°N，12.5°E）；(c) Juliusruh 站（54.6°N，13.4°E）和 Chilton 站（51.6°N，358.7°E）；(d) El Arenosillo 站（37.1°N，353.2°E）和 Rome 站（41.9°N，12.5°E）

7.2 大尺度不规则体

关于中纬度电离层不规则现象的起源，最被广泛接受的观点之一是电离层由不同尺度和起源的波动过程叠加而成。该观点来自于对地球电离层不规则体与动力学的实验观测和理论研究。电离层行波扰动（TID）可能是电离层电子密度的传播扰动，与到达热层的大气重力波（AGW）的作用有关，在热层中，离子被压力波驱动的中性风强迫沿磁力线运动。研究人员对上世纪下半叶磁暴期间观测到的大规模电离层行波扰动进行了调查，其典型水平波长 λ_H 为 300～3000km、周期为 30min～2h、相速度为 300～1000m/s。这些大尺度结构的产生区域位于南北极地区，可能是 AGW 的表现。它们是磁暴在中纬度地区最显著的后果，图 7.2 通过垂直总电子含量的时间变化显示了 TID 的复杂可观测特征。

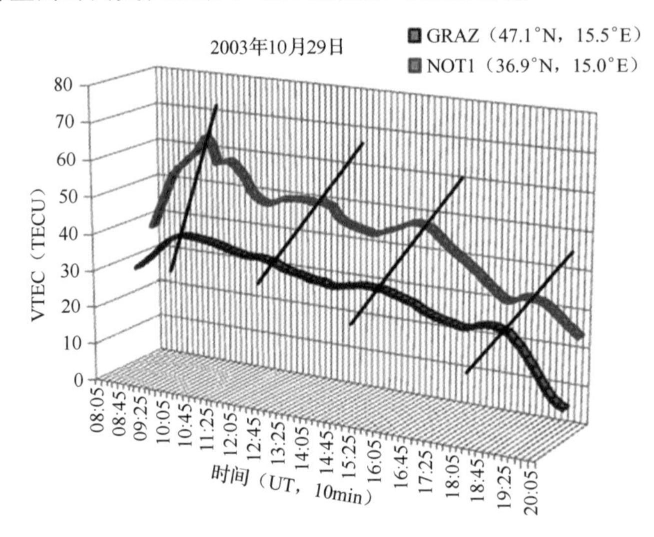

图 7.2　2003 年 10 月 29 日，GRAZ（47.1°N，15.5°E）和 NOT1（36.9°N，15.0°E）两个 GNSS 观测站的 VTEC 时间变化

图 7.2 显示了 2003 年 10 月 29 日观测到的日间 12 小时电离层变化和 TID，结果基于 GRAZ（47.1°N，15.5°E）和 NOT1（36.9°N，15.0°E）两个 GNSS 观测站 10 分钟间隔的垂直总电子含量观测数据，两个站点几乎位于相同的子午线上。文献清楚地解释了如何利用变化轨迹上相似峰的时间间隔和计算得到的反射点间距来估计子午线面上 TID 的速度。图 7.2 中的实线连接 VTEC 值峰，这些线的梯度可用于计算传播相速度的经向分量，连续两条线之间的时间差被视为变化周期。这两个参数被用来估计 TID 的水平波长。经计算，周期 T 约为 3h、传播速度 v 的经向分量约为 314m/s、波长 λ 约为 3400km，表明在 2003 年 10 月 29 日超强磁暴中，确实发生了具有典型特征的大尺度 TID 事件。显然，AGW 对 F 层高度热层的影响并不直接，但图 7.1 和图 7.2 中的例子表明，电子密度变化在局部确实对中性风波动的通过有响应。

1999 年 9 月 12 日至 16 日期间连续发生了两次小磁暴，产生电离层扰动，此期间 Chilton 站（51.6°N，358.7°E）和 El Arenosillo 站（37.1°N，353.2°E）观测到的 NmF2 变化如图 7.3 下所示。1999 年 9 月是一个活跃的秋分月，月均 Sn=106.3（SSn=155.1）、F10.7=135.8、Ap=19，

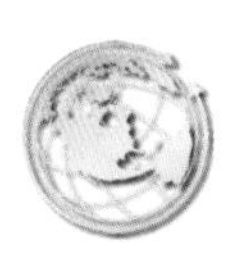

9 月 22 日（D2-day）8 次 SSC 导致最大 Ap=50。极地 UVI 仪器和多点地面磁力图表明，在 11:40UT 至 11:51UT 之间出现了强烈的极帽发射和极光亚暴。对这些垂测站的 NmF2 和 h’F 的仔细测量表明，磁暴期间 TID 影响了该区域中纬度的电离层。该影响是从 9 月 12 日（D5-day，Ap=31）第一次 SSC=03:59UT 的余波中开始的，观测到突发短暂正相，然后从 13 日（D1-day，Ap=46）、14 日、15 日（Ap=27）和 16 日（D4-day）观测到一个长期的持续负相，期间最大电子密度和最小虚高在日间时段经历了明显的波动变化。

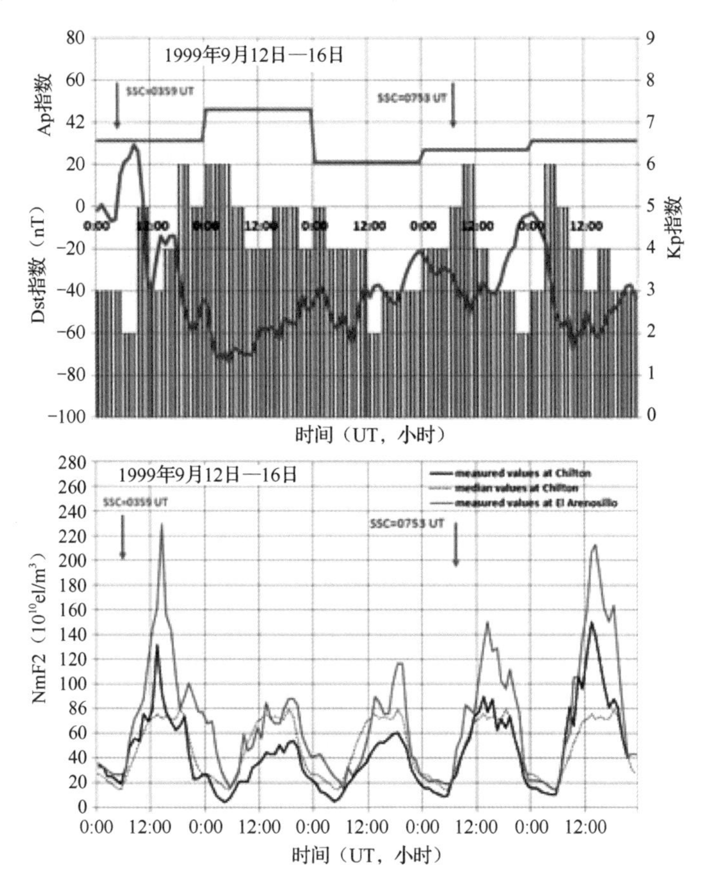

图 7.3　1999 年 9 月 12 日至 16 日磁暴期间 Chilton 站（51.6°N，358.7°E）和 El Arenosillo 站（37.1°N，353.2°E）的 Dst 指数、Ap 指数和 Kp 指数（上）和 NmF2 时间变化（下）

图 7.4 显示了经向对齐的 Chilton 站和 El Arenosillo 站的 h’F 和 NmF2 的波动变化。1999 年 9 月 15 日，两个站之间的 NmF2 峰值在一小时内从高纬度向低纬度移动，大致与 h’F 最小值相吻合。这些振荡提供了观测证据，表明 TID 从 51.6°N 的 Chilton 向 37.1°N 的低中纬度 El Arenosillo 传播，将电离层等离子体推到更高的高度，那里的化学衰减要慢得多，从而导致 NmF2 值增加。基于观测到的峰位移动和与站点间距离偏移，可实现对 LSTID 南北运动的观测，传播速度 v≈450m/s，波长 λ≈3220km。

到目前为止，分析表明，在中纬度欧洲地区 TID 是一种日间活动。在 1992 年 2 月第 22 太阳活动周期下降阶段开始时，发生了数次大磁暴，相关参数极高，月均 Sn=230.7（SSn=161.1）、F10.7=232.08、Ap=31，共发生 7 次 SSC，导致 Ap 指数在 2 月 3 日（D1-day）达到峰值 92。

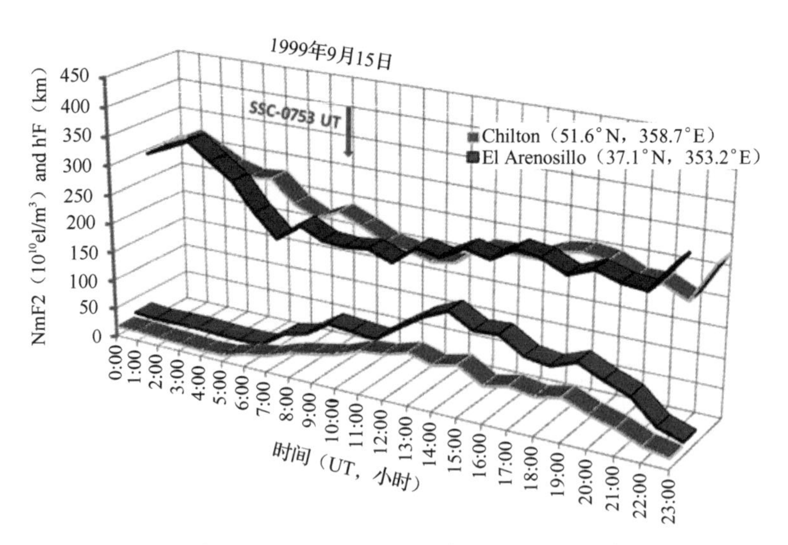

图 7.4　1999 年 9 月 15 日 Chilton 站（51.6° N、358.7° E）和 El Arenosillo 站（37.1° N、353.2° E）的 NmF2 和 h'F

2 月 24 日 SSC=7:02UT 之后，伴随的是 Ap 指数和 Kp 指数上升，2 月 25 日达到最大值：Kp=7 和 Ap=55。随后在 2 月 26 日发生另一次 SSC=16:57UT，导致 Kp=8 和 Ap=65，随后是一个长期的恢复相（见图 7.5）。

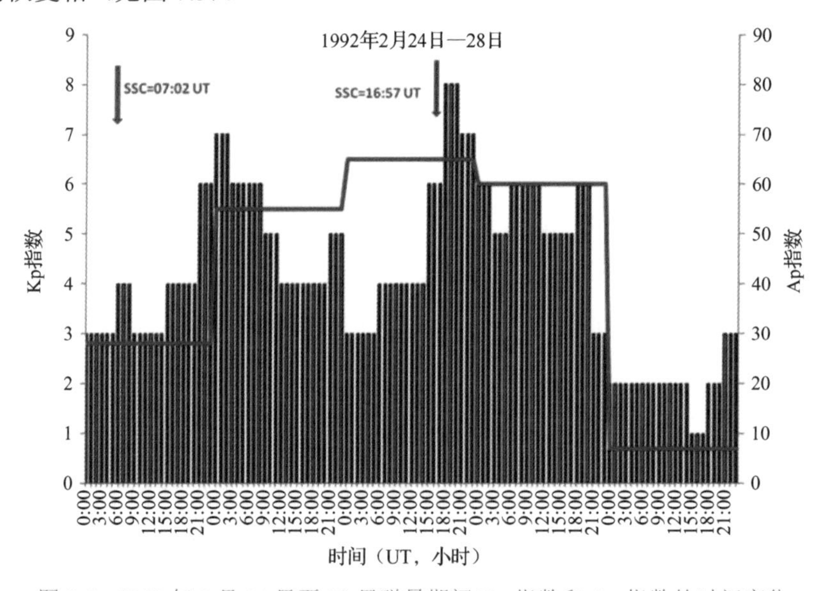

图 7.5　1992 年 2 月 24 日至 28 日磁暴期间 Kp 指数和 Ap 指数的时间变化

1992 年 2 月 27 日和 28 日夜间处于地磁活动从高水平到低水平的过渡期，在 Juliusruh 站（54.6°N，13.4°E）和 Rome 站（41.9°N，12.5°E），h'F 和 NmF2 呈现出明显的波动结构（见图 7.6）。基于两个站记录的数据得到 h'F［见图 7.6（a）］和 NmF2［见图 7.6（b）］的传播时延，由此计算得到的传播速度 v 和波长 λ 的经向分量分别约为 396m/s 和 2840km。

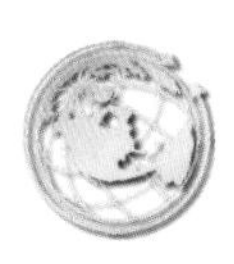

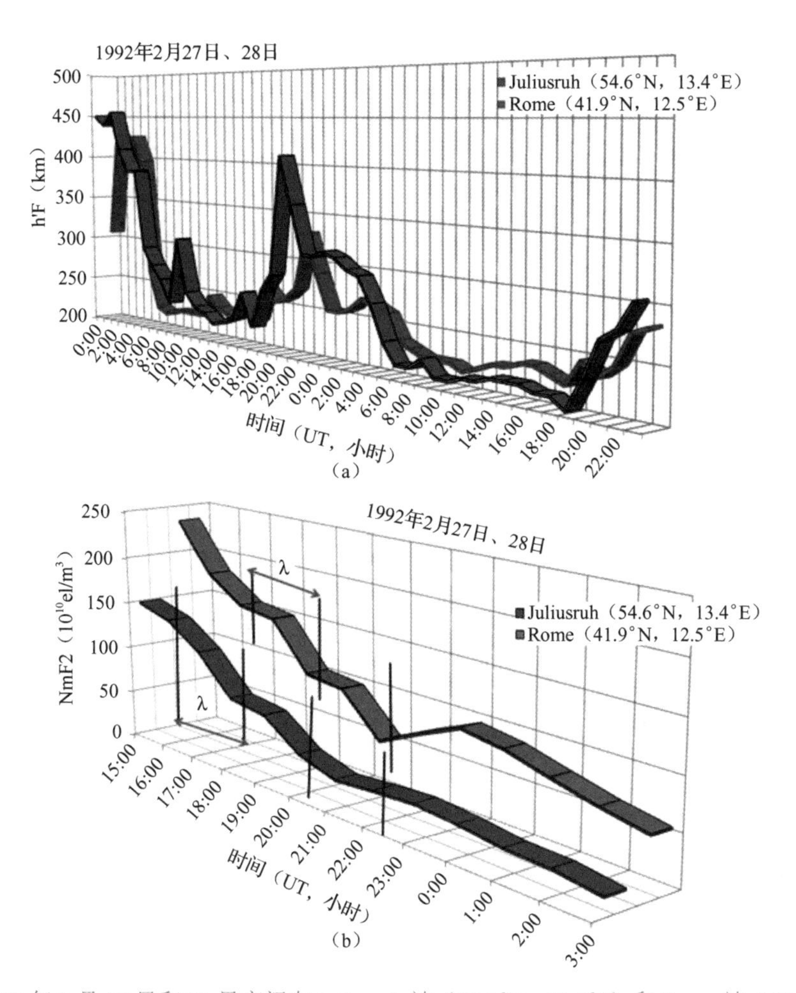

图 7.6　(a) 1992 年 2 月 27 日和 28 日夜间在 Juliusruh 站（54.6°N，13.4°E）和 Rome 站（41.9°N，12.5°E）观测到的 TID 的 h'F 特征。(b) 在 Juliusruh 站（54.6°N，13.4°E）和 Rome 站 41.9°N，12.5°E）观测到的 TID 的 NmF2 特征

电离层垂测站和 GNSS 观测站的观测可以证明，在欧洲区域大规模 TID 的发生并不存在昼夜、季节特点和太阳活动周期依赖。然而，文献中普遍认为冬季为 TID 的高发期，夏季为次高发期，在春季、秋季为低发期。相反，这类不规则性与地磁活动水平之间的强相关性显得更为重要。2013 年 3 月 17 日，日冕物质抛射（CME）驱动的磁暴就是一个发生在接近春分的案例。

图 7.7 上显示了 2013 年 3 月 16 日至 20 日期间的 Kp 指数和 Dst 指数，这与 2013 年 3 月 15 日触发的 St. Patrick's Day 磁暴相关，当时发生了 M1.2 耀斑，并伴随着全晕地向日冕物质抛射。如图 7.8 的 AE 指数所示，3 月 16 日能量持续输入，3 月 17 日 6 时 CME 抵达，发生 SSC=6:00UT，同时太阳风速度在 1AU 内跃升至 725km/s，行星际湍流磁场 Bz 分量达到约 −20nT。2013 年 3 月 16 日至 20 日的太阳黑子数分别为 81、88、79、49 和 38，至少在前三天高于月均太阳黑子数 57.9。3 月 17 日 21:00UT，Dst 指数降至最小值（−132nT），然后开始缓慢恢复。3 月 17 日（D1-day）SSC 之后，Ap 值增加到最大 72，期间共有两个 Kp=7 历元和四个 Kp=6 历元，表明这是一场大磁暴。

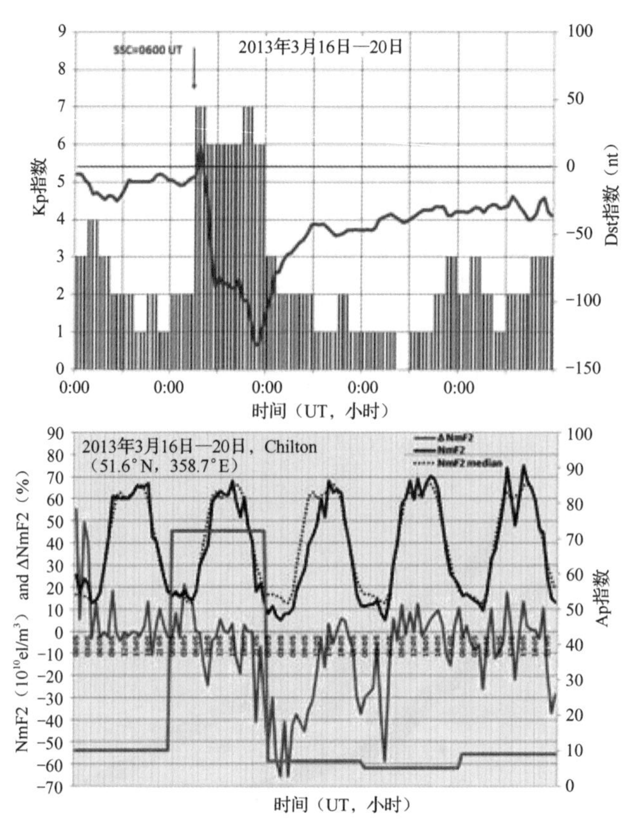

图 7.7　3 小时 Kp 指数和每小时 Dst 指数（上），Chilton 站（51.6℃N，358.7℃E）的每小时 NmF2 和△NmF2 和 Ap 指数（下）

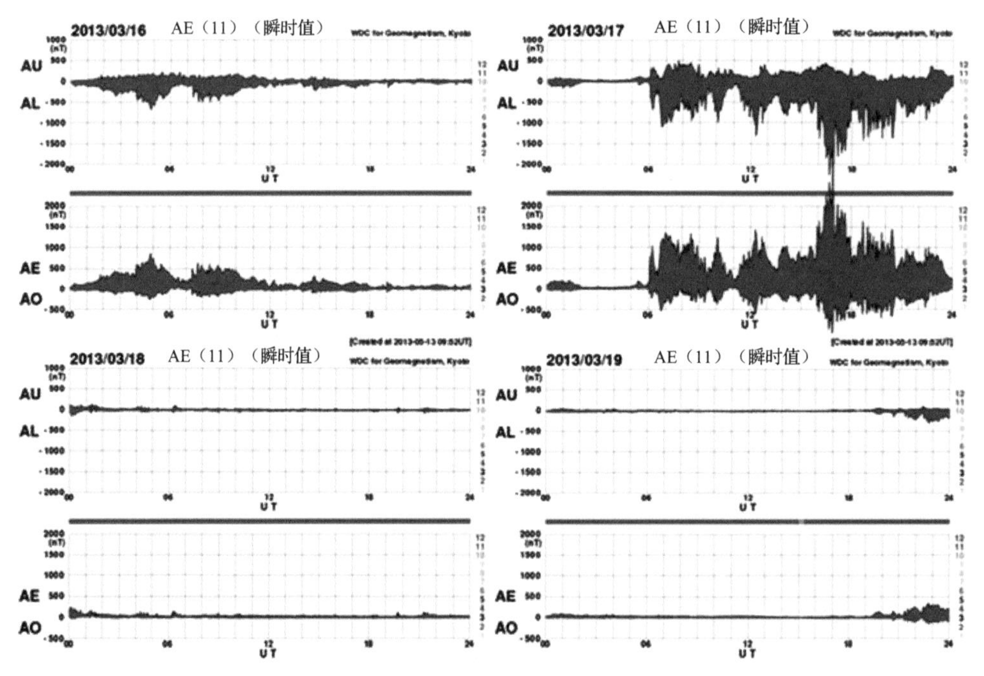

图 7.8　2013 年 3 月 16 日—19 日的极光电射流指数。用于推导该指数所用的站点数量显示在图右侧的彩色刻度

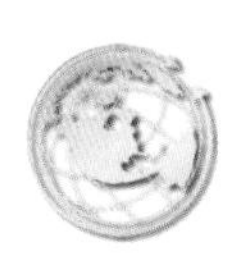

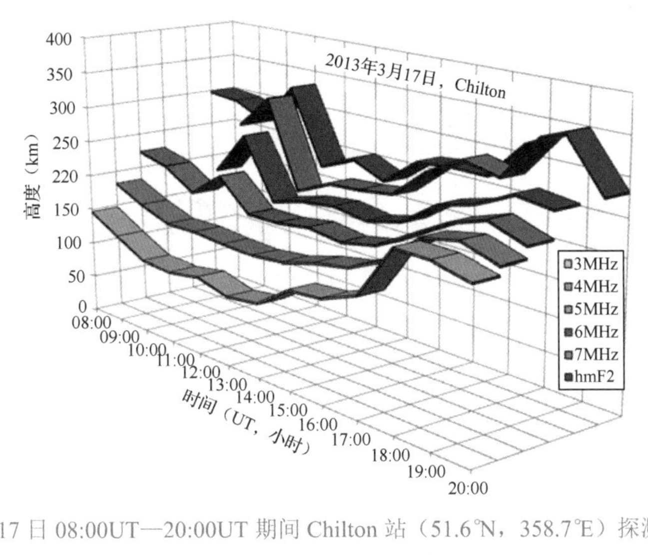

图 7.9 2013 年 3 月 17 日 08:00UT—20:00UT 期间 Chilton 站（51.6°N，358.7°E）探测频率的实际高度序列

该次事件中 Chilton 站（51.6°N，358.7°E）的最大电子密度 NmF2 和△NmF2 的变化如图 7.7 下所示。有趣的是，就在 SSC 之前，一股强化的 NmF2 气流（△NmF2>60%）在 0:00UT—03:30UT 期间延伸，并在 SSC 之后伴随强烈的振荡相消失。随后出现的负暴效应相对较短，持续约 14h，△NmF2 约<−60%。很明显，日间电离层暴效应在 3 月 18 日 12 时前结束。然而，在 3 月 18 日—19 日夜间，NmF2 也出现了下降，这表明了电离层暴的影响还在继续，可能是由于重组率的增加。磁暴的恢复相持续了相当长的时间，NmF2 没有显著变化，这意味着环电流的缓慢衰减相与电离层或热层中发生的情况无关。最大 NmF2 负偏离相对最小 Dst 值的时延为 NPM≈8h。

图 7.7、图 7.8 和图 7.9 中最显著的特征是 NmF2 时空波动与 AE 指数的变化密切相关，并在 17:00UT 左右达到 2000nT 以上的峰值。极光电射流指数还定义了当 AEmax>600nT 时磁暴的强度和 St. Patrick’s Day 磁暴期间 AE 的日间大波动，清楚地表明这是一个高强度的亚暴活动。

现代化电离层探测仪确保了广泛可用的无线电诊断设施，用于在小于或等于 hmF2 的高度准确监测 F 层结构和动态，并且在探测固定频率的实际反射高度序列中应用了一种推导垂直相位和群速度的方法。图 7.9 展示了 08:00UT—20:00UT 期间一系列与 3MHz（$N=11.16\times10^{10}e/m^3$）至 7MHz（$N=60.76\times10^{10}e/m^3$）等离子体频率整数值相对应的真高时间廓线。每条曲线由不同颜色的粗线表示，描绘观测到的底部 F2 层的最大高度 hmF2。欧洲地区的单垂测站观测结果显示，中纬度 AGW 发射的 TID 持续时间 T≈50min（16:25UT—17:15UT），以约 450m/s 的速度向南迁移，波长约 1350km。有证据表明，大尺度 TID 起源于极光区并造成全球影响，这是由于粒子沉降和极光电弧形成而引起的大气变化的结果。

为了研究磁静期电离层 F 层的波动结构，选择 2007 年 11 月 6 日（Q2-day，$\sum Kp=1^+$及 Ap=0）和 11 月 7 日（Q2-day，$\sum Kp=0^+$及 Ap=1）两天作为理想案例。2007 年 11 月是第 23 太阳活动周期接近尾声的一个月，总地磁活动极低，月均 Sn=2.8（SSn=9.2）、F10.7=69.4、Ap=7，发生了一场 SSC，最大 Ap=24。在这些条件下，图 7.10 中分别基于欧洲中纬度垂测站的 NmF2、h’F 和 MUF(3000)F2 数据进行了 TID 特征分析，时间分辨率为 30min（2007 年 11 月 6 日和 7 日）。这些数据表明波动结构是电离层可变性的主要模式，所有参数的周期约为 90min，传播速度约为 450m/s，波长约为 2420km。这种模式是在 F 层观测到的典型的大气重力波引起的 TID。

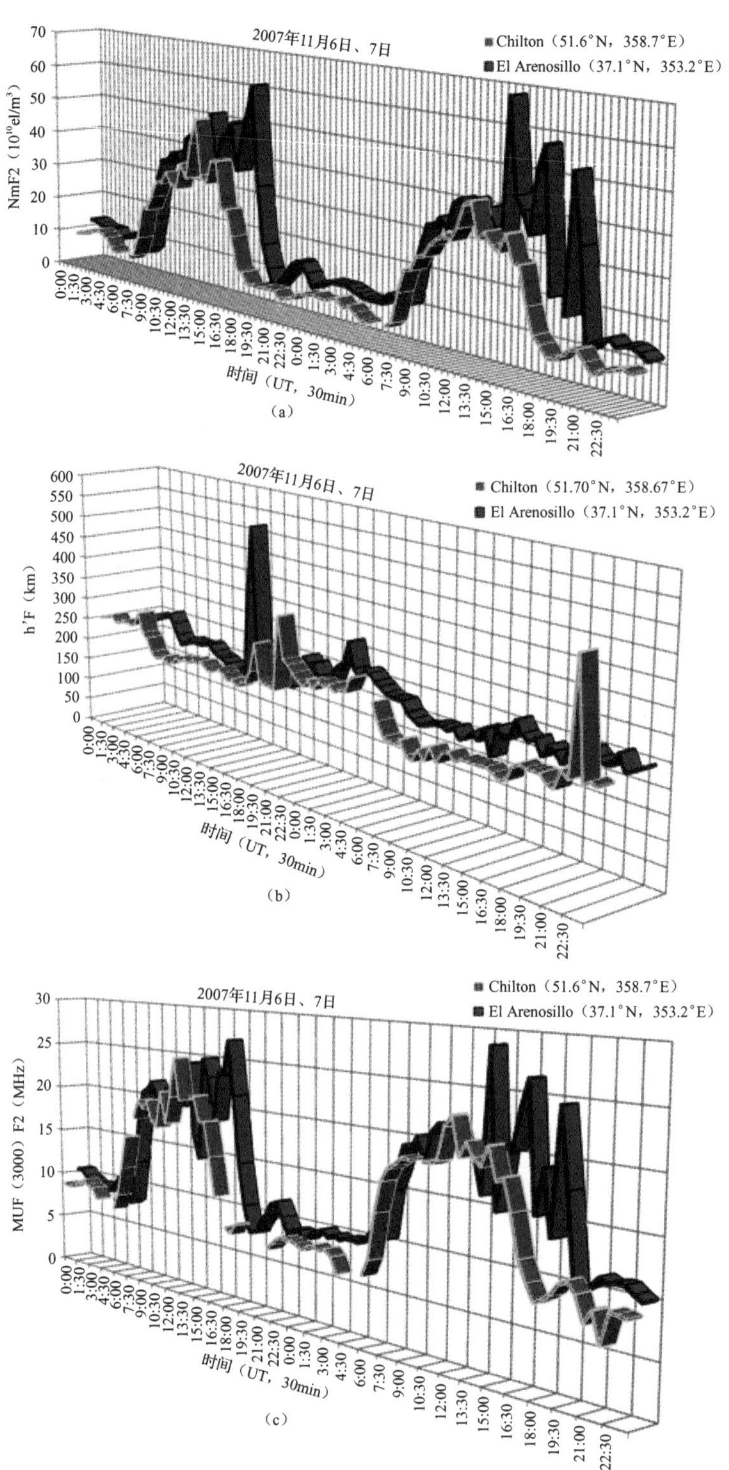

图 7.10 （a）2007 年 11 月 6 日和 7 日地磁宁静期间，Chilton 站（51.6℃N，358.7℃E）和 El Arenosillo 站（37.1℃N，353.2℃E）TID 的 NmF2 特征。（b）在 2007 年 11 月 6 日和 7 日地磁宁静期间，Chilton 站（51.6℃N，358.7℃E）和 El Arenosillo 站（37.1℃N，353.2℃E）TID 的 h'F 特征。（c）2007 年 11 月 6 日和 7 日地磁宁静期间，Chilton 站（51.6℃N，358.7℃E）和 El Arenosillo 站（37.1℃N，353.2℃E）TID 的 MUF(3000)F2 特征

7.3　中尺度不规则体

中尺度电离层行波扰动是具有典型水平波长（100～300km）的电子密度波动结构，周期 10～30min，传播速度 50～300m/s。在文献中，它们在中纬度地区白天的出现与大气重力波（AGW）在电离层高度的变迁有关，因此也与当地的对流层条件有关。另一方面，夜间中纬度 MSTID 往往与 Perkins 不稳定性关联，并与中纬度扩展 F 有关。基于低纬电离层传感器网络（LISN）框架内进行的实验，研究了 MSTID 在低纬电离层中运行时的观测特征。该研究对 2008 年 7 月 17 日至 30 日期间的事件进行了详细的讨论，得出的推论是夜间 MSTID 的发生高峰出现在夏季，而日间 MSTID 在冬季更频繁。此外日落 MSTID 被认为是由移动的太阳晨昏产生的。

地磁场扰动是否是 MSTID 的来源是科学界热烈讨论的问题。选择一个磁静日（2008 年 7 月 20 日，Q9-day，∑Kp=5⁻，Ap=3）来检查欧洲中纬度地区 MSTID 的夜间发生情况。2008 年 7 月是接近第 23 太阳活动周期尾声的一个夏季月份，具有非常低的日地活动，月均 Sn=0.6（SSn=4）、F10.7=65.7、Ap=5，发生一次 SSC，导致最大 Ap=16。图 7.11 给出了 Chilton 站（51.6°N，358.7°E）和 HERS 站（50.9°N，0.3°E）的局部观测结果（01:00UT—04:00UT）。反演得到的 MSTID 波长约 310km，相速度约 260m/s，周期约 20min。尽管由于 foF2 和 VTEC 的采样周期仅为 10min，时间分辨率较低，导致 Q9-day 的观测证据精度较低，但仍然能够说明在这次特殊的事件中，地磁场扰动作为中尺度 TID 的主要来源是无效的。因此可认为中纬度 MSTID 主要受大气传播条件的影响。

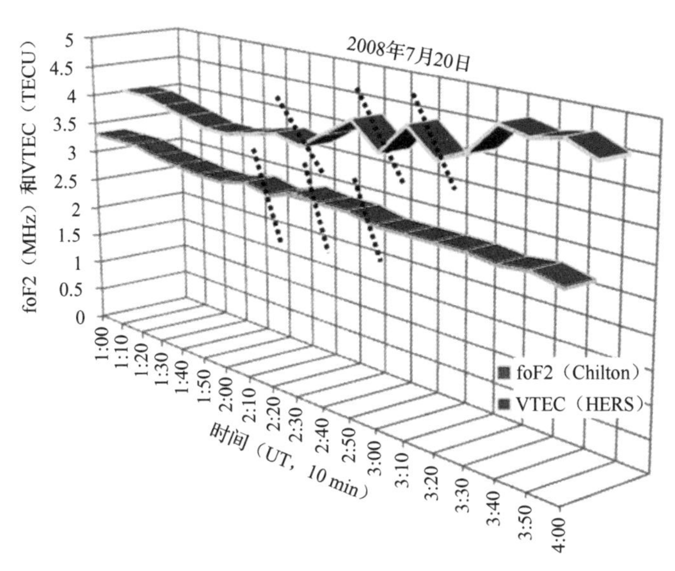

图 7.11　2008 年 7 月 20 日（Q9-day）期间，Chilton 站（51.6°N，358.7°E）和 HERS 站（50.9°N，0.3°E）的 MSTID foF2 和 VTEC 特征

foF2 和 VTEC 波动结构表明，MSTID 引起的电子密度变化是本地中性风沿磁力线波动传输过程的结果，并与向上传播的 AGW 有关。然而，必须强调的是，在 F 层高度，由重力波引起的中性风的传输过程对热层的影响不是直接的，而且对观测到的归因于对流层起源波

的电离层空间天气效应目前也所知甚少。

7.4 观测和建模

在本章关于电离介质和中性介质耦合的总结中，需要注意，通常是波动的混合和引入的不稳定性产生等离子体的不规则性，然后向各个方向传播。由此产生的各类电离层不规则体和波动极其复杂，在奇特的日地环境中观察到的其他波动事件可能表现出不同寻常的等离子体波动传播特性，并影响电离层高度和相应的峰值电子密度。最近，在 Net-TIDE 项目框架内，基于 DP4D 同步垂测网自动实时识别欧洲的 TID，取得了实质性进展。该技术的有效性依赖于从目标区域内 TID 活动的实时原始观测中收集、分析和评估的能力。这种新技术可应用于开发电离层等离子体不稳定性和波动的先兆和机制的高分辨率模型，为相关的小尺度电离层空间天气现象提供预报能力，并可减轻由此对无线电和导航系统造成的不良影响（Reinisch 等，2018）。

大量研究表明，LSTID 的发生与高地磁活动期有很强的相关性，而 MSTID 往往发生在磁静时。大尺度不规则体的破裂和小尺度不规则体的形成，加上大、中、小尺度不规则体的意外重叠，产生了无法预见的电离层空间天气变化。因此，状态描述/短期预报以及预测中纬度和其他纬度 TID 活动（方向、大小和波长）的程序尚未在电离层模型中充分发展。为实现这一目标，迫切需要进行全面的卫星测量和地面观测，以成功地模拟大气-电离层-磁层（A-I-M）系统中电离介质和中性介质的强耦合，这种耦合发生在数米至数百公里的空间尺度和秒至小时的时间尺度。

关于地面平流层和对流层天气扰动系统在产生赤道和中纬度区域不规则波动的磁层-电离层过程中的作用，还有一些基本的科学问题仍未解决。这是一个跨学科的问题，从大气科学延伸到空间物理学，其解决方案可能发展出一个全球大气环流模型，能量向上耦合，热结构从地面延伸到大约 500～600km 的外逸层。这对于状态描述/短期预报以及预测磁暴驱动的电离层行为特别有用。在解释电离层空间天气的原因和影响时，纳入低层大气日常变化可能对全面了解电离层对磁暴的响应至关重要。

参考文献和补充书目

[1] Afraimovich EL(2008)First GPS-TEC evidence of wave structure excited by solar terminator. Earth Plane Space 60: 895-900.

[2] Andreev AB, Somsikov VM, Mukasheva SN et al(2018)Nonequilibrium effects in atmospheric perturbations caused by solar radiation flflux. Int J Geomag Aeronom 58(1): 106-112.

[3] Andrews DG, Holton JR, Leovy CB(1987)Middle atmosphere dynamics. Academic, San Diego.

[4] Boska J, Sauli P, Altadill D et al(2003)Diurnal variation of the gravity wave activity at midlatitudes of ionospheric F region. Studia Geophys Geod 47: 579-586.

[5] Chen G, Wu C, Huang X et al(2015)Plasma flflux and gravity waves in the midlatitude ionosphere during the solar eclipse of 20 May 2012. J Geophys Res 120: 3009-3020.

[6] Crowley G, McCrea IW(1988)A synoptic study of TIDs observed in the UK during the fifirst WAGS campaign,

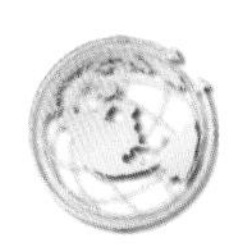

October 10-18, 1985. Radio Sci 23: 905-917.

[7] Crowley G, Rodrigues FS(2012)Characteristics of traveling ionospheric disturbances observed by the TIDDBIT sounder. Radio Sci 47 RS0L22.

[8] Dominici P, Zolesi B, Cander LR(1988)Preliminary results concerning atmospheric gravity waves deduced from foF2 large-scale oscillations. Phys Scr 37: 516-522.

[9] Dominici P, Cander LR, Zolesi B(1997)On the origin of medium-period ionospheric waves and their possible modelling: a short review. Ann Geofifis XL(5): 1171-1178.

[10] Francis SH(1974)A theory of medium-scale traveling ionospheric disturbances. J Geophys Res79: 5245-5259.

[11] Hernandes-Pajares M, Juan MJ, Sanz J(2006)Medium-scale traveling ionospheric disturbances affecting GPS measurements: spatial and temporal analysis. J Geophys Res 111 A07S11.

[12] Hines CO(1960)Internal atmospheric gravity waves in the upper atmosphere. Can J Phys 38: 1441-1481.

[13] Hunsucker RD(1982)Atmospheric gravity waves generated in the high-latitude ionosphere. A review. Rev Geophys 20: 293-315.

[14] Jakowski N, Stankov SM, Wilken V et al(2008)Ionospheric behaviour over Europe during the solar eclipse of 3 October 2005. J Atmos Sol-Terr Phys 70: 836-853.

[15] Kirchengast G, Hocke K, Schlegel K(1996)The gravity wave-TID relationship: insight via theoretical model-EISCAT data comparison. J Atmos Terr Phys 58: 233-243.

[16] Lanchester BS, Nygrén T, Huuskonen A et al(1991)Sporadic-E as a tracer for atmospheric waves. Planet Space Sci 39(10): 1421-1434.

[17] McInerney JM, March DR, Liu H-L(2018)Simulation of the August 21, 2017 solar eclipse using the Whole Atmosphere Community Climate Model—eXtended. Geophys Res Lett.

[18] Mikhailov AV, Perrone L(2009)Pre-storm NmF2Enhancements at middle latitudes: delusion or reality? Ann Geophys 27: 1321-1330.

[19] Paznukhov VV, Galushko VG, Reinisch BW(2012)Digisonde observations of AGWs/ TIDs with frequency and angular sounding technique. Adv Space Res 49(4): 700-710.

[20] Reinisch BW, Galkin I, Belehaki A et al(2018)Pilot ionosonde network for identifification of traveling ionospheric disturbances. Radio Sci.

[21] Roble RG(2000)On the feasibility of developing a global atmospheric model extending from the ground to the exosphere. In: Siskind DE, Eckermann SD, Summers ME(eds)Atmospheric.

[22] Science Across the Stratopause, vol 123. AGU Geophys Monogr Ser, Washington, pp 53-67 Rodríguez-Bouza M, Paparini C, Otero X et al(2017)Southern European Ionospheric TEC Maps based on Kriging technique to monitor ionosphere behavior. Adv Space Res.

[23] Shiokawa K, Otsuka Y, Ogawa T et al(2002)A large-scale traveling ionospheric disturbance during the magnetic storm of 15 September 1999. J Geophys Res. 107(A6).

[24] Spoelstra TATh(1996)A climatology of quiet/disturbed ionospheric conditions derived from 22 years of Westerbork interferometer observations. J Atmos Terr Phys 58: 1229-1258.

[25] Williams PJS, Crowley G, Schlegel K et al(1988)The generation and propagation of atmospheric gravity waves observed during the worldwide atmospheric gravity-wave study (WAGS). J Atmos Terr Phys 50: 323-338.

[26] Yeh KC, Lin CH(1974)Acoustic-gravity waves in the upper atmosphere. Rev Geophys 12(2): 193-216.

第 8 章　电离层空间天气与电波传播

摘要：根据对无线电通信、天基导航定位、监视等造成的后果，总结了电离层天气对 RF 系统与 GNSS 系统的影响。并介绍了用于预测、现报、预报、事后分析的监测设施和图绘技术，以及最终操作工具、产品和服务。

关键词：RF 系统；GNSS 系统；电离层监测；电离层图绘；MOF；LOF；时延；CODE 地图

本章主要涉及通信、监视和导航等系统的电波传播受电离层空间天气的影响，而不是电离层自身的特征及其产生机理。电离层的等离子体环境具有各向异性，并且随着时间的推移而变化。其空间尺度在数千千米至一米以下不等变化，其时间尺度则在数年到数小时甚至几分钟不等变化。因此，要确定其对射频信号（RF）传播以及系统运行性能的影响非常困难。当极端电离层天气出现时，传播条件的变化比设备发射功率或接收灵敏度的变化大几个数量级。表 8.1 列出了电离层空间天气对 RF 系统和 GNSS 系统的一些影响。

表 8.1　电离层空间天气对各类系统的影响

	通 信 系 统	监 测 系 统	卫星导航系统
系统	短波通信和广播 短波测向 UHF/SHF 卫星通信 LEO 和 MEO 蜂窝和数据卫星通信 VLF-MF 通信和广播	UHF/SHF 雷达 短波超视距雷达 天基 SAR 雷达 地理定位	GNSS（GPS、GLONASS、伽利略、北斗和其他区域系统） “罗兰”远程导航系统
影响	数据/符号错误 通信损耗 吸收加剧 降低 MUF 提高 LUF 天波/地波 干扰：衰落与扰动加剧	距离和方位误差 天波污染 频谱失真 失去目标辨别力 SAR 孔径相位相干性损失 阻止遥感 雷达能量散射（极光干扰） 范围误差 仰角误差 方位角误差	相位失锁和数据丢失 范围误差 定位误差 法拉第旋转 闪烁 无线电频率干扰
严重度	短波中断 短波多普勒频移高达 30Hz 短波多径高达 8ms UHF 衰减 30dB	公里级的短波范围不确定性 短波方位误差高达 180°	单频定位误差高达 75m 位置更新中断
原因	电离层不规则体 多路径效应 衰减 多普勒效应	TEC 变化 梯度 电离层不规则体	TEC 变化 电离层不规则体

在支撑当代实用电离层空间天气产品开发的任何日地研究中，相关数据的收集是一个主要问题。这些数据经过一系列算法和模型可生成 RF 系统与 GNSS 系统所需的信息。图 8.1 描述了一种 RF 和 GNSS 传播预测系统的架构。

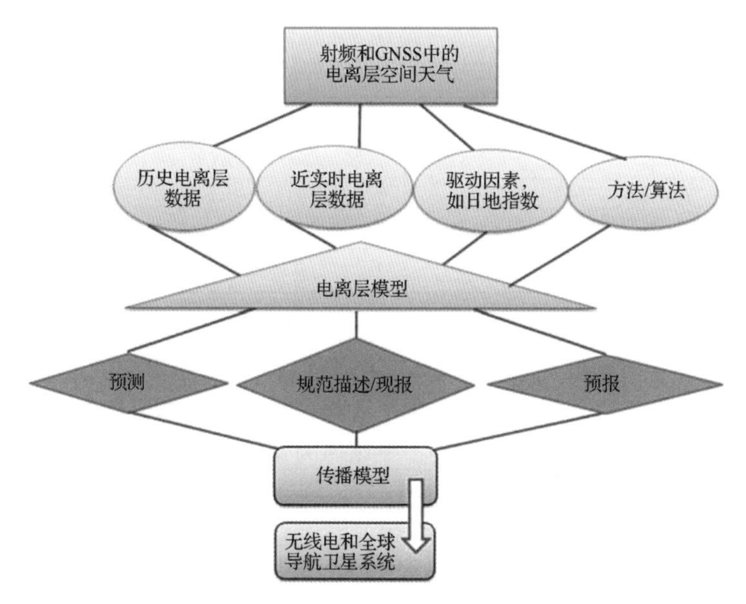

图 8.1　RF 和 GNSS 传播预测系统架构

8.1　电离层空间天气与 RF 系统

所有无线电通信方法都以电波传播为基础，并且随电波的频率和传播介质的变化而变化。介质可以是对流层、电离层或外层空间的。无线电频谱是一种有限资源，对工业、专业/个人通信服务和军事/民用防护越来越重要。在未来的几十年里，无线电服务的需求将显著增长，频谱管理必须跟上这种需求。目前已证明传播预测建模及其相关的软硬件对于设备设计、频率规划以及不同传播模式的实时频率管理都至关重要。在宁静环境下，电离层每层的等离子体物理内涵各不相同，并且会受到严重的日地事件的强烈影响。因此，明确的频率划分是对涉及 RF 系统的任何数据分析和解释的必要先决条件。无线电频率划分如表 8.2 所示。

表 8.2　无线电频谱

频率名称/频带	频 率 范 围	波 长 范 围	传 播 模 式
极低频（ELF）	<3kHz	>100km	波导/地波
甚低频（VLF）	3kHz～30kHz	10km～100km 万米波	波导/地波
低频（LF）	30kHz～300kHz	1km～10km 千米波	波导/天波/地波
中频（MF）	300kHz～3MHz	100m～1km 百米波	天波/地波
高频（HF）	3MHz～30MHz	10m～100m 十米波	天波

续表

频率名称/频带	频 率 范 围	波 长 范 围	传 播 模 式
甚高频（VHF）	30MHz～300MHz	1m～10m 米波	视距
特高频（UHF）	300MHz～3GHz	10cm～1m 分米波	视距
超高频（SHF）	3GHz～30GHz	1cm～10cm 厘米波	视距
极高频（EHF）	30GHz～300GHz	1mm～1cm 毫米波	视距
亚毫米波	300GHz～3THz	0.3mm～1mm	

在低于 100kHz 的 ELF、VLF 和 LF 频段，无线电波在以地球表面和电离层 D 层为界的同心球管道/通道内传播。地波充斥于该通道，其特性由地球-电离层波导的高度和形状决定，该波导受低至地下或海下的电导率廓线影响。低频到高频频段的无线电波可被地球电离层弯曲并被远距离接收。由于电波传播受色散和极化等因素影响，这种天波传播模式将受工作频率、电子密度、地面电导率和仰角等的影响。

HF 通信对于国防、应急服务、广播公司以及海事和航空运营商等众多部门都非常重要。从 VHF 到其他频率上的通信也很容易受到电离层的影响，并且较高频率的电波从卫星穿透电离层时会受到日地事件的影响，从而使电离层空间天气及其预测成为成功实施频谱管理的关键因素。未来无线电频谱不会增加，但是可用频谱范围内的需求肯定会增加。尽管用于 UHF，SHF 和 EHF 通信的较高频率的无线电波能够穿透电离层，但这些频段会受到沿信号路径的电子密度的大小尺度变化引起的不同程度衰落和相位色散的影响，并且这些频段内的对地静止空间日益拥挤。

仅在白天出现的 D 层对无线电传播非常重要，主要有两个原因：

（1）会从 LF，MF，HF 和 VHF 的电波中吸收能量；

（2）能形成地球电离层波导的上边界。

由于 D 层的折射通常很小，其最主要的影响是增加了白天沿通信路径的电波吸收，而当夜间 D 层消失时，远距离接收将成为可能。此外，接收的强度取决于在反射层以下的大气电离部分对电波能量的吸收。因此，一般来说吸收决定了最低可用频率和最大通信距离，正如电子密度或临界频率决定最高可用频率和最小跳跃距离。

E 层对无线电传播同样很重要，主要有三个原因：

（1）在夜间反射中波（MF）；

（2）反射短波（HF）；

（3）由于电离层的不规则性，可以散射和影响米波（VHF）和分米波（UHF）。

在夏季的白天，E 层的电子电离密度很高，以至于斜向传输超出了 E 层的控制范围。但是，地球曲率和 E 层高度将 E 层单跳传播限制在了最高 2000km。E 层支持的最高可用频率为 EMUF，它在白天和 F 层支持的 FMUF 同时出现。

电离层突发 E 层（或称 Es 层）出现在 E 层内 95～135km 之间的高度，在空间域（在较大或有限的地理区域内）和时间域（白天或黑夜的任何时间）之内不规则分布，并且最高电子密度可与 F 层媲美。对于 HF 和 VHF 无线电通信系统，这意味着 Es 层可能会与 F 层折射相似的频率，彻底屏蔽 F 层达数小时，或者只是部分透射而导致信号衰落（见图 8.2）。例如，在夏季

白天的中纬度地区 Es 层可以支持频率高达 30MHz 和 VHF 低端，大约 1000～2000km 的范围，或者引起较大的 F 层模式传播损耗（见第 4 章）。国际电信联盟无线电通信部门应用于全球范围内的建议书 ITU-R P.534-4 中，提供了一种计算 Es 层的场强和发生概率的有效方法。

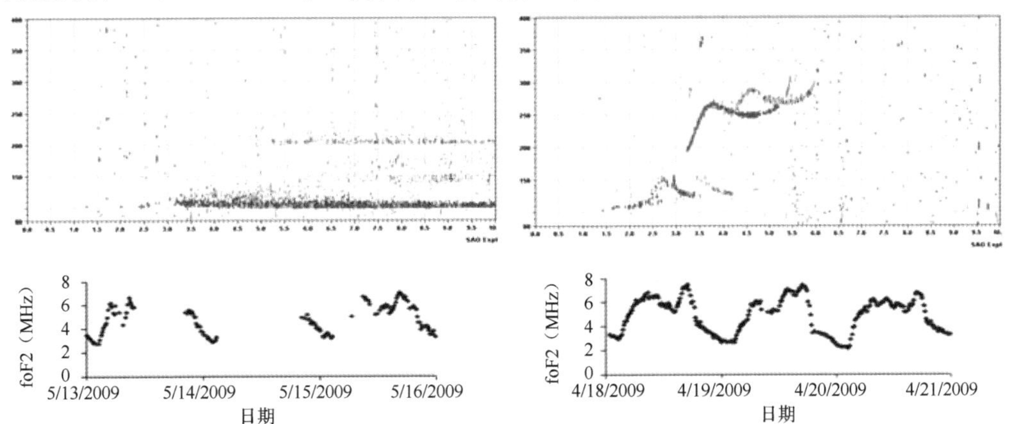

图 8.2　Nicosia 站（35.1°N，33.3°E）的 Es 层电离图（左上）和 foF2 时序图（左下），常规条件下电离图（右上）和 foF2 时序图（右下）

F 层是最复杂多变的电离层结构，具有高密度的自由电子和正电离子，对电波传播有多个重要影响。它对无线电通信和电离层空间天气的重要影响来自以下因素：

（1）全天 24 小时存在，只是清晨几个小时较弱；

（2）其高度使其具有最长的通信路径；

（3）通常折射 HF 范围内最高频率，吸收较少、传输速率最高。

因此，大多数高频通信线路都会规划使用中纬度地区 F 层作为折射区域。最高可用频率 FMUF 大部分时候是由 F 层决定，因为其电子密度大大超过较低高度的区域。F1 层的电离层传播对于夏季月份中高纬度 2000～3400km 距离传输非常重要。而在电离层负暴中，当 F2 层密度低于 F1 层密度（G 条件）并且 F1 层成为短波传播载体时，F1 层的作用就会特别突出。

对日益复杂的地基和天基信息系统造成严重影响的极端空间天气现象有：

（1）磁暴：一阵阵太阳风掠过地球造成的地磁场扰动；

（2）太阳辐射暴：高能粒子数量增加时发生的高水平辐射；

（3）无线电失效：由太阳的 X 射线辐射引起的电离层扰动。

进入地球高层大气的剧烈变化的太阳能和磁能促成了以上现象，并且主要影响 F 层。因此，给定高度和位置的电离层特征，如 foF2、h’F、M(3000)F2、MUF(3000)F2 等，会发生持续几小时到数天的突发剧变。这些变化既可以是支持较高频率传输的正变化，也可以是成功导致低于正常 F 层用频的负变化。在第 5 章，许多案例讨论了在电离层暴开始后偏离正常参考水平的情况。

目前，对于如何定义电离层传播模型，以便更好地规划应对这些事件，相关知识有限。这些模型应解决以下五个方面的问题：

（1）太阳和地磁活动的长期预报和短期预报；

（2）预报电离层扰动、电离层暴、波动和不规律现象。

（3）对特定时段电离层特征和参数的定量建模。

（4）根据国际和国内公约中仅提供的 9000 个 HF 子频段，计算电离层频率可用性和概率。

（5）综合考虑电离层（气候、可变性、吸收、地磁场、衰落、大气和银河噪声）和非电离层（人为噪声、干扰、天线、大地电导率和服务类型）的影响，预测 HF 系统性能。

短波无线电在任何给定距离上传播的可用频率上限由垂测得到的电离层的临界频率和虚高直接确定，图 8.3 显示的是从 Chilton 站（51.6°N，358.7°E）2002 年 4 月 24 日的电离图中获取的 foF2 和 h'F 的变化曲线图。需要注意的是，h'F 是 F 层反射垂直入射信号的最小观测虚拟高度，这意味着日间是 F1 层，夜间是 F2 层。图 8.3 和图 8.4 的右轴显示的是 Ap 指数，意味着本次为大磁暴（Ap > 49），且有四次 SSC，这使得传播条件非常有意思，值得仔细研究。Chilton 站 foF2 值在 4 月 18 日第二次 SSC=11:07UT，4 月 19 日下午第三次 SSC=08:35UT 之后以及 4 月 20 日全天平均下降了 40%。4 月 22 日和 23 日日间也出现了 foF2 下降，但不明显。相反，4 月 15 日第一次 SSC=12:34UT 后测得的 foF2 值（实测趋势）显著高于月中值（预期趋势）。而 2002 年 4 月其他时间的实测值与月中值相吻合，表现为月均 Sn=186.9（SSn=174.4）、F10.7=190 的高太阳活动。

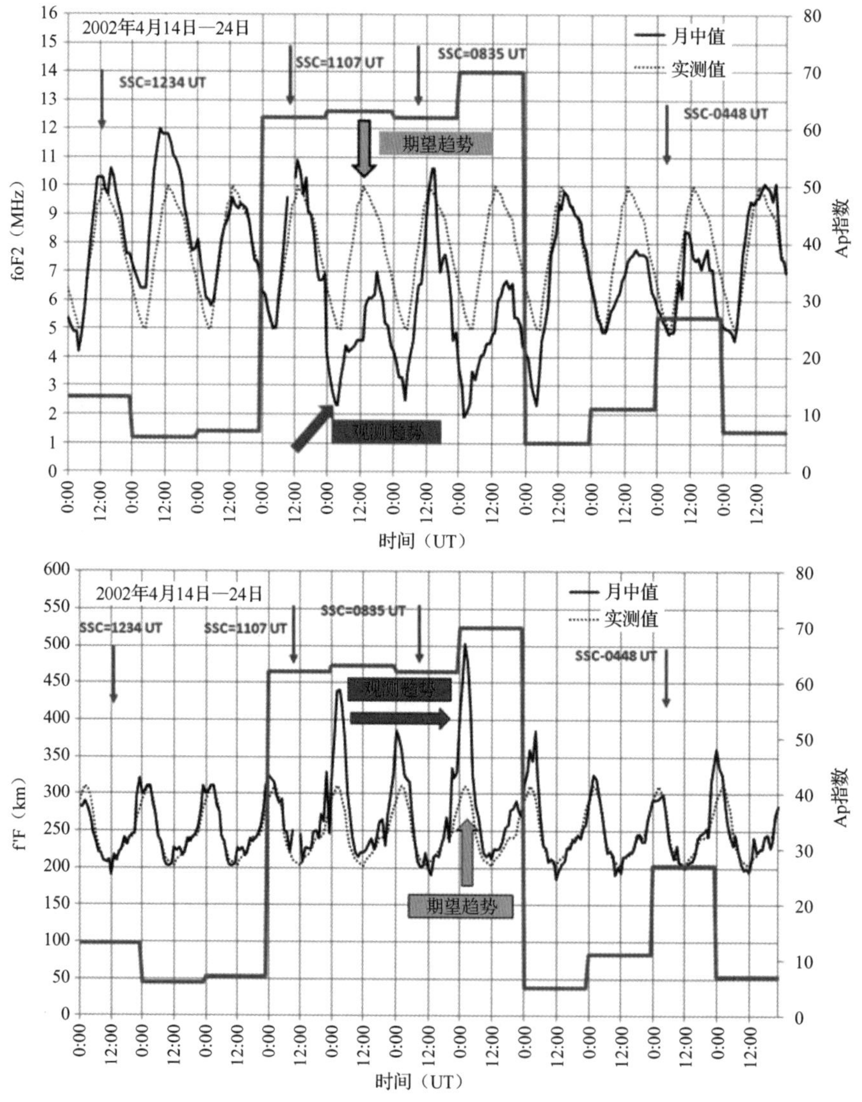

图 8.3　2002 年 4 月 14 日—24 日 Chilton 站（51.6℃N，358.7℃E）的 foF2（上）、h'F（下）的实测值和月中值

比较图 8.3 中的上、下图可知，在 4 月 15 日观察到的 foF2 增强并未出现在 h’F 图中，而在 4 月 18 日—20 日的磁暴期间，测得的 h’F（实测趋势）有时高达 380～500km。这明显高于中值（预期趋势），尤其是在夜间。探测到 F 层反射点高度在 10～30min 内迅速升高约 50km，这并不寻常。

图 8.4 显示了 2002 年 4 月 14 日—24 日 Chilton 站（51.6°N，358.7°E）到周边 3000km 地面距离的 FMUF 时序，其显示出强烈的昼夜趋势，即每日 MUF 值约在当地正午达到最大值，约在午夜达到最小值。结果表明，连续 SSC 后地磁相对平静的 4 月 16 日、21 日、24 日，MUF 变化不大，这与典型春分电离层 F 层结构的发展是一致的。随着磁暴的发展，在第一次 SSC=12:34UT 之后，MUF(3000)F2 实测值（实测趋势）和月中值（期望趋势）之间的差异约为 7MHz，而在接下来的 SSC 后又低了约 8MHz（SSC 时间见图 8.3 和图 8.4 中的箭头）。

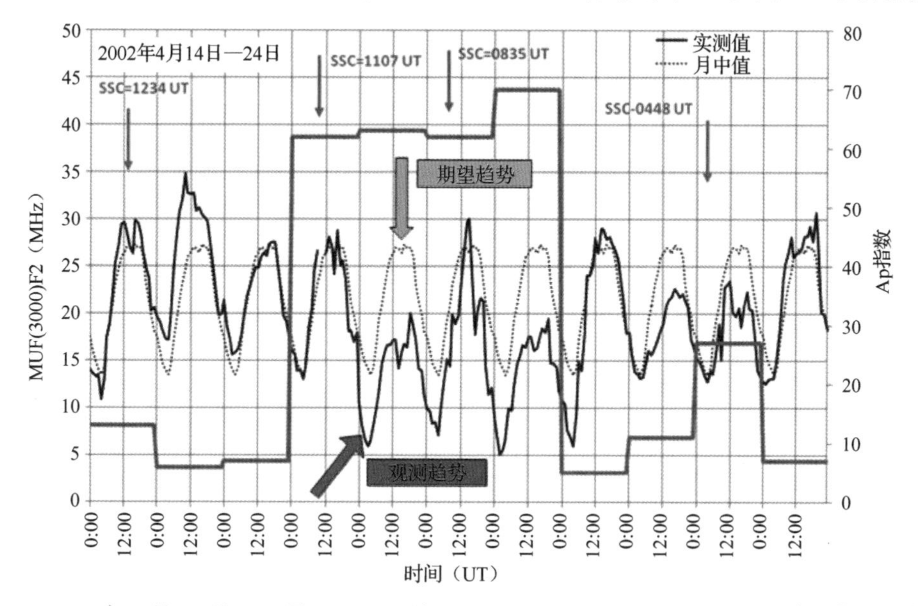

图 8.4 2002 年 4 月 14 日—24 日，Chilton 站（51.6°N，358.7°E）MUF(3000)F2 实测值和月中值

磁暴期间 F 层的膨胀和扩散会增加虚高并降低电子密度，这将导致异常低的 foF2 和异常高的 h’F，同时增加了吸收，降低了信号的天波场强。纵观图 8.4 可证实无线电传输条件随临界频率变化，因此当 foF2 值较高时，无线电通信的 MUF(3000)F2 值也较高。当然，对于短波用户而言，MUF 的增强并不是很重要，但是 MUF 的降低将导致用频偏高（超出 MUF），从而导致通信中断。考虑到这种变化，通常使用最佳工作频率（FOT），基于统计思想按 MUF 的 85%取值。

如第 4 章的类噪声电离层扰动所述，高分辨率垂测数据对于短期传播活动特性的研究也非常有价值。如在 2009 年 11 月 20 日—22 日期间，具有非常低的太阳和地磁活动特征，月均 Sn=6.9（SSn=11.7）、F10.7=73.7、Ap=3，但在 11 月 21 日发生了两次 SSC，最大 Ap=8。

图 8.5 简单绘制了 Nicosia 站（35.1°N，33.3°E）适用于 2MHz 以上天波传播的主要电离层特征参数 foF2 和 M(3000)F2 以及 hmF2 和 τ。11 月 21 日 foF2 的日最大值发生在下午 12:00UT 和 14:30UT 之间，导致 M(3000)F2 也相应增加，因此经过扰动区域的信号 MUF(3000)F2 也相应增加。

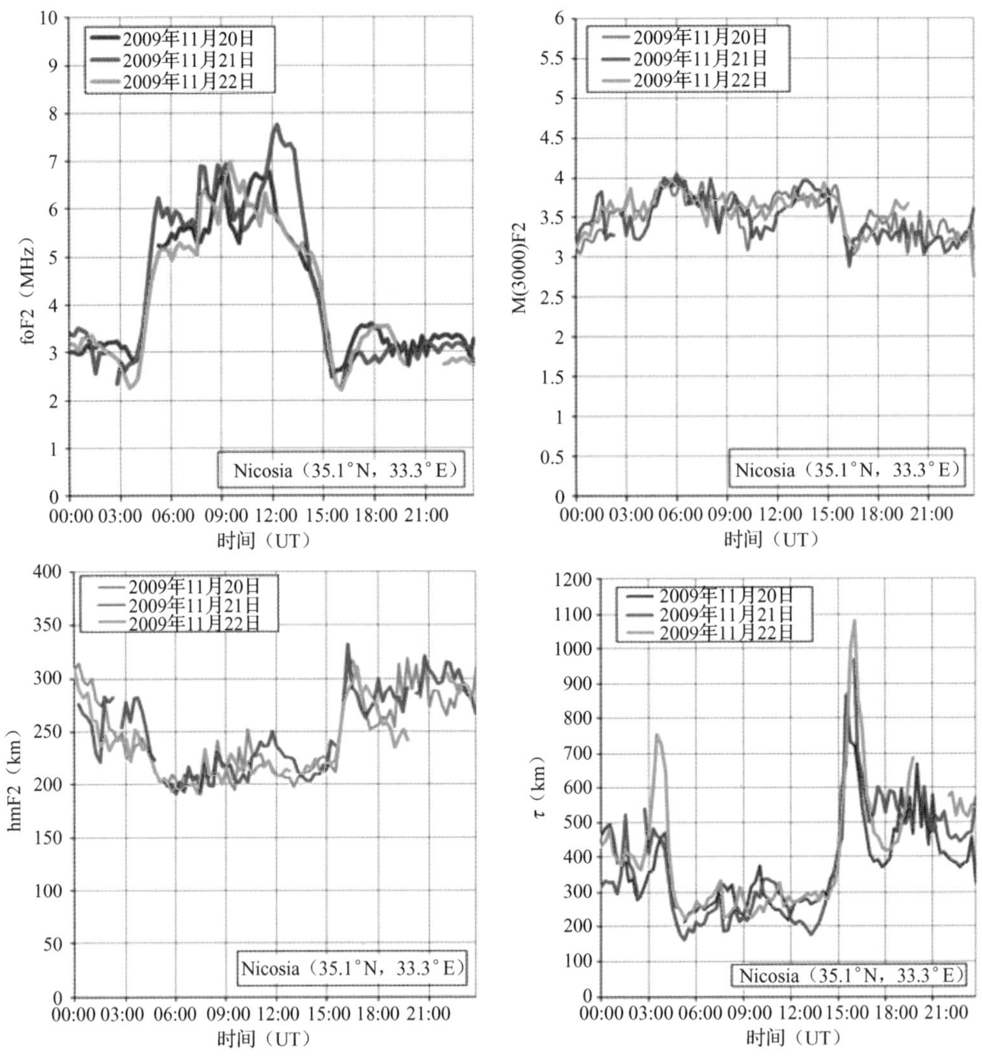

图 8.5　2009 年 11 月 20 日—22 日，Nicosia 站（35.1℃N，33.3℃E）的 foF2、M(3000)F2（上）以及 hmF2、τ（下）

图 8.5 左下显示 hmF2 的高度会快速变化，而且是从白天的 200km 到夜间的 320km 的剧烈变化。值得注意的是，垂测电离图经过换算可获得 F2 层的最大高度 hmF2，该高度在 11 月 21 日的几个小时内随着 foF2 突然持续的增加而变得很高。除此之外，在下午到晚上 foF2 结束增强这段时间，板厚 τ 也有增强的趋势（如 8.5 右下所示）。不管传输方向如何，通过电离层扰动区域的传输都会受到影响，因此突然的快速衰落会严重影响某些利用电离层传播的无线电系统。在多径衰落的传播环境下，无线电波会通过不同的路径（通常具有不同的长度、到达时间和相位）分别并到达接收机，从而使接收信号明显衰落。

扰动可归因于太阳短期变化在行星际空间以电磁辐射和高能粒子形式传播，并由于地磁场构造导致其主要到达地球极地区域的高层大气。因此，基于 1989 年 11 月以来在极光区内的两条固定电路上的高频天波信道数据，可以清楚地解释电离层对通信系统性能的主要影响，其中一个发射机位于 Kiruna（地理经纬度 67.8°N、20.4°E，地磁经纬度 65.1°N、116.4°E，

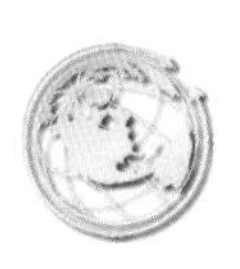

URSI 代码 KI167）。当时（1989—1990）瑞典的主要探测仪器是 CHIRP（高能压缩雷达脉冲）探测仪（见图 8.6 右）。该数据库收集了约 250,000 条记录，涵盖了第 22 太阳活动周期的极大期。

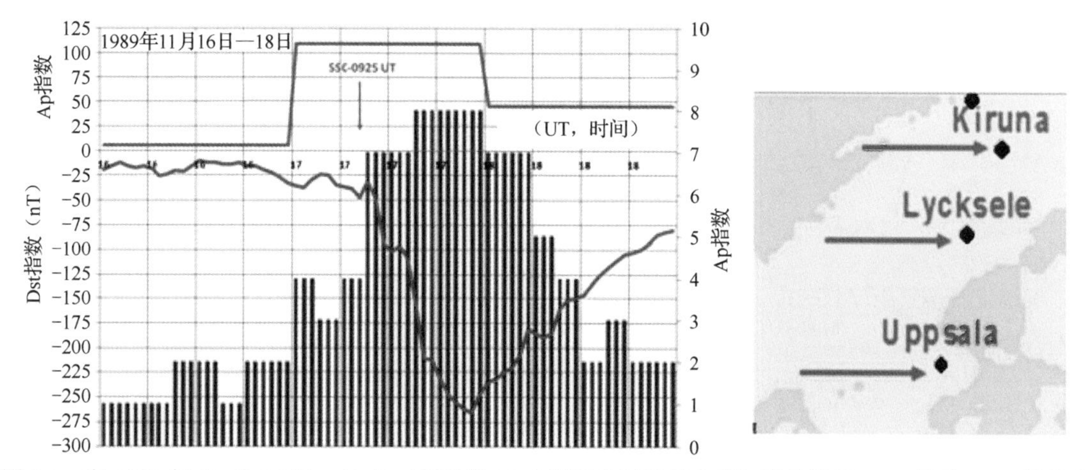

图 8.6　在 1989 年 11 月 16 日—18 日（接近第 22 太阳活动周期极大期）磁暴期间，Dst 指数、Ap 指数及 Kp 指数（左），以及研究中使用的站点位置（右）

在大多数情况下，这些斜测数据在表示电离层信道中传播信号的真实特征、为所需线路提供可靠的短波频率管理和预报服务等方面都起着重要作用。典型的斜测电离图可用于确定最高观测频率（MOF）、最高可用频率（MUF）、最低观测频率（LOF）以及传播模式的数量和信号延迟［见图 4.2（b）］。斜测中使用的 MOF 是探测仪发射的信号中，无论传播路径如何，都能在电离图上观测到的最高频率。因此，MOF 用来对包括 Es 层在内的整个电离层确定一个可接收信号的最高频率。如果能够识别传播模式，则可以实现类似于对 MUF 的扩展，如 2F2MOF 对应 F2 层两跳的最高观测频率，或者 1EsMOF 对应 Es 层 1 跳最高观测频率。

需要注意的是，实际工作 MUF 是在特定的工作条件［天线类型、发射功率、发射类别、所需信噪比（SNR）］下，在给定时间内指定站点之间所能接受的开展无线电业务工作的最高频率，而基本 MUF（或简称 MUF）是无线电波在给定站点之间能通过电离层传播的最高频率，与功率无关。通常采用距离 X（单位为 km）来表示 MUF 适用的地面距离范围和传播模式，如 MUF(X)。实际情况中，工作 MUF 与基本 MUF 之间的频率差异为 10%～35%。MUF 月中值是指在某个特定的时间，一个月中有 50%（天波可通概率 0.5）的日期可用的最高接收频率，而最佳工作频率（OWF 或 FOT）指低于一个月内 90%的实际工作最高可用频率的频率，FOT(X)=OWF(X)=0.85×MUF(X)。

在 1989 年 11 月 17 日发生的磁暴中，所有日地活动指数都有很大的变化。总来的说，1989 年 11 月是地磁相当活跃的冬季月份，太阳活动水平非常高，月均 Sn=238.2（SSn=212.5）、F10.7=235.1、Ap=19，6 次 SSC，最大 Ap=109。11 月 17 日在地球上观测到一次超强磁暴，SSC=09:25UT，Dst 指数在 22:00UT 时达到最小值（−266nT），最强时的 Kp 指数达到三连 8，Ap 指数达到 109（见图 8.6 左）。

电离层的基本特征参数 F2 层临界频率 foF2 对应的是 F 层 NmF2 处的最大电子密度，再次以 Uppsala 站（地理经纬度 59.8°N，17.6°E；地磁经纬度 58.3°N，106.9°E；URSI 代码 UP158）

和 Lycksele 站（地理经纬度 64.6°N，18.7°E；地磁经纬度 62.5°N，111.7°E；URSI 代码 LY164）1989 年 11 月 17 日磁暴前后三天的 foF2 来举例说明，分别对应图 8.7 的左图和右图。

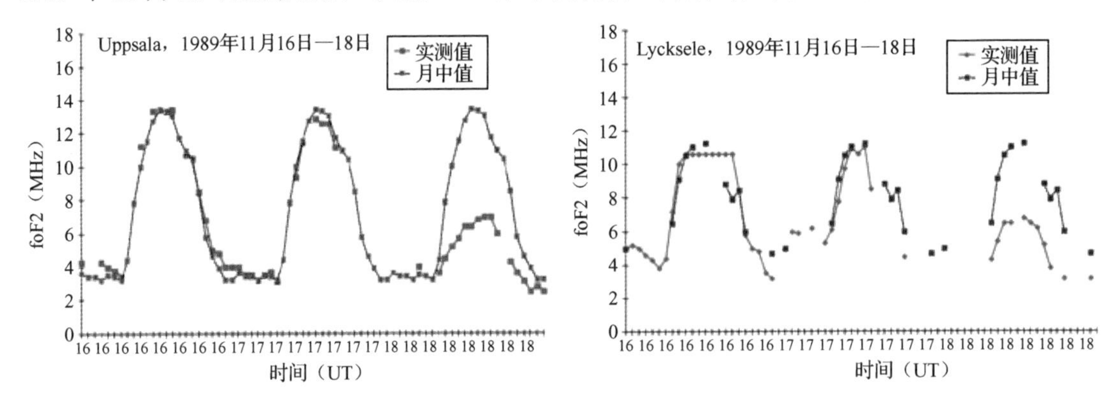

图 8.7 1989 年 11 月 16 日—18 日（接近第 22 太阳活动周期极大期）磁暴期间，Uppsala 站（59.8°N，17.6°E）和 Lycksele 站（64.6°N，18.7°E）的 foF2

正如第 5 章和第 6 章中明确表述的，在磁暴事件期间，foF2 相对地磁宁静时的参考水平会显著升高或降低，通常分别称为正暴或负暴。1989 年 11 月 17 日的磁暴在两个电离层垂测站处产生了相似的 foF2 负相模式，这是冬季长期负暴的一个很好的例子，在 SSC 之后立即开始出现，并于 1989 年 11 月 18 日达到极点。此外，在磁暴开始前的一天和几小时内，实测 foF2 和月中值的吻合度与站点位置密切相关。即使在 11 月 16 日的宁静时段，这些站点仍缺失 foF2 数据，这表明极光地区的电子密度通常较其他地区预期的更不规律。

在这种极端磁暴条件下基于斜测数据研究 MOF 和 LOF 变化，可用于确定特定时间特定线路的电离层实时可通频率范围。图 8.8 和图 8.9 分别显示了 1989 年 11 月 16 日至 18 日磁暴期间，沿 Kiruna→Uppsala 路径（900km）的 MOF 和 LOF 变化，该次磁暴严重干扰了无线电通信。需要特别注意的是，当地磁活动达到 Kp=7 时，Kiruna→Uppsala 路径的中点位于极光区（极光椭圆形）内，极光区是位于北半球或南半球的地磁纬度约 60°至 70°之间、极光频繁发生的环形区域。

1989 年 11 月 17 日开始的磁暴导致每小时 foF2 偏离参考中值，由图 8.8 和图 8.9 可知，相应的 MOF 和 LOF 的变化也很大，大于几兆赫兹。在 11 月 16 日宁静期内，5min 间隔的变化非常稳定（Ap=5），但 10:00UT—12:00UT 和 21:00UT—23:00UT 的 LOF 除外，其在白天下降了约 2MHz，夜间高出了约 5MHz。这些不规则的变化可能是由于电波通过 Es 层和 F 层等混合模式传播。

沿着同一条 Kiruna→Uppsala 路径（900km），在 11 月 17 日和 18 日磁暴期间 MOF 和 LOF 的变化完全不同，可用频率范围突然开始下降。更重要的是，在磁暴主相大部分时间里，电离层较高或较低部分都没有反射，就像正常结构已完全消失一样。白天，MOF 在 11 月 17 日约 5MHz，而在 11 月 18 日约 11MHz。然而，在同一条路径上，图 8.9 所示的部分 LOF 变化在磁暴期间以非常混乱的方式出现，表明电离层的较高部分受到扰动，使得 Es 传播模式成为可能。尽管特别明显，但这并不罕见，因为极光 Es 层是冬季夜间现象，与磁暴产生的极光活动密切相关。

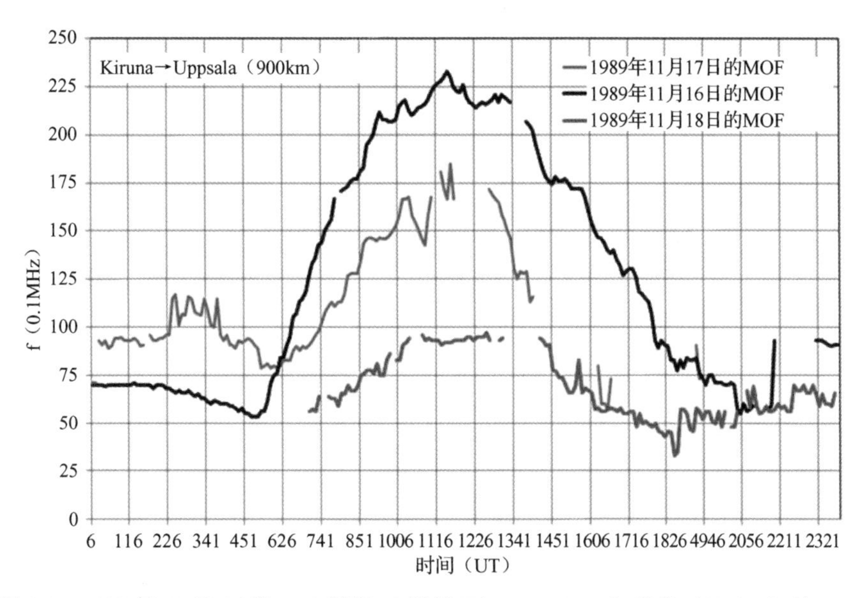

图 8.8　1989 年 11 月 16 日、17 日和 18 日沿 Kiruna→Uppsala 路径（900km）的 MOF

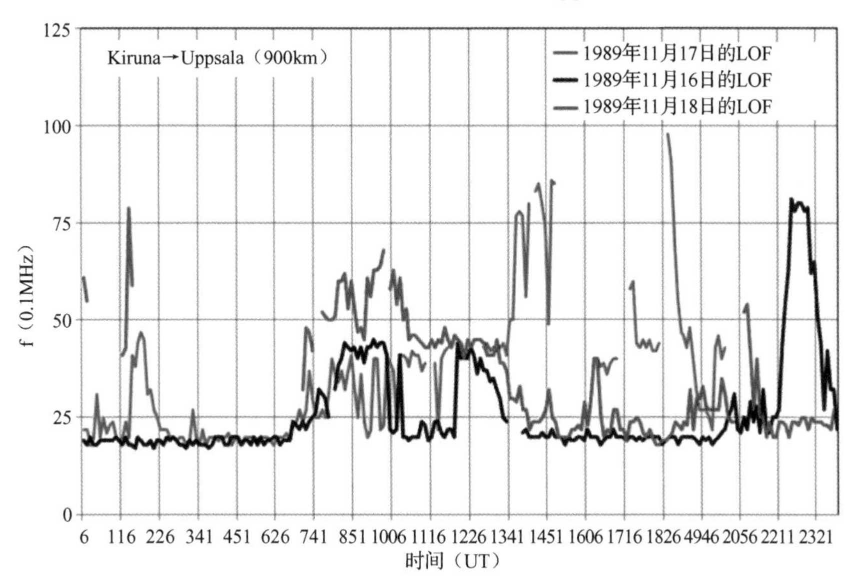

图 8.9　1989 年 11 月 16 日、17 日和 18 日沿 Kiruna→Uppsala 路径（900km）LOF

沿 Kiruna→Lycksele 路径（370km）的扰动电离层结构的 MOF 和 LOF 详细信息分别如图 8.10 和图 8.11 中的曲线所示。当 Kp=4 时，Kiruna→Lycksele 路径（370km）的中点也位于极光区。SSC 之后随着磁暴的发展，11 月 18 日发生了 F 区电子密度显著下降，看起来似乎已经阻止了反射，其结果是传播模式在 48h 之前完全可用，24h 之前部分可用（分别为 11 月 16 日和 17 日），已无法获取 MOF，LOF 也很勉强。

研究 1989 年 5 月夏季磁静（5 月 9 日 Q3-day，Ap=5；5 月 10 日 Q1-day，Ap=4；5 月 11 日 Q5-day，Ap=6）条件下 MOF 和 LOF 测量值的偏中特征的影响也很有意义。来自 Uppsala 站（见图 8.12 左）和 Lycksele 站（见图 8.12 右）的数据显示，实测 foF2 值与 foF2 中值之间的正偏差高达约 2MHz。在 11 月冬季日落后的夜间，F 层临界频率下降非常迅速（见图 8.7），而在 5 月的夏季月份没有发生（见图8.12），其午夜F层临界频率几乎与中午F2层临界频率一样高。

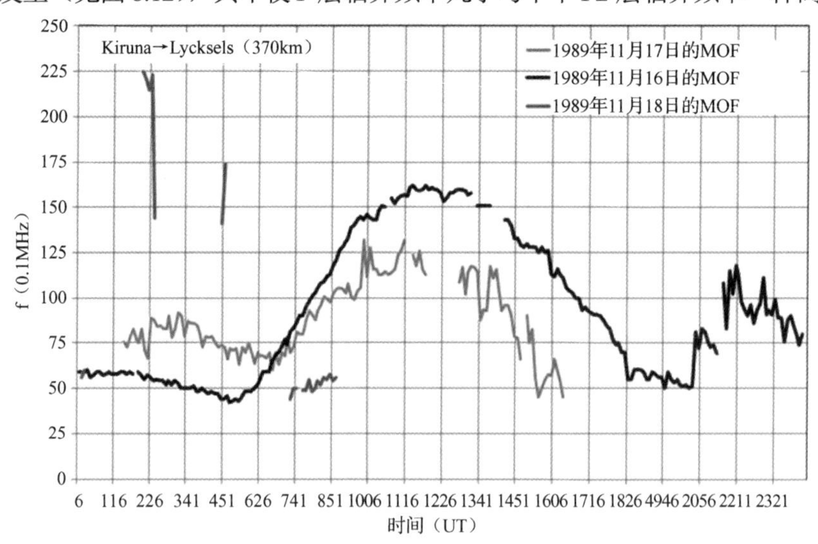

图8.10 1989年11月16日、17日和18日沿Kiruna→Lycksele路径（370km）的MOF

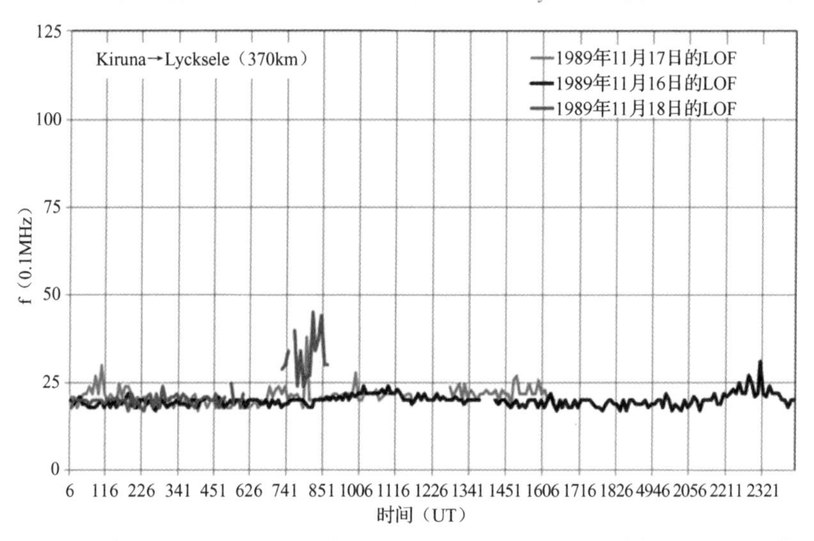

图8.11 1989年11月16日、17日和18日沿Kiruna→Lycksele路径（370km）的LOF

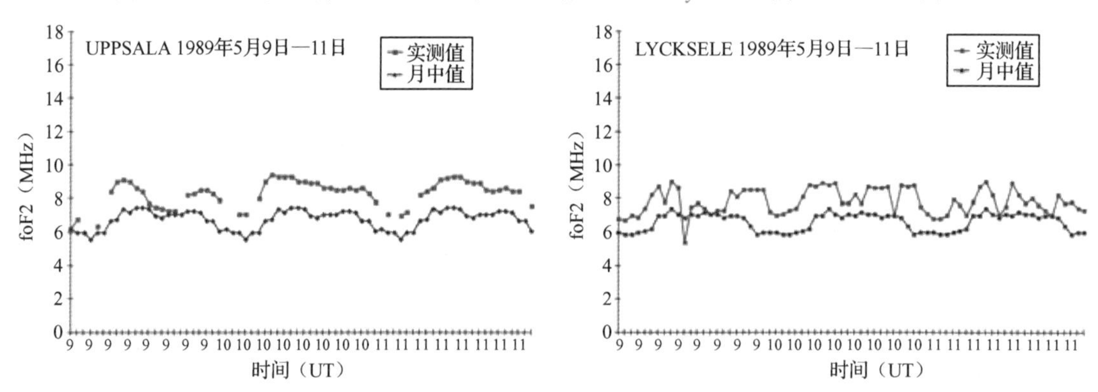

图8.12 1989年5月9日—11日磁静时段Uppsala（59.8°N，17.6°E）和Lycksele（64.6°N，18.7°E）垂测站的foF2

如图 8.13 和图 8.14 所示，两个短波信道的 MOF 和 LOF 值始终处于可用状态。另外，当没有扰动因素时，中等距离的 Kiruna→Uppsala（900km）或短距离的 Kiruna→Lycksele（370km）并没有明显的差异。典型固定电路上的主要传播效应没有显示异常传播模式，从而提高了线路的可靠性。因此，该结果可能支持这样的观点，即极光纬度的每小时电离层变化基本上仅在重大日地活动期间发生改变。

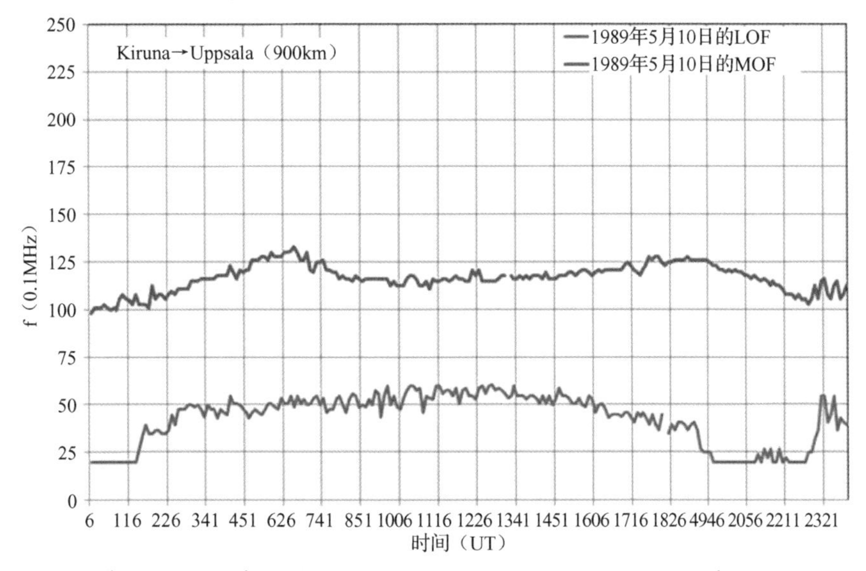

图 8.13　1989 年 5 月 10 日 Kiruna→Uppsala（900km）MOF 和 LOF

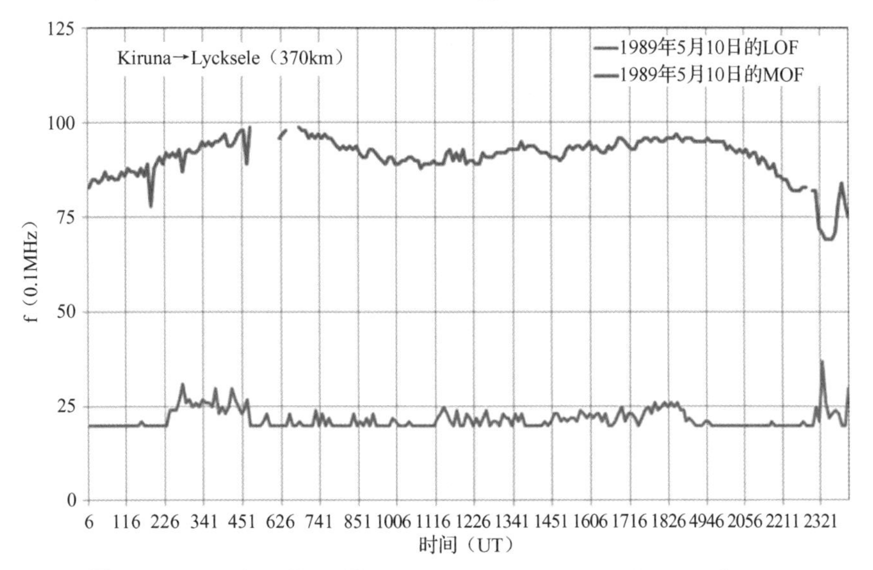

图 8.14　1989 年 5 月 10 日 Kiruna→Lycksele（370km）MOF 和 LOF

多年来，为了防止严重的日地事件对等离子体介质产生负面影响，从而损害收发信机间的短波通信，研究人员制定了应急预案。然而，几乎没有办法避免长期磁暴彻底扰乱电离层的正常时空结构的影响。如前图所示，1989 年 11 月 17 日的强磁暴降低了 Kiruna→Uppsala（900km）和 Kiruna→Lycksele（370km）通信链路的可用性。显然，电离层空间天气对无线电波传播影响主要取决于诱发的变异性的强度，其导致通信、雷达和导航系统工作断续或完

全中断，主要发生在极光带和横跨中高纬度地区。在这些情况下，对短波链路的影响表明，除了由于电离层中电子密度再分布引起的预期短期严重吸收和 F 层临界频率下降之外，还可能由于显著粒子沉降而导致 Es 层增强。当 Es 层的临界频率高于 F1 层或 F2 层的临界频率时，将会对许多在高纬度使用的短波通信系统造成严重影响。F 层电子密度下降导致波频率降低，在接近太阳活动最小期时尤为显著，甚至在没有磁暴的情况下，可用频带也非常有限。

最后，一些短距离（370km）的研究成果对于通过近垂直入射天波（NVIS）传播的无线电通信的研究和应用具有重要意义，广泛应用于人道主义项目、自然灾害救援任务、发展中地区的通信，以及有利于本地基础设施的独立应用。在 NVIS 通信中，电磁波几乎垂直地传输到电离层，然后反射回发射机的区域（200km 半径），尽管如此，通过湍流极光电离层的短波实时射线追踪仍然可以被精确应用。8.4 节中描述的局部电离层地图可作为 NVIS 电离层频率支持的指南。

已经证明地球电离层的电子密度分布随时间和空间的变化是有规律的。研究还表明，由于太阳活动的增加或大气的影响等，电离层的变化超出了正常的自然周期。由于太阳原因和电离层效应之间的延迟，可以预测一些由太阳引起的事件，并且可以预测和缓解一定范围内的电离层空间天气的影响（参考第 6 章）。然而，似乎只能从统计学角度描述和预测电离层可变性。无线电通信线路的规划和管理必须考虑到这些离散的电离层空间天气，如预测或观测到的，并在已知概率范围内提供衰落余量。场强降低或信号功率衰落的时、空、频变化经常被集体观测到，不仅是因为 Es 层的存在，而且还涉及电离层行波扰动（TID）以及其他电离层不规则现象。

除了地球电离层中的规则层或电离结构外，还有其他一些不规则且瞬变的现象极大地影响了短波的传输。在第 7 章中，基于垂测仪与 GNSS 数据展示了在欧洲地区不同季节和不同水平的日照、地磁活动下观测到的由大气中的重力波引起的电离层行波扰动（TID）过程。它们通过产生由大气波定义的波长为 λ 的波状电子密度表面来与无线电波相互作用。如果 TID 的平均周期为 Tmin，则意味着电离层等频率层高度的上升和下降遵循 Tmin 周期。由大气动力学系统或向赤道方向传播的极光区域突然升温所引起的，大规模和中等规模电离层行波扰动（LSTID 和 MSTID），通常是短期中纬度电子密度不规则的重要原因。

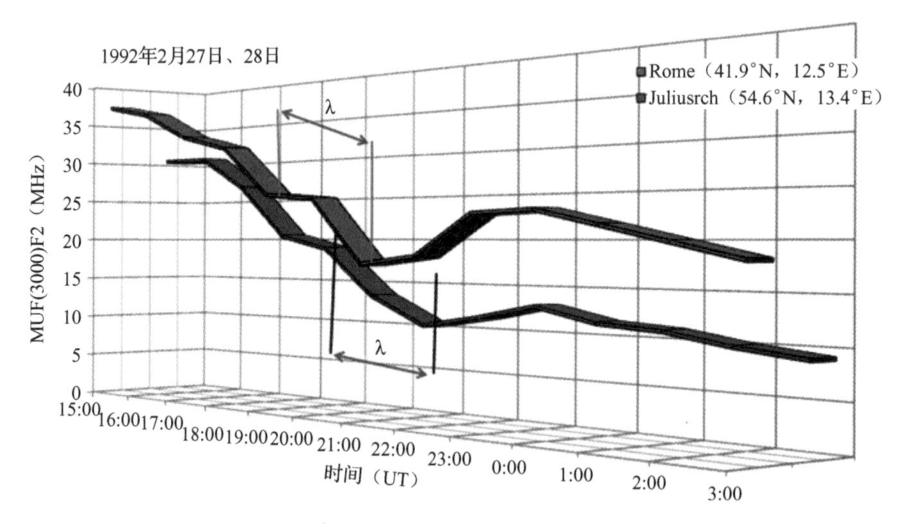

图 8.15　1992 年 2 月 27 日至 28 日夜间在 Juliusruh 站（54.6℃N，13.4℃E）和 Rome 站（41.9℃N，12.5℃E）观测 MUF(3000)F2 的 TID 特征

TID 对无线电传播的影响是，如果波束宽度覆盖大于一个完整的 TID 的 λ，则会使电波散焦；如果波束宽度覆盖小于相应 TID 的 λ，则使信号周期性地聚焦和散焦。它们是无线电系统中衰落的源头，并且可能在无线电定位系统中产生错误的测量结果。

8.2　电离层空间天气和 GNSS 系统

GNSS 系统包括 GPS 和其他各种卫星导航系统（见表 8.1），这些系统在卫星星座和设计上彼此不同。他们都使用卫星系统来提供全球覆盖，以便根据纬度、经度和高度/海拔高度来自主确定地理位置。电离层是标准 GPS 的主要误差源，也是差分 GPS 的第二大误差源，会影响信号在地球环境中的传播（见表 8.3）。GPS 时间信号沿视线从约 20000km 外的卫星发射，并以光速穿过太空真空。当它们距离地面约 350km 经过电离层并通过其最后百分之几的行程时，电离层中自由电子的分布会影响 GPS 信号的传播速度，使其随具体的日地条件而不同程度的变慢。

表 8.3　GPS 误差源概览

典型误差源	标准 GPS 误差（单位：m）	差分 GPS 误差（单位：m）
卫星时钟误差	1.5	0
轨道误差	2.5	0
电离层	5.0	0.4
对流层	0.5	0.2
接收机噪声	0.3	0.3
多径	0.6	0.6

从电离层空间天气的角度来看，在卫星与地面或机载 GPS 用户之间，总电子含量的主要影响是会导致传播路径上的时间延迟，这些延迟会转化为与 TEC 成正比的导航误差。如果不进行建模，则电离层的延迟会影响 GNSS 的距离测量精度，从而增加定位和导航误差。电离层时间延迟（以 μs 为单位）是电离层 TEC（单位 TECU）和频率（单位 MHz）的函数，具体请参考 ITU-R Rec 531-11。

GPS 信号通过电离层的时间延迟可以表示为$\triangle t=40.3\times TEC/c\times f^2$，其中：$\triangle t$ 为电离层延迟（s），TEC 为总电子含量（e/m^2），c 为光速（m/s），f 为发射信号的频率（MHz）。因此，$10^{18}e/m^2$ 的 TEC 对 10GHz 频率信号的时延$\triangle t=1.34ns$（$1ns=10^{-9}s$），这对应于 40cm 的距离误差（在 1GHz 频率上，距离误差为 40m）。传统的导航需要处理该传播条件的影响，大地测量等新的应用甚至要求误差小于 1cm，因此，进行充分的电离层修正，要求总电子含量的误差要低于 1%。在更昂贵的系统中，通过使用双频可以消除地球电离层对定位的影响（见表 8.3）。电离层延迟和相关置信区间的估计仍然是影响覆盖局部地区的单频星基增强系统（SBAS）性能的主要因素。

因此，总电子含量数据对于穿透电离层传播信号的系统的规划和运行是不可或缺的，这包括卫星-地面、卫星-飞机等涉及宽频率范围的传输场景。在现代日地物理学中，由 GNSS 系统提供的电离层信息对于解释物理产生机制和预测复杂电离层暴事件也很重要。

图 8.16（a）中，在不到 24 小时内，HERS 站（50.9° N，0.3° E）的 VTEC 从 62TECU 下降到 8TECU，并随着一个个 SSC 持续急剧变化。图 8.16（b）所示时空范围内的极端总电子含量结构更是如此。

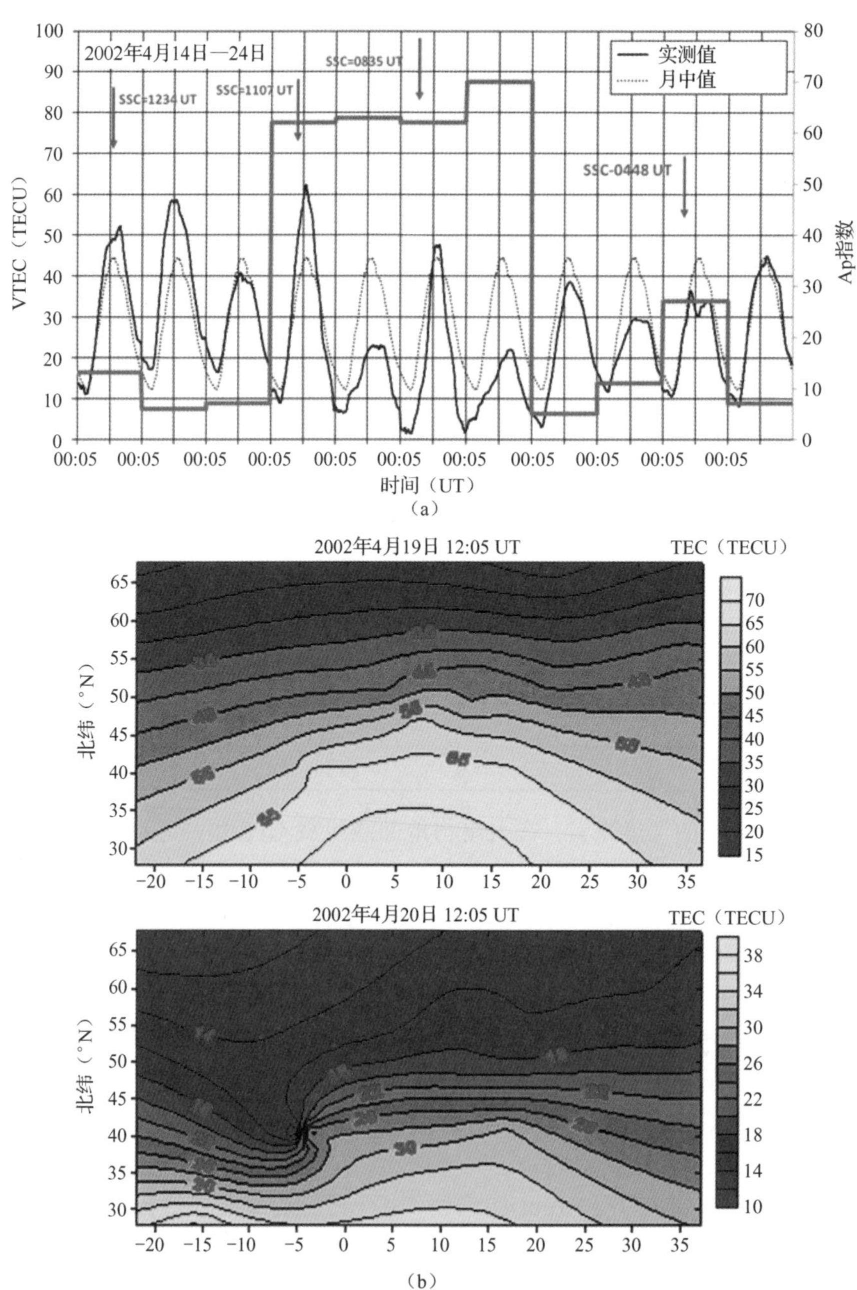

图 8.16　(a）在 2002 年 4 月 14 日—24 日大磁暴期间，HERS 站（50.9℃N，0.3℃E）的 VTEC。(b）3 幅欧洲区域地图，区域范围为经度 25°W～40℃E，纬度 25℃N～70℃N，分别代表了 2002 年 4 月 19 日 12:05UT 相对平静时的 VTEC、4 月 20 日 12:05UT 磁暴时的 VTEC 和 4 月 21 日 12:05UT 恢复相时的 VTEC

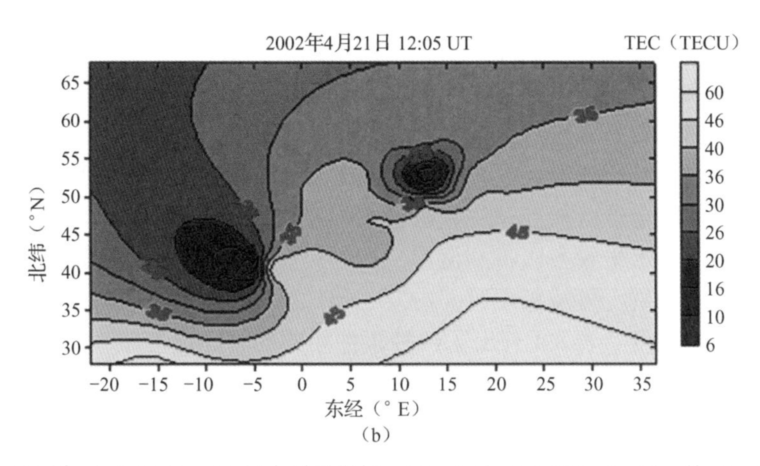

（b）

图 8.16　（a）在 2002 年 4 月 14 日—24 日大磁暴期间，HERS 站（50.9℃N，0.3℃E）的 VTEC。（b）3 幅欧洲区域地图，区域范围为经度 25℃W～40℃E，纬度 25℃N～70℃N，分别代表了 2002 年 4 月 19 日 12:05UT 相对平静时的 VTEC、4 月 20 日 12:05UT 磁暴时的 VTEC 和 4 月 21 日 12:05UT 恢复相时的 VTEC（续）

为了说明 2002 年 4 月 19 日—21 日磁暴期间的区域 VTEC 结构，图 8.16（b）分别显示了 2002 年 4 月 19 日、20 日和 21 日每天 12 时 05 分在纬度 25°N～70°N 和经度 25°W～40°E 区域内的电离层 VTEC 图。这些 VTEC 图是基于欧洲 GNSS 观测站的 VTEC 数据和 Kriging 插值技术绘制的。Kriging 等值线是一种利用区域变分理论计算各值间自相关关系的网格化方法，其权值取决于各值之间的距离。定义电离层空间结构对于日地研究和评估地球-空间无线电系统的传播效应非常重要。比单站大得多的区域电离层空间结构基于 Kriging 插值得到，在磁暴条件下，其特征变化显著。

4 月 19 日最高 VTEC 值在 30°N 附近的中午为 70TECU，而第二天 VTEC 平均下降到 1/3，并已经扩展到了整个测区范围，此时最低 VTEC 值在 70°N 附近为 10TECU，表明高纬度地区有明显的负暴。负相持续了一天，直到 4 月 21 日中午才部分恢复。如果有高分辨率的区域 VTEC 图，就有可能在特定的纬度和经度区域深入研究电离层暴的演变过程。GNSS 系统如果不进行修正，VTEC 值的大规模异常变化将导致长时间延迟和较大的定位误差，因此可将这种 VTEC 图用于电离层效应的修正。它们特别适用于电离层天气条件所导致的最坏情况，因为电离层天气条件会影响斜向到垂直的转换和时空插值等过程。场景包括威胁完整性或性能的极端条件，以及中间条件。

8.3　电离层空间天气监测

电离层扰动，电离层暴，波动和不规则体会引起许多实际问题，这些问题迫使人们努力对影响地球大气环境的主要因素进行系统地监测。最终目标是回答几个关键的科学问题，并增进人们对相互耦合的磁层-电离层-大气系统（M-I-A）的理解。这将需要进行地基、天基多组成协同监测、数据汇集，以及历史数据存储。结合基于并行自适应网格计算技术和高速、大容量数据处理的创新软件和产品开发，将有可能获得具备高时空分辨率的实时全球视图。为了实现全球地域覆盖、高分辨率时态和准实时/实时的电离层空间天气监测以及相关的数据汇集/分发和全球数据交换，最重要的是需要开发一套系统，不仅能满足科学家的需要，而且能够在国际普遍认可的规程下，服务于更广泛的用户群体。

在考虑数据收集和分发的时间尺度范围，以支持电离层空间天气模型、预测、状态描述和预报的基础研究和应用研究时，需要牢记，大范围多尺度非均匀等离子介质，其最大尺度是未扰动的背景电离层，而较小尺度则代表真实的局部电离层。考虑到电离层扰动、电离层暴、波动和不规则体的全球或局部发生，以及它们发展和传播的速度，对电离层的监测水平需要向对流层天气监测水平看齐。特别值得一提的是，在发生太阳耀斑，日冕物质抛射和短时日冕空洞等太阳活动后，可能在短时间内发生日地扰动事件，而这些事件的偶发性限制了可以监测它们的时间尺度。表 8.4 列出了各种事件相关的时间尺度。

表 8.4　事件影响和时间尺度

事 件 影 响	时间尺度（近似）
太阳黑子周期	11 年
季节周期	3 个月
持续日冕空洞	2～10 个月
太阳自转	27 天
电离层暴和 PCA	1～3 天
昼夜周期	24 小时
大尺度 TID	1 小时
短波衰落（太阳耀斑）	30 分钟
小尺度 TID	10 分钟
次声波	1 分钟
法拉第旋转效应	0.1～1 秒
衰落和闪烁	0.01～1 秒

以下是根据表 8.4 得到的可预知的几个最重要的范围区间：

- 长期建模和预测支持从几年到几天的时间周期范围。日地活动指数和电离层特征参数的月中值或平均值与之最为相关。
- 短期预报和电离层空间天气建模支持的时间周期范围从几天到几小时不等。日地“活动指数”和电离层特征参数的小时值与之最为相关。
- 对地球电离层的评估的时间周期范围不到一小时，该评估包括状态描述及现报过程中得到的信息的快速应用。日地活动指数、电离层特征参数的分钟值与之最为相关。
- 与有机的系统处理相关的时间周期，该处理试图补偿极短期波动，如表 8.4 所示。日地活动指数、电离层特征参数的所有准实时/实时可用值与之最为相关。

一些关于全球准实时（Near Real-Time，NRT）数据可用性的仿真研究成果表明，可以利用以下类型的电离层数据来实现完整的预测功能。

（1）低、中、高纬度地区的垂测和斜测数据（所有特征参数）。如今，全球探测网络中使用的现代化探测设备可自动分析电离图并实时得出电离层特征参数（含电离层漂移分析）。全球电离层无线电观测网（GIRO）通过 Lowell 的 DIDBase 提供全球实时和事后 HF 电离层无线电探测数据，在电离层观测、建模和相关研究工作中也起着至关重要的作用。电离层时间线全球同化建模（GAMBIT）是 Lowell GIRO 数据中心（LGDC）最新补充的可供公众访

问的数据资源。

（2）卫星导航双频GNSS接收机得到的总电子含量数据。可兼顾精度，时空分辨率以及测量成本。在此基础上，国际 GNSS 服务（IGS）大大提高了观测率并增强了全球电离层地图绘制能力。

（3）其他传感器采集的电离层数据。包括极光带和气辉光谱的紫外线图像，原位粒子计数，离子和电子的动力学温度测量，等离子体不规则性测量。

为了对日地事件进行有效预警，必须确保对太阳及其辐射环境、宇宙射线和地球磁场进行完备的 24 小时全球监测。为了支撑这些活动，国际空间环境组织（ISES）作为一个全球空间气象服务组织的协作网络，旨在改善、协调和提供可操作的空间气象服务，对于全球的空间环境监测至关重要。

8.4　业务工具，产品和服务

电离层空间天气在理论研究、调查方法、第一性原理、经验和数值模型以及相关的数据集方面的工作，需要转化为业务工具、产品和服务。在旨在改善电离层空间天气预警、状态描述/现报、预报以及支持未来对空间环境探索的研究与相关项目的计划和实施中，实现这一目标必须具体解决固有的问题。业务需求缓解必须持续进行，并且必须在相关空间天气事件发生之前、之中或之后实施，以减少潜在不良事件的发生概率或减轻其影响。业务需求缓解依赖于监测服务、告警、警报以及正确且及时地使用工具和产品。

电离层天气服务跨越5个时间尺度为一系列特殊用户和普通用户提供帮助：重大日地活动告警和实际事件的确认；支持快速反应的信息（状态描述数据）；有关未来天气状况的数小时短期预报；用于设计和规范特定业务系统和太空任务的长期预测；以及用于事件确认和提供科研所需数据的归档信息。短期电离层预报有三个通用性能指标：准确性，可重复性和时效性。准确性取决于预测参数与实测值的接近程度。可重复性考虑在相同的日地条件下是否将始终产生相同的预测。时效性则考虑客户是否足够及时地收到所需的信息，以采取必要的措施来最大程度地降低危害，或者采取适当的补救措施。问题是空间天气现象在某种情况下是否可以重复，以及这些情况是否可以精确描述。各种研究表明，空间天气变化在区域和局部层面上变得越来越复杂，因此绘制电离层地图仅能部分描述磁层-电离层-大气层（M-I-A）相互作用的大尺度和小尺度结果。

总之需要进行长期电离层预测的系统用户意识到，太阳驱动的长期预测科学远未达到完美，因此为了更好地利用各种模型，保持每月测量值更新是一项高度优先的工作。较常用的HF月中值预测程序和工具包括：

- 国际电信联盟（ITU）建议书，其中给出了电离层特征预测计算方法的建议。其中的公式可以给出不同太阳周期下任意位置和时间的计算结果。与预测程序相关的计算机程序可从 ITU-R Rec. P.533 获取。ITU 率先提供数值系数和可在 PC 上运行的软件，能够绘制基于 UT 的电离层特征参数月中值地图，并能有效预测地面任意位置和任意月份、时间及太阳活动周期的无线电波传播频率（CCIR Atlas 1967）。
- IONCAP（电离层通信分析和预测程序），可提供任意位置的 HF 传播参数计算（MUF，LUF，场强和模式可信度等）。

- ASAPS（IPS 高级独立预测系统），以每月 T-index 作为有效太阳黑子数并生成 IPS 版 foF2 全球地图。
- VOACAP（美国之音覆盖率分析程序），基于月均平滑太阳黑子数和 CCIR 数值系数预测 HF 广播系统性能。

近年来已经证明，表征不同时间地理变化的电离层特征和总电子含量的数字参考地图对预测、状态描述/现报和预报至关重要。值得一提的是，这里的“状态描述/现报”是指对可用观测数据的融合和可视化，即实时或按设定延迟数个小时图形化显示电离层状态。多年以来，电离层地图都是从固定的全球数据库中得出的，通常包含每天每小时垂测数据、电子含量数据及其他派生数据。电离层空间天气预报尺度涵盖从秒到年（见表 8.4）。如果提前时间为零，那么预报即为对地球电离层的实时评估，如各种告警和警示、用于 HF 通信的实时信道评估（RTCE）、遥感系统如需要将近实时信息换算成斜向距离的超视距雷达（根据测得的时延计算距离）等。单站目标定位系统需要非常短期的密集观测（最长可达 1h），才能评估相应的传输条件。

目前已有的文献中电离层预报精度为 40%～60%，通过逐日绘制电离层全球地图有希望将预报精度提高到 80%～100%。如果电离层空间气象业务工具、产品和服务要得到突破目前限制的提升，就必须：

（1）提高目前的日地感知能力；

（2）扩大地基和天基测量和观测的密度和频度；

（3）提高电离层和大气模型的复杂性和准确性。

8.4.1 基于电离层测高仪的电离层地图

由于大部分数据集来自对轨道卫星无线电信号的观测，因此目前垂直总电子含量图及其深入研究遇到了一些困难。电离层空间天气背景不仅需要通过电离层测高仪测量 foF2 得到 NmF2，还需要一个完整的三维和时变电子密度剖面模型。最著名的模型之一是 NeQuick 模型，该模型设计用于欧洲卫星导航和定位系统 EGNOS 和 GALILEO，并被国际电信联盟采纳（Rec.P.531-11），作为一种适用于 TEC 建模的方法。

NeQuick 模型是一个专门为穿透电离层传播应用设计的电子密度剖面模型，考虑了 foE、foF1、foF2 和 M(3000)F2 等电离层特征参数，这些特征参数可通过 ITU-R（foF2、M(3000)F2）或实验推导获得。NeQuick 模型利用不完全爱泼斯坦层（semi-Epstein layer）描述顶层模型，并基于经验确定高度相关的厚度参数。NeQuick 模型可以给出：

（1）从 E 层向上的电子密度，它是时间（UT 或 LT 和月份）、高度、地理纬度、地理经度和太阳活动（R12 或 F10.7）的函数，或是给定地理位置所对应的 foF2 和 M(3000)F2 的函数；

（2）沿任意地-星或星-星射线路径的电子密度；

（3）到任意给定高度的垂直总电子含量；

（4）地面任意位置和空间任意位置间的斜向总电子含量。

这个电离层电子密度模型的所有版本，包括最新的 NeQuick2 模型，都是由意大利里雅斯特的国际理论物理中心（ICTP）的高层大气和电波实验室（现在是 T/ICT4D 实验室）与奥地利格拉茨大学的地球物理、天体物理和气象研究所合作开发的。

欧洲空间局（ESA）的欧洲地球同步导航叠合服务系统（EGNOS）使用 NeQuick 模型的

原始版本进行系统评估分析。EGNOS 是欧洲第一代 GNSS 系统，是向独立的欧洲卫星星座 GALILEO 迈出的第一步。为了仿真 1989 年 3 月一次超级磁暴事件期间的实际电离层，EGNOS 建立了一系列最坏情况下的场景模型（见图 5.1 和图 5.2）。

这些场景如图 8.17（a）所示，分别包括 1989 年 3 月 12 日平静状态和 3 月 14 日磁暴状态下，当天 18:00UT 至 23:00UT 的 NmF2 全球数字地图。更新了经验 NeQuick 模型的原始版本，使用 foF2 和 M(3000)F2 作为锚点，对图中部分进行了替换，使数据网格点与地图分辨率相匹配，更适合于实际案例研究。每小时的网格点值源于 10°W～60°E 和 35°N～70°N 区域（图中为矩形）内的实测值，并嵌入图中，该区域周围使用正弦过渡缓冲区，网格点值基于 ITU-R 系数月中值计算得到。NeQuick 沿射线的实际输入数据是基于网格点值按纬度和经度三阶插值生成的。数据网格生成和子模型构建如图 8.17（b）中 foF2 和 M(3000)F2 地图所示。

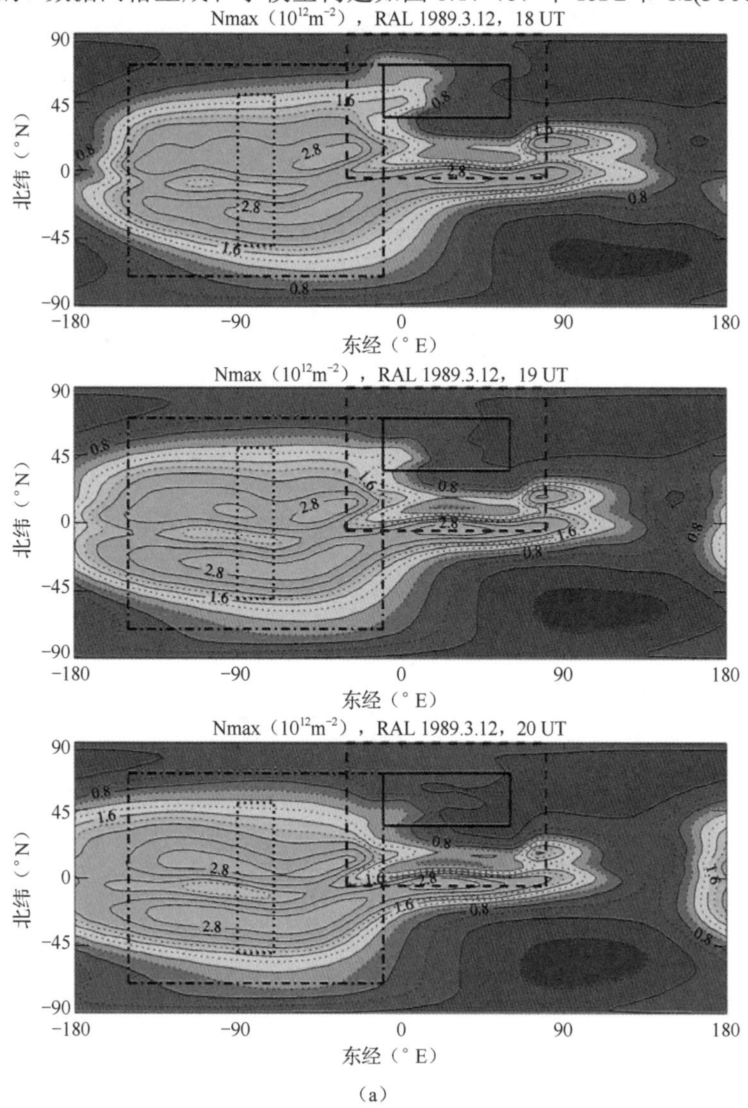

图 8.17　(a) 在 1989 年 3 月的超级磁暴事件中，基于 NeQuick 模型仿真生成的特定时间的 Nmax 图。(b) 1989 年 3 月 13 日超级磁暴事件中，基于 NeQuick 模型仿真生成的 foF2（上）和 M(3000)F2（下）等值线图

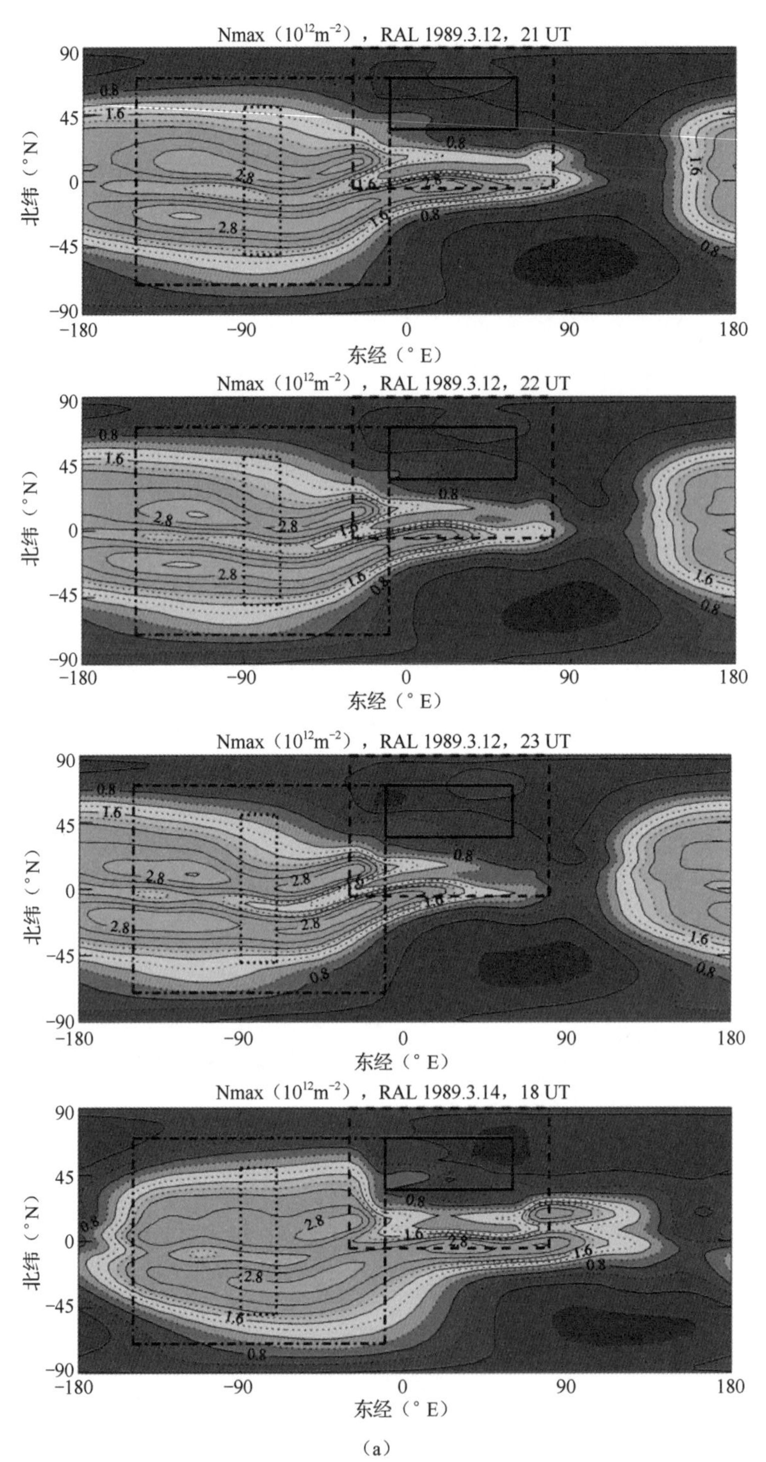

（a）

图 8.17 （a）在 1989 年 3 月的超级磁暴事件中，基于 NeQuick 模型仿真生成的特定时间的 Nmax 图。（b）1989 年 3 月 13 日超级磁暴事件中，基于 NeQuick 模型仿真生成的 foF2（上）和 M(3000)F2（下）等值线图（续）

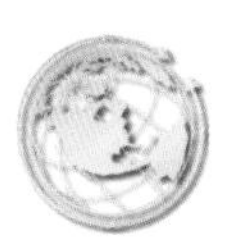

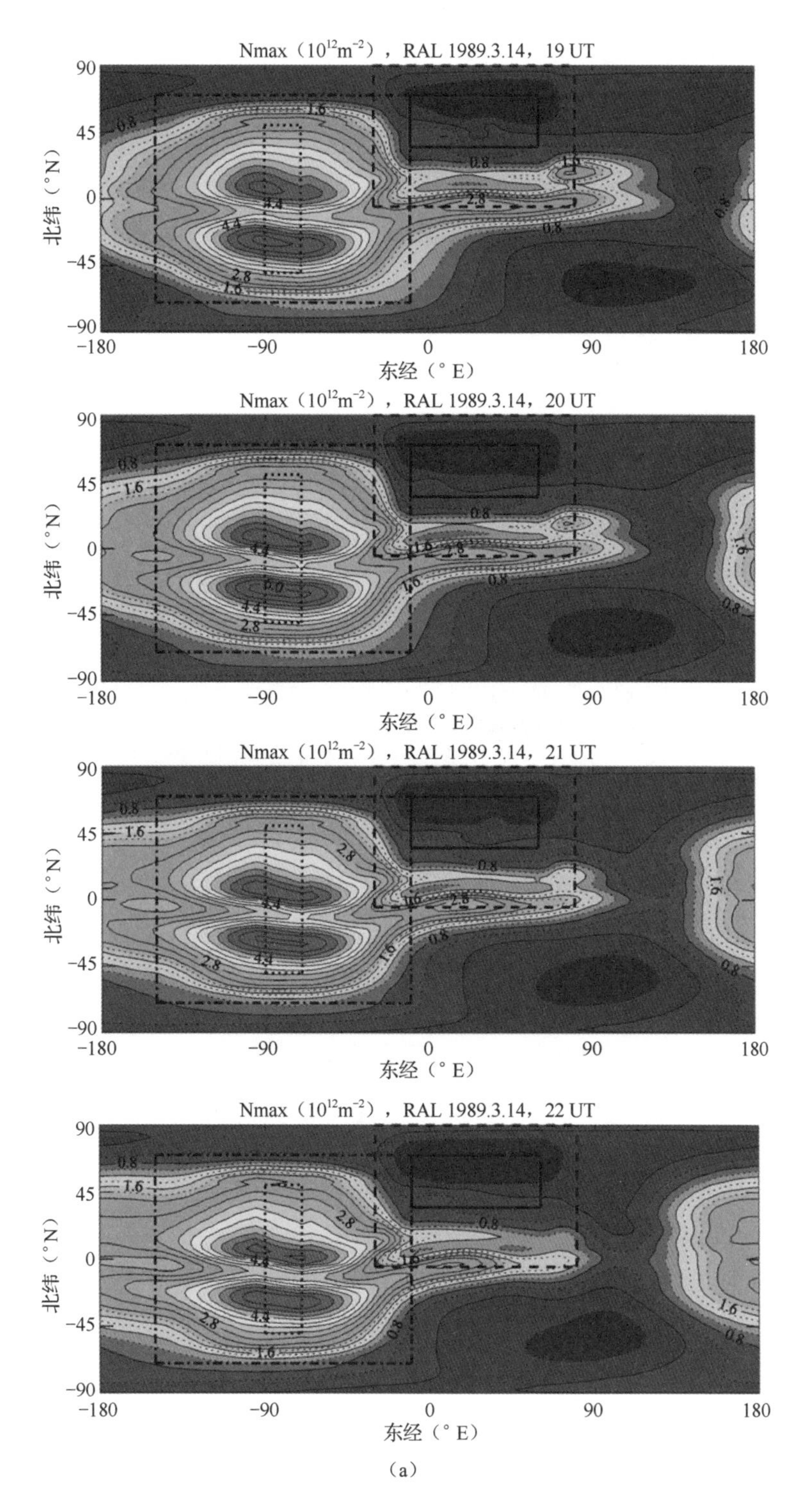

（a）

图 8.17　（a）在 1989 年 3 月的超级磁暴事件中，基于 NeQuick 模型仿真生成的特定时间的 Nmax 图。（b）1989 年 3 月 13 日超级磁暴事件中，基于 NeQuick 模型仿真生成的 foF2（上）和 M(3000)F2（下）等值线图（续）

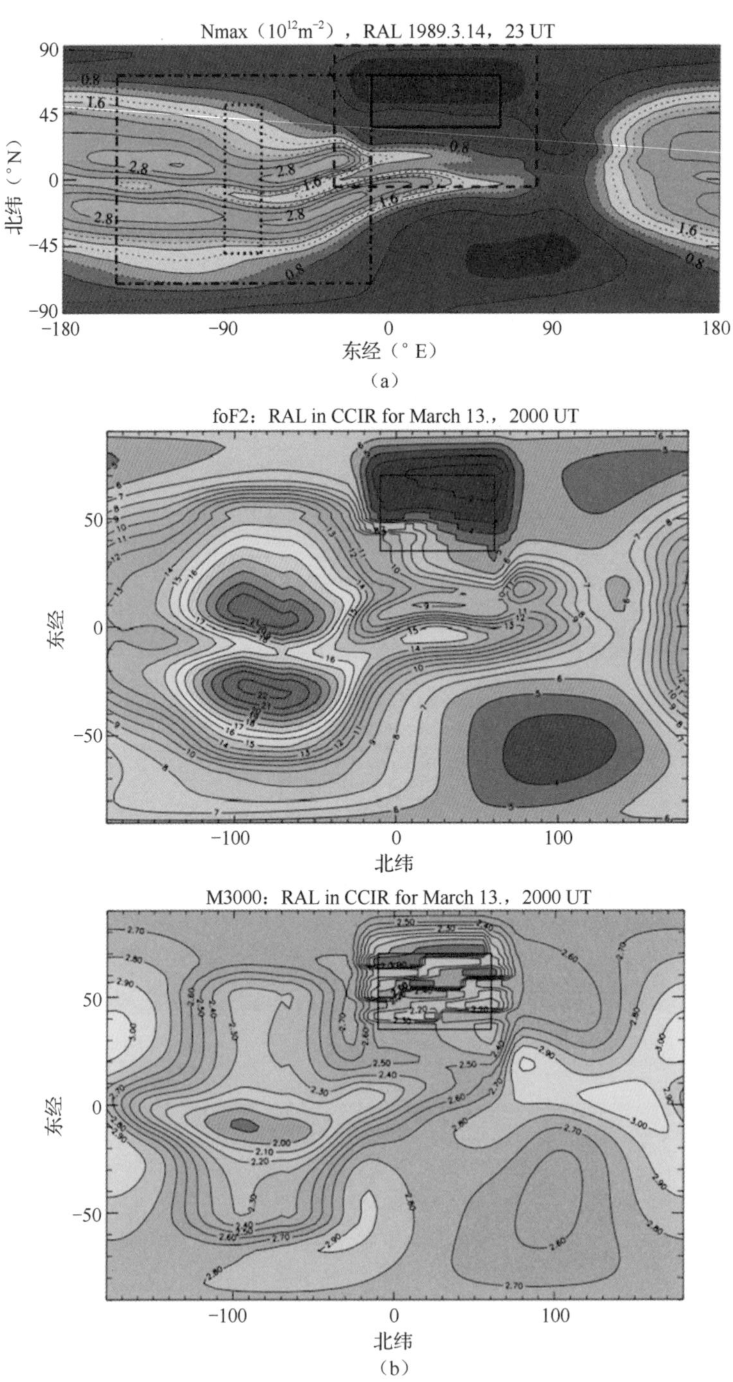

图 8.17 （a）在 1989 年 3 月的超级磁暴事件中，基于 NeQuick 模型仿真生成的特定时间的 Nmax 图。（b）1989 年 3 月 13 日超级磁暴事件中，基于 NeQuick 模型仿真生成的 foF2（上）和 M(3000)F2（下）等值线图（续）

通过这种方法，大尺度电子密度模型通过利用基于实测近实时数据集的现实子模型，可以将与电离层空间天气有关的小尺度和动态结构（如电离层暴和噪声模式、主槽和电离层行波扰动等）考虑在内。

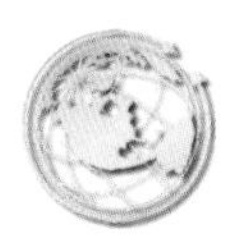

保持区域内子模型的时空一致对无线电系统及其传播预测模型和相关软件非常重要。在此基础上，可以对各垂测站电离图自动判读，得到foF2和M(3000)F2值并内插，生成每小时区域图。Kriging技术特别适合基于稀疏数据绘制等值线，经常用于基于现有站点同时测量的电离层特征参数绘制等值线图，从而生成某个时刻的有效地图。图8.18提供的示例分别为2003年11月19日至24日磁暴期间基于欧洲（10°W～90°E，30°N～70°N）电离层垂测数据得到的正午foF2和M(3000)F2图。

虽然欧洲有很好的地基垂测仪，但在部分电离层地图中，特别是2003年11月21日，采样很不充分，证实了始于2003年11月20日SSC=8:03UT的磁暴的破坏力。然而，它们在标示高变化率区域方面非常有用，因为在初相期间中低纬度地区的正扰动比高中纬度地区更为明显，随之而来的是磁暴主相期间全面的负扰动。图8.18（b）中M(3000)F2的变化特征说明非常需要基于预报模型进行实时管理以及事后分析评估的操作环境。

通过对用于定义电离层状态描述/现报中地理变化的调和级数进行约束，优化对测量点的拟合，进而定义了地图产品中固有的空间梯度范围。有证据表明，在极端日地事件期间真实电离层中的梯度可能有很大不同，因此经常使用局部图来估计基于特定区域覆盖的变化。根据用户需求，绘图技术可以采用具有不同复杂度的模型。如覆盖地中海地区的GIFINT（地磁指数预报和电离层现报工具）和CIFS（塞浦路斯电离层预报服务）模型族。它们基于SIRM模型族引入的单站建模方法生成一小时时间分辨率的局部图，SIRM模型族主要包括：

- 区域电离层简化模型SIRM；
- 实时更新的区域电离层简化模型SIRMUP；基于特定传输点修改最高可用频率图。

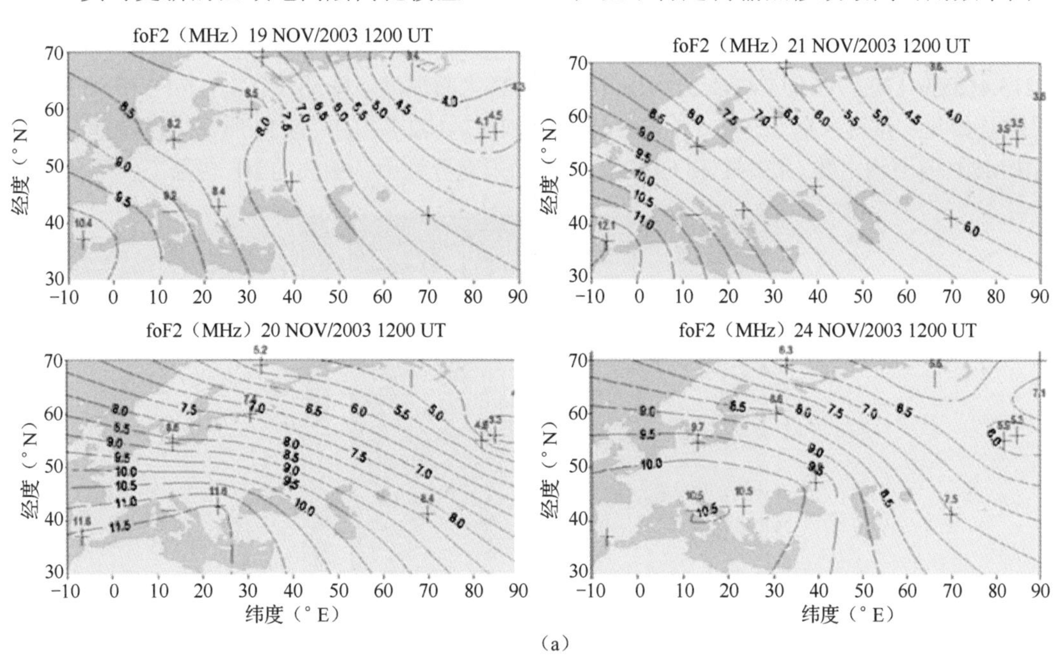

（a）

图8.18（a）2003年11月19、20、21和24日每天12:00UT，欧洲基于实测数据插值得到的foF2等值线图，区域范围：经度10℃W～90℃E，纬度30℃N～70℃N。“+”表示电离层垂测站的实测值。（b）2003年11月19、20，21和24日每天12:00UT，欧洲基于实测数据插值得到的MUF(3000)F2等值线图，区域范围：经度10℃W～90℃E，纬度30℃N～70℃N。“+”表示电离层垂测站的实测值

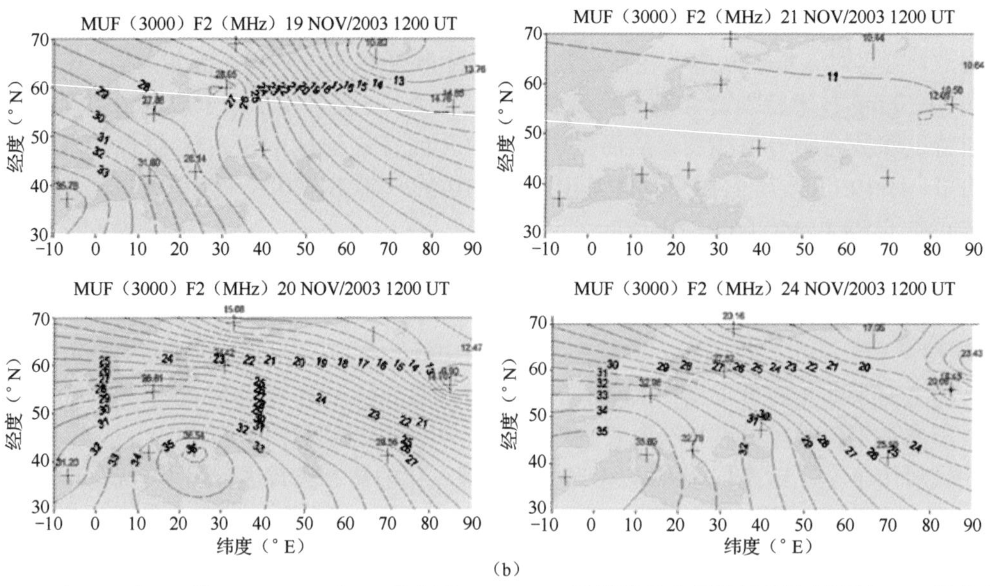

（b）

图 8.18 （a）2003 年 11 月 19、20、21 和 24 日每天 12:00UT，欧洲基于实测数据插值得到的 foF2 等值线图，区域范围：经度 10°W～90°E，纬度 30°N～70°N。“+”表示电离层垂测站的实测值。（b）2003 年 11 月 19、20，21 和 24 日每天 12:00UT，欧洲基于实测数据插值得到的 MUF(3000)F2 等值线图，区域范围：经度 10°W～90°E，纬度 30°N～70°N。“+”表示电离层垂测站的实测值（续）

将图 8.19 所示和实测数据进行对比，可以认为 GIFINT 分别提供了高质量的 foF2 和 M(3000)F2 现报。这些示例为特定时间极端情况的对比：2008 年 10 月上一次太阳活动极小期超低太阳活动期间，月均 Sn=4.2（SSn =2.4）、F10.7=68.2；2001 年 12 月高太阳活动期间，月均 Sn=213.4（SSn=179.1）、F10.7=241.2。2015 年 9 月第 24 太阳周期下降期，CIFS 的 foF2 和 M(3000)F2 结果也是如此，该月月均 Sn=78.6（SSn=65.9）、F10.7=102.1，如图 8.20 所示。目前基于 SIRM 和 SIRMUP 模型输出的 GIFINT 和 CIFS 的潜力尚未充分利用，相关的 HF 传播工具尚未开发。

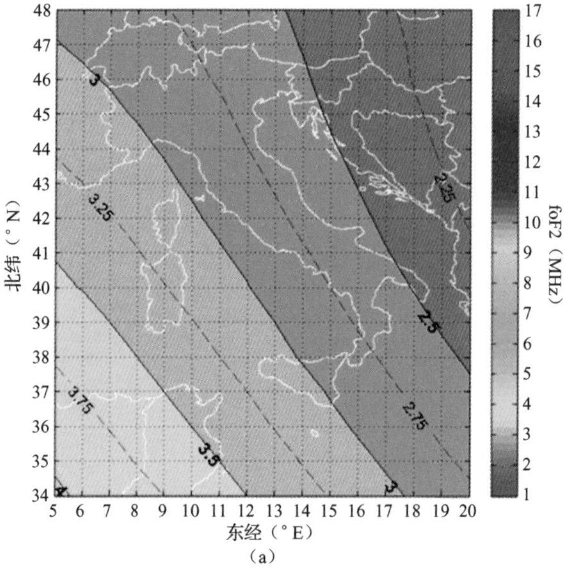

（a）

图 8.19 （a）2008 年 10 月 22 日 22:00UT，地中海中部和巴尔干地区附近的 GIFINT foF2 图。（b）2001 年 12 月 6 日 09:00UT，地中海中部和巴尔干地区附近的 GIFINT M(3000)F2 图

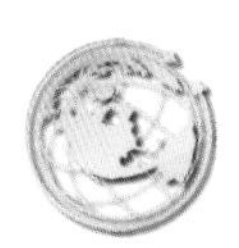

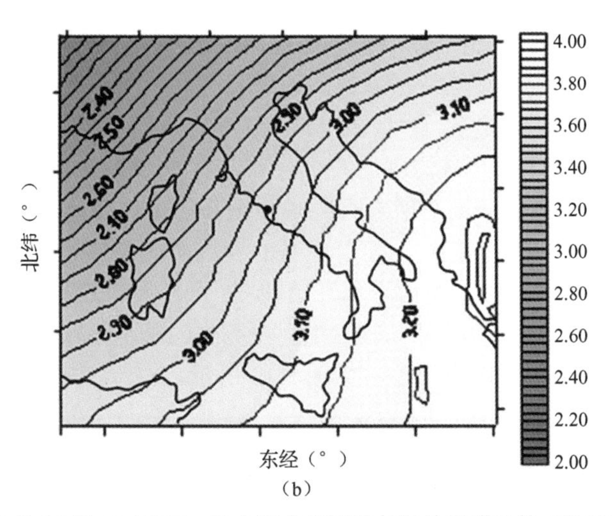

（b）

图 8.19　（a）2008 年 10 月 22 日 22:00UT，地中海中部和巴尔干地区附近的 GIFINT foF2 图。（b）2001 年 12 月 6 日 09:00UT，地中海中部和巴尔干地区附近的 GIFINT M(3000)F2 图（续）

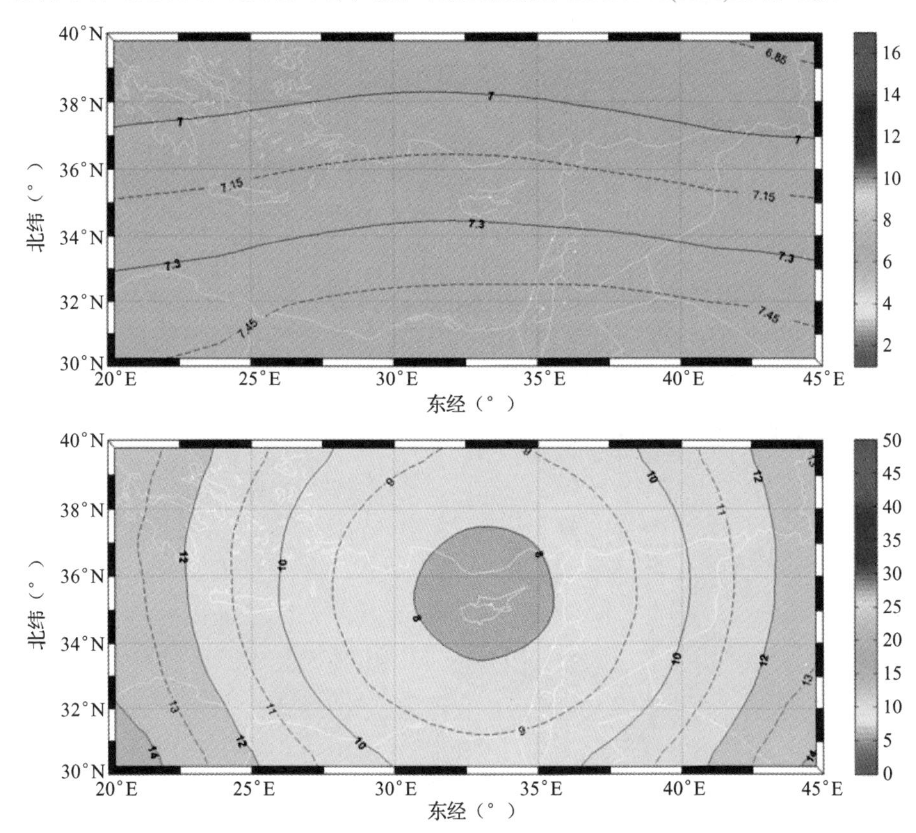

图 8.20　2015 年 9 月 25 日 12:00UT，CIFS 基于 SIRM 模型和 Nicosia 站（35.1°N，33.3°E）数据生成的东地中海的 foF2 图（上）和 MUF(3000)F2 图（下）

8.4.2　基于 GNSS 的电离层地图

通过组网观测得到 TEC 值，全球导航卫星系统（GNSS）网络，特别是成熟部署和运行的双频全球定位系统（GPS），也可以用于生成电离层地图。它是一个纬度 λ，经度 θ 和时间 t 的函数 Ω(λ,θ,t)，表示特定电离层特征参数的地理和时间变化。

图 8.21（a）显示了从 2003 年 11 月 20 日 10:00UT 到 2003 年 11 月 21 日 02:00UT 磁暴期间的全球 VTEC 图，使用的是从伯尔尼大学欧洲定轨中心（CODE）获取的 IONEX 文件，见图 5.13，它们清楚地说明了一场前所未有的超强磁暴的全球演化，造成欧洲强正相。显然，最强正暴效应在中低纬度地区的影响，随着磁暴的发展而变得愈加明显，在下午、晚间甚至深夜都可以在很大范围内观察到。随后正相开始减弱。全球 VTEC 图中这些特征的演变表明，在中纬度 GNSS 观测站 HERS（50.9°N，0.3°E）观测到的细节不仅充分捕捉到了正暴特征，而且还提供了电离层暴发展的定量描述，如图 5.13 所示。

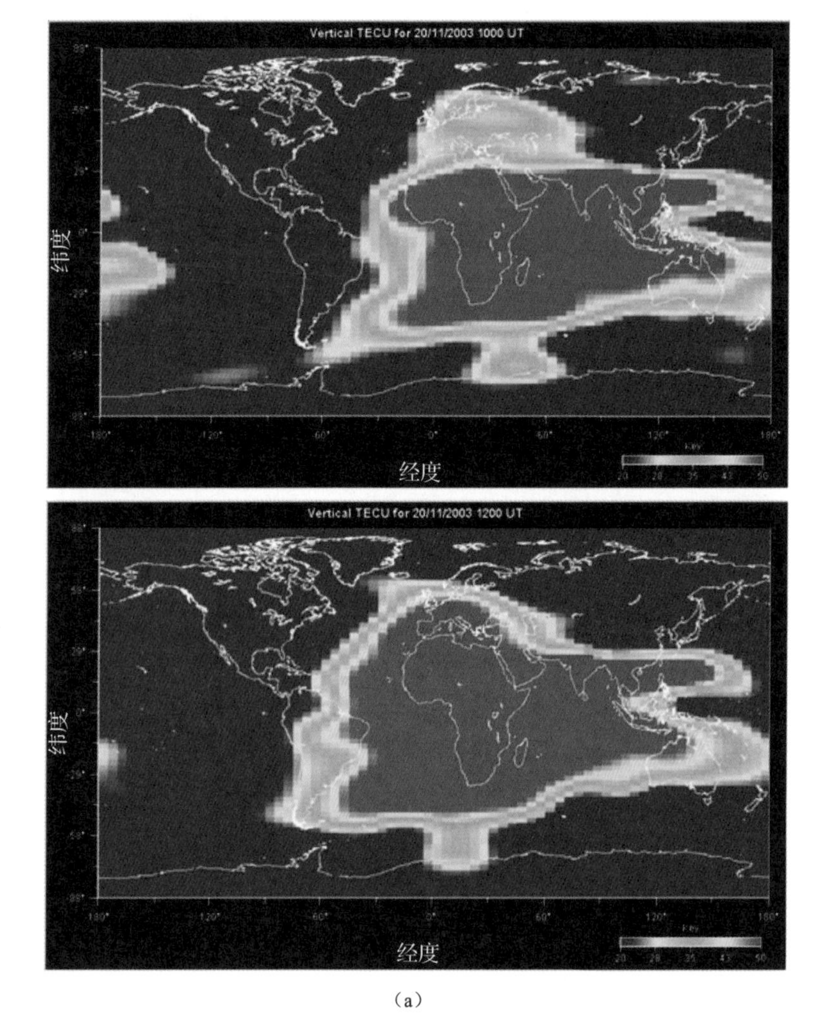

（a）

图 8.21 （a）2003 年 11 月 20 日 08:03UT 至 11 月 21 日 02:00UT 磁暴期间的 CODE 全球 VTEC 图；（b）从 2003 年 11 月 19 日至 21 日磁暴期间，欧洲地区 GNSS 站沿～67°N 向～37°N 范围内的 VTEC

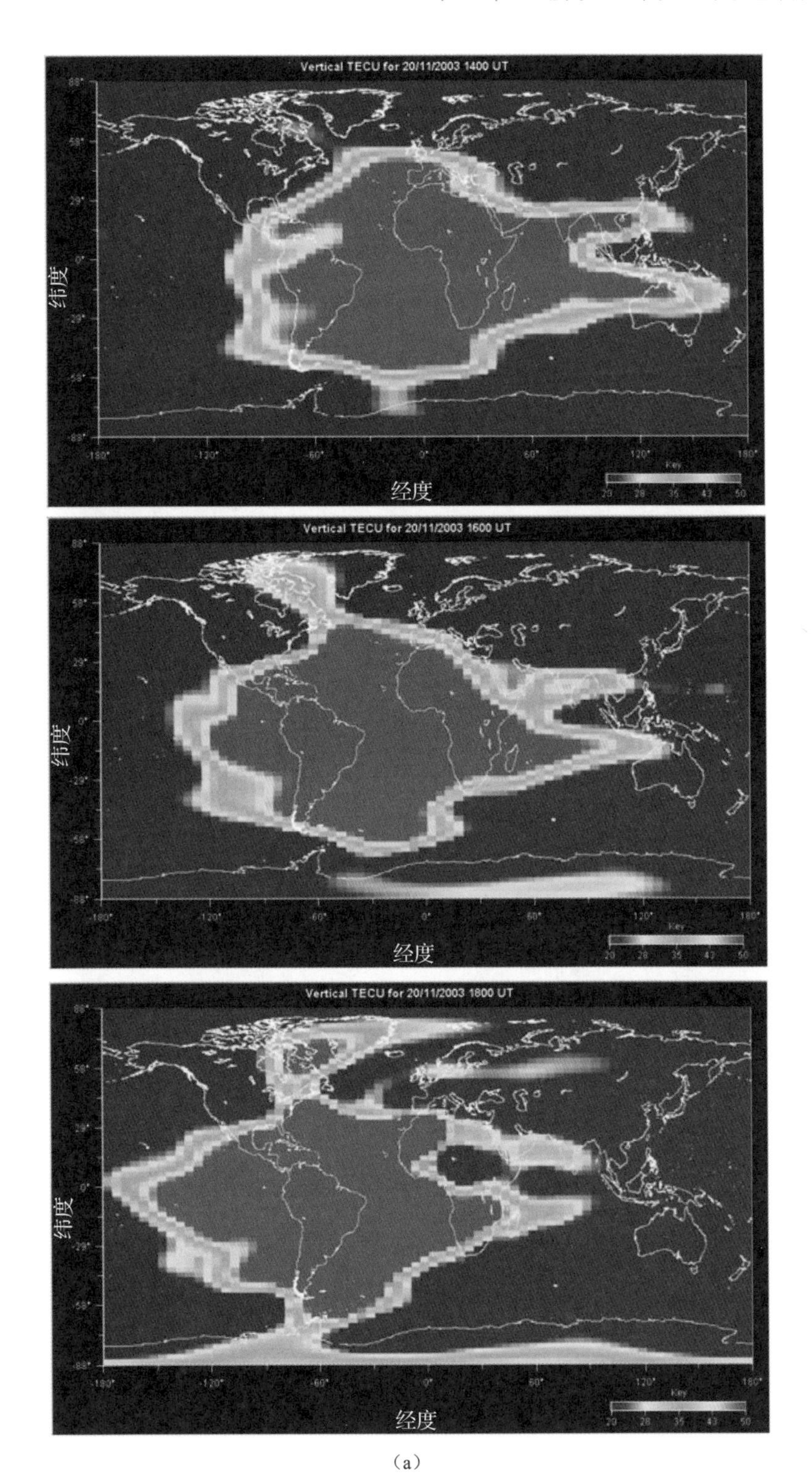

（a）

图8.21　（a）2003年11月20日08:03UT至11月21日02:00UT磁暴期间的CODE全球VTEC图；（b）从2003年11月19日至21日磁暴期间，欧洲地区GNSS站沿～67°N向～37°N范围内的VTEC（续）

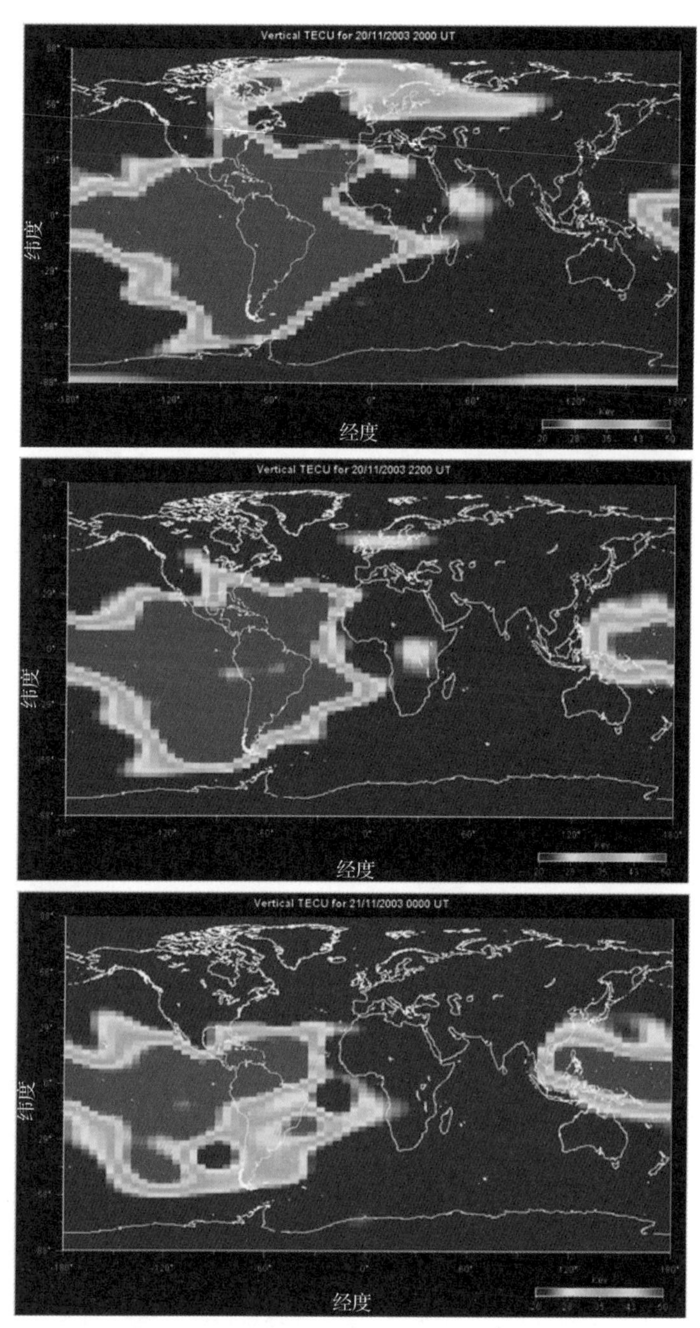

（a）

图 8.21 （a）2003 年 11 月 20 日 08:03UT 至 11 月 21 日 02:00UT 磁暴期间的 CODE 全球 VTEC 图；（b）从 2003 年 11 月 19 日至 21 日磁暴期间，欧洲地区 GNSS 站沿～67°N 向～37°N 范围内的 VTEC（续）

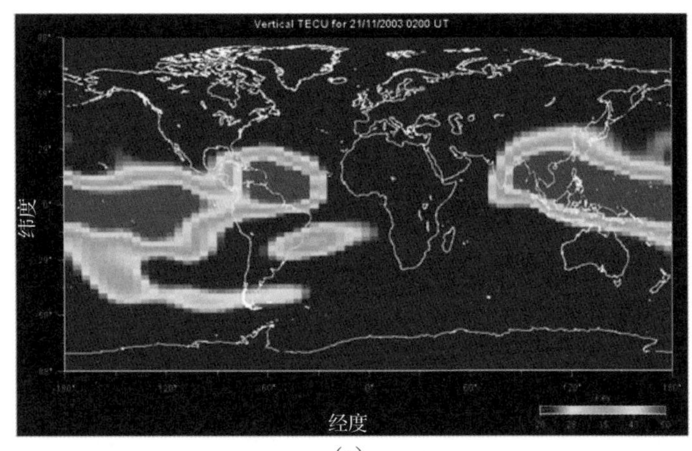

（a）

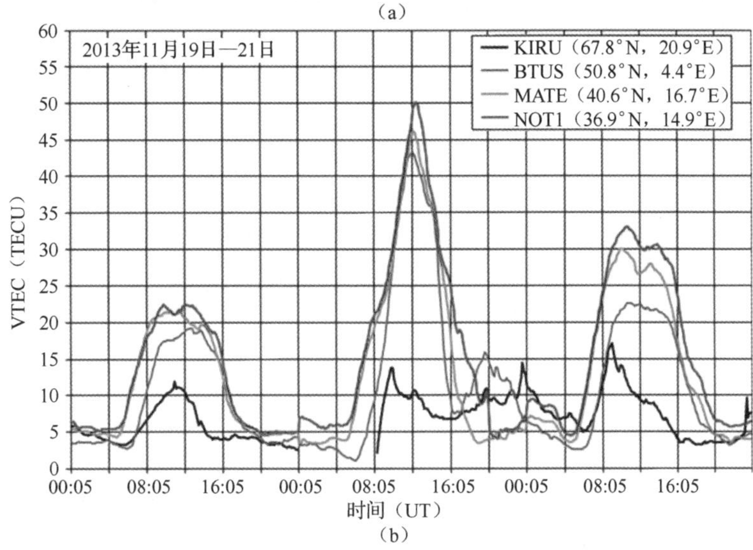

（b）

图 8.21　（a）2003 年 11 月 20 日 08:03UT 至 11 月 21 日 02:00UT 磁暴期间的 CODE 全球 VTEC 图；（b）从 2003 年 11 月 19 日至 21 日磁暴期间，欧洲地区 GNSS 站沿～67°N 向～37°N 范围内的 VTEC（续）

根据 Dst 指数，2003 年 11 月 20 日发生了 1989 年 3 月超级磁暴后的第二大磁暴，图 8.22（b）所示的 KIRUGNSS 站（67.8°N，20.9°E）的 VTEC 表明，该次磁暴在高纬度地区产生很大的电离层时间变化。除了在整个欧洲地区产生高达 50 个 TECU 的剧烈影响外，11 月 20 日至 21 日在 KIRU 也记录到了夜间的大幅升高，这导致所有电离层建模测试出现问题，并使得星基定位增强系统（SBAS）出现相应的完好性问题。

基于 IGS 网络广泛收集的双频 GPS 数据并提取地球电离层相关信息，全球电离层地图中的电离层状态描述/现报已达到了一个新的水平。通过近实时地使用基于 GNSS 观测评估得到的 TEC 数据，有可能在重大日地事件期间提供更准确的实时电离层状态描述（Dow 等，2009）。

从图 8.22 中的 Dst 指数变化可以看出，2000 年 4 月 6 日发生了 SSC=16:40UT 的超强磁暴，并在随后几天逐渐恢复，实际上在发生 SSC 后的晚上，HERS 站（50.9°N，0.3°E）的 VTEC 发生了持续数小时的激增。4 月 7 日，HERS 站（50.9°N，0.3°E）和 NICO 站（35.1°N，33.4°E）的 VTEC 均显著下降，在 SSC 出现两天后，VTEC 值略高于宁静参考值（2000 年 4 月 HERS 站月中值见图 8.22 右中的虚线）。在全球范围内，两个位置接近的地点的 VTEC 值

差异，说明了在如 Dst 指数所示的超强磁暴活动下，正常的等离子体结构和动力学系统的受扰情况。图 8.23 中仅给出了这些变化的大致轮廓，尽管这通常很有用，但仍无法代替基于单站监测的精细电离层暴分析。

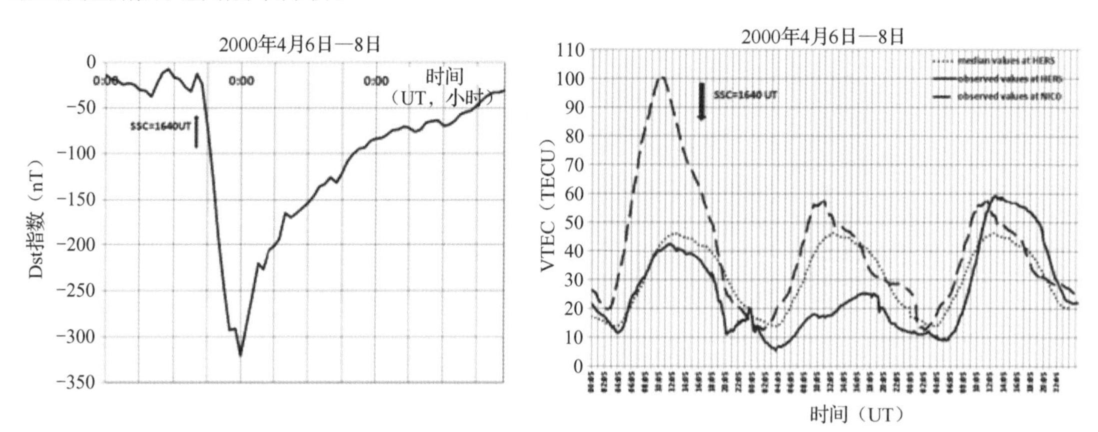

图 8.22　2000 年 4 月 6 日至 8 日磁暴期间，Dst 指数变化（左）与 HERS 站（50.9°N，0.3°E）和 NICO 站（35.1°N，33.4°E）实测 VTEC 变化（右）

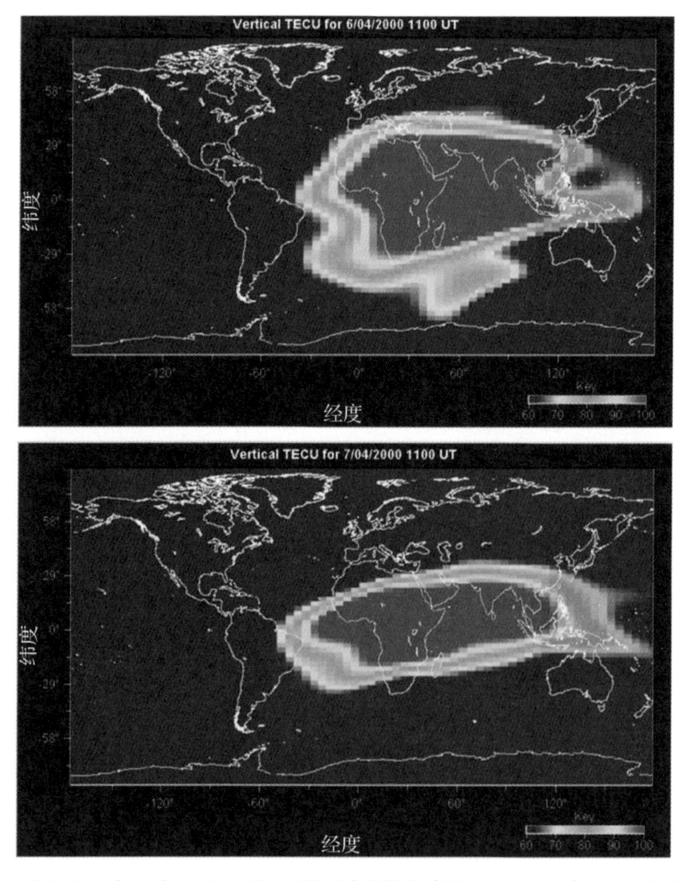

图 8.23　在 2000 年 4 月 6 日（上）和 4 月 7 日（下）磁暴期间每天 11:00UT 的 CODE 全球 VTEC 图

ESA/ESOC 的导航支持办公室于 1993 年开始处理地球电离层相关问题。从无到有建立起

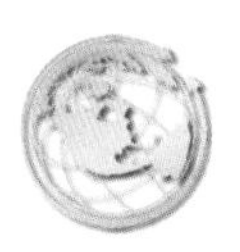

电离层监测系统（IONMON）之后，于 1998 年开始常态化提交 VTEC 图。从那开始，IONMON 系统和产品得到了不断改进和增强。目前，其工作重点主要聚焦在 3D 建模和实时数据处理上。图 8.24 给出了使用第一版 IONMON 软件生成的两个 VTEC 图的实例。新的电离层数据源的出现显然推动了新一代电离层映像系统的发展。

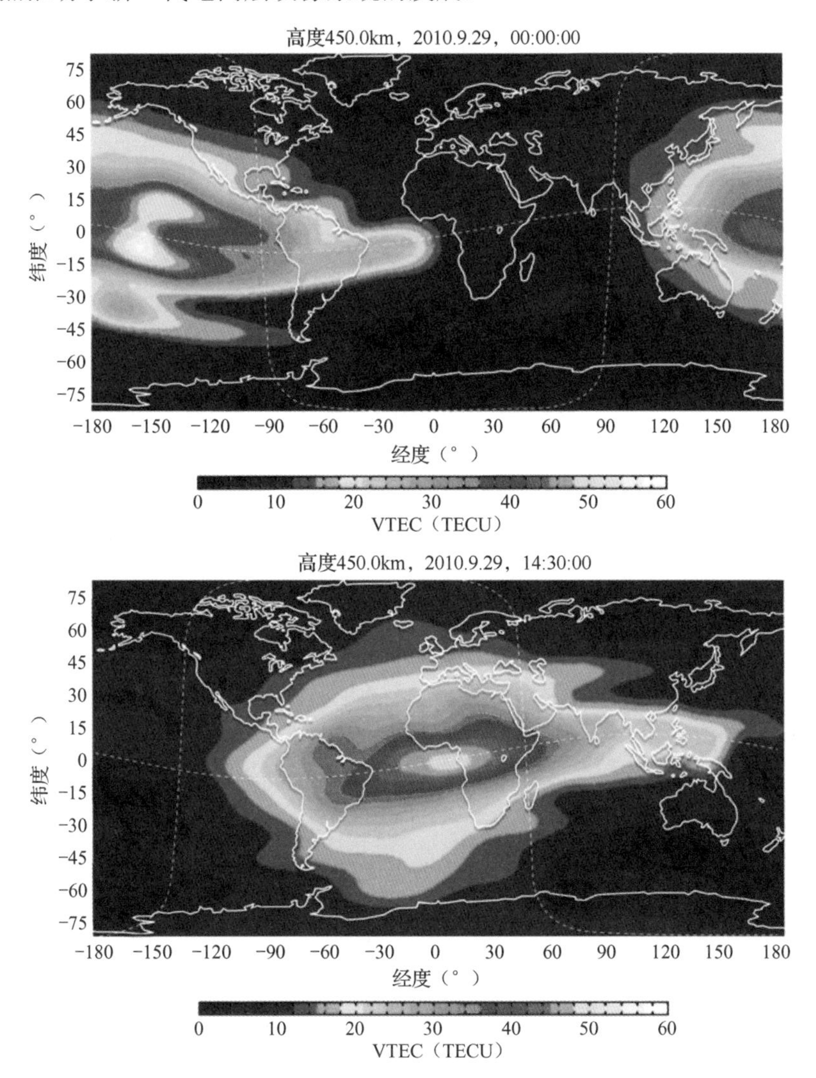

图 8.24　使用第一版 IONMON 软件生成的 2010 年 9 月 29 日 00:00UT（上）和 14:30UT（下）的 VTEC 图

日地事件也可能引起电离层闪烁，与电离层空间天气密切相关。电离层闪烁是指 GNSS 信号穿过电荷非均匀分布的电离层区域，使信号的幅度、相位、极化和到达方向快速变化，可导致 GNSS 接收机失锁（见表 8.1 和表 8.2）。由于电离层闪烁和多径衰落，VHF 和 UHF 频段卫星移动通信信道沿其穿透电离层传播路径受到最严重的破坏。引起电离层闪烁（无线电信号散射）的不规则体也会阻碍无线电通信。尽管在 10MHz 至 10GHz 的所有链路上，都可能经历因闪烁效应对可靠通信造成的实际限制，但最常见的是 VHF 频段中的幅度闪烁，会影响到各个卫星和各个站点，且出现间隔不规律，每天不超过数小时。

研究表明，全球主要有两个严重的闪烁区，一个影响高纬度传播，另一个影响赤道传播。

在太阳黑子极大期，在磁赤道周围的异常区域表现最为明显（每年长达 100 天），而在中纬度发生的频率最低（每年几天）。另一方面，任意太阳活动阶段的磁暴对高纬度产生的闪烁起主导作用。在所有纬度地区都能记录到的明显夜间最大表现，通常是在当地日落之后开始，持续 30 分钟到数小时。使用与峰峰波动强度相关的闪烁指数 S4 对闪烁强度进行分级，当 S4 小于 0.3 为弱闪烁，0.3 到 0.6 之间为中等闪烁，大于 0.6 为强闪烁。

现有的观测数据构成了对闪烁现象进行建模的基础条件。为了预测地空路径上的电离层闪烁强度，ITU-R 无线电通信第 3 研究组建议使用全球电离层闪烁模型（GISM）。该模型可预测 S4 指数、衰落深度以及由闪烁引起的相位和角度偏差 RMS，这些偏差是卫星和地面站位置、日期、时间和工作频率的函数（ITU-R P.531-11 建议书，2012）。其中，在欧洲、北美洲、北亚、澳大利亚和新西兰等中纬度地区闪烁效应最小，而在赤道地区最大，本书不进行详细讨论。

参考文献和补充书目

[1] Barclay L (2002) Ionospheric effects and communication systems performance. Proc IES 2002:1-10 Basler RP, Bentley PB, Price RT et al (1988) Ionospheric distortion of HF signals. Radio Sci 23:569-579.

[2] Ben A, Witvliet R (2017) Communication via Near Vertical Incidence Skywave propagation: an overview. Telecommun Syst.

[3] Beniguel Y, Hamel P (2011) A global ionosphere scintillation propagation model for equatorial regions. J Space Weather Space Clim 1:A04.

[4] Bradley PA (1996) HF applications and prediction. In: Hall MPM, Barclay LW, Hewitt MT (eds) Propagation of radiowaves. IEE, London, pp 354-371.

[5] Broms M, Lundborg B (1994) Results from Swedish oblique soundings campaigns. Ann Geof ì s XXXVII:145-152.

[6] Cander LR (2008) Ionospheric research and space weather services. J Atmos Solar Terr Phys 70:1870-1878.

[7] CCIR Atlas of Ionospheric Characteristics (1967) Comité Consultatif International des Radiocom- munications, Report 340-4. International Telecommunications Union, Geneva.

[8] Dow JM, Neilan RE, Rizos C (2009) The international GNSS service in a changing landscape of global navigation satellite systems. J Geodesy 83:191-198.

[9] Erdogan E, Michael Schmidt M, Florian Seitz F et al (2017) Near real-time estimation of ionosphere vertical total electron content from GNSS satellites using B-splines in a Kalman filter. Ann Geophys 35:263-277.

[10] Goodman JM (2005) Operational communication systems and relationships to the ionosphere and space weather. Adv Space Res 36:2241-2252.

[11] Hanbaba R (1999) Improved quality of service in ionospheric telecommunication systems planning and operation, COST Action 251 Final Report. Space Research Centre Printing Office, Warsaw Hernández-Pajares M, Juan JM, Sanz J et al (2009) The IGS VTEC maps: a reliable source of ionospheric information since 1998. J Geodesy 83(3-4):263-275.

[12] Hernández-Pajares M, Roma-Dollase D, Krankowski A et al (2017) Methodology and consis- tency of slant and vertical assessments for ionospheric electron content models. J Geodesy 91(12):1405-1414.

[13] Ippolito LJ Jr (1989) Propagation effects handbook for satellite systems design—A summary of propagation impairments on 10 to 100 GHz satellite links with techniques for system design. NASA Reference Publication 1082(04), Washington DC.

[14] ITU-R Rec.P.533-5 (1994) HF propagation prediction method. International Telecommunication Union, Geneva.

[15] ITU-R Rec.P.534-4 (1999) Method for calculating sporadic-E field strength. International Telecommunications Union, Geneva.

[16] ITU-R Rec. P.531-11 (2012) Ionospheric propagation data and prediction methods required for the design of satellite services and systems. International Telecommunications Union, Geneva.

[17] Johnson EE, Desourdis RI, Earle GD et al (1997) Advanced high-frequency radio communications. Artech House, Boston and London.

[18] Kintner PM Jr (2008) A beginner' s guide to space weather and GPS. Cornell University Lecture Notes 12.

[19] Lundborg B, Broms M, Derblom H (1995) Oblique sounding of an auroral ionospheric HF channel. J Atmos Terr Phys 57:51-63.

[20] Marabashi K (1995) Perspectives of present and future space weather forecasts. J Atmos Terr Phys 57:1385-1396.

[21] Muslim B (2002) Penentuan MUF menggunakan model sederhana ionosfer tegional Indonesia. Kontribusi Fisika Indonesia 13(2):94-97.

[22] Nava B, Coisson P, Radicella SM (2008) A new version of the NeQuick ionosphere electron density model. J Atmos Solar Terr Phys.

[23] Orus R, Cander LR, Hernandez-Pajares M (2007) Testing regional vTEC maps over Europe during the 17-21 January 2005 sudden space weather event. Radio Sci 42:RS3004.

[24] Perna L, Pezzopane M, Pietrella M et al (2017) An updating of the SIRM model. Adv Space Res 60:1249-1260.

[25] Pezzopane M, Scotto C (2007) The automatic scaling of critical frequency foF2 and MUF(3000)F2: a comparison between Autoscala and ARTIST 4.5 on Rome data. Radio Sci.

[26] Radicella SM, Leitinger R (2001) The evolution of the DGR approach to model electron density profiles. Adv Space Res 27:35-40.

[27] Rawer K (1993) Wave propagation in the ionosphere. Kluwer Academic, Dordrecht.

[28] Reinisch BW, Galkin IA (2011) Global Ionospheric Radio Observatory (GIRO). Earth Plan Sci 63:377-381.

[29] Ritchie SE, Honary F (2009) Storm sudden commencement and its effect on high-latitude HF communication links. Space Weather.

[30] Rush CM, Gibbs J (1973) Predicting the day-to-day variability of the mid-latitude ionosphere for application to HF propagation predictions. AFCRL Technical Rep. TR-73-0335, Alexsandria Samardjiev T, Bradley PA, Cander LR et al (1993) Ionospheric mapping by computer contouring techniques. Electron Lett 29:1794-1795.

[31] Satellite Navigation & Space Weather: Understanding the Vulnerability & Building Resilience Report of a Policy Workshop Developed (2011) American Meteorological Society Policy Program Severe Space Weather Events: Understanding Societal and Economic Impacts: A Workshop Report (2008) National Research Council, The National Academies Press, Washington DC.

[32] Verhulst TGW, Altadill D, Mielich J et al (2017) Vertical and oblique HF sounding with a network of synchronized ionosondes. Adv Space Res 60(8):1797-1806.

[33] Zolesi B, LR Cander, De Franceschi G (1993) Simplified Ionospheric Regional Model (SIRM) for telecommunication applications. Radio Sci 28:603-612.

[34] Zolesi B, LR Cander, De Franceschi G (1996) On the potential applicability of SIRM (Simplified Ionospheric Regional Model) to different mid-latitude areas. Radio Sci 31:547-552.

[35] Zolesi B, Belehaki A, Tsagouri I et al (2004) Real-time updating of the simplified ionospheric regional model for operational applications. Radio Sci 39:RS2011.

第9章　电离层空间天气目标

摘要：本章总结了电离层空间天气相关的科学发现、方法、模型和技术的应用，以期提升电离层空间天气的状态描述/现报和预报的性能。在电离层空间天气和陆地天气之间进行了一个有趣的类比。据观察，一旦将电离层天气完全视为一个极为重要的环境监测问题，那么日地事件基本上是可以预测的（从太阳到地球，到其他行星，甚至到更远的行星际介质）。

关键词：空间天气目标；减灾；地球环境；地震

随着日地物理学在社会需求中的应用增多，空间天气研究得到了飞速发展，成为一个跨学科的主题，引起了天体物理学、太阳物理学、空间等离子体物理学、地球物理学、地震学、地外生物学等不同领域科学家的研究兴趣。在研究电离层空间天气时，由于仍是基于通用物理过程，导致用于日地物理学研究的方法、建模技术和综合数值模拟技术的相似性，并且这些方法已普遍应用于各种空间天气问题，从而形成了关于全球磁层-电离层-热层（M-I-T）系统动态行为的气候学。研究太阳变化对全球气候变化的影响，对于理解太阳如何影响自然环境，对于在地球上和太空中生活的人类的安全，都具有非常重要的意义。

到目前为止，电离层空间天气已经成为一个现代且高度动态的研究领域，取得了长足的进步，引起了世界范围内航天工业和机构、尖端信息通信技术及管理机构的关注，同时激发了非专业人员的想象。这将会进一步促进和激发人们，特别是年轻人对电离层空间天气以及相关的地基和天基项目和观测活动的关注。一种新的认知也引起了人们的关注，即地球表面生活条件中许多现有和未来的问题在很大程度上取决于我们星球所处的空间环境。

前文提到自国际地球物理年（IGY，1957—1958）以来，我们对地球和其他行星的电离层的实验、经验和理论理解已发生了很大变化。现在可以获取大量新数据集，其中许多都是高分辨率的，这些数据集涵盖了由地基和天基仪器设备采集的5个完整的11年期太阳活动周期。这些数据可以用于最新的科学分析和计算机处理，从而生成对M-I-T系统中的驱动因素非常敏感的复杂模型。这将能够有效减缓严重的电离层天气的影响，并为及时的空间天气预警提供有效的工具。但是，只有尽可能全面快速地创新和增强基础设施、仪器设备、数据管理和同化、数学方法、软件技术和计算模型等，才能完全实现从研究到实际应用的过渡。

9.1　为减灾所做的努力

建立在电离层物理学和高层大气物理学基础上的电离层空间天气，对于人类以及陆基、海基、空基和天基技术硬件的安全性极其重要。电离层空间天气对于维持人类在地球以外以及在我们太阳系中其他天体上的生存尤其重要。众所周知，极端空间天气事件是会导致严重后果的低频次现象，像危险的飓风、龙卷风、大规模火山爆发、大地震和其他自然灾害一样，一次由日地产生的电离层暴事件可能会在全球范围内造成严重的物质损失。在未来，电离层空间天气的危害将不只是对地基、天基通信设备的破坏，可能会损害关键基础设施，从而造成重大的社会、经济和物质损害。自从建立了灾害救援到主要空间冲突能力的规划以来，电离层空间天气数据和服务相关的科学、用户和决策群体显著增长。图 9.1 显示了潜在的永久性系统、服务和用户群体，这些致力于实现人们对地球近地空间环境的深刻理解，或努力使公众从减轻有害电离层空间天气事件中获益。

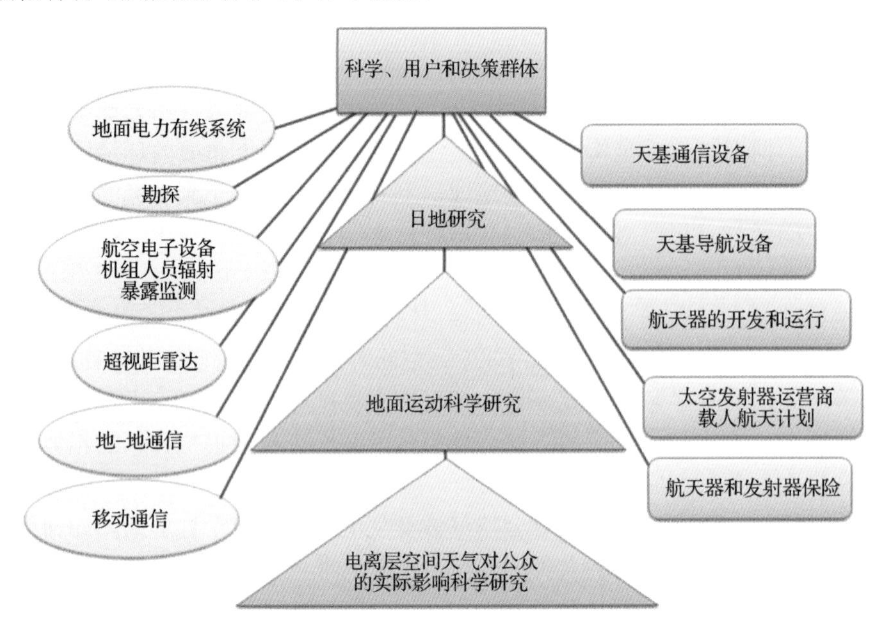

图 9.1 潜在的永久性系统、服务和用户群体

在由基础研究过渡到实际应用的艰难过程中，电离层空间天气的主要目标基本上体现在以下三方面：

（1）充分利用地面和空间现有和新的关键设施，并为国家和国际机构之间的空间天气数据采集、处理和分发的标准化提供必要的协议和支持。

（2）用适当的软件/硬件技术开发复杂的模型和适当的计算工具，以描述不同时空尺度上的极端非线性过程；

（3）定义通用服务平台的接口和格式，帮助设计服务体系结构，并支持用户对最终产品和服务进行评估。

减缓措施可从确定电离层结构、状态描述电离层威胁以及验证电离层模型得出的建议来建立。为了确定电离层结构，并建立对影响电离层特征参数长期变化过程的科学理解和预测，需要研究太阳活动周期和季节变化。这其中包括太阳辐射能量通过行星际介质到达地面的整体传输过程。通过定量确定太阳风、磁层、电离层和大气之间的耦合程度，可以确定电离层威胁，进而触发并确定磁暴驱动的电子密度扰动和某些类型的电离层不规则体的时间演变。这可以基于微尺度和中尺度过程在控制 M-I-A 系统中的已知作用来实现。电离层模型认证需要验证和改进算法和方法，包括数据同化和人工神经网络技术。模型和计算工具必须基于最新的可用数据，这需要国际赞助和标准化观测活动的支持。

图 9.2 给出了主要的电离层空间天气工作目标。该配置旨在为近地空间环境业务运行提供良好的持续支持。但是，目前仍然存在很多亟待解决的问题，如确定及时制定缓解策略所需的测量和观测类型，电离层影响研究的基础科学原理，提供相关服务和支持的基础设施等。

电离层空间天气主要工作目标如下。

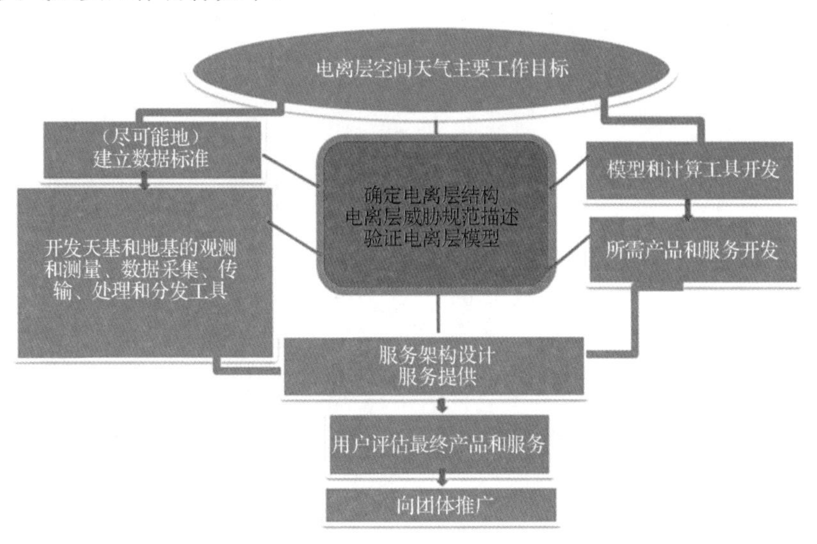

图 9.2　电离层空间天气主要工作目标

（1）需要制定一个国家和国际空间天气数据采集策略，来提高描述环境状态的数据的数量和质量。较长时间的高质量观测记录有助于更好地表征现象。为了克服地基观测的局限性，需要在二十一世纪初建立一个有效且强大的天基卫星监视和告警系统，该系统应具备星上数据处理能力，并在天基和地面运维中心之间建立专用传输链路。部署星基电离层测深仪和其他卫星遥感设备尤为重要。另外，需要先进的日地监测方法，尤其是在日地事件进行过程中使用的实时和近实时的监测方法，涉及基本的等离子体物理难题，如电离层不规则体的全局或局部产生及其传播等。此外，还严重缺乏明确定义的发展模式，包括速度剖面，以及监测技术等。

（2）对特定太阳活动周期的地球电离层长期的气候预测，是利用电离层进行传播的无线电系统规划运行所必需的。其成功最终取决于长期的太阳活动预测。目前提前几年的预测尚达不到标准要求（例如，图 9.3）。地球上层大气中 100km 以上的原子氧的 EUV 辐射通量和 2800MHz 射电通量的测量值保持一致。该类测量与太阳黑子数密切相关（见图 9.4），可以在任意天气条件下在地面进行可靠测量，包括每天测量总 EUV 辐射通量等。这对电离层建模具有很高的参考价值，并提供了太阳活动的准确气候资料。实际上，在 GNSS 误差分析中，电离层延迟分析通常以 F10.7 指数作为 EUV 变异性的参照。ITU 也推荐了针对不同场景的 foF2 和 M(3000)F2 月中值建模的各种指数。

（3）假设可以基于过去观测到的磁暴对电子密度的影响来对气候进行预测，并采用模拟历史上 F 层对典型磁暴的响应的方式进行参数化，则需要做出巨大的努力来模拟在典型或极端条件下最有可能出现的电离层特征。据文献报道，目前预测磁暴的精度在 20%～40%之间，对可靠磁暴预警的要求也在不断提高。虽然成功预测中纬度地区的电离层扰动似乎在我们的能力范围内，但最近的减缓结果表明，物理相关的一些基本的问题仍未得到解答。高纬度和赤道地区的其他问题仍然迫切需要解决。

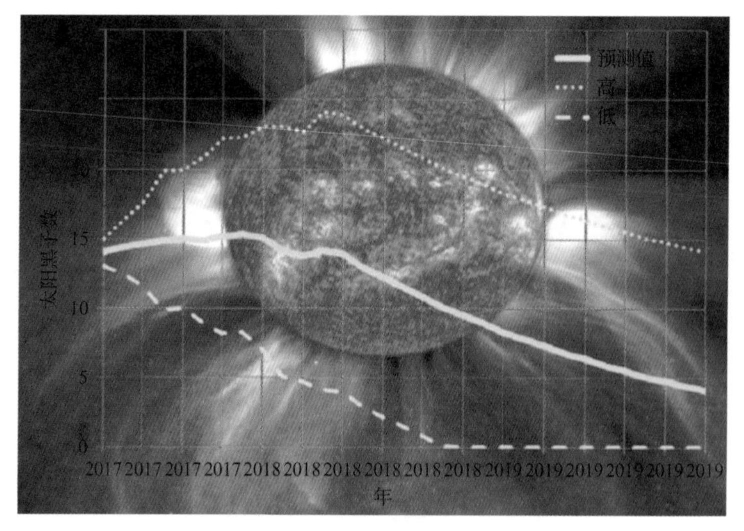

图 9.3　日冕喷发时的太阳和预期范围内的每月美国太阳黑子数 SSN 预测（2016 年 7 月 4 日 3:00UT）

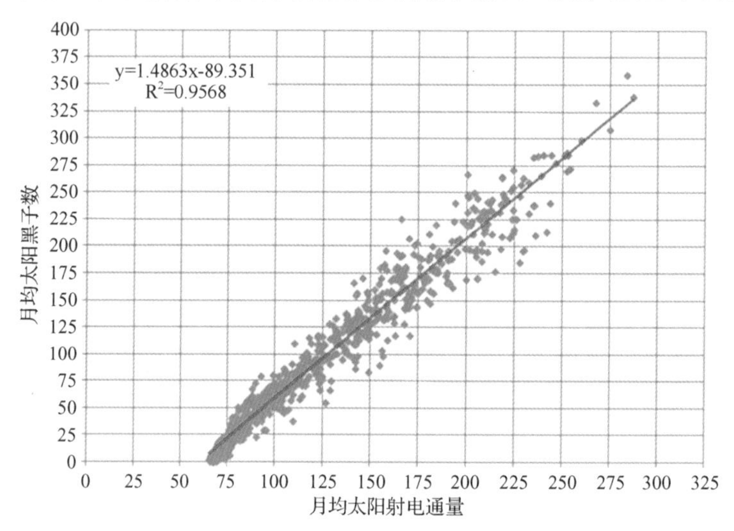

图 9.4　基于 1954 年—2016 年数据得到的月均太阳黑子数和月均太阳射电通量的散点图及其回归趋势线和相关系数

（4）必须基于电离层实时状态描述/现报和实时观测技术来实时呈现电离层特征参数在地理和时间上的变化。这种电离层状态描述对于更快、更准确地管理无线电服务非常重要，因为这些服务特别容易受到恶劣的空间天气的影响。

（5）根据过去数据集的外推，进行最高提前数小时的短期电离层预报，预报电离层严重依赖的短期扰动指数，并进行与日地参数相关的电离层传播条件监测。这是提高无线电通信服务质量和可靠性所必需的，具体包括 MF 和 HF 频率自适应应用和跨电离层无线电定位、电离层下通信信道、支持天基导航和监视的系统等。这对于下一代数字地面和星载电信系统尤为重要，因为它需要改进和增强的传播预测工具，以进行超出现状的协调规划和运行。短期预报设备可基于自动预处理后的电离层探测数据，跟踪 foE/foF2/NmF2 天气的变化，以提供及时的服务。图 9.5 显示了在 2001 年 3 月 29 日磁暴期间 Chilton 站（51.6°N，358.7°E）自动预处理的数据与手动预处理数据对比。手动预处理（红线）和自动预处理（黑线）的 foF2

和 foE 数据重叠到难以区分的程度。其中存在一定程度的散射，这归因于非常极端的电离层天气，如 2001 年 3 月的最后一天，foF2 非常显著的负相（超过-150%）造成严重扰动，导致几乎无法区分电离层的 E 层和 F 层。此外，在太阳活动极小期和极大期进行电离层探测时，会遇到与在太阳活动最小期时电离层 G 条件占优势和太阳活动最大期时 foF2 饱和有关的问题。已经证明使用实时经验数据是对电离层的全球电子密度分布进行状态描述/现报和预报的基础。引入电离层扰动指数将对描述短期电离层活动非常有帮助。

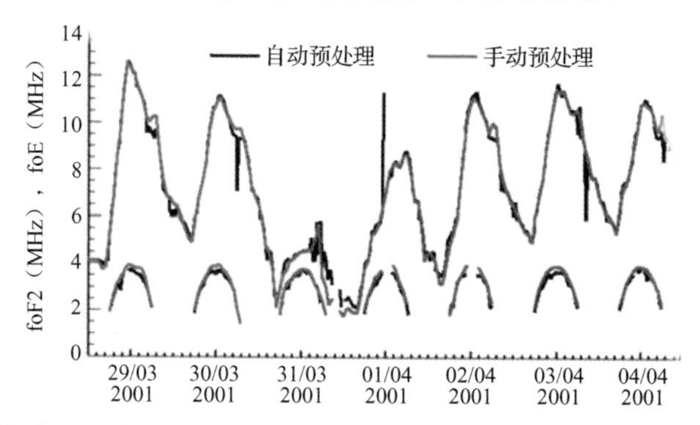

图 9.5　图 5.3 所示磁暴条件下，来自 Chilton 站（51.6°N，358.7°E）手动预处理（红色）和自动预处理（黑色）的 foF2 和 foE 数据对比

（6）提升电离层空间天气的预警提前量和更大时间尺度的预报能力是目前迫切需要的。它能够使运营商和用户有可能实施其他应急计划，如改变射线路径、切换到其他不易受攻击的系统，或有选择地关闭系统以避免电子损坏。

（7）在动态的全局电子和中性大气密度模型中，热层和电离层中电离密度梯度的物理学和物理效应仍未得到充分解释。为了准确预测通信、导航和雷达系统的卫星曳力，需要解决这一问题。

（8）需要增加对数据同化等新技术的支持，而不是仅局限于使用有限的一组观测值来调整模型输出的数据拟合。地球气象学和海洋学提供了许多数据同化方法，这些方法可用于基于物理的电离层空间天气预报和预测模型，这些模型由贯穿地球电离层上下空间的各空间区域的数据同化所驱动。这种同化技术的应用可以有效地解决一些关键的空间科学问题。电离层变化对地面环境、通信、导航和功率分布的短期影响，以及对气候和高层大气的长期影响，将在今后十年内通过国际协同观测、实验和建模进行更深入的研究。

（9）加强对开发从地面向上延伸至 600km 的大气模型所涉及问题的科学和技术理解，包括低层大气作用力、太阳和地磁作用力以及综合表征和预报能力。

（10）来自学术界、政府机构、工业界和政策制定团体的专家和用户，在讨论空间天气影响和减缓策略时普遍认为，可靠的日地事件预警模型非常重要。为了建立长期战略以使空间天气活动对工业和社会基础设施的效益最大化，必须实现从科学研究进展到工程应用的快速有效过渡。

（11）通过对电离层空间天气的相关性进行广泛的讨论和解释，使广大公众参与其中，不仅能使现代技术迅速进入受空间天气影响的领域，还能实现更广泛的公共利益。目前，这些因素包括空间辐射对太空旅游业和人类对月球和火星的探索的社会和经济影响。

地球上的生命由于大气的吸收和地磁场而免受来自行星际空间的高能辐射和粒子云的

影响。电离层空间天气研究的任务是提供科学的预报和教育工具，同时应用减轻措施，以避免或尽量减少风险。这必须包括及时解决潜在的连带效应，增强抗灾能力，快速恢复和重建重要服务，把对公共安全和健康、经济和国家安全的损害降到最低。防止和保护空间环境中现有和未来相关设施免受重大多重危害事件影响的能力，在很大程度上取决于能否成功解决遇到瓶颈而又急需解决的问题。电离层空间天气模型和所需数据集向业务状态描述/现报和预报服务的转换必须着重于提供减轻危害的具体方法，以及建立能够迅速补救负面影响的基础设施。

9.2 环保方面

电离层天气作为空间环境组成部分，某些方面与地面天气条件类似，因为电离层也是高动态的，并形成了自己的天气系统。这两个天气系统都受地球引力的约束，由影响人类及其技术系统的重大时变现象组成。与地面天气一样，电离层空间天气持续产生相对较小的影响，而极端事件偶尔会造成戏剧性且代价高昂的后果，甚至造成重大的财产和生命损失。在地面天气现象中，要测量的主要变化特征是大气压力、温度和湿度，而在电离层中，主要变化特征是电离、吸收、热力学调制、碰撞耦合产生的动态摩擦、动态阻力以及不同分区和层的高度。

两者之间的区别也非常明显，尤其是电离层对无线电波传播的主要影响不同。陆地天气是由太阳辐射中的紫外线、可见光和红外线所驱动的，而与空间天气有关的太阳辐射主要是在谱域中的X射线、远紫外线和射频部分，以及通常以超音速飞行的高能相对论离子和低能离子。陆地和空间天气过程的时间和规模尺度完全不同。陆地天气主要涉及局限在对流层的局部事件，一些影响会扩展到平流层和中层。世界气象组织（WMO）收集并保存了地基和天基仪器的组网测量数据，以及跨越许多国家的气象雷达组网测量数据（风、温度、压力和湿度）。而电离层现象在世界范围内发生，大部分发生在地球表面以上几百公里处。电离层中的季节效应与太阳相对地球的位置同步，不像地球天气季节那样滞后一两个月。许多人认为地球的电离层现象比地面天气现象具有更大的规律性，因此应该更容易在本地、区域和全球范围内进行建模。虽然在支撑和解释大多数地面天气现象方面物理学似乎已经足够了。但电离层空间天气仍缺乏全面的物理认知，加上测量数据不足，高精度电离层空间天气建模仍然是一个亟待解决的难题。其中最有趣、或许也是最重要的问题是，这两个天气系统之间相互有多独立。

虽然空间天气总体上已成为一个前沿的科学研究课题，但人们仍然认为，与自然气象和地质灾害不同，空间天气只是对技术系统和基础设施的危害，而不是对人类安全的直接威胁。电离层扰动，包括小电离层暴到超强电离层暴、波动和不规则体，只会在大约2%的时间里形成挑战，而在剩下的约98%的时间里是正常的可承受的。尽管这两个时长相差明显，但不能忽视电离层空间天气在环境方面，特别是电离层空间天气对气候变化的影响，而且气候变化的建模需要太阳效应和人为效应的结合。提高对空间环境可能影响对流层天气和气候的物理机制的理解是非常重要的。到达地球环境的 EUV 辐射能量和动量大部分释放在高层大气中，产生电离过程，进而加热热层。EUV 辐射对人类和许多其他生命形式都是致命的，它被地球臭氧层吸收不仅保护了地球上的生命，而且还推动了高层大气昼夜温度和潮汐风的巨大

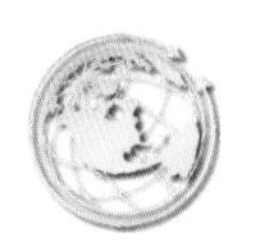

变化。令人鼓舞的是，在显著的日变化率、电离层噪声形态和宁静地磁条件下的 TID 中，foF2/NmF2/VTEC 天气跟踪模型可能揭示了更多的电离层与低层大气之间的耦合过程。

目前人们已经发现，空间天气涉及许多领域（太阳、行星际介质、磁层、电离层和大气层），对地球表面和内部也有重要影响。

进一步的研究将可能有助于预测电离层天气对星载导航、定位和常规电信系统的实时影响，包括电离层暴和小尺度特征。同时，应继续进行广泛的电离层监测和实验，以确定长期全球变暖和其他对自然环境的影响产生的现象（见图 9.6）。

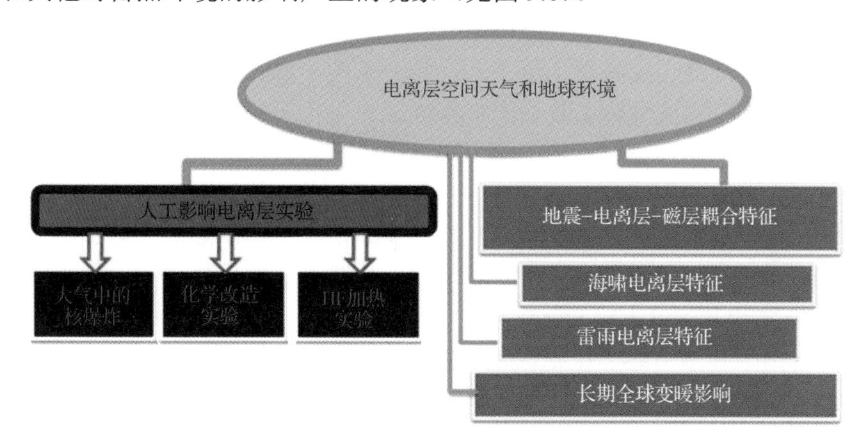

图 9.6　电离层空间天气和地球环境体系

违背自然过程的人为实验对地球上层大气和电离层造成了最具破坏性的影响。低空和高空大气、地下和水下的核爆炸是重要的例子。核试验表明，低空（低于 50km）核爆炸后，地面地磁测量未见任何波动，但电离层高度的核爆炸会在电离层中产生电离辐射和行波扰动，造成地球磁场的显著变化，进而影响电离层-大气耦合。

从对流层一直到电离层的有意和无意污染的化学效应（包括辐射）和动力学效应（包括机械作用）通常持续数天。人们对核爆炸之后的 foF2/NmF2、F 层高度、总电子含量和电子密度分布、最高可用频率 MUF(3000)F2、高达 20MHz 的无线电噪声、扩展-F 回波特征、Es 层等的变化特征非常感兴趣。在核效应叠加于背景电离层这一假设下，已经定义了一些基本特征。在一些核试验中记录了垂直探测和斜向探测数据，这些记录显示了单点或两个不同点之间的传播信息。通过这些传播信息可知，由于瞬发辐射源（主要是 X 射线和 γ 射线）或滞后辐射源（经历放射性衰变的裂变碎片）会影响 D 层的吸收水平并降低临界频率，而 F 层扰动或电离扩散的传播会造成较高的临界频率。

核爆炸的大部分能量（约 95%），在爆炸的瞬间被释放，为瞬发辐射。瞬发辐射由约 70%的 X 射线、约 25%的碎片动能和中子（仅约 1%）组成。剩余约 4%的能量称为延迟辐射，平均分配给 γ 射线和 β 粒子，并随着衰变的裂变碎片上升和膨胀而逐渐释放。

在对流层顶的较低高度，短时大气压力波以接近音速的速度传播，并经常在距离核爆炸很远的地方被探测到。振荡周期平均为 0.6～2.9min，平均传播速度约为 310m/s。通常与大型核爆（约 10mt）有关的长周期扰动（约 1h），以约 780m/s 的平均速度传播，其特征与以约 310m/s 的平均速度传播的扰动相似。该速度处于 hmF2 高度的声速范围内，并且爆炸引起的初始扰动效应会导致电子密度下降。通常，核环境中的 HF 无线电通信链路所受的破坏性影响似乎与超大型太阳耀斑产生的影响非常相似，这似乎意味着有可能通过实验产生人造极光、人造电离层暴以及相关的辐射带。

长期以来，人们已经认识到，化学试剂、光电离成分、高能粒子和其他释放在太空中的物质等人为因素对电离层等离子体的影响通常会导致人工电离层空洞的产生，从而使F层电离减少，而对D层和E层的高度几乎没有大的影响。对于有意（例如，过密的钡云或过密的H_2、H_2O、CO_2云）或无意（例如火箭的排气羽流、SF_6释放）人工影响电离层，单点和多点化学释放所涉及的物理机制的理论研究已经有了长足的进步。研究表明：

（1）空间环境化学生产率的提高导致电子密度的提高；

（2）加入与化学产品相关的分子离子，这些分子离子能够与局部电子离解复合，速度是电子与自然生成的氮气和氧气分子复合的数百倍。

由此导致电子损失率的突然增加，使F层自由电子含量的大量下降，也将导致电子温度的升高和离子温度的降低。

通过释放各种化学物质致使电离减弱从而形成人工电离层空洞的实验观测表明，与电离层暴形成的空洞类似，这些人工电离层空洞可能会使最高可用频率下降，并降低甚高频弯曲度，从而对地-地通信产生重大影响，显著改变了电离层电波传播环境。由各种模型和仿真实验得到的信息可用于预测因释放化学试剂而导致的中纬度以及极光和亚极光地区 F 层的变化。这些分子在局部高层大气中扩散，并与中性和等离子体物质发生反应，迫使离子和电子迅速复合，从而导致正常电离层结构和动态发生显著变化。

与火箭发射有关的化学过程是人类对地球电离层发生意外化学变化的另一个人为来源。当太空旅行被广泛商业化时，将受到显著影响。最近的 SpaceX 猎鹰 9 号火箭发射引发了电离层扰动，类似于大气重力波对总电子含量模式的影响，紧接着是同心 TID。显然，商业和公众的迫切需求促进并加深了我们对电离层波动和不规则体的形成、发生和发展所涉及的物理原理的理解。

自 1970 年以来，在各地采用高频加热设备进行了大量的电离层和无线信道修正实验，包括：1970 年在 Colorado 州 Platteville（40.18°N，104.73°E）进行的 2MW 辐射功率实验；1975 年在 Novgorod（59.13°N，46.1°E）进行的 0.75 MW 辐射功率的 SURA 电离层加热实验；1980 年左右在 ARECIBO，Puerto Rico（18.3°N，66.8°W）进行的 0.8MW 辐射功率实验；1980 年左右在 Tromsø（69.6°N，19.2°E）进行的 1MW 辐射功率的 EISCAT（欧洲非相干散射）实验；1980 年左右在 Alaska（65.0°N，147.0°W）进行的 1.6MW 辐射功率的 HIPAS（高功率极光激励）实验；1995 年在 Alaska（62.39°N，145.15°W）进行的 3.6MW 辐射功率的 HAARP（高频主动极光研究计划）实验；2003 年在 Svalbard（16.05°N，78.15°W）进行的 0.19MW 辐射功率的 SPEAR（主动雷达进行空间等离子体探测）实验。在这些电离层调整实验中，加热束的频率范围为 2～10MHz。

电离层高功率无线电波传播对电离层特性的影响可以用欧姆电离层加热理论中的非线性过程和在波相互作用过程中产生的参数不稳定性来解释。碰撞频率取决于电子温度，因此通过欧姆损耗加热电离层造成等离子体温度的大幅度变化，从而在 D 层、E 层和 F 层产生不同的电子密度（电子密度的高低则取决于入射波的电场和角频率）。参数波等离子体不稳定性理论则认为电子运动方程中的附加热压力项是产生场向不规则体的重要因素。交叉调制是电离层改变无线电波传输的一种效应，即强干扰信号对同在D层或E层传输的弱信号进行调制。

自 1933 年 Tellegen 关于无线电波相互作用的报告以来，这种相互作用现象被称为卢森堡效应。它涉及电离层等离子体中的非线性扰动，由于电子温度的改变影响碰撞频率、离子化学和局部介质的电子密度，从而导致电离层等离子体的电导率和介电常数的变化。在所有这些过程中，人为导致的大尺度和小尺度不规则体对无线电信号的散射在理论上和实践上都相当复杂。它可以简单地看成一种还原力，但场向不规则体的散射特性也可以实现从 HF 频段到大约 400MHz 的信号在相隔数千公里的地面终端之间传播见图 9.7。

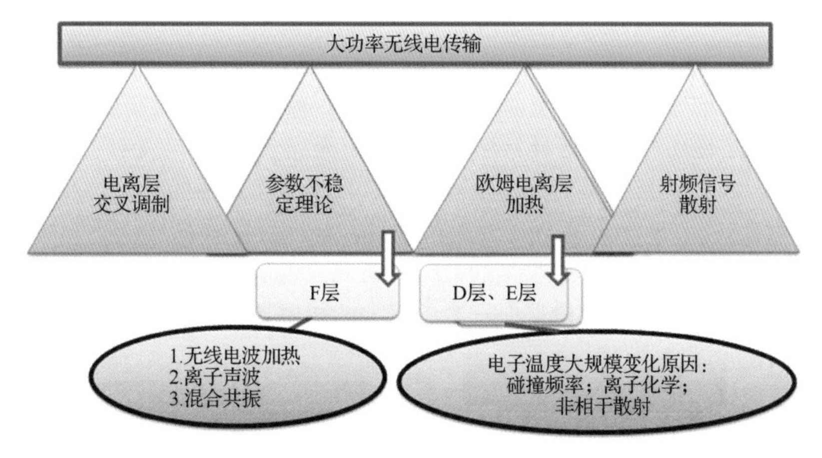

图 9.7　电离层 HF 加热的成因和影响

电离层等离子体的正常分布和性质的变化大多都与接近 F 层临界频率的高功率地面或空间无线电传输有关。如果使用的频率低于临界频率，则将这些变化归类为超密变化；如果使用的频率高于临界频率，则将这些变化归类为欠密变化。VLF 频段到 UHF 频段的频率范围内斜向高功率无线电发射也可以用来显著改变地球电离层的所有区域。

这些实验只在地磁平静期产生有效的结果，这使得在平静地磁条件下的电离层变化的研究对于分析和解释人工诱导的修改更加重要。

在电离层高频加热产生人工声重力波（AGW）和电离层行波扰动（TID）方面，已经开展了大量试验。现已证实经过调制的高频加热波所生成的大规模人工热梯度可以产生 AGW/TID。这些实验只在地磁宁静期产生有效的结果，这使得在宁静地磁条件下的电离层变化研究对于分析和解释人工影响电离层更加重要。利用包括数字测高仪和 GPS-TEC 在内的多种监测技术，已经观测到了人工 AGW/TID 的主要特征，这对研究电离层异常变化的正常特征和特殊情况尤为重要。简而言之，大尺度自然热锋或模拟热浪事件的动态变化可以直接产生强大的 AGW，随后伴随着 TID。长期严重的热浪事件将在空间中引起广泛的等离子体湍流是值得特别注意的环境事件。因为随着时间的推移，地球气候变暖可能导致此类事件频繁发生，其潜在的负面后果尚不清楚。

关于电离层的自然或人为改变对通信的影响，ITU-R 的 REC.P.532-1（1992）“与人工影响电离层和无线信道相关的电离层效应和操作注意事项”中，非常明确地建议：“考虑到人工影响介质可以引入新的瞬态传播模式，从而有可能增加或减少采用标准无线电波传播预测方法所确定的覆盖范围，（ITU 无线电通信大会）建议由于电离层的变化可能会对其他用户的服务造成有害影响，因此不鼓励业务通信系统有意改变电离层。”

在地震期间，地壳中发生的强烈的地球物理过程，与中性和带电的高层大气粒子之间的复杂相互作用，是社会科学中最关键的问题之一。近年来有关地震波-电离层-磁层耦合的大量文献清楚地表明，配备有近地空间环境电磁和大气参数观测仪器的多卫星飞行任务，基于GNSS 观测推导得到的电离层总电子含量，和基于垂直探测和斜向探测数据得到的电离层特征，都是极为重要的科学信息来源，尤其是对于研究地面-大气-电离层耦合（LAIC）而言。这些研究的重点是识别位于地震活动区的电离层异常。地震是对人类造成巨大后果的自然灾害，其不可预测性要求引入和发展新的技术，以便实现及时、准确地监测和预警，即使地震随时间的精确演变可能难以预测，甚至不可能预测。

一些日地参数（VLF 传播、红外辐射等）在大震前和应力长期积累过程中会出现异常变化。在对不断变化的地球环境进行全面监测的过程中，有可能开发出新的技术，以跟踪与 EQ 有关的任何地震波、地磁和电离层异常演变。欧洲航天局于 2013 年发射了 Swarm 卫星星座，以测量地球磁场，从而确定地震前兆的全球特征。根据这次任务的结果，2015 年至 2017 年开展了一项名为 SAFE（Swarm 地震研究）的项目。该项目主要愿景包括：

（1）使用基于卫星和地面仪器收集的数据，研究大地震发生前的情况；

（2）研究来自欧州航天局卫星群中三个卫星上的传感器的电磁数据，以便更好地了解所涉及的物理机制；

（3）将卫星数据与地面设施的数据合并，从而提供一个广泛的地球物理场景，能够提高目前对地震物理学的理解。

SAFE 项目制定了一项创新策略，该策略源自传统地震数据分析与来自其他四种地球物理资料的结合：

（1）Swarm 卫星上标量和矢量磁强计的地磁场数据；

（2）Swarm 卫星上 Langmuir 探测器的原位电子密度数据；

（3）地面 GNSS 接收机的 VTEC 数据；

（4）电离层的特征和参数，例如非偏离吸收 f_{min}，电离图上 E 层迹线的全部或部分消失，h 型 Es 层的演化，以及垂测得到的 NmF2。

现在有足够的证据表明，在地震活动区上空存在着明显的电离层异常，表明这种等离子体介质具有极强的动态性和敏感性，并能够对不同的地面和空间天气影响做出响应，同时有其自身固有的不规则性。因此，一个重要的问题是为各种相关数据集建立一个宁静期参考。如前几章所述，在理解日地环境和相互作用方面取得了很大进展，但在宁静和扰动的地磁条件下区分电离层的行为依然非常困难。一些 SAFE 结果对电离层可变性的一些重要方面提出质疑，然而大多数有影响力的观点要么拒绝改变、要么改变的很慢。

在远洋中长距离海啸波传播引起的电离层特征可以与其他海啸预警系统结合使用提供预警。这些波通过动态表面耦合诱发大气重力波。例如，COSMIC 无线电掩星观测系统（气象、电离层和气候星座观测系统）在 F 层约 300～440km 的高度观测记录了 2011 年 Tohoku 海啸相关的向南传播的临界电离层行波扰动（CTID）。与此类事件相关并在电离层观测中识别出的海啸性 CTID，呈现取决于与震中的距离的谱特征。最近在高层大气中追踪地震引起的电离层波以及与海啸有关的研究可能会为海啸预警带来有效的应用。

由于电子从电离层的 E 层和 D 层到低层大气的沉淀，电离和电导率的快速变化在地球电离层 ELF 和 VLF 波导传播中起着至关重要的作用。罗兰导航（LORAN）系统升级版 *e*Loran 仍然是重要的陆地海上导航系统，与世界协调时同步，并在 90～110kHz 频带内运行，其准

确性很大程度上取决于 D 层的特性。最新基于遥感测量的 D 层研究已经证实，雷暴可以在几分钟到几小时内改变下部电离层，并已开始考虑“电离层闪电”的可能性。

地球表面随时都有可能出现大量的雷暴活动，全球大气雷击率约为 100/s，产生的强电磁脉冲能诱发瞬变的准静态电场，该准静态电场会加热、加速和沉淀约 30km 至 100km 高度范围内的中、低电离层电子，从而在 E 层产生壮观的炫光（称为红闪和精灵）和扰动。中、低电离层电动力耦合的性质尚待实验验证和分析，闪电驱动电场在全球范围内的影响在未来几年仍有待评估和建模。闪电和雷暴活动是研究在不同纬度电磁、机械能及动量从低层大气到电离层的向上耦合程度的重要研究领域，也是导致上述现象重要原因。这也是理解电离层以下电波在高度变化的扰动（如闪电引起的扰动）中传播的一个关键问题，代表了更广泛的太阳系（如土星和天王星）中的一个有趣的研究课题，比如使用低频阵列（LOFAR）射电望远镜观测行星闪电。

日地变化和相关扰动在全球气候短期和长期（太阳活动周期和更长时间）发展中的作用仍然是地球科学的主要研究目标之一，包括气候变化的自然（太阳变化、火山爆发等）和人为（人类驱动）因素。

观测、建模结果和数值仿真表明，太阳变化与气候相互联系（有时称为空间气候）的两种可能机制为：

（1）太阳总辐照度的变化是气候系统的基本驱动力；

（2）光谱辐照度的变化，特别是紫外线波段的变化。

它们驱动着中层大气的化学和动力学系统，并导致对平流层臭氧的形成和破坏。太阳的总辐照度至少在 11 年的太阳周期内会随时间变化，但如果有更长的较大紫外线变化周期，那么识别这些周期作为气候变化的自然原因也是非常重要的。这些变化可以放大或减轻人为影响，而可用的长期太阳辐射观测将使估计温室气体排放的影响成为可能。也有可能是银河宇宙射线和电场的变化影响了云粒子的核化，从而改变地球的辐射平衡。与辐照度变化的全球影响不同，这些影响会产生区域变化而不是全球变化。尽管太阳活动在气候变化中的作用仍然是个谜，但现在公认其是气候可变性的潜在自然原因。

1991 年至 2008 年间，共有四个电离层 COST（欧洲科学技术合作）项目（238、251、271 和 296 行动）研究了高层大气气候以及地面气象现象与高层大气相关联的可能性，其目的是了解电离层区域以及最终整个大气层复杂的长期行为趋势，并探讨它们在快速演化的地球-太阳系统中对预测模型的潜在影响。为了了解对气候变化的全面影响，这些研究包括地球的电离层和热层区域，这些区域直接受到人为排放引起的大气化学成分变化的直接影响。从理论上讲，较低大气层中诸如 CO_2 和 CH_4 之类的温室气体浓度的增加很可能导致热层的冷却，从而导致电离层较高层电子密度下降和较低层电子密度的上升。

这些项目使用 LF 范围内的反射高度观测数据和 LF、MF 和 HF 范围内的吸收观测数据进行 D 层趋势分析，并使用一系列电离层探测数据对 E 层和 F 层进行趋势估计。研究表明：

（1）电离层趋势的研究对于理解电离层的结构和动力学，特别是对人为污染（如 CO_2、CH_4、O_3、H_2O 等）影响的推导非常重要，这需要大量高质量的天基和地基观测数据；

（2）太阳和地磁引起的大多数电离层特征参数的变化基本上比长期趋势要强，并且必须在趋势分析中谨慎消除；

（3）对电离层中无法明确定义的趋势可以忽略，并达成广泛共识，在所有电离层电波传播应用中都可以忽略。这对于 F 层尤其有效。F 层中太阳和地磁活动是其长期活动趋势最重要的外部因素，由于电子密度对中性温度的依赖性较弱，foF2 趋势几乎看不到热层冷却。因此，单独的 F2 层趋势的明显变化掩盖了 foF2 和 hmF2 数据中的重要全局趋势。

然而，foE 和 foF1 数据的正趋势和 h'E 数据的负趋势可以定性地解释为大气温室效应的增强（CO_2 含量和其他温室气体的增加）和臭氧值的下降，D 层的趋势（反射高度降低和不同的电离层吸收率，具体取决于沿测量路径的信号频率）可以定性地解释为大气温室效应的增强。

科学家和工程师致力于通过提高模型和算法的准确性来改善长期预测和短期预测，这些模型和算法表达了日地扰动向下传播到最接近地球表面的大气层的方式。但是，电离层和大气特征参数的长期变化趋势的物理机制仍不清楚。然而，电离层-大气系统全球变化的模型仿真提供了一种有效的工具，可以用来提供急需的额外数据。

9.3 其他行星及其卫星

研究电离层空间天气的另一个目标是了解其他行星及其卫星的电离层，这一目标与当前的空间任务（见图 9.1）有关，而且在未来几十年中也将越来越重要。由于太阳 EUV 辐射是电离层的主要电离源，所以每一个有大气层的行星和卫星也都有一个类似于地球的电离层。其中包括金星、某些彗星、木星、土星、天王星和海王星，以及木卫一、木卫二、木卫三和土卫六等卫星。火星电离层是由大气中的二氧化碳光致电离形成的。它不是一个发电磁场，而是一个弱的、空间变化的地壳磁场，因此与太阳风直接相互作用，形成所谓的小磁层。土星最大的卫星土卫六的上层有一个稠密的大气层和由各种辐射源产生的电离层。木星最大的卫星木卫三有自己的全面磁层。所有内部磁场足够大的行星，包括水星、木星、土星、天王星和海王星，都有磁层。虽然控制太阳-行星相互作用的物理和化学过程在每个太阳系天体上以不同的结果呈现，但在原理层面上是基本一致的。

为了研究行星大气和电离层的结构和动力学，以及它们与低层大气和磁层的耦合，需要开展太阳行星气象学研究和观测，这也将提供关于太阳表面组成的有用信息。此外，对太阳-地球和其他恒星-行星系统及其卫星之间的比较，可以提供对主导 M-I-A 耦合现象的基本物理和化学过程的重要见解，并对广义太空和地球工程做出重大贡献。未来还可能包括其他恒星系统。

参考文献和补充书目

[1] Bamford RA,Stamper R,Cander LR(2008)A comparison between the hourly autoscaled and manual scaled characteristics from the Chilton ionosonde from 1996 to 2004. Radio Sci 43: RS1001.

[2] Berngardt OI(2017)Space weather impact on radio device operation. Solar Terr Phys 3(3): 40-60.

[3] Bremer J,Peters D(2008)Inflfluence of stratospheric ozone changes on long-term trends in the meso- and lower thermosphere. J Atmos Solar Terr Phys 70: 1473-1481.

[4] Bremer J,Laštoviˇcka J, Mikhailov AV et al(2009)Climate of the upper atmosphere. Ann Geofifis LII(¾): 77-101.

[5] Chou M-Y, Shen M-H,Charles CH et al(2018)Gigantic circular shock acoustic waves in the ionosphere triggered by the launch of FORMOSAT-5 satellite. Space Weather.

[6] Donder ED, Crosby N,Kruglanski M et al(2017)Services for space mission support within the ESA Space Situational Awareness Space Weather Service Network. J Aeronaut Aerospace Eng 6: 180.

[7] Fejer JA(1979)Ionospheric modifification and parametric instabilities. Rev Geophys Space Phys 17(1): 135-153.

[8] Hapgood M(2017)Satellite navigation—amazing technology but insidious risk: why everyone needs to understand space weather. Space Weather 15.

[9] Hiroyo Ohya H,Tsuchiya F, Takishita Y(2018)Periodic oscillations in the D-region ionosphere after the 2011 Tohoku earthquake using LF standard radio waves. J Geophys Res 123.

[10] ITU-R Rec. P.532-1(1992)Ionospheric effects and operational considerations associated with arti-fificial modifification of the ionosphere and radiowave channel. International Telecommunications Union, Geneva.

[11] Jakowski N,Fichtelmann B,Jungstand A(1991)Solar activity control of ionospheric and thermospheric processes. J Atmos Terr Phys 53: 1125-1130.

[12] Laštoviˇcka J,Bremer J(2004)An overview of long-term trends in the lower ionosphere below 120 km. Surv Geophys 25: 69-99.

[13] Latter R,LeLevier RE(1963)Detection of ionization effects from nuclear explosions in space. J Geophys Res 68(6): 1643-1666.

[14] Lay EH,Shao X-M,Jacobson AR(2014)D region electron profifiles observed with substantial spatial and temporal change near thunderstorms. J Geophys Res 119: 4916-4928.

[15] Mendillo M(1988)Ionospheric holes: a review of theory and recent experiments. Adv Space Res 8(1): 51-62.

[16] Mendillo M,Narvaez C,Trovato J et al(2018)Mars Initial Reference Ionosphere(MIRI) model: updates and validations using MAVEN, MEX, and MRO data sets. J Geophys Res 123.

[17] Nenovski P, Pezzopane M, Ciraolo L et al(2015)Local changes in the total electron content immediately before the 2009 Abruzzo earthquake. Adv Space Res 55: 243-258.

[18] Obayashi T, Coroniti SC, Pierce ET(1959)Geophysical effects of high-altitude nuclear explosions. Nature 183: 1476.

[19] Oikonomou C, Haralambous H, Muslim B(2016)Investigation of ionospheric TEC precursors related to the M7.8 Nepal and M8.3 Chile earthquakes in 2015 based on spectral and statistical analysis. Nat Hazards 83(1): 97-116.

[20] Parrot M(2002)The micro-satellite DEMETER. J Geodyn 33: 535-541.

[21] Perrone L, De Santis A,Abbattista C et al(2018)Ionospheric anomalies detected by ionosonde and possibly related to crustal earthquakes in Greece. Ann Geophys 36: 361-371.

[22] Pradipta R, Lee MC, Cohen JA et al(2015)Generation of artificial acoustic-gravity waves and traveling ionospheric disturbances in HF heating experiments. Earth Moon Planets 116: 67-78.

[23] Pulinets SA, Liu JY(2004)Ionospheric variability unrelated to solar and geomagnetic activity. Adv Space Res 34: 1926-1933.

[24] Qian L, Solomon SC,Roble RG et al(2008)Model simulations of global change in the ionosphere. Geophys Res Lett 35: L07811.

[25] Reinisch BW, Huang X(1983)Automatic calculation of electron density profifiles from digital ionograms, processing of bottomside ionograms. Radio Sci 18(3): 477-492 Rietveld MT(1998)First CUTLASS-EISCAT heating results. Adv Space Res 21(5): 663-666.

[26] Rishbeth H(1990)A greenhouse effect in the ionosphere? Planet Space Sci 38: 945-948.

[27] Rishbeth H(2007)Do earthquake precursors really exist? Eos 88(29): 296.

[28] Rishbeth H, Roble RG(1992)Cooling of the upper atmosphere by enhanced greenhouse gases: modeling of the thermospheric and ionospheric effects. Planet Space Sci 40: 1011-1026.

[29] Roble RG, Dickinson RE(1989)How will changes of carbon dioxide and methane modify the mean structure of the mesosphere and thermosphere? Geophys Res Lett 16: 1441-1444.

[30] Sharm G,Champati PK, Mohanty S et al(2017)Global navigation satellite system detection of preseismic ionospheric total electron content anomalies for strong magnitude(Mw>6) Himalayan earthquakes. J App Remote Sens 11(4): 046018.

[31] Shubin VN(2017)Global empirical model of critical frequency of the ionospheric F2-layer for quiet geomagnetic conditions. Int J Geomag Aeron 57(4): 414-425.

[32] Tellegen BDH(1933)Interaction between radio waves. Nature 131: 840.

[33] Thorpe AJ(2005)Climate change prediction: a challenging scientifific problem. Policy paper for the UK Institute of Physics.

[34] Ulich Th, Clilverd MA,Rishbeth H(2003)Determining long-term change in the ionosphere. EOS Trans 84: 581-585.

[35] Van Allen JA, Frank LA,O'Brien BJ(1963)Satellite observations of the artifificial radiation belt of July 1962. J Geophys Res 68(3): 619-627.

[36] Wang C, Rosen G, Tsurutani BT et al(2016)Statistical characterization of ionosphere anomalies and their relationship to space weather events. J Space Weather Space Clim 6: A5.

[37] Wright JW(1975)Evidence for precipitation of energetic particles by ionospheric heating transmissions. J Geophys Res 80(31): 4230-4236.

[38] Xu T, Hu YL, Wang FFJ et al(2015)Is there any difference in local time variation in ionospheric F2-layer disturbances between earthquake induced and Q-disturbance events? Ann Geophys 33: 687-695.

[39] Zarka P, Farrell WM, Kaiser ML et al(2004)Study of solar system planetary lightning with LOFAR. Planet Space Sci 52: 1435-1447.

[40] Zhang X, Tang L(2015)Traveling ionospheric disturbances triggered by the 2009 North Korean underground nuclear explosion. Ann Geophys 33: 137-142.

第 10 章　当前电离层天气

摘要：当前太阳活动正朝着接近太阳活动极小期稳定下降。本文对当前的电离层空间天气进行了介绍，所引用的案例包括 2017 年 9 月、2018 年 3 月和 2018 年 6 月的空间天气事件。强调当接近第 24 太阳活动周期尾声时，日地环境将怎样在极大程度上被内部动力所控制。

关键词：太阳活动周期 SC24；太阳活动极小期；foF2；MUF(3000)F2；VTEC

目前太阳活动正在朝着太阳活动极小期发展。极光纬度区能量输入下降引起地磁活动减弱，导致中性大气的加热减少、风减弱和热层组成变化。整体上电离层空间天气影响正在减弱（如图 3.1 和图 3.12）。前几章已经采用定义平均图的方法介绍了一些案例，统计表明：（i）当太阳活动进入快速下降周期时，主要电离层活动同样下降，表明由突发能量输入驱动的 M-I-A 内部动力可以在限制电离层暴正相大小和负相强度方面起主导作用。（ii）在一年的时间里，主要磁暴和电离层结构扰动主要发生在春秋分（9 月—10 月、3 月—4 月）和冬季（11 月—2 月），较少发生在夏季（5 月—8 月）。用于重构给定位置电子密度剖面的电离层特征参数的变化与日地情况密切相关，然而其变化的方式却显得反复无常。如前几章所述，这些特征参数包括 foE、foF1、foF2、hmF2、M(3000)F2 和 VTEC。

涉及电信和导航系统的规划和性能评估的各类空间天气应用自然会涉及地球电离层，或其他行星及月球的大气层。因此有必要对一直自然发生的各类规则和不规则变化进行量化研究。相关信息通常来自于历史数据，并假设未来的情况可以通过过去外推来估算，通过长期预报提供月中值估计。月中值的变化可以通过统计加以量化。而在处理电离层暴和噪声事件、“随机”波动和常规状态下的小尺度变化时，最好能够通过空间天气事件短期预报来解决。

10.1　2017 年 9 月事件

随着第 24 太阳活动周期接近其极小期，太阳黑子数在一个中等最大值以后将下降，空间天气的驱动因素，如太阳耀斑和日冕物质抛射（CME）等事件的发生将减少。这或许意味着最坏时期已经过去，电离层空间天气的影响在未来几年内可以忽略不计。然而日地数据表明，在 2014 年 4 月 SC24 完成其次高峰（Sn=116.4）之后，月与月之间的太阳活动差异非常大，太阳黑子数月中值在 2017 年 7 月为 17.8，8 月为 37.6，9 月为 43.7，10 月为 13.2，11 月为 4.7，12 月为 8.2。

图 10.1 展示了 Chilton 站（51.6°N，358.7°E）F2 层临界频率 foF2 的变化，以 foF2 为纵轴、UT=LT 为横轴绘制了 2017 年 9 月的日变化曲线。显然图中出现的一定程度的分散只能归因于各种重要的电离层空间天气事件。多项特征与当时正在进行的电离层暴、波动和不规则现象的经典模式相匹配。

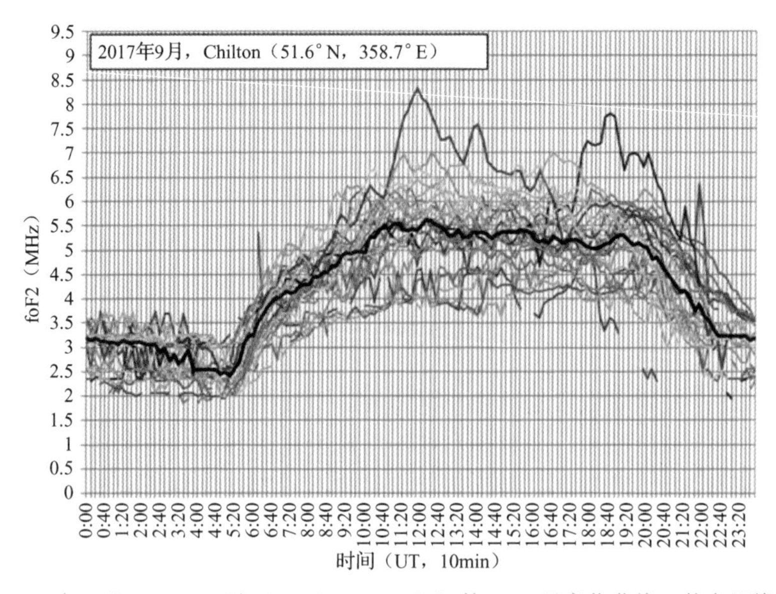

图 10.1　2017 年 9 月，Chilton 站（51.6°N，358.7°E）的 foF2 日变化曲线，其中黑线为月中值

图 10.2（a）、（b）中分别呈现了 2017 年 9 月 6 日—10 日和 26 日—30 日磁暴期间 Kp 指数、Dst 指数和 Ap 指数的变化，表明很可能即将发生各种重大太阳天气事件。表 10.1 列出的日太阳黑子数、国际磁静日和磁扰日可为这一说法提供支持。这些事件是基于各类天基和地基仪器观测到的，提供了迄今为止预测重大空间天气事件的最佳日地数据集。

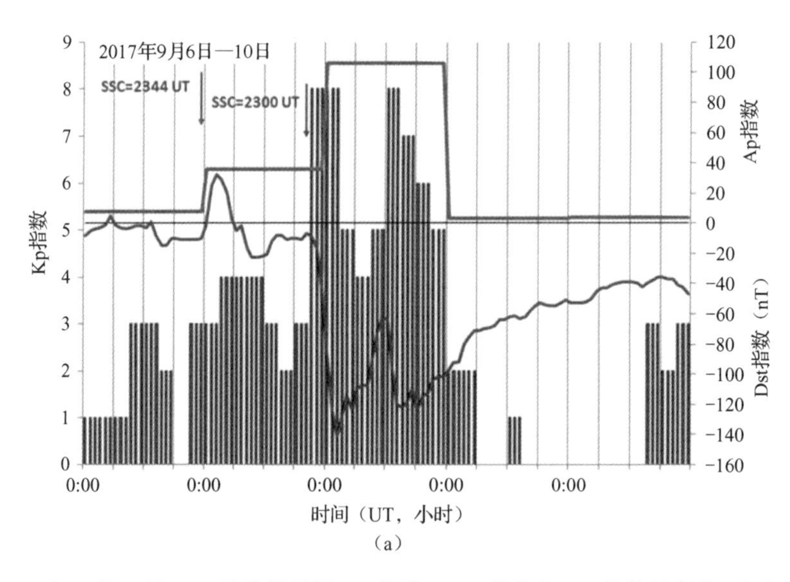

图 10.2　（a）2017 年 9 月 6 日—10 日磁暴期间 Kp 指数、Dst 指数和 Ap 指数的变化；（b）2017 年 9 月 26 日—30 日磁暴期间 Kp 指数、Dst 指数和 Ap 指数的变化

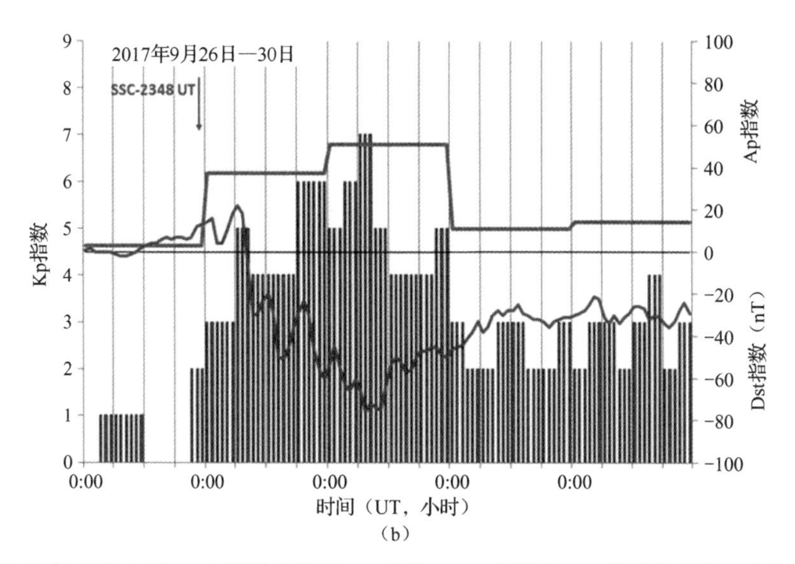

图 10.2 （a）2017 年 9 月 6 日—10 日磁暴期间 Kp 指数、Dst 指数和 Ap 指数的变化；（b）2017 年 9 月 26 日—30 日磁暴期间 Kp 指数、Dst 指数和 Ap 指数的变化（续）

表 10.1　2017 年 9 月上旬和下旬的 SILSO 日太阳黑子数，其中 Qx 和 Dx 分别为国际磁静日和磁扰日，x 为相应的序号

日期（2017 年 9 月）	日太阳黑子数	日期（2017 年 9 月）	日太阳黑子数
1	59	21（Q6-day）	22
2	56	22（Q5-day）	21
3（Q9-day）	105	23（Q4-day）	12
4	112	24（Q8-day）	23
5	119	25（Q3-day）	36
6	100	26（Q1-day）	39
7（D5-day）	97	27（D3-day）	37
8（D1-day）	88	28（D2-day）	42
9（Q2-day）	62	29	42
10（Q7-day）	40	30	40

2017 年 9 月 6 日发生的第一次日冕物质抛射（CME）与 X9.3 级太阳耀斑相关，是 12 年来所见的最大的太阳 X 射线耀斑，并伴有多个部分的晕状抛射，于 23:44UT 发生（SSC），导致超强磁暴。9 月 7 日（D5-day）迎来了第二次日冕物质抛射带来的冲击，于 23:00UT 发生磁暴急始，并于 9 月 8 日（D1-day）产生连续两小时的 Dst 最小值（142nT 和 124nT）和最大 Ap 值（106）。2017 年 9 月 7 日和 8 日，地磁 Bz 分量明显向南偏移时，最大 Kp 指数达到了三连 8，并随即进入缓慢的恢复相，如图 10.2（a）所示。

经过长时间的地磁宁静后（见表 10.1），2017 年 9 月 26 日的活动期始于一次大磁暴，23:48UT 发生磁暴急始，如图 10.2（b）所示，9 月 28 日（D2-day）记录的最小 Dst 为-76nT，最大 Ap 为 51。2017 年 9 月 Ap 指数月中值高达 18。除了强度上的巨大差异外，这两次磁暴还有一些相似点。它们都发生在 SC24 下降阶段的秋分时节，几乎都是在世界时的晚间。

来自太阳的增强辐射可在太阳耀斑发生后 8min 内到达地球，而相关的等离子体喷发则在两到三天后到达并扰动地磁场。然而，电离层中由于各层等离子体参数的不同，响应的时间尺度完全不同。图 10.3 所示的电离图提供了电离层直观图像，可以对这些图像进行解读和扩展分析，获得 Chilton 站（51.6°N，358.7°E）2017 年 9 月 7 日、8 日和 10 日每天 12:00UT 的电离层底部特征信息。从中可知在 9 月 7 日（D5-day）有一个明显形成了 Es 层的基本规则的电离层结构。9 月 8 日（D1-day）的 F 层结构由于复杂的日地条件［见图 10.2（a)］呈现出高度扰动，并于 9 月 10 日（Q7-day）缓慢恢复常态。

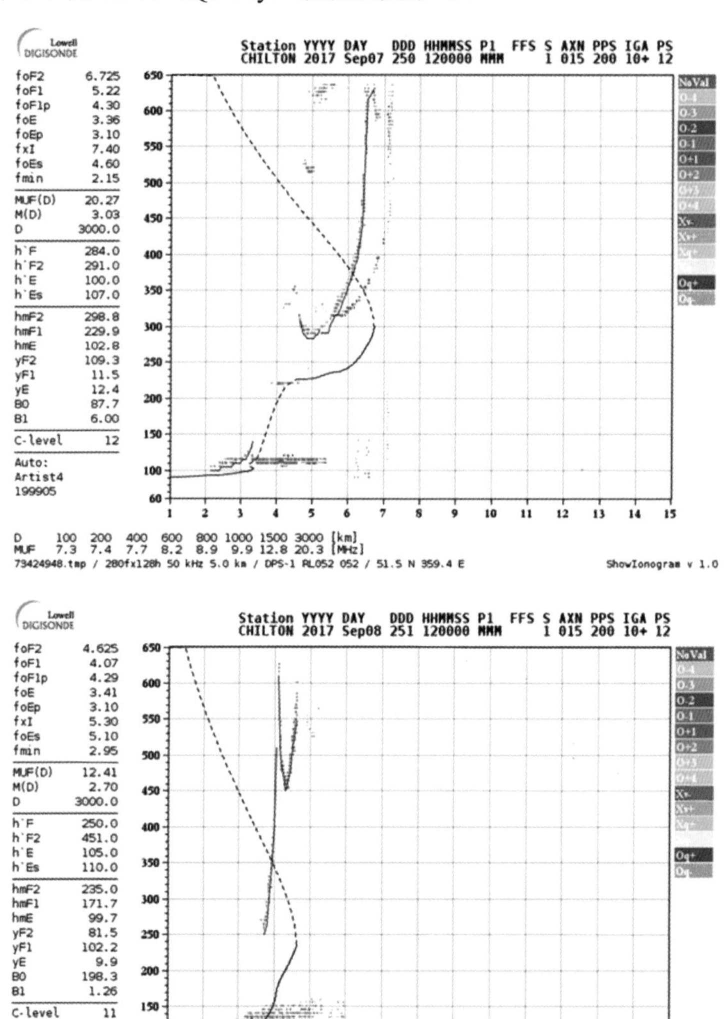

图 10.3　2017 年 9 月 7 日、8 日和 10 日每天中午 12 点，Chilton 站（51.6℃N，358.7℃E）的数字探测电离图和底层垂直电子密度剖面，红色和绿色的点分别表示垂直 O 模式和 X 模式回波，并采用不同的阴影表示正负多普勒频移。采用不同的颜色区分来自 NNE、E、W、SSE 和 NNW 等方向的回波

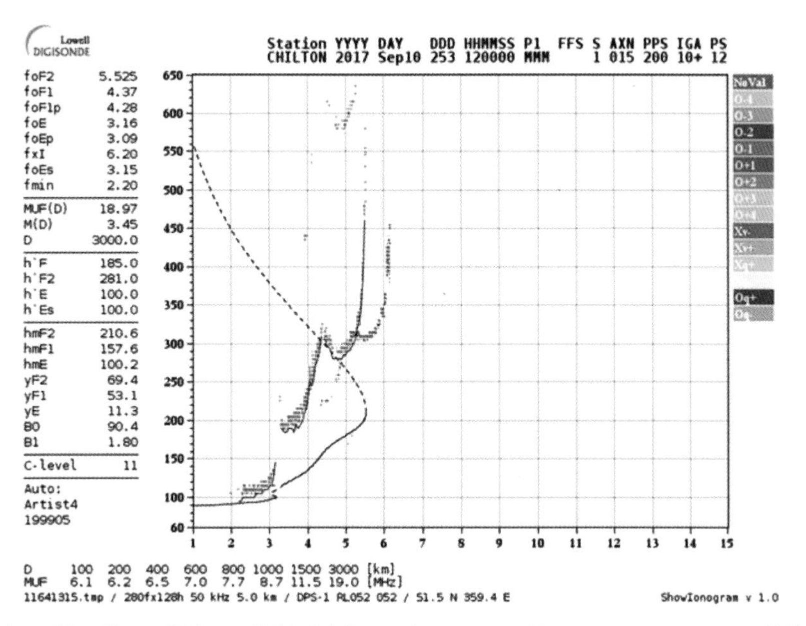

图 10.3　2017 年 9 月 7 日、8 日和 10 日每天中午 12 点，Chilton 站（51.6°N，358.7°E）的数字探测电离图和底层垂直电子密度剖面，红色和绿色的点分别表示垂直 O 模式和 X 模式回波，并采用不同的阴影表示正负多普勒频移。采用不同的颜色区分来自 NNE、E、W、SSE 和 NNW 等方向的回波（续）

图 10.4 和图 10.5 分别列了出 Chilton 站（51.6°N，358.7°E）的临界频率 foE、foF1 和 foF2 的变化以及虚高 h'E、h'F 的变化，可以从中分析得到许多重要信息。虽然为了尽量简

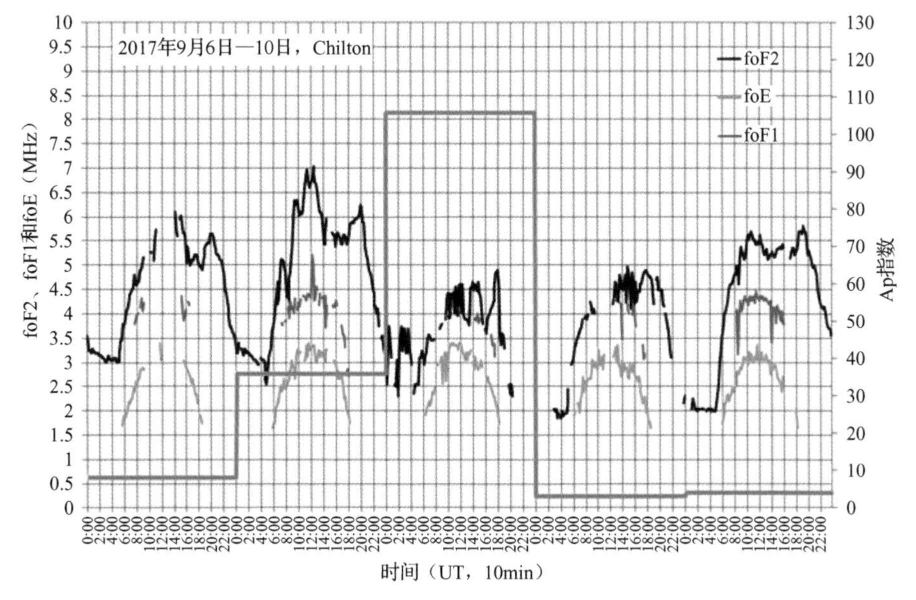

图 10.4　2017 年 9 月 6 日—10 日磁暴期期间，Chilton 站（51.6°N，358.7°E）的 foE、foF1 和 foF2 等电离层参数和 Ap 指数

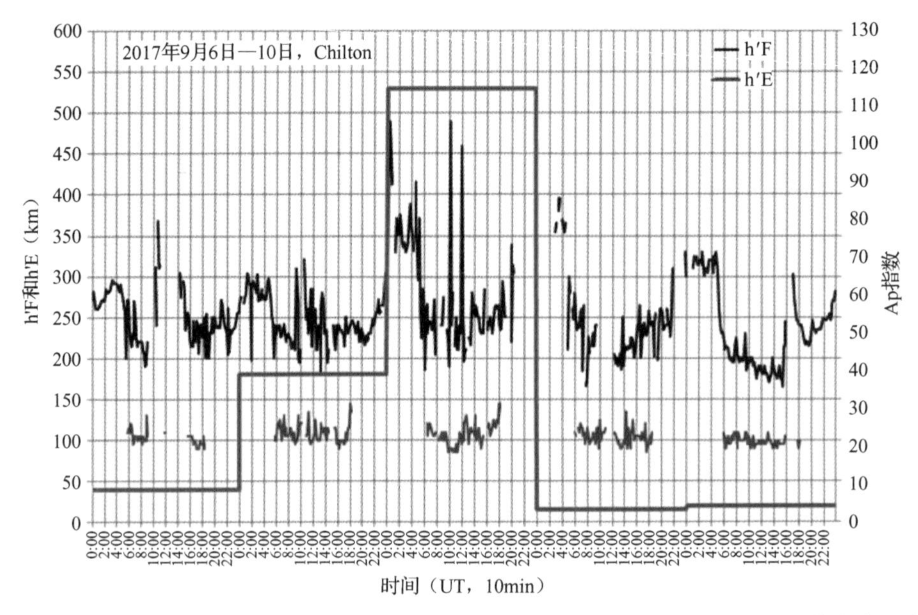

图 10.5　2017 年 9 月 6 日—10 日磁暴期间，Chilton 站（51.6°N，358.7°E）的 h'E、h'F 等电离层参数和 Ap 指数

化已非常复杂的图形，没有在图中显示月中值，但是仍可以发现几个明显的特征：一是从 foE 和 h'E 可以看出有一个规则且稳定的 E 层结构，不像 F1 层随着电离层暴的进程出现或消失。二是在 9 月 7 日（D5-day）foF2 上升到 7MHz，这是由于第一次 SSC 改变了 foF2 之前的宁静模式并呈现出一个正相进程。三是与极高（106）和极低（3）的 Ap 指数相对应，在 9 月 8 日（D1-day）和 9 日（Q2-day）出现一个大型负相，foF2 几乎等于 foF1。h'F 从 250km 无序而显著地上升到将近 500km（见图 10.5），或许可以确定电离层具有良好的记忆性，当 Ap 指数极高时和降到极低时，其负相机制持续作用于 F 层等离子体。然而需要注意的是，F2 层峰值高度以下的折射率廓线的形状发生变化，导致电离图上虚高显著增加，有可能被误认为 F2 层实际高度增加。

2017 年 9 月 26 日—30 日磁暴期间电离层 E 层和 F 层的响应如图 10.6 和图 10.7 所示，分别呈现了 Chilton 站（51.6°N，358.7°E）临界频率 foE、foF1 和 foF2 的变化以及虚高 h'E、h'F 的变化。经过 6 天的地磁宁静期（见表 10.1）后，这一大磁暴产生了一个大型电离层正暴，foF2 在 9 月 27 日（D3-day）上升到 8.3MHz，其他特征无明显变化。虽然 foF2 在夜间保持不变，但在 9 月 28 日中午（D2-day）下降了将近 50%，代表了一个相对短暂的负相，随后迅速恢复。

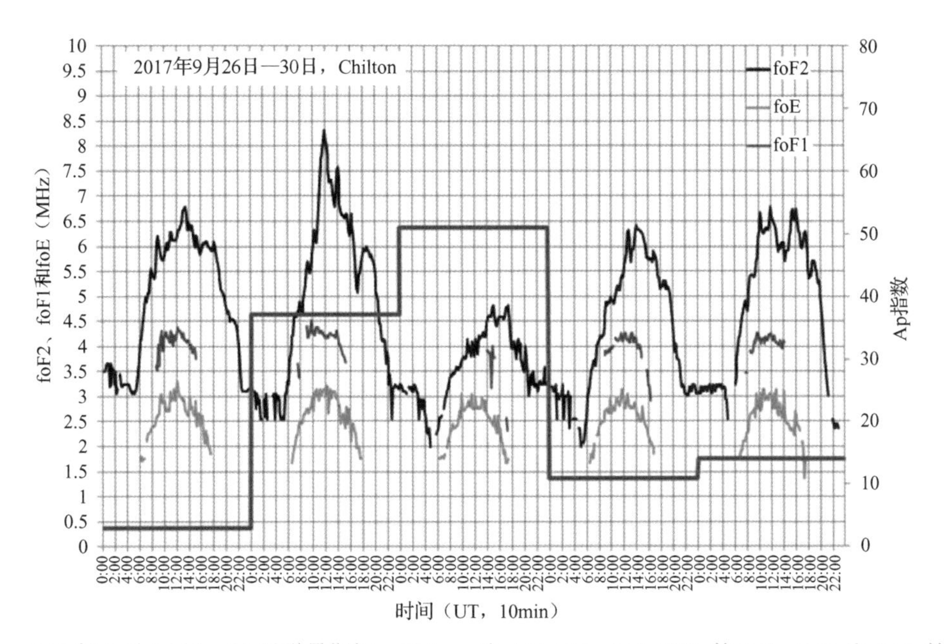

图 10.6　2017 年 9 月 26 日—30 日磁暴期间，Chilton 站（51.6°N，358.7°E）的 foE、foF1 和 foF2 等电离层参数和 Ap 指数

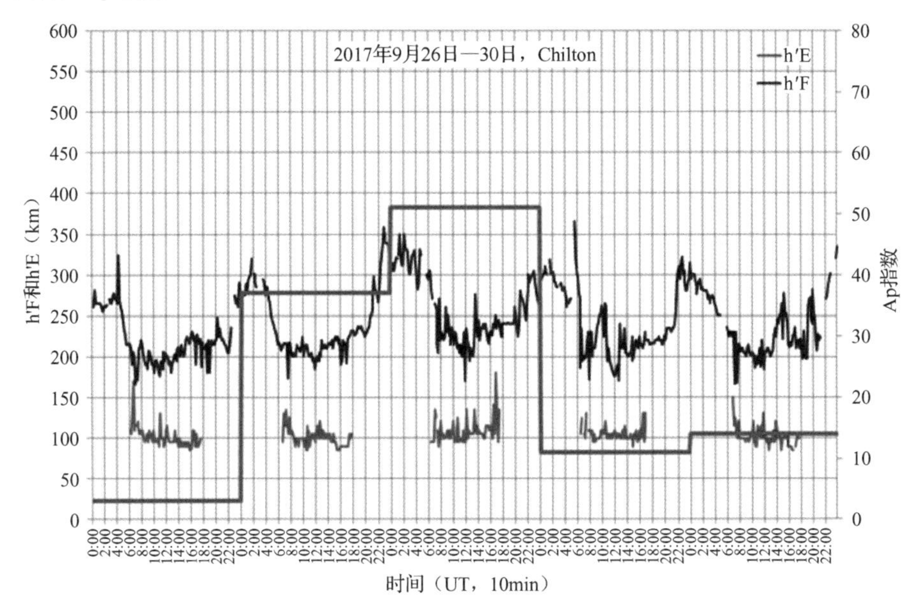

图 10.7　2017 年 9 月 26 日—30 日磁暴期间，Chilton 站（51.6°N，358.7°E）的 h'E、h'F 等电离层参数和 Ap 指数

整理了 2017 年 9 月 6 日—10 日和 26 日—30 日磁暴期间，Chilton 站（51.6°N，358.7°E）的 NmF2 和 HERS 站（50.9°N，0.3°E）的 VTEC 以及它们的月中值。尽管磁暴的影响程度不同，但总的时间变化非常相似。Chilton 站的 NmF2 和 HERS 站的 VTEC 结果显示，2017 年 9 月 26 日—30 日这段时间内的正相强度更强。相比 HERS 站的 VTEC，Chilton 站的 NmF2 负相模式在两个时期基本相同。

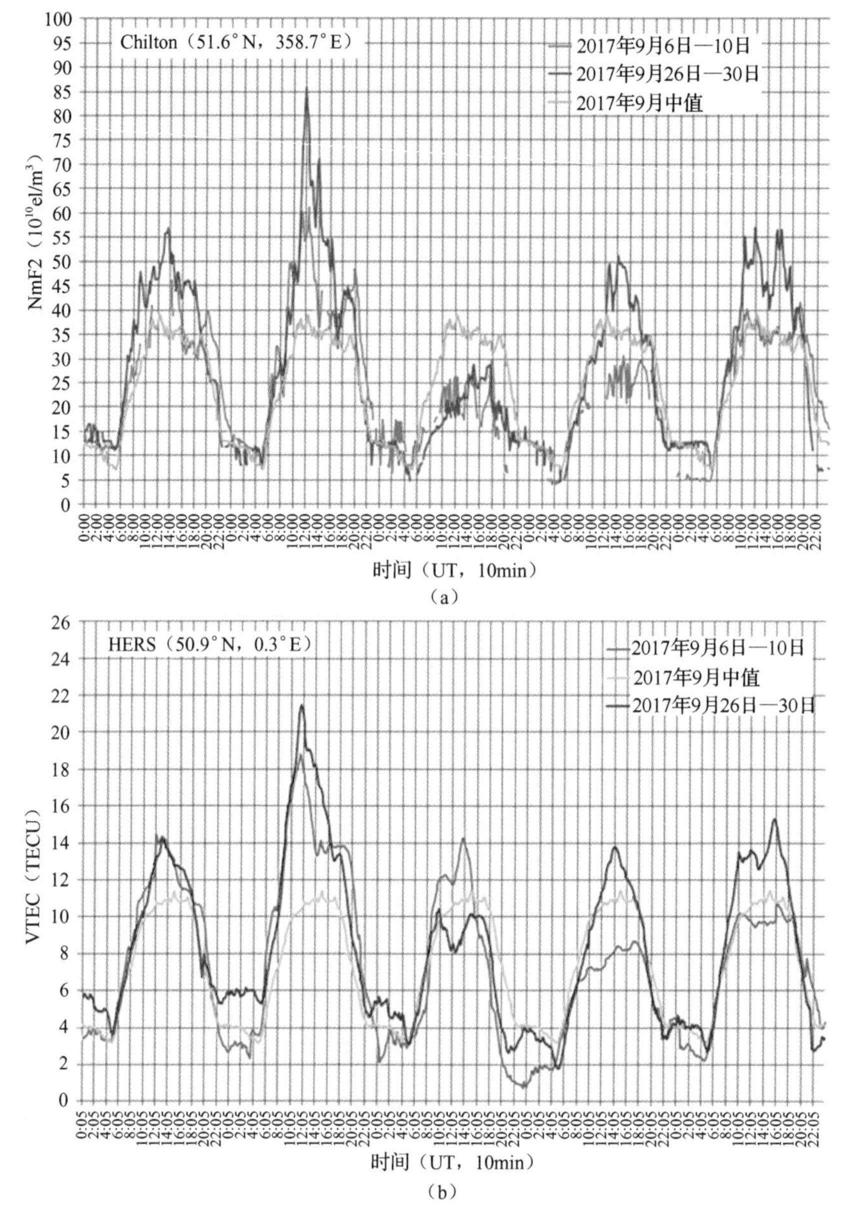

图 10.8 （a）2017 年 9 月 6 日—10 日和 26 日—30 日磁暴期间，Chilton 站（51.6°N，358.7°E）的 NmF2 实测值和月中值。（b）2017 年 9 月 6 日—10 日和 26 日—30 日磁暴期间，HERS 站（50.9°N，0.3°E）的 VTEC 实测值和月中值

图 10.9（a)、(b）分别呈现了 2017 年 9 月 6 日—10 日和 26 日—30 日地磁期间最大电子密度和垂直总电子含量相对各自月中值的偏差百分比△NmF2、△VTEC，从中可以看出两次磁暴的主要区别。电离层响应在量级上的差异主要体现在正相期间，更趋向于超强磁暴（上旬，最小 Dst=−142nT，最大 Ap=106）而不是大磁暴（下旬，最小 Dst=−76nT，最大 Ap=51)。但在负相期间的整体相似性无法用 SSC 时间差异或季节差异来解释。此外，在两次磁暴期间，太阳活动在 2017 年 9 月 26 日—30 日期间比 6 日—10 日期间要低得多，这进一步质疑了磁暴引起的电离层扰动对依赖于初始条件的生产-消耗机制的敏感性。这些例子强调了在单独的电

离层暴事件中，控制地球上层大气等离子体成分的构成和动态的独特内部机制的重要性，及其预测的困难性。从图 10.10 可以看出，磁暴对 Chilton 站（51.6°N，358.7°E）MUF(3000)影响几乎相同，只是在 9 月 26 日—30 日期间传播条件的稳定性方面略有不同。

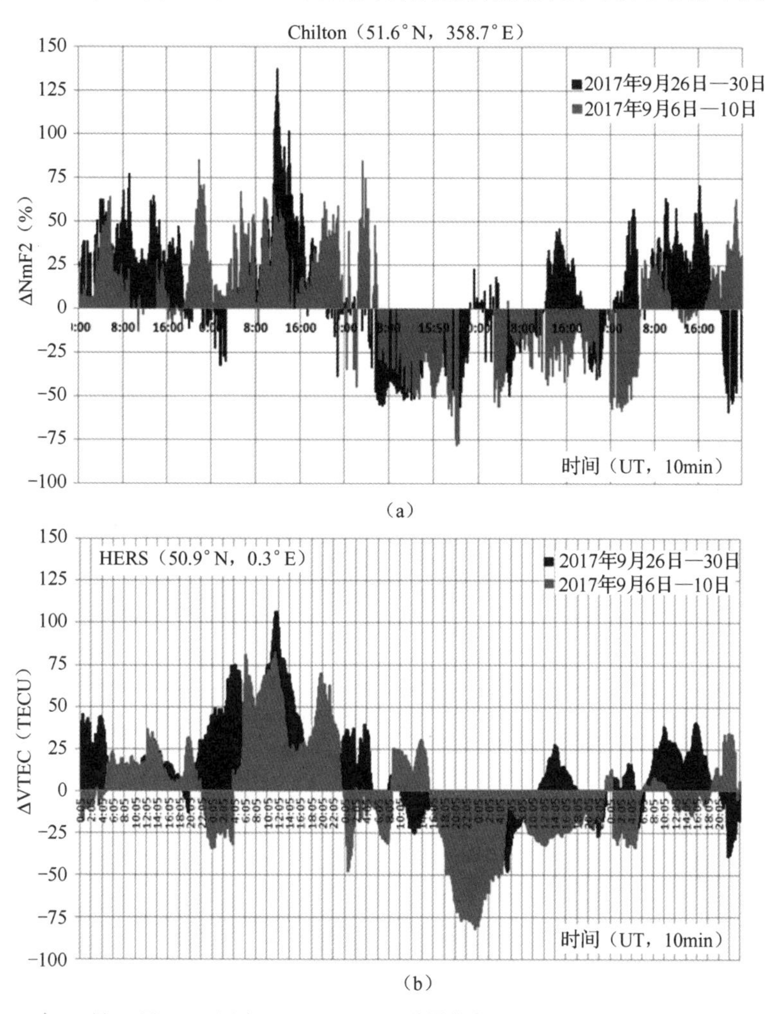

图 10.9　(a) 2017 年 9 月 6 日—10 日和 26 日—30 日磁暴期间，Chilton 站（51.6°N，358.7°E）的△NmF2
(b) HERS 站（50.9°N，0.3°E）的△VTEC

当今电离层相关技术的设计和运行主要集中在通信上，因此不仅需要监测空间天气现象对电离层成分的影响，还需要监测地磁宁静期的影响。从 Chilton 站（51.6°N，358.7°E）的观测数据中可以得到 2017 年 9 月 10 个国际磁静日（10Q-days）每小时最大电子密度值（见表 10.2）。图 10.11 显示了 10Q-days 模式的 NmF2 日变化量和相应的 Ap 变化（Ap≤7）。从电离层噪声的角度，其中 4 个磁静日白天 NmF2 大幅度高于月中值（△NmF2 约 25%～65%），1 个磁静日的 NmF2 低于月中值（△NmF2 约为 30%），其余 5 个磁静日的 NmF2 与 9 月的月中值非常接近。在接近太阳极小期依然存在这种程度的电离层噪声，意味着在日地条件宁静期的电离层预测对空间天气研究和应用也非常重要。

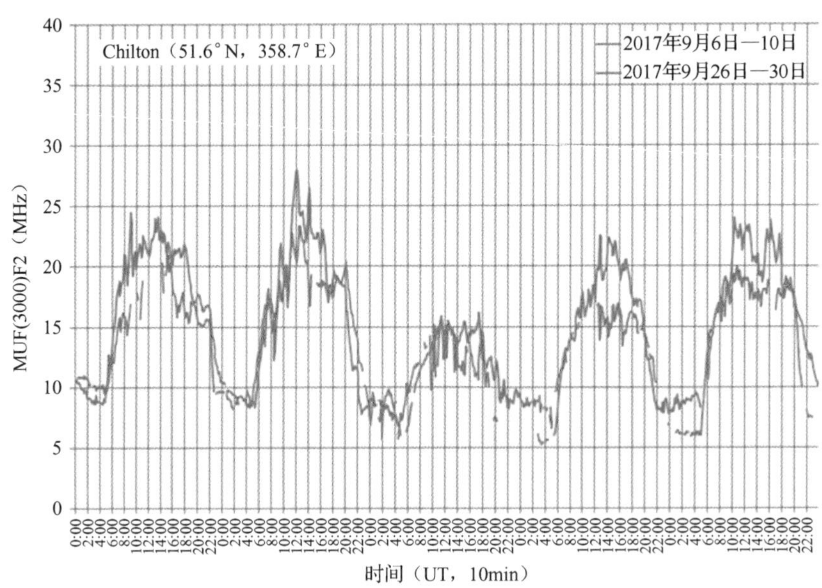

图 10.10　2017 年 9 月 6 日—10 日和 26 日—30 日磁暴期间，Chilton 站（51.6°N，358.7°E）的 MUF(3000)F2

表 10.2　2017 年月 10 个国际磁静日（10Q-days）

年	月	Q1	Q2	Q3	Q4	Q5	Q6	Q7	Q8	Q9	Q10
2017	09	26	9	25	23	22	21	10	24	3	19
Ap 指数	09	3	3	4	4	5	5	4	6	7	7

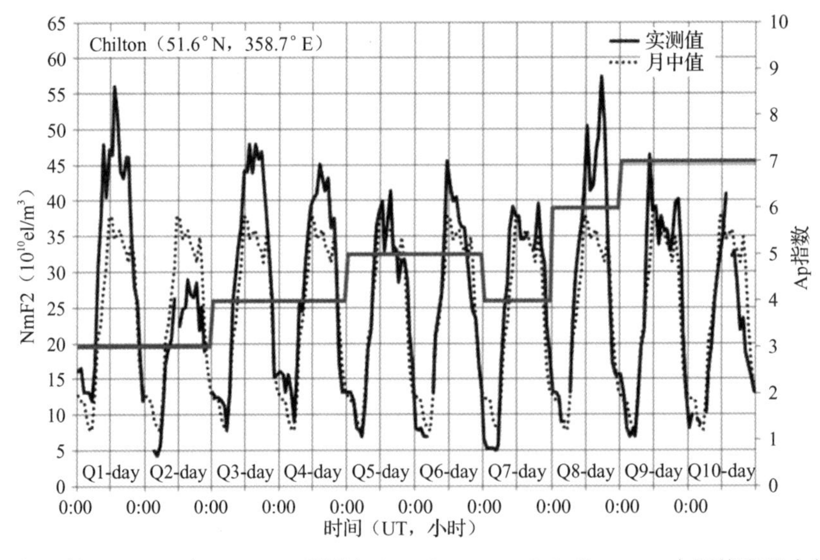

图 10.11　2017 年 9 月 10Q-days 中，Chilton 垂测站（51.6°N，358.7°E）的 NmF2 实测值和月中值及 Ap 指数

在 9 月 28 日（D2-day）磁暴主相之后，可以在典型的中纬度电离层观测站 Ebre（40.8°N，0.5°E）清晰观测到，电离层暴恢复相表现出两个明显的特征。图 10.12 首先显示了从中午到日落之间的 NmF2 增强（黄昏效应），持续时间很长，超出宁静期 50%，然后是恢复相的 9 月 30 日白天，出现了一系列持续的快速变化。

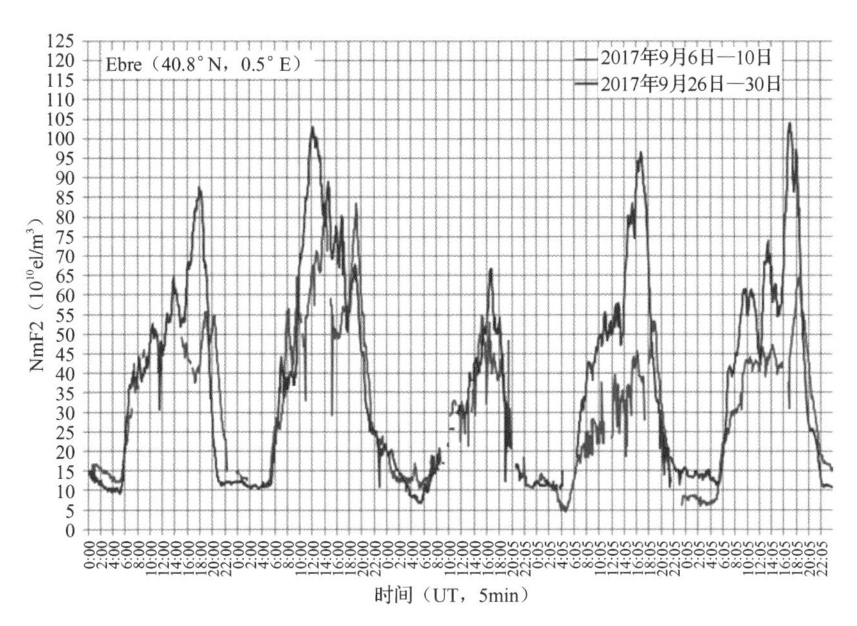

图 10.12　2017 年 9 月 6 日—10 日和 26 日—30 日磁暴期间，Ebre 站（40.8℃N，0.5℃E）的 NmF2

2017 年 9 月 30 日，Chilton 和 HERS 白天的 NmF2 和 VTEC（见图 10.8），还有 Ebre 的每日 NmF2 和 MUF(3000)F2（见图 10.13），均呈波状变化。这可归因于行进式大气扰动，在高纬度地区的磁暴期间由于增强的焦耳加热或内部重力波从低层大气向上传播至 F 层，从而产生电离层行波扰动特征。在电子密度等值线上，这些随时间缓慢向下移动的波状振荡在 F 层有非常大的水平不规则性，成为通信和导航等系统的无线信号散射源。

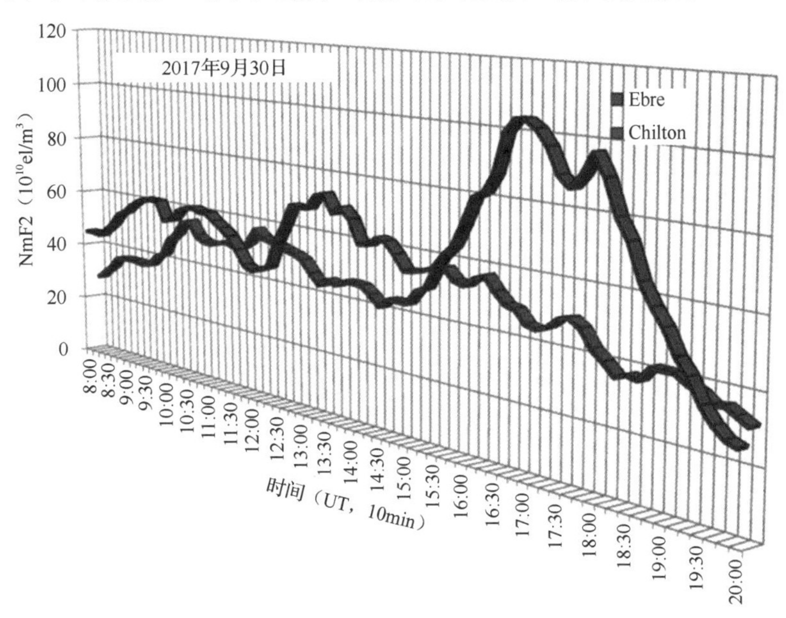

图 10.13　2017 年 9 月 30 日，Chilton 站（51.6℃N，358.7℃E）和 Ebre 站（40.8℃N，0.5℃E）的 NmF2 和 MUF(3000)F2

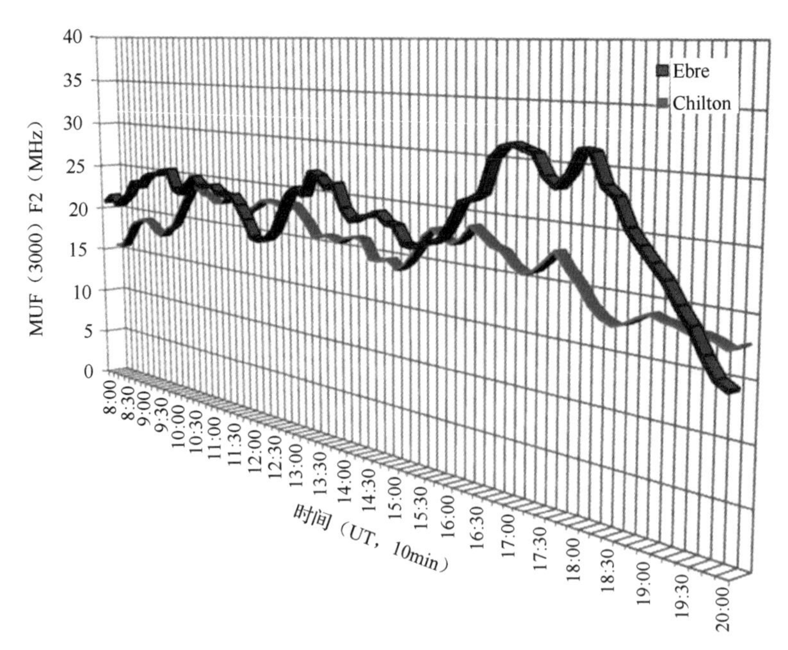

图 10.13　2017 年 9 月 30 日，Chilton 站（51.6°N，358.7°E）和 Ebre 站（40.8°N，0.5°E）的 NmF2 和 MUF(3000)F（续）

2017 年 9 月 19 日，美国国家海洋和大气管理局（NOAA）空间天气预报中心和 OFCM 共同创办了新的空间天气运行、研究和减灾（SWORM）网站，协调美国联邦政府各部门和机构，以实现国家空间天气战略制定的目标和目的以及空间天气行动计划规定的活动。

10.2　接近第 24 太阳活动周期的尾声

图 10.14 总结了 2018 年 3 月在国际太阳黑子数（见图 10.15）和 Dst 指数（见图 10.16）所表征的太阳活动条件下，HERS 站（50.9°N，0.3°E）垂直总

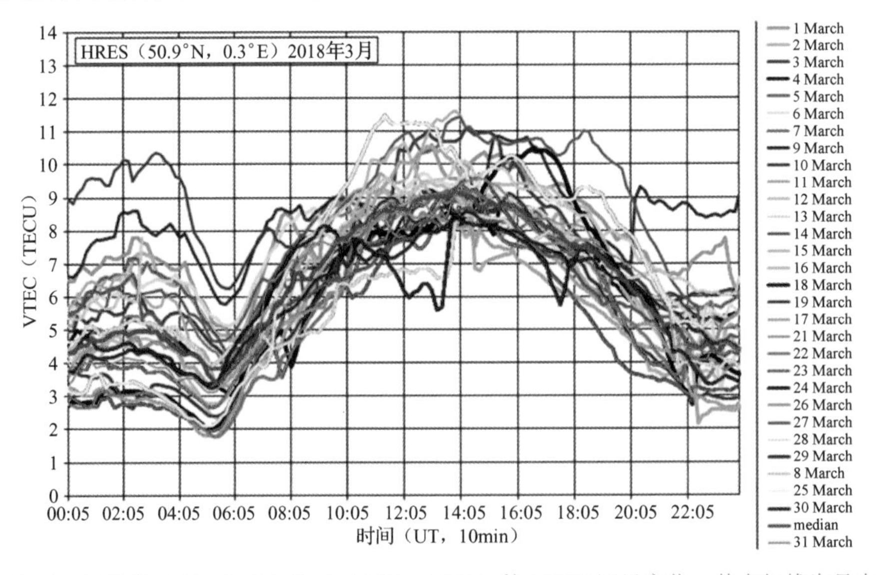

图 10.14　2018 年 3 月，HERS 站（50.9°N，0.3°E）的 VTEC 逐日变化，其中红线为月中值

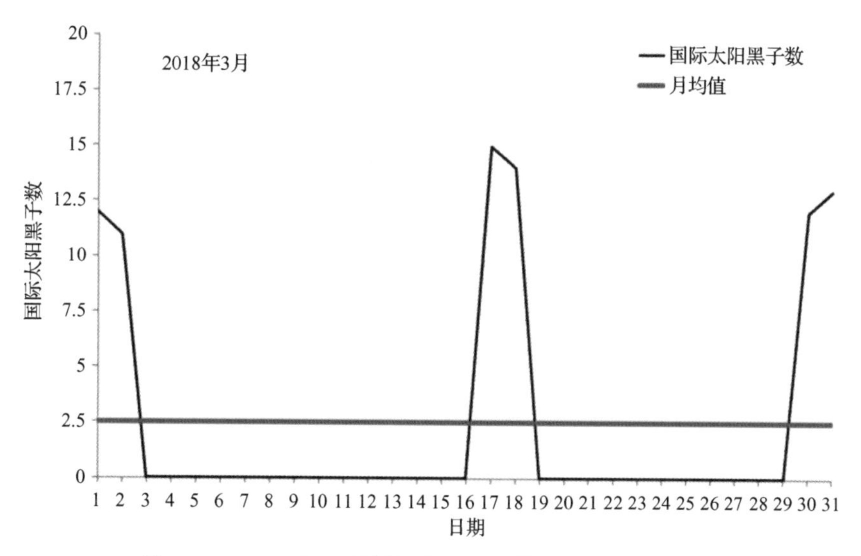

图 10.15　2018 年 3 月国际太阳黑子数，水平线为月均值

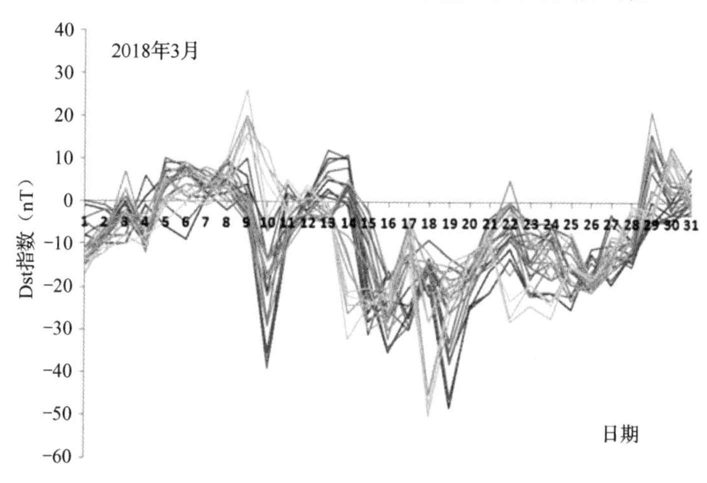

图 10.16　2018 年 3 月 Dst 指数的日变化

电子含量的日变化情况。夜间相对月中值的变化在−35%到 109%之间，日间相对月中值的变化在−32%到 25%之间。这并不奇怪，在不稳定的低太阳黑子水平下预测地磁活动，以及预测电离层等离子体对太阳和地球输入的响应，都是极其困难的。

最新的图 10.17 显示了 2018 年 6 月 HERS 站（50.9°N，0.3°E）上空的电离层空间天气。在日间 VTEC 变化中只能看到电离层的部分变化，但却很明显。这造成了许多实际问题，促使人们不断地进行监测和预报，并需要实时汇集数据，可结合数学算法来外推近期的情况。一旦在单站观测的基础上建立了本地模式，这些模式就可以扩展为区域的、最终是全球的电离层天气图。

电离层的研究必定会继续并无限延续下去。在思考第 24 太阳活动周期尾声的空间天气时，人们自然会想到在磁层−电离层−大气层（M-I-A）相互作用的驱动下准确预报天气这一最终目标。在即将到来的第 25 太阳活动周期中，对这三者之间关系的定量理解将为理论物理学家、空间科学家、计算机专家和实用工程师等提供一个广阔的领域，将有无数的机会进行进一步观察、测量和研究。

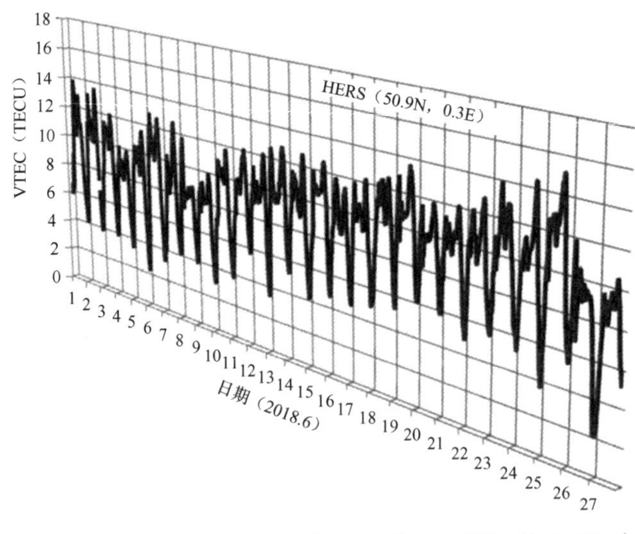

图 10.17　2018 年 6 月，HERS 站（50.9°N，0.3°E）的 VTEC 变化

参考文献和补充书目

[1] Aa E, Huang W, Liu S et al(2018)Midlatitude plasma bubbles over China and adjacent ares during a magnetic storm on 8 September 2017. Space Weather.

[2] Belehaki A, James S, Hapgood MA et al(2016)The ESPAS e-infrastructure: access to data from near-Earth space, Adv Space Res 58: 1177-1200.

[3] Berger T, Matthiä D, Burmeister S et al(2018)The solar particle event on 10 September 2017 as observed on-board the International Space Station(ISS). Space Weather.

[4] Bonadonna M, Jonas S, McNamara E(2017)New federal government space weather website and document repository launched. Space Weather.

[5] Greenwald RA(2017)The importance of international collaboration in space research. Radio Sci 52.

[6] Huang X, Reinisch BW(2001)Vertical electron content from ionograms in real time. Radio Sci 36: 335-342.

[7] Lei J, Huang F, Chen X et al(2018)Was magnetic storm the only driver of the long- duration enhancements of daytime total electron content in the Asian-Australian sector between 7 and 12 September 2017? J Geophys Res.

[8] Wang W, Lei J, Burns AG et al(2011)Ionospheric day-to-day variability around the whole heliosphere interval in 2008. In: Bisi MM, Emery B, Thompson BN(eds)The Sun-Earth connection near Solar minimum, Solar Phys.